高价值专利培育指导丛书

专利技术交底要义
先进金属材料分册

国家知识产权局专利局专利审查协作四川中心　组织编写

—————— 主编　周　航 ——————

知识产权出版社
全国百佳图书出版单位
—北 京—

图书在版编目（CIP）数据

专利技术交底要义. 先进金属材料分册/周航主编. —北京：知识产权出版社，2021.8
ISBN 978 - 7 - 5130 - 7633 - 3

Ⅰ.①专… Ⅱ.①周… Ⅲ.①专利技术②金属材料—专利技术 Ⅳ.①G306.0②TG14

中国版本图书馆 CIP 数据核字（2021）第 151648 号

内容提要

本书聚焦先进金属材料领域，从技术发展态势和保护需求、申请文件撰写特点、如何选择专利代理机构、如何写好技术交底书、案例实操等多个方面逐层深入，向创新主体普及富有领域特色的专利基础知识和专利技术交底要点，增强创新主体的知识产权保护意识和能力。

责任编辑：程足芬　武　晋	责任校对：潘凤越
封面设计：北京乾达文化艺术有限公司	责任印制：刘译文

专利技术交底要义：先进金属材料分册

国家知识产权局专利局专利审查协作四川中心　组织编写
周　航　主编

出版发行：知识产权出版社有限责任公司	网　　址：http：//www.ipph.cn
社　　址：北京市海淀区气象路 50 号院	邮　　编：100081
责编电话：010 - 82000860 转 8390	责编邮箱：chengzufen@ qq. com
发行电话：010 - 82000860 转 8101/8102	发行传真：010 - 82000893/82005070/82000270
印　　刷：三河市国英印务有限公司	经　　销：各大网上书店、新华书店及相关专业书店
开　　本：720mm × 1000mm　1/16	印　　张：22.25
版　　次：2021 年 8 月第 1 版	印　　次：2021 年 8 月第 1 次印刷
字　　数：410 千字	定　　价：96.00 元

ISBN 978 - 7 - 5130 - 7633 - 3

丛书编委会

主　任：杨　帆

副主任：李秀琴　李志辉　赵向阳

本书编写组

主　编：周　航

撰写人：周　航　苏　伟　唐峰涛　刘　庆

　　　　肖　鑫　楚大顺　刘永康

统　稿：周　航

作者简介

周航，女，副研究员，现任国家知识产权局专利局专利审查协作四川中心材料部副主任。从事过发明专利实质审查、复审和无效案件审查、知识产权类诉讼案件审理、专利申请代理、无效和诉讼代理等工作，有丰富的复审无效诉讼和企业服务经验。曾参与多部书籍的编写、统稿等工作，包括"复审委案例诠释丛书"之《专利复审委员会案例诠释：专利授权其他实质性条件》《光电领域复审和无效典型案例评析》和《专利申请代理实务：机械分册》等。

唐峰涛，男，副研究员，现任国家知识产权局专利局专利审查协作四川中心材料部副主任。先后在专利局光电部、四川中心机械部和审业部工作，有丰富的专利审查和课题研究经验，曾参与"跨国公司智能汽车专利动向""智能汽车多传感器融合感知技术""汽车轻量化关键技术"等多项国家知识产权局专利分析预警课题的研究工作，并多次参与四川中心对外服务项目。

苏伟，男，副研究员，现任国家知识产权局专利局专利审查协作四川中心机械部副主任。从事多年发明专利实审、PCT 国际检索和国际初审等业务工作，涉及化学、材料、机械等领域，参与多项学术研究和对外服务项目工作，局级教师，局骨干人才培养对象，四川省专利奖评审专家，四川省法院知识产权审判技术专家库专家，贵州知识产权评议专家。

刘庆，男，副研究员，现任国家知识产权局专利局专利审查协作四川中心材料部无机材料室主任，一直从事化学和材料领域的专利实质审查工作，局级教师，局骨干人才培养对象，四川高院知识产权审判技术专家库专家，成都市知识产权智库维权援助专家，成都市高新区市场监督管理局知识产权智库专家，多次参与四川省知识产权侵权判定、专利评审和对外服务项目。

肖鑫，男，副研究员，现任国家知识产权局专利局专利审查协作四川中心医药部应用化学室主任。先后任职于国家知识产权局专利局化学发明审查部、专利复审委（现复审和无效审理部）。国家知识产权局骨干人才培养对象，局级教师，北京知识产权法院技术调查官，贵州省知识产权专家，成都市高新区人民法院知识产权审判技术专家，成都市高新区市场监督管理局知识产权智库专家，参与多项局级课题和审协四川中心对外服务项目。

楚大顺，男，副研究员，现任国家知识产权局专利局专利审查协作四川中心材料部建筑材料室主任。先后就职于中国石油华北油田公司、国家知识产权局专利局专利审查协作北京中心。审协四川中心第一批骨干人才，具有专利代理师资格，湖南省专利奖评审专家，成都市知识产权智库专家、成都市高新区市场监督管理局知识产权智库专家。从事材料、机械领域专利审查十余年，参与多项四川中心对外服务项目，为众多创新主体提供专利分析、专利布局等服务。

刘永康，男，助理研究员，现任国家知识产权局专利局专利审查协作四川中心材料部复合材料室副主任。国家知识产权局第六批骨干人才培养对象，成都市高新区市场监督管理局知识产权智库专家，具有专利代理师资格、法律职业资格。从事合金领域发明专利实质审查工作，参与多项审协四川中心对外服务项目。

序

技术创新成果的转化运用、良好营商环境的营造、国际交往的顺利开展、消费者合法权益的保护，无不需要知识产权制度保驾护航。越来越多的人认识到，知识产权保护已成为创新驱动发展的"刚需"，国际贸易的"标配"。习近平总书记深刻指出：创新是引领发展的第一动力，保护知识产权就是保护创新。知识产权保护工作关系国家安全，只有严格保护知识产权，才能有效保护我国自主研发的关键核心技术、防范化解重大风险。

从创新源头提升专利申请质量无疑应为打通知识产权保护全链条的发轫之始。许多前沿技术领域的创新成果涉及庞大的背景理论体系知识和复杂的技术原理，如果创新主体在申请专利时，不能与专利代理师进行默契的沟通配合，提供必要的、足够的专利技术交底信息，极有可能导致最终形成的专利文件并不能为创新成果提供有效的保护。目前，市面上的相关书籍多面向专利代理师，注重普及通用性的专利申请实务，而对细分领域缺乏针对性的深入指导。对专注于某一细分领域的创新主体而言，更希望了解申请专利过程中容易疏忽的一些领域特色问题，避免"踩雷"。

为此，国家知识产权局专利局专利审查协作四川中心组织相关人员编撰本系列丛书。丛书选择了一些在专利申请时具有特点的前沿技术领域，从专利发展态势和保护需求、申请文件撰写特点、如何选择专利代理机构、如何写好技术交底书等多个方面由表及里，逐层深入，娓娓道来，向创新主体普及富有领域特色的专利基础知识和专利技术交底要点，增强创新主体的知识产权保护意识和能力。丛书内容丰富，数据翔实且更新及时，引用了大量实际案例，语言朴素生动，科普性强。

参与本书编撰的作者团队具备丰富的专利审查经验，很多人员还有复审与无效、法院和专利代理从业经历，参与过专利导航和对外服务工作，了解领域技术发展态势，也对专利申请质量有来自一线的感知。

这套丛书是国家知识产权局专利局专利审查协作四川中心人员基于自身经验积淀，为国家保护核心技术和解决"卡脖子"技术问题，从知识产权保护层面发挥专业所长、服务社会的有益尝试。希望本书能在一定程度上满足相关领域创新主体和专利代理从业者对专利技术指导的需求，成为联系大家的"缘分之桥"。是以欣然为序。

杨　帆

二零二一年四月

前　言

　　人类文明的发展和社会的进步与金属材料密切相关，继石器时代之后出现的青铜器时代和铁器时代，均以金属材料的应用为其时代的显著标志。18 世纪，钢铁工业的发展成为产业革命的重要内容和物质基础。19 世纪中叶，现代平炉和转炉炼钢技术的出现，使人类真正进入钢铁时代。同时，其他金属材料也得到巨大的发展。时至今日，金属材料仍然是材料领域的重要组成部分，各类先进金属材料的发展也是欣欣向荣。

　　高端制造业的快速发展，新型技术和工艺的进步，都为先进金属材料在未来的发展带来了巨大机遇。作为战略性新兴产业的重要组成部分，先进金属材料在高端装备制造、人工智能、集成电路、生命健康、空天科技、深地深海领域都发挥着基础支撑作用。

　　"十四五"规划指出，"坚持创新在我国现代化建设全局中的核心地位，把科技自立自强作为国家发展的战略支撑"，"打好关键核心技术攻坚战，提高创新链整体效能"，"瞄准人工智能、量子信息、集成电路、生命健康、脑科学、生物育种、空天科技、深地深海等前沿领域，实施一批具有前瞻性、战略性的国家重大科技项目"，"强化企业创新主体地位，促进各类创新要素向企业集聚。推进产学研深度融合，支持企业牵头组建创新联合体，承担国家重大科技项目。发挥企业家在技术创新中的重要作用"，给先进金属材料的未来发展和创新指明了方向。可以预测，随着经济的发展和产业需求的升级，先进金属材料领域将持续充满创新活力。

　　与此同时，创新成果需要获得知识产权，才能最大化地发挥市场价值。知识产权已经成为激励创新的基本保障和国内外市场竞争必须遵循的基本规则，也是国家创新实力的综合体现和评价营商环境的重要指标。目前我国先进金属材料主要制造企业的知识产权保护意识和力度与国外垄断巨头相比较还很薄弱，国外先进金属材料行业的技术储备已达到一定高度，国内企业与他们打交道时大多处于不对等地位，国内企业发展的技术空间相对较小，随着中国越来越多的大型企业开拓海外市场，先进金属材料领域的知识产权纠纷问题日益突出。在全球化背景下，知识产权作为非关税壁垒的主要形式之一，不仅是企业在国际上竞争的一个制高点，更在企业开拓、保护市场的过程中发挥着重要作用。而拥有强大的专利技术储备对于企业提高国际竞争力具有重要意义，一个企业知识产权的数量和质量成为企业生存和发展的关键因素。

将技术创新转化为以专利权为代表的知识产权，不仅需要了解行业发展状况和技术创新本身，也需要了解专利相关法律知识。先进金属材料领域的创新主体集中于大型企业，不少创新主体都会聘请专业的专利代理机构来帮助自己完成。然而，许多技术人员由于不了解专利基本知识、不能够认识到沟通配合在专利申请中的重要性、不清楚技术交底要点等各种原因，往往不能提供必要的、足够的专利技术交底信息，导致最终形成的专利文件并不能为创新技术提供良好的保护。

目前市面上的相关书籍基本都是面向代理行业从业人员或者企业知识产权工程师，提供专利撰写和审查意见答复方面的指导，对技术人员，特别是细分领域的技术人员进行针对性专利交底指导的书籍却寥寥无几。本书旨在弥补这一空白，面向先进金属材料领域的从业人员和企业普及具有领域特色的专利基础知识和专利技术交底要点，增强创新主体的知识产权保护意识和能力。

本书由国家知识产权局专利局专利审查协作四川中心组织编写，全书共分七章。第一章主要基于专利和非专利统计信息，梳理当前热点先进金属材料的基本情况和发展历程。第二章通俗化地阐述创新与专利的区别，普及适于技术人员理解的专利基本知识。第三、第四章则进一步深入先进金属材料领域，以实际案例作引，分析该领域的专利化特点和难点。第五章阐释了专利转化过程中聘请好的专利代理机构和专利代理师的价值，说明申请人与专利代理师充分沟通的重要性。第六章从通用要件和领域特色要件两方面详细指导申请人如何向专利代理师进行技术交底。最后，第七章以两个大案例的形式给出本领域技术交底实务示范。

本书的编写，力求体现先进金属材料领域的专利特点和交底要点，不求面面俱到，但求新颖而实用，在语言叙述上力求通俗易懂而避免过多的理论推导，以适应广大工程技术人员、学生和求知者的需求。第一章由楚大顺撰写，第二章由苏伟撰写，第三章由刘庆撰写，第四章由肖鑫撰写，第五章由周航撰写，第六章由唐峰涛撰写，第七章第一个案例由刘永康撰写，第二个案例由苏伟和刘永康共同撰写，全书由周航统稿。参与资料收集整理的还有刘锦霞、李微、蒋娜云、赵凯、韩强，在此对他们的辛勤劳动和付出表示感谢。

本书可作为金属材料领域广大工程科技人员的普及性参考书，对专利代理师的工作也有一定指导意义。在本书编写过程中参阅了大量申请文件、科普书籍、研究论文以及网页资料，谨对相关资料的作者表示衷心感谢。

　　由于先进金属材料内容广泛，技术成果多样化，涉及面广、信息量大，同时由于作者水平有限，难免存在疏漏和不当之处，敬请广大读者批评斧正。

目　录

第一章　先进金属材料领域热点发展白描

作为新材料产业的重要组成部分，先进金属材料在国防工业和国民经济的高端制造领域都发挥着关键作用。具有高强度、高韧性、耐高温、耐低温、抗腐蚀、抗辐射等特性的高性能先进金属材料已广泛应用于航空航天装备、空间技术装备、核能及电力装备、海洋工程装备、先进轨道交通、机械化工制造、信息技术、新能源汽车、生物医学等高新技术领域。高端制造业的快速发展，技术和工艺的进步，也都为先进金属材料在未来的发展带来了巨大机遇。

我国高度重视先进金属材料的战略布局与未来发展。"十三五"期间，工业和信息化部发布的《新材料产业发展指南》❶ 明确提出先进金属材料的发展方向包括：发展以基础零部件用钢、高性能海洋工程用钢等先进钢铁材料，高强铝合金、高强高韧钛合金、镁合金等先进有色金属材料为代表的先进金属材料。

本章将梳理先进金属材料中的研究热点——超级钢、铝锂合金、镁合金和钛合金的基本情况和发展历程，让读者对这些领域的技术创新和专利申请态势有大致的认识，为接下来的章节做铺垫。本章并不着力于探讨深层次的技术内容或者行业竞争态势，只是利用专利数据和非专利数据为这些领域的创新发展情况画一幅朴素的"白描图"。

如果想深入了解这些先进金属材料领域的研发热点、创新特点、专利申请特点和企业竞争态势，可以参见本书第三章"先进金属材料领域的专利特点"的内容。

第一节　新一代钢铁材料

钢铁，工业之粮食，大国之筋骨，作为我国国民经济发展的重要物质基础，拥有很高的战略地位。我国是钢产量大国，连续多年产量位居世界第一。

---

❶ 参见网址：https://www.miit.gov.cn/jgsj/ghs/wjfb/art/2020/art_dd085851e4cb4901bf2d48cd2019f6e1.html.

然而，在满足经济快速发展需要的同时，钢铁产业也出现了产能过剩、布局不合理、集中度低等问题，还给资源和环境带来了巨大压力。提高钢铁材料的质量和性能、延长使用寿命、减少资源和能源消耗逐渐成为各国钢铁产业生产研究的重点。而且，随着经济发展和科技进步，在汽车、桥梁、高层建筑、工程机械、大飞机和航母之类大国重器等领域，更是对钢铁材料提出了不断更新的高性能要求。

从 20 世纪末开始，世界主要产钢国家都相继启动了新一代钢铁材料的研究，即走出原先合金化、稀土化的技术发展思路，采用先进制造技术制备晶粒尺寸在微米级或亚微米级、强度和特性都大幅提高的钢铁材料——超级钢。我国于 1998 年启动了超级钢项目，从跟跑者到位居国际领先水平，几代人用二十多年的时间，不懈努力，取得了辉煌的成绩。981 钻井平台、港珠澳大桥、西电东送输电铁塔、新一代舰船、南海荔湾深海油气田厚壁管线、驰骋北冰洋的高技术船舶、"华龙一号"三代核电技术全球首堆示范项目……众多国之重器，都闪耀着夺目的创新光辉。可以预见，在未来，超级钢在国家重大项目和国民经济中还会继续书写浓墨重彩的创新篇章。

一、超级钢发展概述

超级钢是指以细晶为核心，辅以高洁净度、高均匀性和高精度等主要特征的新一代钢铁材料。超级钢并非单纯追求超高强度，而是在保证生产成本不增加或增加不多的前提下，钢材具有高洁净度、超细晶粒和高均匀度特征，其强度比现有的碳素钢、低合金结构钢和合金结构钢提高了一倍，使用寿命增加了一倍，同时也保持了现有钢铁材料的良好塑性和韧性。

1995 年阪神大地震中，日本约一千栋钢结构建筑遭受损坏。当时正值日本战后高速工业化发展进程进入成熟期，战后初期建设的基础设施陆续开始需要更新换代，维修和更新这些设施的费用将占全社会基本设施投资的一半以上。日本开始思考，是继续提升钢材强度替换使用，还是研发一种新一代的超级钢铁材料。1997 年，日本政府推出了为期十年的"STX－21 超级钢材料国家研究计划"，其目标是开发出 1 μm 级超细晶粒结构钢，把现有钢屈服强度提高一倍以上，同时保证良好的韧塑性。同年，日本政府又安排国内五大钢铁公司研发"超级金属"项目。但是，时至今日，虽偶有媒体报道日本超级钢研发有技术层面的突破，但仍未实现超级钢的工业化量产。

2001 年美国"9·11"事件中，双子塔的钢结构在高温燃烧时发生了预料之外的垮塌。科学家也对高温导致钢铁软化的机理产生争论。2002 年，美国开始了新一代钢铁材料的开发项目。几乎在相同时期，韩国、欧盟和中国也纷纷开始了新一代钢铁材料的研究工作。

1997 年，我国启动"新一代微合金高强高韧钢的基础研究"；1998 年，我国启动国家"973 计划"项目——新一代钢铁材料的重大基础研究；2001 年，我国启动国家"863 计划"课题——500 MPa 碳素钢先进工业化制造技术。在超级钢掀起国际竞争之初，中国科学家先树立了一个短期小目标：将占我国钢产量 60% 以上的碳素钢、低合金钢、合金结构钢的强度或寿命提高一倍。2020 年，中国粗钢产量占全球粗钢产量的 56.5%，即使提高超级钢占比的 1 个百分点，也会对产业格局产生重大影响。可以说，中国是以战略性的眼光第一时间加入了超级钢的研发，经过二十多年的深耕，无论是基础理论研究还是生产工艺控制，均有大量开拓创新。

事实上，全球的钢铁行业都看到了超级钢巨大的发展潜力和市场前景，开始开展不同形式的技术赛跑计划。20 世纪末，世界钢铁协会组织了 35 家北美、西欧的钢厂、汽车厂开展"超轻钢车身"项目。近些年，日本在实验室成功研制出晶粒直径 1 μm 和 0.5 μm 的超级钢，日本中山制钢厂试验性轧出了晶粒直径 2 ~ 5 μm、抗拉强度为 550 MPa 的超细晶粒钢，韩国也在实验室轧机上获得了平均晶粒直径 2 ~ 5 μm 的超细晶粒铁素体。不过，虽然各国在基础理论方面取得了不错的研究进展，但毕竟从理论到实验室试制再到工业化量产还存在许多技术掣肘。例如，在实验阶段，超级钢采用的是温度低于热轧温度的温轧工艺，但在生产轧制过程中温轧工艺却不可行，因为材料的变形抗力很大，从而导致轧制失败。再加上企业生产线改造受到供需压力，许多企业单靠自己的力量无法完成超级钢量产化。更重要的是，超级钢的工业化生产需要产学研全产业链形成合力，共同推动成果落地，科研院所精力有限，很难完成从研究到工业化生产应用的所有工作，而企业由于受到市场化因素驱动，如果没有政府支持，生产线升级改造会步履维艰。到目前为止，除中国之外的其他国家在超级钢的商业化应用方面都还不成规模。

相比之下，中国超级钢虽然在理论研究层面不一定算得上领跑者，但由于我国采取的是理论研究加工业化发展并行的技术路线，在量产化技术上取得了很多重大突破。2002 年，东北大学与宝钢、一汽等企业合作，成功实现了超级钢的工业生产并用于汽车制造，标志着我国超级钢的开发应用走在了国际前列。目前，我国批量化生产的屈服强度在 400 ~ 1500 MPa 级的超级钢在许多领域都有所应用。武钢生产的超细晶碳素钢应用在了东风汽车公司的冲压汽车车厢横梁和纵梁零件上，钢铁研究总院研究的 1500 MPa 级超细晶粒钢应用制作出 13.9 级高强度螺栓并在南京依维柯汽车公司中进行了批量生产，清华大学研制的低碳/无碳化物贝氏体/马氏体复合相钢在宝钢集团五钢公司生产，利用其制造的 14.9 级高强度螺栓用于香港码头建设，制造的铁路辙叉用于京广铁路高速路段建设。可以预见，未来超级钢的市场将更加广阔，尤其是在对产品要求标准更高、精细度更强的军用市场，在飞机、潜艇、航空母舰这些大国重器上，将越来越多地发现超级钢的身影。

新一代钢铁材料的开发应用是一个长期的过程，不仅涉及金属材料、热力学、流体力学、结构力学、工程控制等众多专业理论研究，更涉及冶金、铸造、焊接、建筑、工程机械、模具等应用技术革新。在全球化背景下，中国钢铁行业要把技术革新变为生产力和市场竞争力，要想在超级钢领域拥有更强的话语权，特别需要发挥以专利权为代表的知识产权制度的强大作用。

二、中国专利数据中的超级钢画像

虽然在美国、日本、韩国等主要国家也有一些超级钢专利，但由于其国内没有量产化，专利文献更加偏重于试验结论性质，申请人也较为分散。而中国在超级钢研究应用领域与世界主要国家几乎同步起跑，目前处于领先水平，故我们将中国超级钢的专利情况作为了解超级钢技术发展路线和专利保护情况的重点研究对象。需要说明的是，合金材料领域由于专业性很强、技术难度高、试验条件苛刻，很少会有个人（即所谓民间发明家）从事技术创新研发活动。因此，我们研究时首先了解了参与超级钢研发的主要科学家、高校、研究院和生产企业，再检索筛掉噪声文献，分析解读专利文献的技术内容，并结合中国钢铁行业近三十年的发展，去探寻超级钢专利画像。

专利数据检索思路：检索时间以"973 计划"提出时间为起点，限定在 1997 年 6 月 4 日—2020 年 8 月 10 日。申请人选择钢铁研究总院、东北大学、北京科技大学、清华大学、中科院金属研究所等高校和科研院所，宝钢、武钢、鞍钢、首钢、本钢、攀钢、珠钢、淮钢、唐钢等钢铁企业。发明人选择柯俊、翁宇庆、王国栋、刘相华、罗海文。IPC 分类号选择 C22C 合金领域。内容上，考虑钢的理论屈服强度可高于 8000 MPa，目前量产的碳素钢屈服强度约为 200 MPa，低合金钢屈服强度约为 400 MPa，合金结构钢屈服强度约为 800 MPa，故将屈服强度大于 400 MPa 的文献资料作为初步检索要素之一。在 inco-Pat 中国发明申请数据库中进行检索，整理检索结果，获得扩展分类号和关键申请人，再根据扩展检索要素，进一步检索获得专利数据。对专利数据进行合并去重，然后再进行数据清洗、降噪。

专利数据清洗思路：对于超级钢各项参数到底应该达到什么标准，业内其实并没有统一的规定，而且钢材的组成含量、制造工艺、屈服强度、抗拉强度、延展性、耐腐蚀性之间很难全部兼顾。我们在初步检索数据基础上去除了内容明显不属于超级钢的专利文献，然后深度阅读剩余文献，对申请文件中记载的成分含量、晶粒直径和各项性能参数等方面综合分析，筛选出超级钢相关专利。虽然个别性能参数例如晶粒尺寸或屈服强度看似接近超级钢标准，但申请文件记载信息有限，无法确认的文献没有纳入。

根据专利数据信息，我们给超级钢进行了专利画像，图1-1展示了2000—2020年超级钢的专利申请数量。

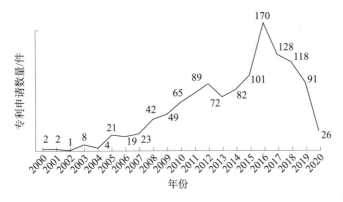

图1-1　超级钢专利申请趋势

2000年以前，几乎没有真正的超级钢专利，虽然个别文献中有晶粒尺寸细化、屈服强度提高的记载，由于其他信息量有限，难以确认，故没有算在内。可以看出，从1997年"973计划"提出，到1998年"新一代钢铁材料的重大基础研究"项目正式开始实施，科研人员主要还是在理论研究层面进行深入的实验室研究和试验，逐渐形成了一些朝着超级钢发展的支撑性研究成果。此时，众多科学家选择不同的技术路线，研究新的组织细化理论，开发提高钢合金韧性的工艺技术，进攻产业化应用难题。

2000年后，超级钢专利开始零星出现。从图1-1所示的专利申请趋势来看，超级钢自2005年起进入快速车道，在2005—2012年和2013—2016年两个时间段，申请量直线飙升。在这两个时间区间，北京科技大学、东北大学等高校科研院所与企业的联合申请快速增加。企业与高校科研院所联合申请中，占比71%的申请发生在这两个时间段。

2005 年以前，超级钢的专利申请人均为单独的企业或科研院所，其中 1998 年 10 月至 2003 年 10 月是我国"973 计划"项目——新一代钢铁材料的重大基础研究攻关时期。课题攻关方向主要是基础理论和配套工艺技术，当时这两个方面的研究成果还无法支撑超级钢的工业化量产。2005—2016 年，技术成果开始迅速转化，应用研究领域也不断有集成创新和消化吸收再创新。但到 2017 年之后，企业与科研院所联合申请的占比骤然下降，仅占后期总量的 1.44%，这反映出我国超级钢技术在取得阶段化成果后进入技术瓶颈阶段，主要是沿用前面十几年的技术路线和消化技术成果。

我们在中国知网（CNKI）非专利数据库中以"超级钢"为关键词进行文献检索，结果印证了上述结论。

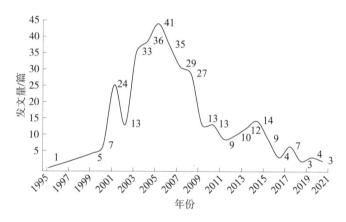

图 1 - 2　CNKI 中超级钢文献发表数量趋势

将图 1 -2 展示的 CNKI 超级钢文献发表数量趋势，与图 1 -1 所示的超级钢专利申请趋势相结合并进行对比，能够解读出更多趋势及变化信息。从 1995 年"超级钢"概念提出到 2005 年之前，科技文献的发表量呈迅速上升趋势，专利申请数量虽然也在上升，但比较平缓，因此这一时期是以理论研究为主的课题攻关时期。2006 年后，科技文献开始呈现逐年下降的趋势，而专利申请量却提速增长，进入了成果向应用转移时期。到 2017 年之后，专利申请和发文数量都开始下降，陷入繁华之后的技术瓶颈期。

图 1 -3 所示为经检索查到的中国最早的超级钢专利文献。申请人是钢铁研究总院，申请号为 00121259.1，申请日为 2000 年 8 月 11 日；公开号为 CN1280206A，公开日为 2001 年 1 月 17 日；发明人包括刘清友、翁宇庆等我国钢铁行业重量级人物。

该专利申请中公开的超级钢设计原理如下：采用应变诱导相变及铁素体动

[19] 中华人民共和国国家知识产权局

[51] Int. Cl⁷

C22C 38/14

[12] 发明专利申请公开说明书

[21] 申请号 00121259.1

[43] 公开日　2001 年 1 月 17 日

[11] 公开号　CN 1280206A

[22] 申请日　2000.8.11　[21] 申请号　00121259.1

[71] 申请人　钢铁研究总院
地址　100081 北京市学院南路 76 号
[72] 发明人　刘清友　董瀚　翁宇庆　侯郤然
陈红桔　范建文　李静波

[74] 专利代理机构　北京科技大学专利代理事务所
代理人　刘波

权利要求书 1 页　说明书 4 页　附图页数 1 页

[54] 发明名称　一种超低碳微合金高强钢

[57] 摘要

一种超低碳微合金高强钢，属于合金钢领域。它的具体化学成分（重量%）为：C: 0.003~0.015%, Si: 0.1~0.5%, Mn: 1.0~1.6%, P≤0.03%, S≤0.03%, Nb: 0.02~0.06%, Ti: 0.005~0.04%, 余为 Fe。它是在普通低碳微合金钢的基础上通过适当调整钢中的 C 含量并配以合理的工艺手段可使简单成分系的微合金钢的屈服强度达到 800MPa。

008-4274

图 1-3　中国最早的超级钢专利文献

态再结晶工艺可使普通 C - Mn 钢和微合金钢获得超细晶铁素体组织，采用再结晶控轧与应变诱导相变工艺相结合的工艺路线可使铁素体晶粒进一步细化。研究表明，普通微合金钢在其他合金元素不变，将 C 含量降低到超低碳水平，其屈服强度便可从 650 MPa 左右提高到 800 MPa。该专利申请的权利要求书全文如下：

一种超低碳微合金高强钢，其特征在于它的具体化学成分（重量%）为：C: 0.003% ~0.015%，Si: 0.1% ~0.5%，Mn: 1.0% ~1.6%，P≤0.03%，S≤0.03%，Nb: 0.02% ~0.06%，Ti: 0.005% ~0.04%，余为 Fe。

该申请说明书背景技术部分记载，20 世纪 80 年代末 90 年代初，日本、韩国、澳大利亚和英国学者就已经开始了将铁素体晶粒细化的研究，我国学者刘清友，也就是该申请的发明人之一，也对应变诱导相变及铁素体动态再结晶的规律进行了研究，通过再结晶控轧＋应变诱导相变及铁素体动态再结晶，在实验室成功地轧制出铁素体晶粒尺寸达 1.0 μm 的低碳微合金钢钢板，屈服强度达 600 MPa。该申请中的超级钢将普通低碳微合金钢中碳含量降低至 0.003% ~ 0.015%，获得了更均匀、更细小的超细晶铁素体组织。

遗憾的是，该专利申请后来却没有获得授权。由于该专利文献较早，查询不到没有授权的具体原因，但从申请文件撰写来看，其权利要求布局过于简单，只有一项产品权利要求，没有要求工艺方法保护，而唯一一项产品权利要求也只写了组成含量，没有将该材料的微观组织结构与现有结构区分开来。当时我国整体上对创新的保护意识都不强，不重视技术内容的交底和专利文件撰写，导致许多方案有很高科技含量却没有得到专利保护，十分可惜。

从图 1-4 可以看出，在我国超级钢专利申请主体中，企业占据绝对优势，前四位中宝钢、鞍钢、首钢和攀钢均为钢铁企业，四家企业在专利申请量上将其他企业、高校和科研院所，远远地甩在后面。这其中包含历史原因——国家"973 计划"中，钢铁企业占据参加项目单位的半壁江山。东北大学、钢研院和北京科技大学的院士团队，用了近五年的时间，在基础理论方面打开了可工业化量产实施的理论化突破通道，接着钢铁企业再用十年的时间，将技术成果成功转化，开始在超级钢应用和冶炼中积累更多专利技术。国家"973 计划"中的产品试用单位、使用单位，如第一汽车集团、东风汽车集团、南京跃进汽车集团公司等，做了第一批勇于"吃螃蟹"的人，这也是超级钢首先在我国汽车行业得到应用的主要原因。在此期间，企业在超级钢专利申请方面后来居上，技术积累越来越多，越来越成熟。

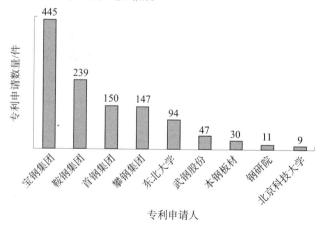

图 1-4　超级钢专利申请人排名

宝钢、鞍钢、首钢和攀钢等钢铁企业都是钢铁行业研发和生产建设的龙头企业，东北大学、钢研院和北京科技大学又都是国内一流的冶金领域重点高校和研究院，第一汽车集团、东风汽车集团是汽车行业的"国家队"。理论与实践的完美结合，实现各种优势互补，理论突破带动产业升级，技术高效转化也推动了科研进步。这也成功实践了我国以企业为主体、产学研结合的技术创新体系建设思路。

三、理论研发与专利保护关注重点

众所周知，组成、制备工艺、微观组织结构和性能是金属材料研发的四大要素，组成和制备工艺共同决定了微观组织结构和性能。金属材料科学的核心是研究材料的组织结构与性能之间的关系，同时须配套研发生成相应组织结构的工艺。金属材料的化学成分和生产工艺决定组织结构，组织结构决定其性能，性能决定其具体应用领域。因此，以上四大要素是从事该领域研发必须考虑的维度。但是，从理论研发和应用创新角度考虑，四大要素又有着不一样的占比。

对 CNKI 中的超级钢文献进行整理，主题分布如图 1-5 所示。

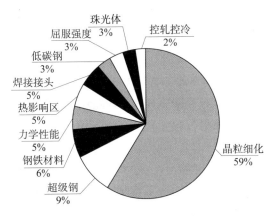

图 1-5　超级钢主题分布统计

从图 1-5 可以看出，在超级钢领域，晶粒细化（包括细晶粒钢、超细晶粒、晶粒尺寸、显微组织、超细晶、铁素体晶粒、晶粒长大、晶粒细化、铁素体、铁素体晶粒尺寸、超细晶粒钢）是学术研究层面的主攻方向。这是因为超级钢就是以晶粒细化为核心要义发展起来的概念，其主要特点是碳含量低，其强化不是通过增加碳含量和合金元素含量，而是通过晶粒细化、相变强化、析出强化等方法达到。也就是说，晶粒细化是能够同时提高钢强度和韧性的最重要方法，因此，也成为研究人员的关注重点。

钢铁研究总院研究生教育中提出的"新一代钢铁材料"的重点研究方向❶如下：

（1）超细晶形成理论与控制技术；

（2）新一代耐大气腐蚀钢的合金化与组织控制理论；

（3）形变与相变耦合理论与应用；

（4）薄板坯连铸连轧的物理冶金规律研究与品种开发；

（5）析出物的超细化理论与控制技术；

（6）特殊钢的在线热处理技术；

（7）特殊钢夹杂物控制技术；

（8）高强度耐延迟断裂钢的合金化与组织控制理论；

（9）不锈钢氮合金化理论与技术；

（10）冶金过程的组织性能预报与控制技术；

（11）合金设计与数据库技术。

上面 11 个研究方向中虽然很多是理论研究性质的，但对其研究成果，例如合金产品和工艺方法，都可以寻求专利保护。无论是合金设计的产品专利，还是控制环节的方法类专利，每一种方向均涉及大量的技术细节，其中许多细节是影响超级钢性能的关键技术手段，将这些关键技术手段采用专利制度认可的方式加以保护，不仅是研发人员、企业等创新主体所追求的事情，也是国家战略性新兴产业的创新驱动发展的必然要求。

对于以应用为导向的专利制度而言，与理论研究最大的区别在于必须保护有实际用途的东西，如果仅仅是机理的揭示，比如微观形貌发生改变而不能关联有实际用途的性能改善，则无法得到保护。因此，性能的改善是技术成果得到专利保护不可或缺的要件，也是审查关注的重点。这并不是说材料的组成、制备工艺和微观组织结构不重要，而是对技术方案而言，前三者是基础工作，本来就需要充分揭示，而性能改善是检验标准，没有专利申请实践经验的技术人员在研究和撰写申请文件时，非常容易忽视这部分内容的揭示和证明。

钢铁材料性能包括物理性能、力学性能、化学性能和工艺性能。数十个具体的指标参数，再结合钢铁的复杂分类，传统钢铁材料的性能研究可以被写成厚厚的一本技术手册。新一代钢铁材料的性能适用传统钢铁材料的性能指标，

---

❶ 参见网址：https：//www.cisri.com/g584/s1609/t5924.aspx。

同时其合金配方、制造工艺和微观组织类型又有别于传统钢铁材料，这些都会影响创新的主要方向。

具体如何保护这些技术，金属材料领域专利撰写时有哪些常见表征方式和注意事项，在后面的章节会一一展开。本章将关注点放在创新主体阅读和撰写相关技术资料时，包括撰写专利申请和技术交底书时，应该格外关注的点。

分析 2006 年之后的专利文献发现，几乎每一项发明专利均同时要求保护产品和制备工艺。因为合金产品设计经常伴随着工艺方法的改善，包括冶金工艺、轧制工艺，以及与之相关的控制手段。因此，产品组成和工艺是超级钢专利的核心性能"细晶化"充分公开的必要条件。

在此基础上，对组织结构和性能的揭示对于顺利获得专利权有保驾护航的作用。我们来看一下宝钢集团的超级钢授权专利 CN1273633C 中的一项权利要求记载：

> 一种超细晶粒低碳低合金双相钢板，其抗拉强度大于 690 MPa，总拉伸延伸率大于 20%，屈服强度比小于 0.75，强塑积大于 18000；并且上述钢板中形成有基体相和第二相，基体相为铁素体，第二相主要是马氏体，或还有下贝氏体和/或残余奥氏体；上述基体相的体积分数介于 65%～95% 之间，第二相的体积分数介于 5%～35% 之间，上述钢板自表面至板厚中心的全板厚截面上，上述基体相铁素体均为等轴晶，且最大晶粒直径小于 6 μm，平均晶粒直径小于 4 μm；上述第二相也为等轴晶且最大晶粒直径小于 3 μm，平均晶粒直径小于 2 μm；上述第二相的平均晶粒直径小于基体相平均晶粒直径，并均匀弥散地分布在基体相中；所述的钢板含有：0.03%～0.12%C，0.1%～2.0%Mn；余量为 Fe 和不可避免的杂质，以上均为质量百分比。

上述描述中，不仅包含合金材料的组成，还包含了产品微观组织结构和性能参数，这种方式区别于传统对合金专利撰写以成分和/或工艺限定的方式，体现了与现有技术的核心区别，对通过发明专利的实质审查，尤其是创造性审查是非常有利的。因此，对于以专利保护为目标的创新主体而言，撰写技术交底书和申请文件时，除了在成分和工艺上用墨，还应该特别关注微观组织结构和性能。

四、旗手是谁？

我国在超级钢领域已经取得了丰硕的成果，无论是性能提高、成本降低，还是工艺智能化和应用领域扩展，未来都还有很大的拓展空间。在过去的二十多年，许许多多科研工作者前赴后继付出了无数心血和汗水，涌现了许多旗手人物和旗手集体，他们值得我们记住；同时，通过分析与之相关的科研院所和企业，也可以为我们勾勒出这个领域的市场主体和研发主体。

从图1-4所示的超级钢专利申请主体的申请量来看，企业较高校和科研院所更具领先优势。对图1-1中超级钢专利数据进行进一步处理，获得图1-6所示的超级钢专利发明人排名。

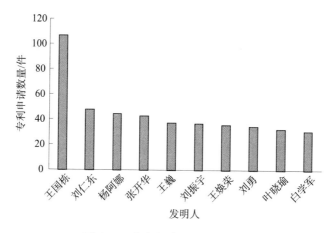

图1-6 超级钢专利发明人排名

其中，王国栋院士，来自东北大学；杨阿娜，来自宝山钢铁股份有限公司研究院，毕业于北京科技大学；张开华，来自攀钢集团研究院有限公司钒钛资源综合利用国家重点实验室，毕业于钢研院，博士导师是翁宇庆院士；刘振宇，来自东北大学，是我国在钢铁组织性能预测与优化技术研发方面的第一个博士研究生。

综合上述信息，可得出如下结论：我国超级钢研发过程中，产学研用密切结合；持续跟踪研究钢铁研究总院、东北大学和北京科技大学关于超级钢方面的专利文献、科技文献和网络资料等，能更好地发现超级钢的发展方向；持续跟踪研究钢铁企业和产品使用企业关于超级钢应用过程中的专利技术，能够更好还原超级钢落地的工艺技术。

在CNKI中以"超级钢"为主题进行检索，对获得的数据进行处理，得到图1-7所示的超级钢文献发表机构排名和图1-8所示的超级钢文献作者排名。

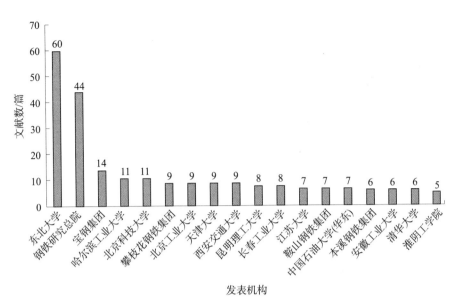

图1-7　CNKI超级钢文献发表机构排名

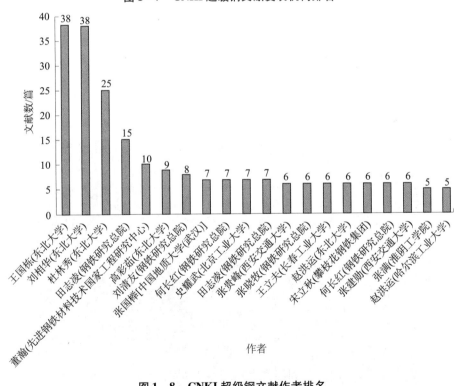

图1-8　CNKI超级钢文献作者排名

图 1－7 中，东北大学的文献发表数量排名第一，而且是遥遥领先于其后的其他高校、科研院所及钢铁企业。这与图 1－4 中东北大学领先其他高校和科研院所的情况相符。图 1－8 中，文献作者排名前三的分别是王国栋、刘相华、杜林秀，均来自东北大学。显然，东北大学是超级钢技术领域中兼具人才优势和研发技术优势的旗手集体。

以"东北大学"为关键词在 incoPat 中进行专利检索，对结果进行处理，获得图 1－9 所示的东北大学冶金领域专利申请情况、图 1－10 所示的东北大学冶金领域发明人排名和图 1－11 所示的东北大学冶金领域发明人的技术构成。

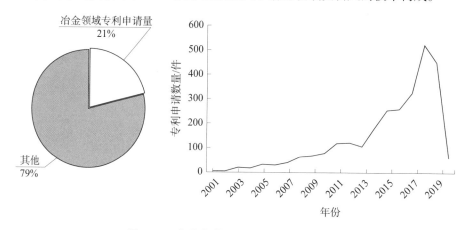

图 1－9　东北大学冶金领域专利申请情况

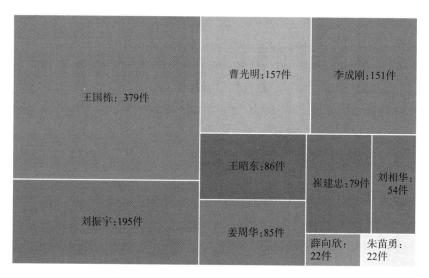

图 1－10　东北大学冶金领域发明人排名

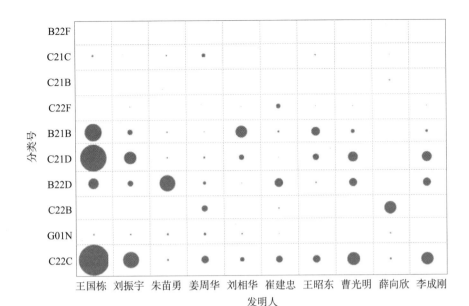

图1-11 东北大学冶金领域发明人的技术构成

东北大学是我国冶金领域的重点高校。图1-9显示，冶金领域的专利申请量约占东北大学专利申请总量的1/5，且该领域专利申请量也保持逐年上升趋势（因发明专利申请自申请日起18个月才公开，2019年和2020年的数据不准确）。图1-10显示，王国栋院士的专利申请数量遥遥领先。图1-6所示的超级钢专利发明人排名和图1-8所示的CNKI超级钢文献作者排名高度重合，反映出东北大学超级钢研发团队在冶金领域耕耘多年，稳定传承并取得了丰硕的研究成果，也成就了东北大学在我国超级钢学术研究领域的领先地位。

我们还可以粗略地分析每位科学家的重点研究方向。图1-11揭示了东北大学冶金领域发明人在专利分类角度的技术构成情况。在专利分类体系中，不同分类号表示不同的技术领域和相同技术的不同细分领域。与超级钢相关的申请主要分类号含义如下：

C22C：合金。

C21D：改变黑色金属的物理结构；黑色或有色金属或合金热处理用的一般设备；通过脱碳、回火或其他处理使金属具有韧性。

B22D：金属铸造；用相同工艺或设备的其他物质的铸造。

B21B：金属的轧制。

C22B：金属的生产或精炼；原材料的预处理。

结合分类号的技术含义可以对发明人的主要研发领域进行分析。比如，王国栋院士在 C22C 领域的专利申请量最多，C21D 领域的次之，B21B 领域的再次之，其中 C22C 为合金领域通用分类号，其他两个为工艺特点细分，王国栋院士的超级钢创新成果以改变钢的物理结构为主要特征，工艺方面的改进点集中在脱碳、回火、轧制等方面。

当然，单纯通过分类号探寻技术人员的研发领域是非常粗略的，要想准确得知技术情况还要深入阅读每一篇文献，但这种分类号粗筛可以帮助我们迅速定位钢研发流程细分领域的重点科研人员。

第二节　"飞行专家"铝锂合金

铝锂合金，从铝合金中细分而来，拥有比铝合金更优的低密度、高比强度和比刚度等特性。铝合金诞生发展的初期主要和航空工业联系在一起，"二战"时期，铝合金主要用于制造飞机。如果说还有"谁"能降低铝合金的密度，除了锂，没有其他。在质量异常敏感的航空航天工业中，铝锂合金成为"天选之子"并不奇怪。可以说，铝锂合金就是为铝合金在航空航天工业中发挥更大作用而生的先进金属材料。

一、铝锂合金发展概述

据公开资料记载，我国生产的大型客机 C919 的机身蒙皮、长桁、地板梁、座椅滑轨、边界梁、客舱地板支撑立柱等部件使用了第三代铝锂合金，合金牌号分别为 2196、2198、2099，但全部铝锂合金材料均由美国铝业公司（Alcoa）提供。

铝锂合金诞生于 1924 年的德国，名为 Scleron。接下来大规模的研究和产业化应用出现在两大阵营当中：以美、英、法为代表的欧美国家；苏联和俄罗斯。由于历史原因，在 20 世纪 60 年代以前、20 世纪 70 年代至 80 年代、20 世纪 90 年代至今的三个发展阶段中，两大阵营发展出了两种不同的技术路线。铝锂合金在各自技术路线指引下，不断接受挑战、调整和改进。

最开始，铝锂合金与同时期其他种类的铝合金相比，由于性能不达要求，没有引起太多的关注。但随着技术的进步，铝锂合金的塑韧性、各向异性、焊接性能和热稳定性都逐步改善，在国防科技领域迅速获得了一大批拥趸，从某侦察机、B58 轰炸机、某歼击机，到空客 A380 和 A350、波音 787、湾流 G650、米格 29、苏 27，现在已经应用到了宇宙飞船和航天飞机上。铝锂合金牌号也从第一代的 2020、1420、1421，发展到第二代的 2090、2091、8090、8091、1430、1450、1460，又到第三代的 2098、2096、2195、2196、2297、2397 等。铝锂合金的设计及产品的轧制、挤压和锻造等技术水平越来越高，基本达到常规铝合金的加工制造水平，大规模替代传统铝合金已成为现实。

中国铝锂合金研发起步于 20 世纪 60 年代，东北轻合金加工厂仿制第一代铝锂合金——2020 合金，但并未成功。"七五"期间，西南铝业、中南大学、东北大学、航天 703 所等单位仿制了第二代铝锂合金 2091。"八五"期间，国内众多高校和科研院所在前期技术突破基础上，试制了 1420 和 2090。"九五"期间，中南大学和西南铝业解决了第三代铝锂合金 2195 工业生产的关键工艺。历经"七五""八五""九五"和"十五"四个五年计划。近二十年的科技攻关，我国建成铝锂合金半连续熔铸生产线，国产铝锂合金成功应用于某系列导弹。

但是，与超级钢领域我国比较顺利地走在第一梯队的情形不同，铝锂合金在我国的发展并非一帆风顺，技术跟随的发展路线非常明显，目前我国对铝锂合金的研究仍然处于追赶阶段，要想在竞争中取得主动权，中国的创新主体还有很长的路要走。

全球制造生产铝锂合金的企业主要集中在美国、俄罗斯和中国。其中，美国的铝锂合金研发和生产企业有三家，分别为美国铝业公司（Alcoa）、美国的肯联铝业（Constellium）和爱励铝业（Aleris Inc.）。俄罗斯的铝锂合金研发主要是轻金属研究院，材料生产则主要在乌拉尔卡缅斯克铝业公司（Kamensk Uralsky Metallurgical Works，KUMZ）。中国的铝锂合金生产主要在西南铝业（集团）有限责任公司。三个国家共有 7 个工厂能生产铝锂合金轧制材，11 个工厂能生产铝锂合金挤压材，9 个工厂可锻制铝锂合金自由锻件与模锻件❶。这基本是目前全球铝锂合金的技术大本营。

二、文献数据中的铝锂合金画像

专利数据的检索思路：铝锂合金专利数据需要较为专业且准确的关键词、匹配的分类号，以及前面提及的主要申请人。在初期专利检索基础上，获得样本数据的扩展分类号和关键申请人，再根据扩展检索要素，检索获得进一步的

---

❶ 参见网址：https：//www. news. qq. com/a/20151106/049352. htm.

专利数据。对前后专利数据进行合并去重，然后再进行专利数据的清洗和降噪。

专利数据的清洗思路：中文专利数据主要关注申请人的企业架构、股权结构、性质规模、主营业务和知识产权集中方向等；此外需要借助国家企业信用信息系统数据、CNKI 相关文献发表情况等信息，去除明显不合理的专利数据；非中文专利数据主要关注跨国公司的母公司、子公司、控股公司、公司的并购或者拆分。其中，需要注意不同语言翻译和不同时期翻译造成的相同主体的不同名称。

通过获得的数据信息，给铝锂合金进行专利画像，具体表现如图 1 – 12 所示。

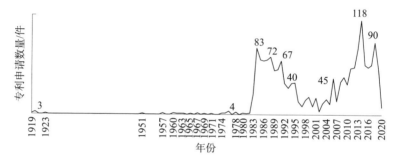

图 1 – 12 铝锂合金专利申请趋势

图 1 – 12 展示了铝锂合金专利的申请趋势，与经常见到的类似正态分布的趋势图不同，铝锂合金专利申请有以下两个特点：一是技术发展的萌芽期蛰伏时间特别久，发展极其缓慢；二是在 20 世纪的后 20 年开始至今，呈驼峰态分布，出现两个顶峰和一个凹谷。这样的申请趋势与铝锂合金坎坷的发展之路相吻合。

20 世纪 20 年代，德国科学家率先开展铝锂合金研究。1924 年推出 Scleron 合金，业内有人将其称为世界上第一种含 Li 的铝合金商品。考虑到商品推出与理论研究相比有一定滞后性，我们在文献检索时把铝锂合金技术文献记载的时间向前推了 5 年，获得了图 1 – 13 所示的铝锂合金专利文献。这是比 Scleron 合金更早的铝锂合金技术文献，其公开号为：DE367597C，申请日为 1919 年 2 月 16 日，公开日为 1923 年 1 月 23 日，发明名称为"一种铝锂合金"。该铝锂合金专利文献说明书只有 4 段，权利要求书只有 2 项。现在没有证据证明 Scleron 与 DE367597C 之间的关系，如果二者来自相同主体，这种先申请再发布产品的专利申请策略，要领先我们 100 年。

1871 年，日耳曼人建立德意志帝国，统一德国；1877 年，德国第一部专

REICHSPATENTAMT

PATENTSCHRIFT
— № 367597 —
KLASSE **40**b GRUPPE 2
(*M 64926 VI/40b*)

Metallbank und Metallurgische Gesellschaft Akt.-Ges. in Frankfurt a. M.

Aluminium-Lithium-Legierungen.

Patentiert im Deutschen Reiche vom 16. Februar 1919 ab.

Aluminium kann bekanntlich durch geeignete Legierungssätze härtbar gemacht werden. Die Zahl der hierfür in Frage kommenden Stoffe ist indessen äußerst beschränkt. Es hat sich nun gezeigt, daß Lithium dem Aluminium diese Eigenschaft in hervorragendem Maße verleiht und dabei gegenüber anderen bekannten Zusätzen den großen Vorzug hat, daß schon geringe Zusätze dieses Leichtmetalls die physikalischen Eigenschaften des Aluminiums günstig beeinflußt. Dazu kommt z. B. gegenüber Magnesium noch der Vorteil, daß Lithium infolge seiner leichten Reduzierbarkeit durch das Aluminium selbst sich verhältnismäßig einfach in das Grundmetall einführen läßt. Neben den reinen Aluminium-Lithium-Legierungen sind es vor allem auch ihre Mehrstoffabärten, die diese Fähigkeit der Wärmevergütbarkeit in besonders hohem Maße besitzen, aber auch unveredelt bedeutend höhere technologische Güteziffern aufweisen als Legierungen ohne Zusatz von Lithium.

Es sei bemerkt, daß Aluminium-Lithium-Legierungen für chemische Zwecke, insbesondere als Desoxydationsmittel, vorgeschlagen wurden. Die Erkenntnis jedoch, daß Aluminium-Lithium-Legierungen besonders wertvoll für Konstruktionszwecke sind, und zwar in Gehaltsgrenzen bis zu etwa 40 Prozent, liegt bisher noch nicht vor. Auf dieser Erkenntnis aber beruht die vorliegende Erfindung.

Es wurde weiterhin gefunden, daß bei Aluminium-Lithium-Legierungen gemäß vorliegender Erfindung eine weitere Verbesserung ihrer mechanischen Eigenschaften, die über das Normale hinausgeht, durch eine bestimmte Wärmebehandlung zu erzielen ist. Diese Wärmebehandlung ist bisher nur bei Aluminium-Magnesium-Legierungen als wirksam bekannt. Wendet man sie bei den sonst gebräuchlichen Aluminium-Legierungen an, so bewirkt sie keine irgendwie überraschende Veredelung. Bei den Aluminium-Lithium-Legierungen erhält man jedoch eine solche Verbesserung ihrer physikalischen Eigenschaften, daß sie sogar den veredelten Aluminium-Magnesium-Legierungen überlegen sind. Man erzielt nämlich dabei Festigkeitswerte bis 60 kg/mm², Dehnungswerte bis 25 Prozent und Brinellhärtewerte bis 200 kg/mm².

Die Veredelung erfolgt in der Weise, daß die Legierungen auf Temperaturen oberhalb 100° C erhitzt und nun entweder langsam abgekühlt und lagern gelassen werden oder in einer geeigneten Flüssigkeit oder im Luftstrom abgeschreckt werden. Dieses Verfahren kann erforderlichenfalls öfters wiederholt werden. Das Ausglühen kann in einer indifferenten Gasart, im Vakuum oder im Salzbade erfolgen. Bedingung ist übrigens, daß jede für eine etwaige mechanische Bearbeitung erforderliche Erwärmung (also das sogenannte Weichglühen) vor der Veredelung beendet ist.

PATENT-ANSPRÜCHE:

1. Aluminium-Lithium-Legierungen mit einem Gehalt bis zu 40 Prozent Lithium für Konstruktionszwecke und solche Gebrauchszwecke, bei denen es auf die phy-

图 1–13　最早的铝锂合金专利文献

利法颁布。随后短短数十年，德国便成为欧洲工业强国，以汽车工业为代表的德国制造业从 19 世纪末 20 世纪初开始迅速发展，其技术领先性一直延续至现在。德国比其他国家更早地在 20 世纪初期全面实现工业化，在此过程中，以激励创新为目的的专利制度发挥了积极的推动作用。在经济、技术、市场和专利制度保护等多重因素作用下，高端铝锂合金应运而生，其实并不突兀，也绝非偶然。

铝锂合金的蛰伏期长达六七十年，即便是 20 世纪四五十年代，美国铝业公司将铝锂合金成功产业化，并用于飞机蒙皮和尾翼，铝锂合金仍未引起人们的广泛重视。直到 20 世纪 70 年代，能源危机爆发，给航空工业带来了巨大的压力，迫切要求飞机轻量化，铝锂合金在米格战斗机上显著的减重效应让人们对铝锂合金重新重视起来，铝锂合金进入了第二发展阶段，世界各国掀起一场铝锂合金的讨论高潮。在这个时期，全球召开了 6 次关于铝锂合金的国际学术会议，众多科研机构、铝业公司投入大量的人力、物力、财力，专利申请出现激增，第二代铝锂合金的牌号明显增多，应用更加成熟。苏联研发的第一代铝锂合金 1420 在众多战斗机中大量使用；美国的第二代铝锂合金 2090 和英国的第二代铝锂合金 8090 开始进行装机试验。

经过 20 世纪 80 年代的大发展，铝锂合金制备方面取得了令人瞩目的研究和应用成果。但是，第二代铝锂合金仍然存在一些性能方面的劣势，如各向异性问题比普通铝合金严重，大部分合金不可焊导致减重效果降低，强度和韧性水平较低，铆接表现出较强的缺口效应，等等。而且同时期，其他新类型铝合金也在被大量地研发且产业化，挤占了原本并不占优势的铝锂合金的微小空间。

20 世纪 90 年代以后，人们对第二代铝锂合金的劣势性能进行了大量研究，对配方进行调整，使得微观沉淀相改变，改善了铝锂合金的宏观性质，加上加工工艺、热处理工艺的进步，使得铝锂合金克服了以往的许多问题，进入第三发展阶段。美国研制出 Al－Cu－Ag－Mg 系具有良好焊接性的超高强 Weldalite 2049 合金，在此基础上又开发出一系列改进型第三代铝锂合金。第三代铝锂合金的抗疲劳裂纹性能、断裂韧性和强度都比第二代铝锂合金有了显著的提高，成功地应用到飞机部件当中。我国 C919 大型客机正是采用了第三代铝锂合金，其占比达到 7.4%，综合减重 7%。

第二代和第三代铝锂合金的发展之路都不是一帆风顺的，图 1－12 所示的铝锂合金的专利申请趋势与其发展趋势基本匹配，专利数量分布呈驼峰状。第一代铝锂合金和第二代铝锂合金的牌号少，综合技术效果、经济成本也未明显优于同时期其他先进铝合金、碳纤维复合材料。但在跌跌撞撞中，铝锂合金终于迎来了第三代的突破，并凭借其不断改善的优异性能逐渐发展成为航空工业中最受瞩目的先进金属材料。

在 CNKI 中以"铝锂合金"为主题进行检索，对文献发表数量和发表机构进行统计，获得图 1－14 和图 1－15。

图 1－14 所示的我国铝锂合金文献发表数量趋势与图 1－12 所示的铝锂合金专利申请趋势基本匹配，均呈驼峰状分布，也与全球铝锂合金现代发展阶段相吻合。我国 20 世纪 60 年代开始仿制铝锂合金，但未成功；80 年代开始，中南大学、东北大学、航天 703 所等高校和科研院所开始进行深入研究，相关科技文献的发表开始呈逐年上升趋势。20 世纪 90 年代至 21 世纪初，全球铝

锂合金研究陷入第二代铝锂合金研发的困局当中，专利申请量变少，我国的科技文献发表量也减少。在技术突破进入第三代铝锂合金发展阶段后，我国专利申请量和科技文献发表量也均呈现快速增长趋势。

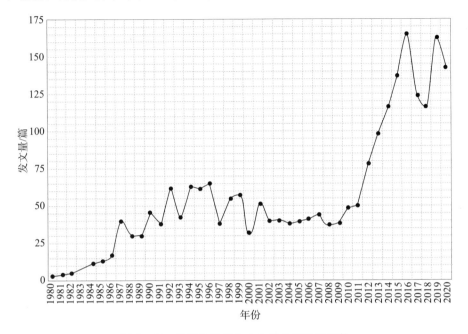

图 1-14　CNKI 铝锂合金文献发表数量趋势

根据图 1-15 中显示的我国铝锂合金文献发表机构可以看出，研究铝锂合金的高校及科研院所前五名分别为中南大学、西北工业大学、中国航发北京航空材料研究院、北京航空工程制造研究所、哈尔滨工业大学。进一步对 CNKI 文献的主题分布进行统计，获得图 1-16。

图 1-16 表明，以力学性能（包括应变速率、拉伸性能、塑性、预变形等）、焊接性能（包括激光焊接、摩擦焊、焊接速率、焊核区等）、微观组织为代表的材料性能改善和材料微观组织结构是铝锂合金非专利文献中的研究焦点。铝锂合金主要产品形式为板材，归纳起来，除了密度小，其主要具备如下优于其他合金材料的性能：

（1）弹性模量高；

（2）疲劳破坏时裂纹扩展速率低；

（3）更好的强度-韧性平衡；

（4）耐腐蚀性能好；

图 1-15　CNKI 铝锂合金文献发表机构排名

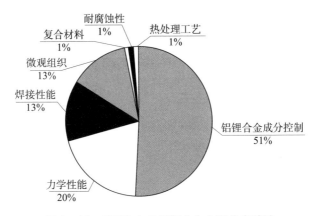

图 1-16　CNKI 文献铝锂合金主题分布统计

（5）加工性能好；

（6）热稳定性好；

（7）电导率低；

（8）性价比高。

以上优势性能来自合金成分控制、熔炼工艺、熔体保护、除气控制等多项措施，在专利文献和非专利文献中，也多涉及上述性能的改善。从文献公开的技术内容分析，我国的铝锂合金研究还处于跟随发展的状态。事实上，以美国为代表的西方国家在先发制人、实战运用、人才聚集和研发积累等因素的共同作用下，在铝锂合金领域形成了绝对的技术领先优势，之前长期致力于这一领域研发的一些企业也突出重围，占据了市场主导地位。

图 1-17 显示了铝锂合金专利申请人的前十名。从性质来看，企业申请人占据绝对优势，只有排名第九和第十的为中国的高校和科研院所，前八名均为企业申请人。从所属国家来看，第一、二、五、八名申请人均为美国企业；第三名为加拿大企业；第四名为法国企业；其余为中国企业、高校和科研院所。从企业排名、专利申请数量角度来看，美国企业在铝锂合金行业占据着绝对主导地位。第一名的肯联铝业和第二名的美国铝业均为美国的铝业公司。肯联铝业是我国 C919 的材料顾问，美国铝业是我国 C919 第三代铝锂合金的唯一提供商。两家美国铝业巨鳄在铝锂合金专利申请量上遥遥领先。

我国西南铝业、贵州华科铝材、中国航发、北京航空材料研究院和中南大学属于后起之秀，西南铝业和中南大学深耕铝锂合金多年，在基础理论研究和产业应用方面有较为突出的成绩。中南大学在国家"七五"时期，率先开始在国内高校中开展铝锂合金的理论研究。同时，中南大学与西南铝业的产学研

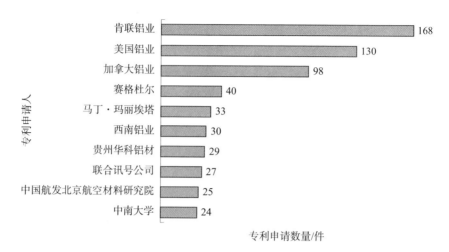

图 1 – 17　铝锂合金专利申请人

合作，也极大地推动了中国铝锂合金产业的发展。贵州华科铝材成立于2009年，是贵州铝厂、贵州大学和贵州科学院产学研标杆战略联盟组建的科技效益型公司，虽然该公司成立较晚，但在专利布局方面具有较强的意识，目前专利申请总量达 443 件，其中绝大多数为发明专利。

需要注意的是，图 1 – 17 仅显示了各企业专利申请"量"上的差异，但"质"的差异才应是大家关注的焦点。可以说，我国在铝锂合金发展上还任重而道远。目前，我国铝锂合金产业链面临关键环节缺失、技术突破难度大的问题，导致了重大项目的批量铝锂合金只能选择进口，也成为制约我国航空工业发展的"卡脖子"技术。西南铝业虽榜上有名，但其仅有我国唯一的一条铝锂合金生产试验线，仍面临成品率低、制造成本高、质量不稳等难题。俄罗斯的全俄罗斯航空材料研究所虽专利申请量少，未进入铝锂合金申请人的前十名榜单，但其科研实力非常雄厚。当然，在不断提高研发实力的基础上，如何将宝贵的技术成果利用专利制度最大化地保护起来，更是值得深思的问题。

三、旗手是谁？

肯联铝业（Constellium）是世界铝材制造业的领先者，目前已经产业化并不断更新换代其铝锂合金产品，这些产品被应用到了商用飞机、军用飞机和航天工业当中。肯联铝业在商用飞机方面，为空客、波音等提供铝锂合金解决方案；在军用飞机方面，为洛克希德·马丁公司提供 F – 16、F – 35 战斗机的铝材机身及可替换的铝锂合金解决方案；在航天工业方面，为火箭和卫星提供更加轻质和高强高韧的铝锂合金解决方案。

肯联铝业由法国佩西内铝业（Pechiney）、瑞士铝业（Alusuisse）和加拿大铝业（Alcan）整合而来，迄今已有 165 年的历史，这远比飞机和汽车的历史都要久远。肯联铝业最早研究铝材料的应用，在研发、制作、加工等全产业链积累了丰富的知识产权经验，是诸多铝工业标准的制定者。因此，肯联铝业当仁不让地成为全球铝锂合金行业的旗手。

我们对肯联铝业在全球专利布局进行检索，发现其专利申请趋势如图 1 - 18 所示。

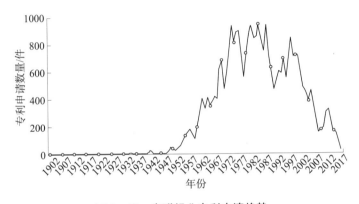

图 1 - 18　肯联铝业专利申请趋势

上述专利申请统计包含了肯联铝业以及整合前的法国佩西内铝业、瑞士铝业和加拿大铝业作为申请人和受让人，为方便起见，统一以肯联铝业之名描述。由图 1 - 18 可见，肯联铝业的铝锂合金专利申请最早出现在 20 世纪三四十年代，进入 20 世纪 50 年代后开始高速发展。肯联铝业近 70 年的高速发展离不开汽车工业和航天航空工业的高速发展，可以说，正是全球铝合金广泛应用的时代成就了肯联铝业。

对肯联铝业的全球专利布局进行统计，其区域布局如图 1 - 19 所示。

肯联铝业高度重视知识产权。在汽车工业、航空航天工业高度发达和/或市场化的国家和地区，如美国、欧洲和亚洲的相关国家，肯联铝业都不遗余力地进行全球专利布局，其中充分利用了世界知识产权组织（WIPO）和欧洲专利局（EPO）的规则。

肯联铝业在全球的专利申请技术构成如图 1 - 20 所示。

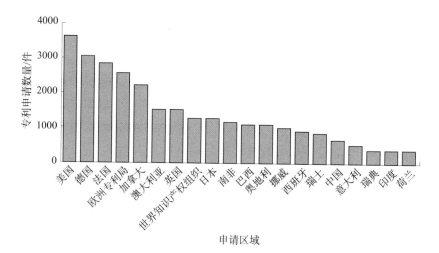

图 1-19 肯联铝业专利申请区域布局

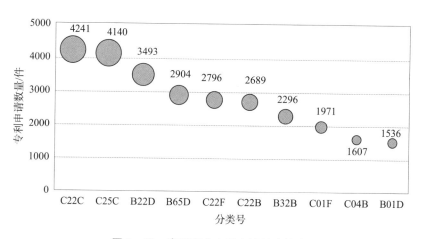

图 1-20 肯联铝业专利申请技术构成

图 1-20 中所示的分类号含义如下：

C22C：合金。

C25C：电解法生产、回收或精炼金属的工艺；其所用的设备。

B22D：金属铸造；用相同工艺或设备的其他物质的铸造。

B65D：用于物件或物料贮存或运输的容器，如袋、瓶子、箱盒、罐头、纸板箱、板条箱、圆筒、罐、槽、料仓、运输容器；所用的附件、封口或配件；包装元件；包装件。

C22F：改变有色金属或有色合金的物理结构。

C22B：金属的生产或精炼；原材料的预处理。

B32B：层状产品，即由扁平的或非扁平的薄层，例如泡沫状的、蜂窝状的薄层构成的产品。

C01F：金属铍、镁、铝、钙、锶、钡、镭、钍的化合物，或稀土金属的化合物。

结合分类号的技术含义与相应分类号的专利申请数量，可以清晰获得铝业技术领域的关键技术在于配方和工艺，其中工艺包括冶炼工艺和加工工艺。肯联铝业四位数的专利申请量覆盖了全球主要经济体区域的专利布局，体现了其在铝业技术、市场和专利方面的旗手地位。我们在铝锂合金领域的研发、生产和应用的道路上，仍然任重而道远。

第三节　绿色轻质镁合金

镁合金被誉为"21 世纪绿色工程材料"，因为它是目前所知金属结构材料中最轻的，它具有密度小、比强度和比刚度较高、加工性能优异、阻尼减振性能好、可回收利用等优点。而且，镁是地球上储量最丰富的元素之一，在陆地、盐湖和海洋中都广泛分布，特别是海水中的镁含量达到 2.1×10^{15} t 左右，可以说是取之不尽、用之不竭。随着金属材料消耗量的急剧上升，地球资源日趋贫瘠，如铝、铁、铜、铅、锌等传统金属矿产趋于枯竭的今天，镁合金材料的应用开发对于可持续发展具有重要的战略意义。

一、镁合金发展概述

第一次世界大战期间，因飞机对铝合金的需求大增，连带产生了镁合金需求。1927 年，高强度镁合金 MgAl9Zn1（AZ91）诞生，成为镁合金历史上的划时代标志。20 世纪 30 年代，德国和苏联先后在汽车和飞机上应用了镁合金材料。

经过近百年的发展，镁合金成为当前可工业化批量生产且商用中最轻的金属结构材料，其优良的力学性能、导热导电性和良好的尺寸稳定性等，使得镁合金在军用、民用的各个领域中有着非常广泛的用途，如汽车的零部件、电子产品的外壳、医用植入的血管支架、航空发动机的曲柄箱、导弹的飞行翼片、枪械的机匣和枪托等。毫不夸张地说，镁合金已经遍布人们生活的方方面面，也被称为"时代金属"和"21世界绿色工程材料"。

　　近年来，北美、欧洲、日本等发达国家/地区相继加大了对镁合金开发与应用研究的投入。镁合金的应用和研究重点开始从宇航和军工领域扩展到民用高附加值产业，如汽车、电脑、通信、家电等。这个时期，也正是汽车和3C类电子产品快速发展时期，使得镁合金消耗以每年两位数的增速快速增长。汽车强国日本、德国、美国，在汽车用镁合金的研发和技术应用方面一直遥遥领先。围绕镁合金的开发，针对国际市场的竞争日趋激烈。

　　我国是镁资源大国，同时也是镁资源生产和出口大国，但长期以来我国的镁资源产量80%以上作为初级原料低价出口，镁合金生产加工中的关键技术和应用技术研究相对落后，属于以牺牲资源和环境为代价的原料出口型工业。我国镁工业起步较晚，1957年抚顺铝厂建成第一条镁生产线，1958年开始采用铸锭-轧制法生产镁合金板材，中国镁工业进入起步期，一直持续了30年。20世纪80年代后期到90年代中期，热法炼镁取得的一些科研成果得到了推广运用，促进我国各地开始更多地投资建设镁厂，镁工业开始进入深加工发展时期。中国的镁工业发展之路极为曲折，受美国和欧盟的反倾销制裁、国家对无序建设的管控、市场恶性竞争、国际炒家炒作等各种因素影响，产业不断调整，价格大幅波动。

　　尽管如此，经过几十年的发展，我国的镁合金产业仍然取得了不错的成绩。21世纪初，营口银河镁铝合金公司与东北大学合作，采用挤压-轧制法生产400 mm宽的AZ31镁合金薄板。2005年，我国成功采用铸轧成形技术试制出AZ31B镁合金带坯，成为继德国、澳大利亚之后第三个掌握该技术的国家。作为先进基础材料产业的一个重要门类，我国镁合金材料产业积极落实"十三五"提出的系列战略措施，大力实施自主创新战略，以产学研相结合的发展思路，提高中高端产业的有效供给能力和水平，积极开展先进镁合金材料研制。近年来，我国在稀土镁合金、大尺寸铸棒、大型复杂件、高强耐热镁合金技术方面都取得重要突破。镁合金宽幅板带卷轧制成套技术已实现产业化应用，高强高韧稀土镁合金、高性能压铸镁合金和稀土镁合金成功应用于航空、航天、国防军工、汽车、电子产品等领域。

二、文献数据中的镁合金画像

　　根据加入合金元素的不同，镁合金分为不同的系列，不同系列的镁合金再经不同的热处理工艺，其性能各异，应用于不同领域的产品当中。在国际专利分类体系（IPC）中，镁合金的大组分类号为 C22C23/00，在该大组分类号下面按照化学成分又分为三个小组：C22C23/02 铝作次主要成分；C22C23/04 锌或镉作次主要成分；C22C23/06 稀土金属作次主要成分。联合专利分类体系（CPC）和日本专利分类体系（FI）中也完全相同。

　　基于与前两节相同的检索思路和数据清洗思路，对镁合金进行了专利检索，也按细分分类号统计了技术分支的申请量。专利数据库中的镁合金专利申请趋势如图 1－21 所示。

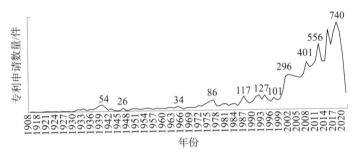

图 1－21　镁合金专利申请趋势

　　20 世纪 70 年代之前，镁合金专利申请非常少，只有在 30 年代，也就是 AZ91 诞生之后几年，德国、苏联将镁合金应用于汽车和飞机上，带动申请量有稍许增长。紧接着第二次世界大战爆发，镁合金在汽车工业上的应用搁浅，开始用于军用飞机，但当时的镁合金不易成形并且耐腐蚀性差，这阻碍了其在航空领域的广泛应用。

　　直到 20 世纪 80 年代，研究人员发现调整镁合金中的杂质元素和铁、锰元素比例，可克服镁合金耐腐蚀性差的技术难题，也就是在这个时期，镁合金的专利申请量开始逐渐上升。90 年代，德国政府制订镁合金研究计划，美国能源部和军方投资发掘镁合金潜力的各种项目，欧洲、日本和美国的汽车制造商也开始注意到镁合金在汽车轻量化方面的经济价值，此时恰逢能源危机，镁合金开始在汽车工业、电子、计算机及通信产品中大规模使用，相关专利申请量每年在 100 件左右。

　　进入 21 世纪，虽然受到国际形势等外部因素影响，镁合金产业在发展过程中不断遇到一些挫折，但随着技术水平的提高，其整体上发展势头强劲，在军用、民用、医用等领域大展宏图。伴随着计算机、电子产品、医疗器械、光学仪器等领域的快速发展，日本、韩国、美国和欧洲成为镁合金技术领先的国家/地区。我国也将"镁合金开发应用及产业化"作为"十五"期间重点攻关项目，"十三五"更是将镁合金作为先进基础材料大力发展。因此，近 20 年，镁合金的专利申请量虽然偶有小幅波动，但整体上仍然呈快速上升发展趋势，申请量不断创下新高。

按照细分分类号统计以铝、锌或镉、稀土金属为次主要成分的镁合金技术分支专利申请量，如图 1－22 所示。

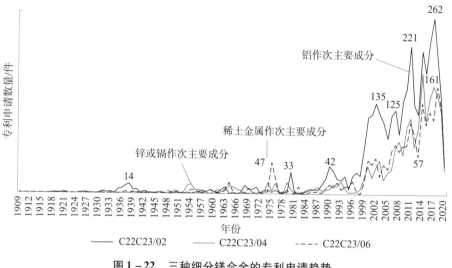

图 1－22　三种细分镁合金的专利申请趋势

从专利申请总量来看，镁铝合金的研发在镁合金体系中占据主流位置，镁锌合金和镁稀土合金相差不多。从专利申请趋势来看，三种镁合金基本同步起伏，说明各细分镁合金关联度非常高，创新发展主要受外部因素影响。

虽然主流观点将 1927 年 AZ91 诞生作为高强度镁合金的划时代标志，但在专利文献中，最早出现的镁合金技术文献是在 1908 年，如图 1－23 所示。

图 1－23 中展示的镁合金专利文献的公开号为 FR392924A，申请日在 1908 年 8 月 1 日，说明书共 4 段，只有 2 个权利要求。说明书第 1 段记载：本发明涉及一种新型金属合金，主要成分为镁和硅，以及或多或少比例的其他金属，如铁、锰或其他金属。权利要求 1 记载：一种新的工业产品，不论是否与其他金属结合，均由一种主要成分为镁和硅的合金组成。从这篇 1908 年的法国专利文献可以看出，一百多年前，法国的专利撰写人就知道将其发明细节省去，提炼最核心的技术内容——合金的两种主要成分作为权利要求的内容，以获得最大的权利范围。

对镁合金专利的申请人进行统计，如图 1－24 所示。

RÉPUBLIQUE FRANÇAISE.

OFFICE NATIONAL DE LA PROPRIÉTÉ INDUSTRIELLE.

BREVET D'INVENTION.

VIII. — Mines et métallurgie.

2. — MÉTALLURGIE.

N° 392.924

Nouvel alliage métallique et son procédé de fabrication.

M. Adolphe JOUVE résidant en France (Seine).

Demandé le 1er août 1908.

Délivré le 10 octobre 1908. — Publié le 9 décembre 1908.

La présente invention a pour objet un nouvel alliage métallique dont les deux constituants principaux sont le magnésium et le silicium, avec une proportion plus ou moins grande d'autres corps, tel que le fer, le manganèse ou d'autres métaux.

Cet alliage est préparé au four électrique par réduction de l'oxyde de magnésium (ou de toute autre matière contenant de la magnésie libre ou combinée), par le charbon en présence de fonte silicieuse, de ferosilicium ou de toute autre matière capable de fournir le silicium soit directement, soit indirectement, par réduction de la silice par exemple ou de toute autre matière contenant du silicium.

Le nouvel alliage ainsi obtenu est caractérisé par une très grande pureté; les impuretés: carbone, soufre, phosphore, etc., ne s'y trouvent qu'en quantité négligeable.

Les proportions des deux constituants principaux: magnésium et silicium, et celles des constituants secondaires sont variables suivant les applications: fabrication d'alliages nouveaux tels que des aciers spéciaux magnésifères; affinage et finissage des métaux, aciers ou autres; emploi dans les fonderies pour l'affinage de la fonte de moulage, etc.

résumé:

1° Un nouveau produit industriel consistant en un alliage dont les constituants principaux sont le magnésium et le silicium, combinés ou non avec d'autres métaux;

2° Le procédé de fabrication de cet alliage par réduction au four électrique de l'oxyde de magnésium (ou de toute autre matière contenant de la magnésie libre ou combinée) par le charbon en présence de toute matière capable de fournir du silicium, soit directement, soit indirectement.

Adolphe JOUVE.

Par procuration:

J. Germain.

图 1 - 23　最早的镁合金技术文献

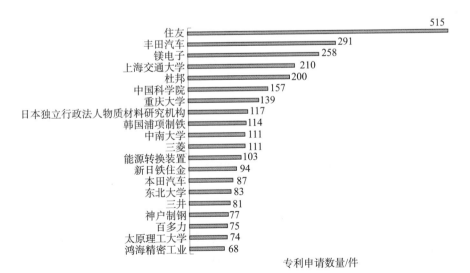

专利申请数量/件

图 1 - 24　镁合金专利申请人

图 1－24 显示了镁合金专利主要申请人的前 20 名。从申请人性质来看，企业申请人占据绝对优势，包括镁合金生产加工企业（住友、镁电子、韩国浦项制铁、新日铁住金）和镁合金应用企业（丰田汽车、本田汽车），这表明镁合金工业产业化全流程中企业占据优势地位。从申请人所属国家来看，日本企业在镁合金产业占据绝对优势，如住友、丰田汽车、三菱、新日铁住金、本田汽车、三井、神户制钢。日本从原材料制造到二次加工，在以提高强度和韧性、简化工艺、降低成本、环保和循环利用方向，均取得了优异的创新成果。这与日本政府高度重视并推进镁合金产业有密不可分的关系。1999 年，日本文部省设立特殊领域的研究经费，开展对 21 世纪超轻金属高性能镁合金的研究，以长冈大学为核心开展了汽车铸造和锻造用镁合金加工技术开发的几个大型工程项目。2019 年 5 月 10 日，日本新型新干线列车试跑，列车的车辆结构用阻燃镁合金挤压的大型材制造而成。韩国的浦项制铁于 2007 年开始研发镁合金材料技术，2017 年保时捷 911 GT3 RS 采用了浦项制铁提供的镁合金车顶，这是镁合金首次用于汽车车身并且进行量产。

与日本和韩国的申请人以企业为主不同，我国镁合金优势申请人集中在科研院所，如上海交通大学、中国科学院、重庆大学、中南大学和东北大学。这说明我国镁合金先进技术主要还停留在实验室阶段。的确，我国镁合金产业中，山西以镁合金生产为主，广东和江苏以镁压铸和深加工为主，大部分企业的产能均不高，整个行业呈现小而散的状态。据中国有色金属网报道，我国镁合金精密挤压型材列装于高铁和地铁车辆，包括挤压侧墙型材、地板导槽型材、横梁型材、中央纵梁及内外侧纵梁型材。但检索相关集团的专利申请，并未发现关于精密挤压方面的专利申请。总体而言，在镁合金具体产业应用技术方面，我国存在成品率低、规模化效应不足的问题，要解决这些技术问题，企业还需在技术、应用和市场层面继续努力。

三、中国镁合金领域的旗手

虽然日本企业在全球镁合金生产应用中占据市场主导地位，但在基础研究方面，我国并未落后很多。正如图 1－24 所示，有许多高校及科研院所致力于先进镁合金材料的研究创新，并取得了不错的成果。希望我国的"旗手们"继续深入拓展优势项目，再加上国家各项政策制度，促进产学研深入融合，让创新成果早日在应用市场上发挥更高的价值。

在 CNKI 中检索镁合金相关文献，并对获得的数据进行处理，获得图 1－25

所示的机构排名和图 1-26 所示的作者排名。

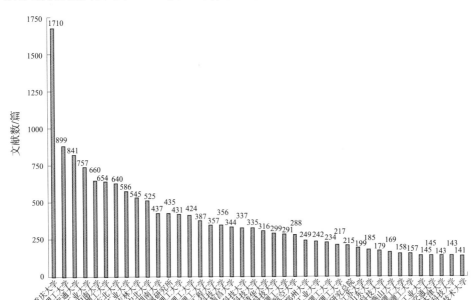

图 1-25　CNKI 镁合金文献发表机构排名

综合图 1-24、图 1-25 和图 1-26 可以看出，重庆大学和上海交通大学是我国镁合金产业中的优势单位，重庆大学发表的文献总量遥遥领先。其中，重庆大学的潘复生院士和上海交通大学的丁文江院士发表的文献总量也是大幅领先于后面的研究人员，潘复生院士和丁文江院士正是我国镁合金领域中当仁不让的旗手。

潘复生院士主要从事镁合金、铝合金、工具钢等方面的研究，专长镁合金、铝合金、稀土和复合矿综合利用、冶金铸轧技术、冶金熔体纯净化技术等方面的研究和应用，特别是在镁合金方面成就显著。潘复生院士曾任国家镁合金 "973" 项目专家组组长，现为国际标准化组织镁及镁合金技术委员会主席、中国科技部镁合金重大专项专家组成员、重庆大学国家镁合金材料工程技术研究中心主任。

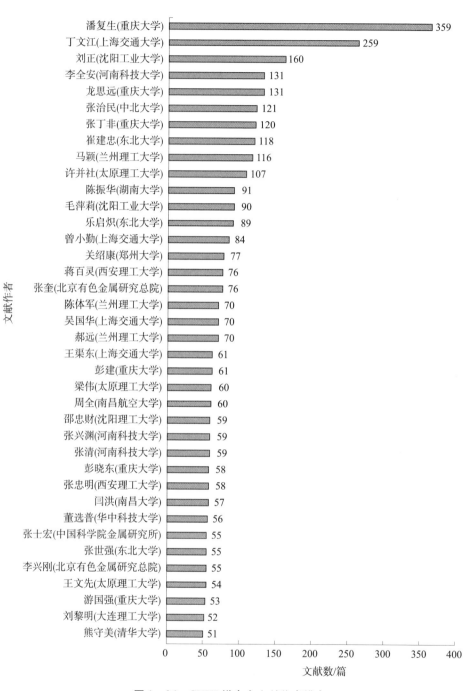

图1-26 CNKI镁合金文献作者排名

2007 年，经科技部批准，潘复生建立了国家镁合金材料工程技术研究中心。在国家"211"和"985"工程的支持下，国家镁合金材料工程技术研究中心建成拥有镁合金熔炼、压铸、半连续铸造、薄带连铸、挤压、轧制和冲压等成套研发设备及先进的材料分析检测仪器的研发基地，在解决镁合金材料塑性差、加工成形难、纯净度低等技术难题方面，都取得重要创新成果，并且推动了镁合金产品在摩托车、汽车、军工、3C 产品等方面的应用❶。

以"重庆大学"和"潘复生"为关键词在 incoPat 中进行专利检索，对获得的数据进行处理，获得重庆大学镁合金专利申请排名（见图 1 - 27）和重庆大学镁合金专利申请趋势（见图 1 - 28）。

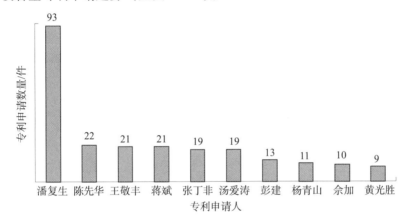

图 1 - 27　重庆大学镁合金专利申请排名

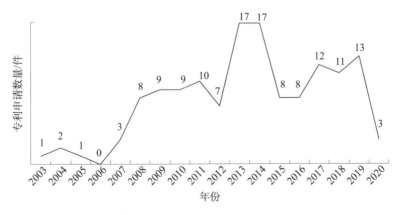

图 1 - 28　重庆大学镁合金专利申请趋势

❶　本刊记者. 坚持创新　积极推进民族工业大发展——重庆大学国家镁合金材料工程技术中心纪实［J］. 科学咨询（科技·管理），2009（1）：17.

图 1 – 27 所示的重庆大学镁合金研发团队情况，与图 1 – 26 中 CNKI 镁合金文献作者排名的情况高度重合，反映出重庆大学镁合金团队具有良好的稳定性和传承性，这也是该校在镁合金领域耕耘多年并取得良好发展的保障。近 20 年来，重庆大学依托国家镁合金材料工程技术研究中心，在承担完成一批重要的国家级项目和多个国际合作项目的同时，积累了大量的镁合金领域的知识产权。从图 1 – 28 所示的重庆大学镁合金专利申请趋势可以看到，该校在 2007 年后镁合金专利申请数量呈现快速增长趋势。丁文江院士长期从事镁合金材料及加工领域的研究，特别在高性能镁稀土合金材料、金属材料的仿生功能化、镁基可降解生物医用材料、镁基能源材料等方面成果显著。

丁文江曾担任国家科技攻关重大专项"镁合金开发应用及产业化"专家。2000 年，经国家发改委批准，丁文江参与创建了轻合金精密成型国家工程研究中心，目前该研究中心是我国重要的镁合金材料研发基地。丁文江任中心主任兼任总装先进材料技术专业组成员、全国镁业协会副会长、"973"项目首席科学家。2009 年，丁文江创建"上海市镁材料工程技术中心"，开展镁基能源与生物医用材料研究。

以"上海交通大学"和"丁文江"为关键词在 incoPat 中进行专利检索，对获得的数据进行处理，获得上海交通大学镁合金专利申请排名（见图 1 – 29）和上海交通大学镁合金专利申请趋势（见图 1 – 30）。

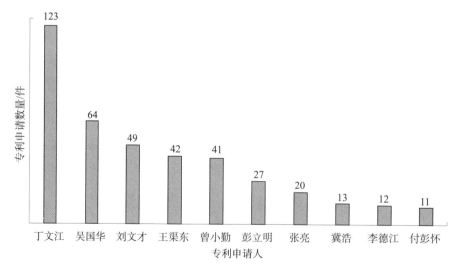

图 1 – 29 上海交通大学镁合金专利申请排名

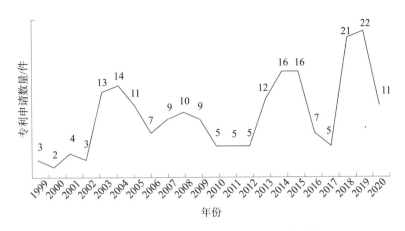

图 1-30　上海交通大学镁合金专利申请趋势

图 1-29 所示的上海交通大学镁合金研发团队情况，与图 1-26 所示的 CNKI 镁合金文献作者排名中的情况高度重合，说明上海交通大学的镁合金团队也是相当稳定的。丁文江院士和他的团队在镁合金产品研发方向、加工和处理工艺、强化和脆化机制领域，都取得了丰硕成果，并培养了一批镁合金领域的青年科研队伍。在产品研发和工艺处理结合基础上，他们制备了多种军用和民用产品，很好地推进了镁合金在产品方面的应用。

轻合金精密成型国家工程研究中心研发了多系列镁合金及其加工处理工艺，包括高强度铸造镁合金、高强度变形镁合金、耐热镁合金、高温镁合金、高塑性镁合金、高阻尼镁合金和阻燃镁合金七个方向。研究中心还研究了与镁合金性能相关的强化和脆化机制，如稀土镁合金的相变模型与强化机制、镁合金 LPSO 结构的强化机制和镁基非晶的脆化机制等❶。依托轻合金精密成型国家工程研究中心，上海交通大学积累了很多的技术理论和项目实践，拥有了丰富的镁合金领域研发的知识产权。下一步，需要努力的是推动这些先进技术成果的产业化运用和知识产权保护运营。

第四节　"多面手"钛合金

钛合金诞生于 20 世纪 50 年代，至今不过 70 年，相较具有千年历史的铁

---

❶　丁文江，等. 高性能镁合金研究及应用的新进展［J］. 中国材料进展，2010，29（8）：37-45.

和铜，以及具有百年历史的铝和镁，钛合金称得上"婴儿级"金属材料。钛合金生来就与高科技为伍，即便出现在锅具、首饰、镜框、电子产品、医疗器械等民用产品中，也都是价值不菲。钛合金具有轻质高强、耐蚀、耐热、耐高温、形状记忆、生物相容性好等一系列优异性能，这也是它能够广泛用于航空、航天、航海、军工、轻工、医疗器械等重要领域的本质原因，所以钛合金被称为"年轻有为的多面手"。

一、钛合金发展概述

钛合金是以钛为基础加入其他元素组成的合金，液态钛几乎可以与所有金属相熔融，因此钛合金种类多达数百种。钛本身是一种轻质金属，在所有元素中，钛的重量与强度的比例最高。液态钛中加入一定比例的其他金属，就可以冶炼出重量更轻、强度更高、耐腐蚀性和耐高温性更强，甚至还拥有记忆能力的钛合金。

钛合金比重、强度和使用温度介于铝和钢之间，但比强度高，耐腐蚀性能优异，是航空航天工业中使用的重要结构材料，广泛用于飞机发动机、火箭、导弹和高速飞机上。钛合金的初期发展主要聚焦在提高性能以满足工业发展需要，特别是军用飞机及其发动机减轻结构质量。第一种在实际中应用的钛合金是 1954 年美国研制成功的 Ti－6Al－4V 合金，它在力学性能、耐热性、成形性、焊接性、耐腐蚀性和生物相容性等方面都具有优异的性能，迅速成为钛合金中的王牌合金，乃至接下来诸多钛合金都是它的改型产品。

钛合金的初期发展，与英美争霸、美苏争霸息息相关。自"一战"结束，世界普遍认为空战将会成为未来战争的最大可能，美国总统里根提出争霸空间的"星球大战"计划，直接推动了航空航天工业的发展。一直持续到 20 世纪 80 年代，不同种类钛合金接续用于航空航天中，如 60 年代用于喷气发动机的 α 型钛合金 Ti－6242S（Ti－6Al－2Sn－4Zr－2Mo－0.1Si），70 年代用于机身、起落架的近 β 型钛合金 BT22（Ti－5Al－5Mo－5V－1Fe－1Cr）。

相较于航空航天领域钛合金的研发，20 世纪 70 年代起，日本另辟蹊径，开始向化学工业、建筑、眼镜架、高尔夫球杆头等应用方向进行积极探索。

20 世纪 80 年代后，随着飞机技术的飞速发展，耐蚀钛合金和高强钛合金也进一步发展。耐热钛合金的使用温度已从 20 世纪 50 年代的 400 ℃提高到 90

年代的 600~650 ℃。钛铝基合金的出现，使得钛在发动机的使用部位由发动机的冷端（风扇和压气机）向发动机的热端（涡轮）方向推进。结构钛合金向高强、高塑、高韧、高模量和高损伤容限方向发展。1984 年，英国研制成功一种具有高蠕变强度、良好的疲劳强度和变形能力的近 α 型钛合金，可适用于各种焊接。1989 年，Timet 公司开发的 β-21S（Ti-15Mo-3Al-2.7Nb-0.2Si）钛合金，具有良好的成形性、耐腐蚀性、深淬透性以及优异的高温抗氧化性能，成为制作有温度要求的飞机结构件的理想材料。

20 世纪 20 年代末，为了解决钛合金热导率低、机加工时产生的热量不易散失、产品交付周期长的缺陷，近净成型工艺应运而生并被美国、日本列为关键核心技术，世界各国开始投入大量资金和人力。

我国的钛合金工业是 20 世纪 50 年代开始起步的，先是在北京进行钛加工的研究，60 年代开始进行半工业化生产，1970—2000 年为发展阶段，钛加工材产量逐年升高，钛合金越来越广泛地用于建筑、汽车、船舶行业，还在化工设备中作为压力容器、换热设备，在医疗领域作为植入物或轮椅部件，在民用领域用于高尔夫球杆、网球拍、自行车等。进入 21 世纪，伴随着国家各种利好政策的颁布实施，以及在航空航天、海洋船舶等大型项目的拉动下，钛合金这一重要的国家战略型材料的研制更是步入了高速发展阶段。

与其他合金类似，制备工艺是钛合金领域的核心技术之一，3D 打印虽然可以批量快速生产标准化零配件，但对于战斗机的机身大框等大部件而言，仍需传统的模具铸造成型，但钛合金的铸造成型远比传统的钢铁冶炼铸造成型要严苛得多。钛合金活性高，与耐火材料都会发生反应，想要获得高质量铸造钛合金，不仅需要去除构件内部的疏松组织、气泡、缝隙等缺陷，还需要借助特殊技术保障才能实现，这远非"有限次试验"便可获得的关键核心技术。

钛合金的研发、生产和应用与综合国力、工业基础、技术水平等因素息息相关，目前主要集中在美国、俄罗斯、日本、英国、法国、中国等国家当中。钛合金在美国主要用于航天航空等军工领域；日本以民用为主；俄罗斯继承苏联的钛合金军用技术，拥有舰艇专用钛合金研发生产体系，能够生产耐压壳核潜艇，我国委托俄罗斯制造的"蛟龙号"载人舱的耐压球壳，就使用了俄罗斯的钛合金焊接技术。我国钛合金主要用于化工领域，与全球范围内航空用钛材大概占比 53% 相比，我国航空航天用钛材的占比仅为 20%，市场潜力巨大。

二、文献数据中的钛合金画像

基于与超级钢、铝锂合金和镁合金相同的检索思路和数据清洗思路，我们对钛合金进行了专利检索，专利数据库中的钛合金专利申请趋势如图1-31所示。

图1-31　钛合金专利申请趋势

图1-31基本反映了钛合金的发展历程，钛合金专利申请整体呈现为一种脉冲式增长，这里面既有钛合金随行业应用的发展适时而变，也有钛合金制造技术的快速迭代。20世纪90年代、21世纪初和2015年前后，钛合金的专利申请量都出现了一个明显的高峰。

20世纪90年代，相较英、美、苏持续在军工行业发力，日本在民用钛合金领域积累了非常可观的研究成果，钛合金专利申请量明显高于其他国家。苏联解体后，美苏航空航天争霸落幕，相同时期日本钛合金工业也落入低谷，造成全球钛合金专利申请数量下跌。

20世纪末到21世纪初，民用航空飞速发展，钛合金也进入产品设计和工艺调整的全面提速时期，钛合金进入各行各业，使用需求越来越大。2000年开始，我国钛合金专利申请出现了明显的增长，2007年之后，我国的钛合金专利申请量超过日本，将钛合金专利申请量再次推向新高。虽然实用钛合金始于20世纪50年代，但目前所知的专利文献记载的钛合金创新技术在1937年。

图1-32所示为检索到的最早的钛合金专利技术文献，来自德国，公开

DEUTSCHES REICH

AUSGEGEBEN AM
19. MÄRZ 1937

REICHSPATENTAMT

PATENTSCHRIFT

№ 642910

KLASSE **40b** GRUPPE 15

H 135280 VII40b

Tag der Bekanntmachung über die Erteilung des Patents: 4. März 1937

Heraeus-Vacuumschmelze Akt.-Ges. und Dr. Wilhelm Rohn in Hanau

Verfahren zur Herstellung von titanhaltigen Legierungen

Zusatz zum Patent 575 048

Patentiert im Deutschen Reiche vom 18. Februar 1933 ab

Das Hauptpatent hat angefangen am 28. Februar 1931.

Im Patent 575 048 ist ein Verfahren zur Reduktion von Chromoxyd und zur Herstellung von Chromlegierungen beschrieben, das darin besteht, daß Chromoxyd mit technisch reinem Wasserstoff in Gegenwart eines flüssigen metallischen Stoffes reduziert wird, der das bei der Reduktion gebildete Chrom an sich bindet.

Die in dieser Richtung weitergeführten Arbeiten haben gezeigt, daß sich das gleiche Verfahren in entsprechender Weise auch auf die Reduktion von Titanoxyd und die Herstellung von titanhaltigen Legierungen anwenden läßt.

Als Legierungsbestandteil, beispielsweise für Stähle, für Nickel- und für Kupferlegierungen, ist mehrfach Titan vorgeschlagen worden. Die Anwendung des Titans in größerem Umfang scheiterte aber daran, daß seine Gewinnung, wenn es kohlenstofffrei sein soll, mit sehr hohen Kosten verbunden ist und die damit hergestellten Legierungen infolgedessen unwirtschaftlich teuer werden. Es ist bereits vorgeschlagen worden, Titanoxyd in Gegenwart anderer Metalle mit Kohlenstoff oder Aluminium zu reduzieren. Dabei besteht aber die Gefahr, daß geringe Mengen Kohlenstoff und Aluminium in die gebildete Legierung aufgenommen werden und die Eigenschaften der titanhaltigen Legierung nach-teilig beeinflussen. Ferner ist es bekannt, titanhaltige Eisenerze mit reduzierenden Gasen zu behandeln. Bei diesen bekannten Verfahren wurde Wassergas oder Kohlenoxyd in eine aus dem titanhaltigen Eisenerz gebildete flüssige Schlacke geleitet und durch das Wassergas oder Kohlenoxyd die in den unteren Schichten der Schlacke vorhandenen Metalloxyde reduziert. Die obere Schlackenschicht stand dabei in Berührung mit Luft. Infolge der großen Verwandtschaft des Titans zum Sauerstoff wurde dabei infolge der Berührung der Schlackenschicht mit Luft etwa reduziertes Titan sofort wieder oxydiert, und das Endprodukt war ein reines Eisen.

Nachstehend wird beschrieben, in welcher Weise es wirtschaftlich möglich ist, titanhaltige Legierungen herzustellen.

Gemäß der Erfindung wird Titanoxyd oder ein Titanoxyd enthaltendes Erz oder ein Titanoxyd enthaltendes Oxydgemisch in einer Atmosphäre aus technisch reinem Wasserstoff reduziert in Gegenwart eines Metallbades, das das bei der Reduktion gebildete Titan physikalisch oder chemisch an sich bindet. Ein Metall oder eine Legierung, die zur Bindung des Titans fähig ist, sei nachstehend als Aufnehmer bezeichnet. Als Aufnehmer können beispielsweise die Metalle der Eisengruppe (Eisen, Nickel, Kobalt, Mangan) oder

图 1-32 最早的钛合金专利技术文献

号为 DE642910C，申请日为 1933 年 2 月 18 日，公开日为 1937 年 1 月 23 日，发明名称为一种钛合金。该专利说明书第 1 段引用了申请人更早的一份关于冶炼方法的专利 DE575048，申请日为 1931 年 2 月 28 日，公开日为 1933 年 4 月 24 日。专利文献 DE642910C 请求保护一种钛合金，采用了申请人在先专利申请 DE575048 中的冶炼方法。这种引用在先专利申请技术的方式反映了技术延续型发明的申请方式。在冶金技术领域中，如果发明的冶炼方法具有一定的普适性，就可以在一个专利当中构建多层次的保护范围，也可以先将冶炼方法申请为基础性专利，然后根据具体合金基体元素、其他元素的调整，申请产品或方法外围专利。直到今天，这也是专利布局中一种重要的专利申请和布局策略。

对钛合金专利的申请人进行统计，获得图1－33。

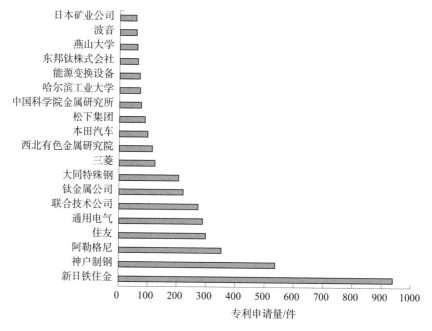

图 1－33　钛合金专利申请人

如图 1－33 所示，很多申请人都是钢铁企业，当钢铁产业进入低利润时期时，企业转向更具前途的钛合金，技术门槛较容易突破。从申请人所属国家来看，钛合金相关技术主要集中在日本、美国、中国等国，尤其以新日铁住金和神户制钢为代表的日本企业，其专利申请量远超其他申请人。

与镁合金情况类似，我国钛合金申请人主要集中在高校和科研院所，在图1－33 所示排名中占据四席，分别是西北有色金属研究院、中国科学院金属研究所、哈尔滨工业大学和燕山大学。这说明我国的先进钛合金技术也多处于实验室中，企业需在技术研发、产品应用和市场层面多加努力。作为我国规模最大的钛材加工企业，以及中国钛工业第一股，宝钛集团并未进入全球钛合金专利申请的前 20 强。从专利申请、专利布局等角度来看，宝钛集团在基础理论研究、新领域应用等方面，与国际钛合金的领先企业尚有较大差距。

虽然钛合金用途广泛，但其在门槛高、技术要求严苛的航空航天领域应用更能反映一个国家的技术实力和研发水平。目前我国航空航天领域钛合金需求量在总需求量中所占比例偏低，民用飞机基本都是从波音、空客企业购买。我国的 C919 大飞机、航天空间站、嫦娥探月工程都会大量使用钛材。严重的供需矛盾是我国钛合金工业的历史机遇和挑战，我们期待"躺"在实验室中的技术成果能够早日转化为市场应用。

三、中国钛合金领域的旗手

我国钛资源丰富，同时具备较为完善的钛全流程工业化生产技术。伴随着国民经济长期持续快速发展，我国钛合金产业发展迅猛。中国大飞机计划、嫦娥计划以及不断发展的汽车、医疗和体育休闲业等，对钛及钛合金制品提出了更高的质量和性能要求。我们从技术和产业的角度出发，寻找中国钛合金产业的旗手。

在 CNKI 中检索钛合金相关文献，并对获得的数据进行处理，获得图 1-34 所示的发表机构排名和图 1-35 所示的发表作者排名。

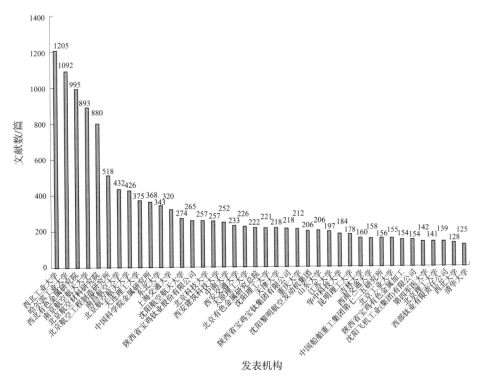

图 1-34　CNKI 钛合金文献发表机构排名

图 1－35 CNKI 钛合金文献发表作者排名

综合图 1 - 33、图 1 - 34 和图 1 - 35 可以看出，位于我国西北部钛产业基地的西北有色金属研究院是我国钛合金产业中的优势单位。排名前十位的作者中，有三位来自西北有色金属研究院。其中，西北有色金属研究院赵永庆教授的文献发表数量遥遥领先。

赵永庆教授是西北有色金属研究院副总工程师、陕西省钛工程技术研究中心主任、国家"万人计划"科技创新领军人才、国家"973"计划首席科学家（钛合金）、国家重点领域创新团队"钛合金研制创新团队"带头人。赵永庆教授团队发明的高强高韧损伤容限钛合金 TC21、中强高韧损伤容限钛合金 TC4 - DT、超高强钛合金 Ti - 1300 等已完成了工程化，开始批量化生产，在国家重要工程上获得了应用，其中 TC21 和 TC4 - DT 已成为航空的主干钛合金，开创了我国发明的钛合金在飞机上应用的先例。赵永庆教授团队发明的乏燃料后处理工程用特种耐蚀钛合金 Ti - 35 也处于产业化阶段，船舶用钛合金 Ti - 75、Ti - 31 也已经在海洋工程中获得应用。赵永庆教授团队建立了钛合金显微组织特征的定量分析模型与方法，实现了不同类型的显微组织特征的定量描述；提出了钛合金损伤容限机理；发明了两相区变形 + 两相区热处理提高钛合金损伤容限性能的技术等❶。

以"西北有色金属研究院"为关键词在 incoPat 中进行专利检索，对获得的数据进行处理，获得西北有色金属研究院钛合金专利申请（见图 1 - 36）。

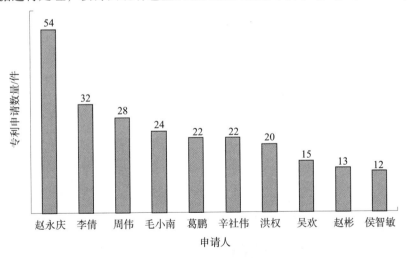

图 1 - 36　西北有色金属研究院钛合金专利申请排名

---

❶ 参见网址：https://sn.ifeng.com/a/20180601/6622822_0.shtml.

图 1–36 展示了西北有色金属研究院钛合金研发团队情况，这与图 1–35 中 CNKI 钛合金专利文献作者排名的情况高度重合，反映出西北有色金属研究院钛合金技术团队的稳定性，这也是西北有色金属研究院在钛合金领域耕耘多年并取得良好发展的保障。从 20 世纪 60 年代仿制美国、英国等国的钛合金开始，到如今拥有自主知识产权的 Ti–75、Ti–35、Ti–B19、Ti–91、Ti–55C、TC21、Ti–40、Ti–14、TP650、Ti–600、SiC/Ti40、TC4–DT、Ti–811ZB、Ti–26、CT20、Ti–700 和 Ti–SP 等众多钛合金，西北有色金属研究院一直在技术研发的道路上深耕细作。

图 1–37 展示了西北有色金属研究院钛合金专利申请趋势。2000 年是中国钛产业发展的一个分水岭，之前是中国钛产业的萌芽期，之后是中国钛产业的成长期和飞速发展期。2000 年后，国企逐步改制，民企进入钛合金应用和加工产业，经济活力进一步增强，大量钛材在国民经济各个领域也得到广泛应用。西北有色金属研究院也转制为科技型企业，从 2000 年开始，在全国较早探索科技人员持股，并将不低于 40% 的无形资产量化分配给个人。2003 年，西北有色金属研究院孵化出西部超导公司，该公司于 2019 年成为全国首批科创板上市企业之一。西北有色金属研究院保留和巩固了原有的基础研究和应用研究及人才，继续保持技术开发优势，使得 2000 年后钛合金领域的专利申请量伴随企业快速发展而大幅提升。

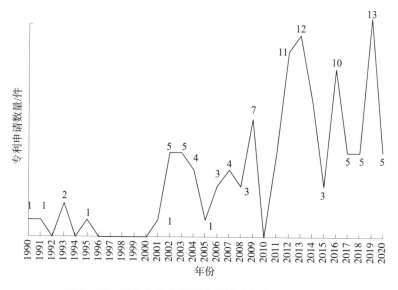

图 1–37 西北有色金属研究院钛合金专利申请趋势

　　本章以相互印证的文献数据为核心，介绍了超级钢、铝锂合金、镁合金和钛合金基本情况、发展历程，以及旗手集体或人物。可以预见，未来以钛合金为代表的各类先进金属材料领域将会产生更多的创新成果，只有科学管理和有效保护这些创新成果，才能让它们在经济建设和市场运用中发挥更大的价值。

第二章　从技术创新到专利保护

技术创新是驱动经济发展的动力源泉，但是光有创新还不够，要让创新之树枝繁叶茂，在应用中结出累累硕果，需要制度为它保驾护航，这个制度就是以专利制度为代表的知识产权制度。纵观近现代经济社会发展历史，越是技术进步与经济繁荣的国家，其知识产权制度越健全和完善，知识产权既是社会财富，也是国家发展战略的必然选择。

当前，越来越多的创新主体已经认识到做好知识产权保护工作的重要性，但落实到具体工作上，还多有茫然之处。例如，虽然知道技术研发成果要申请专利，但对专利价值却往往停留在证书层面，与实际应用脱节，对怎样申请专利也缺乏足够的经验。特别是处于研发一线的技术人员，在研发的逻辑思维和工作方式惯性主导下，存在重课题申报、轻申请交底，重成果推广、轻权利布局的问题，一些很好的创新成果并没有形成高价值的专利，甚至因为申请文件撰写不专业、技术交底不到位，或者与专利代理师沟通不充分等原因而错失权利。虽然专利代理机构能够提供专业的帮助，但要将技术创新不断地转化为优良的、高价值的专利，仍需要创新主体了解专利基本知识，并深度参与到专利申请过程当中，与专利代理师通力配合，布局能够有效保护创新的权利体系。

第一节　无处不在的创新风险

从技术创新到专利申请再到专利授权保护，在这个过程中，大多数创新主体更关注技术的研发和结果的应用，至于申请专利的事情往往缺乏重视，要么把技术资料交给专业人士去做，要么自己按照模板写一写，并不在此花费过多的精力。事实上，技术研发、专利申请、授权保护、专利运用等各个环节均伴随着不确定的风险，这种风险其实从研发伊始就已经存在了，并且可能存在于后续的每一个行为中，对创新以及企业的发展产生影响。下面依照时间顺序，从专利的创造、保护和运用阶段三个方面分析创新风险的主要来源。

一、创造阶段

专利创造过程，包括以申请专利为阶段目标的技术研发过程和申请直到获得专利权的过程。在专利研发过程中，技术本身、创新主体研发能力、管理体系以及外部环境，都存在很多不确定因素。

1. 研发启动的决策风险

确定研发方向是创新主体开始新项目研究的第一步。通常，以企业和科研院所为代表的创新主体会在总结内部已有技术的基础之上，结合外部已经存在的专利技术，探索新的研发方向，而做出研发定位的决策往往成为关乎项目成败，甚至创新主体发展的关键之举。

不同创新方式的选择会带来不同程度的风险。一方面，原始创新起点高，成功后企业将拥有自主知识产权，避免对他人的技术形成依赖，有利于赢得市场竞争优势；另一方面，原始创新难度大，对技术研发规划、整体创新能力、技术人员综合素质、资金投入以及创新文化等都有较高的要求，任何环节的不足都将诱发风险。集成创新是在现有技术基础上的集成和改进，通过站在他人技术之上，降低研发成本，节省研发时间。但这种创新方式，容易导致创新成果落入他人权利范围，受制约而存在不确定性。

确定研发方向需要收集大量的专利情报、技术发展信息、行业内专利诉讼和侵权信息、行业动态、主要竞争对手的动态等资讯，还要对自身技术有全面客观的认识，结合发展阶段和特点，分析预判研发突破口和适合的方向。这一过程中的各个环节都存在风险点，如专利信息情报收集和检索工作不够充分从而导致结果失真，对自身技术发展定位不准确、研发目标不够科学等，均有可能对技术创新结果产生影响。

2. 研发进行中的风险

研发阶段可能导致的风险包括重复研发导致的浪费、侵权研发、研发失败、研发成果提前公开、研发能力限制、技术外泄、组织与管理效能低导致研发周期变长等，对这些风险的管控不仅要涉及技术管理，更涉及综合管理。

创新主体的自主研发能力如何，是研发成功与否的决定性因素。研发能力体现了创新主体综合能力强弱，包括研发人员的技术水平，还包括经费的投入、软硬件配置、管理水平等，这些都会影响研发能否顺利进行，是研发阶段需要考量的重点因素。此外，一些外部不可控因素，如竞争对手动态、市场环境、国家政策等，也可能对研发进程产生影响。

虽然近年来我国企业和科研院所的科技人员引进力度较大，尤其是大中型企业中科学家和工程师的数量及其占科技活动人员的比例大幅度提升，但整体而言，我国企业研发人员占比还是相对较低。此外，很多企业和科研院所缺乏有效的人才参与机制和完善的人才管理体系，尤其是缺乏以产权激励为主的长期激励机制，导致创新人才流失率较高，吸引人才困难，最终影响自主创新的成功和创新效果的实现。

侵权风险管控是研发管理当中必须考虑的因素，如果没有做好充分的准备，一旦辛苦做出的技术成果陷入侵权纠纷，后果可能是灾难性的。因此，在研发过程中需要实时监控现有专利技术，弄清楚研发成果是否可能存在侵权风险，风险的级别如何，是否有规避方式，需要提前做出怎样的防备，以便将可能引发的侵权和诉讼风险降到最低，降低可能带来的损失。

3. 专利申请风险

专利申请阶段存在的风险主要包括三个层面。一是技术本身的问题，如创新高度不足，不适合申请专利等；二是申请策略不当，包括申请时机问题、专利代理机构或代理师选择问题、申请过程把控问题、海外申请和专利布局问题等；三是申请文件撰写存在不符合法律规定之处，包括技术信息披露不足、权利要求体系构建不恰当等。如果上述因素考虑不足，使得创新成果最终没有获得有效的权利保护，不仅浪费人力和物力，还可能会失去技术发展的先机，甚至对创新主体的战略发展具有极其不良的影响。

技术本身的问题属于申请前端风险，与研发决策和过程密切相关。

申请策略层面，可能存在由于企业整体缺乏专利保护的意识和管理能力，导致申请时机不恰当、专利技术扩散、专利布局没做好等问题，造成企业丧失申请优势。由于审批制度的特点，提出申请的时间过早或过晚都存在一定的风险。专利审批期漫长，过早申请和公开可能导致技术外泄。特别是在跨国申请时，部分申请国出于保护本国企业利益，会利用专利制度延长专利授权时间，从而使企业在各国获取商业利益的风险加大。有的技术相对来说生命周期短，但申请发明所耗时间较长，如果错过了申请的最佳时期，即使获得了授权也可能由于技术已更新迭代而失去了保护的意义。

专利代理机构和专利代理师的选择也是影响专利质量的重要因素，不合适的选择可能对专利的走向产生不利影响。这里说的选择不仅仅是对于代理机构和代理师资质能力的选择，还涉及代理服务合同内容的确定。有时候出问题并不是代理机构或者代理师选择得不对，而是购买的代理服务不合适，没有给予专业意见展示的机会。

在实体内容方面，虽然一份专利申请是否能够最终获得授权与审查员的判断有关，但更重要的是体现了申请人或专利代理师对于专利制度的熟悉和运用能力。专利申请有不符合法定授权条件的风险，影响着企业技术研发的产出和后期效果。专利撰写具有很强的技术性和法律性，因此专利申请文件的撰写质量是除技术本身创新性之外对研发成果能否获得授权的最重要影响因素。在某些情况下，高质量的撰写甚至能够弥补技术创新高度略显欠缺的不足，但这也极其考验申请智慧。一项发明创造能够取得专利权，除了形式要件要符合专利法规定之外，还要具备新颖性、创造性、实用性、说明书公开充分、权利要求以说明书为依据等诸多规定；同时为了有效保护创新成果，保护范围的大小也极为关键。要通盘考虑这些因素，对申请文件的撰写或者技术交底提出了很高的要求。

二、保护阶段

专利授权后，创新主体在专利权维持期间，主要会面临权利维持期限选择、无效和侵权纠纷应对等问题。

权利维持是指在专利授权后，在法定保护期限内，专利权人依法向专利行政部门缴纳规定金额维持费使得专利继续有效。在此期间，可能存在的风险通常体现在专利维持成本与收益之间的失衡。专利的保护期限过短，专利价值可能无法实现；专利保护期限长，则维持成本升高，比如一些专利密集型技术，如果专利带来的价值不及维持成本，显然也是不划算的。当专利被提起无效宣告请求时，最主要的风险在于由于专利本身缺陷导致被宣告无效或部分无效，以及在应对过程中付出较高的成本。

侵权诉讼是专利纠纷最主要也是最耗成本的形式。在其他方式难以达到保护效果时，创新主体通常不得不采用专利诉讼手段来维护自己的权益。但进入诉讼程序后显然结果具有不确定性，也会给创新主体带来诉累。而且，被控侵权人通常会对涉案专利提起无效宣告请求，因此有可能出现维权目的没有达到，专利反倒被宣告无效的结果。此外，无效宣告的程序烦琐耗时，有可能导致整个专利诉讼耗费的时间成本和经济成本远远高于侵权损害赔偿金额，极端情况下甚至可能超出创新主体的承受能力。在我国，大多数企业专利风险意识不强，没有专职的法务人员和专利管理人员，证据保留和收集意识也较弱，使得其对专利被侵权的应对能力较低。

三、运用阶段

专利作为一种无形资产，其价值在于运用，也可以称为运营，包括通过自行实施、技术许可、转让、质押融资等方式实现市场价值，同时提高企业竞争优势。专利运用是创新主体对专利资产的系统开发和利用，其目的在于最大限度地实现专利价值，获取商业利益。专利运用是否成功不仅是技术本身的事，而且与创新主体自身经营管理状况有关，因此风险也来自多个维度，如专利许可和转让协议条款拟订不当、人员变动导致核心专利流失、潜在竞争对手增加、经营不善导致丧失竞争优势地位等。

1. 专利实施不利

我国专利整体质量水平不高，应用水平也较低。诸多科研院所或中小企业专利数量虽然多，但核心竞争力强的不多，同时囿于研发与应用的隔阂、管理不科学、专业技术人才流失、配套技术缺失、营销能力不足和资金困难等因素，很多新技术方案难以通过二次创造应用于生产实践，最终导致专利技术成果商业转化率较低。长此以往，技术创新也将失去经济动力。

实施专利技术的过程中，有可能涉及利益纷争，被他人提出无效宣告请求而被动应对，甚至最后权利被宣告无效，也有可能侵犯他人的在先专利权，还有可能被模仿或替代而发现专利权由于保护范围不恰当无法覆盖这些替代方案。同时，专利实施依赖于专利技术的成熟度，如果专利技术不成体系或者不够成熟，可能造成技术转化率低下或产品质量不稳定，缺乏市场竞争力。

2. 实施许可风险

专利实施许可，指专利权人允许另外的自然人或法律实体（例如公司），在一定的地域范围和专利有效期间内，实施专利权的行为。专利实施许可分为独占、排他和普通实施许可。许可风险主要来自合同签订不明确或不恰当，许可方和被许可方都可能遭遇，如许可期限、许可对象、许可方式、许可地域、许可费用以及违约责任等问题上，双方经常发生争议。

许可方主要可能面临的是被许可方违约、债务不履行的风险。而被许可方在实施过程中，通常处于弱势地位，还可能进一步面临权利被无效、技术不能实现、出现可替代技术等风险。实践中由于专利过期失效、权利被无效、发生权属纠纷等原因造成被许可方遭受损失的例子比较常见，被许可方遭受的损失不仅仅是支付了高额使用费，更重要的是其借助专利技术迅速占领市场、获取垄断利润的经营布局被打乱。

3. 专利购买和转让风险

专利购买和转让，是指权利人将自己享有的专利申请权或者专利权，依照相关法律规定转让给他人，一般包括出售和折股投资等形式，支付对价购买专利权的人为受让人。

转让通常通过合同实现，因此转让风险最主要来自合同签订，如合同未清楚约定利益分配、侵权责任、专利被无效、技术无法实施等情况导致的纠纷。实践中也经常出现将尚不成熟的技术当作成熟的技术、将非专利产品当作专利产品进行转让的案例。还有的转让方在转让专利技术时，为了获取更多利益，隐瞒其技术已转让的事实，甚至将已约定不能转让的技术拿来再次转让，给受让人造成经济损失或使受让人无法实现其预期的经济效益。

4. 质押融资风险

专利质押融资，是企业将自己拥有的专利权作为质权标的向商业金融机构申请贷款，是专利运用的新型模式。已经有越来越多的中小企业通过专利质押融资政策获得周转资金，获得快速发展的机会。通过专利质押融资虽然是科技型中小企业获得融资的一种途径，但在专利质押融资的过程中，企业仍会面临风险。例如，融资结果无法达到企业预期，使得企业难以得到与其专利价值等值的贷款，甚至使得银行对企业的质押贷款失去意愿，影响企业的资金运转。专利质押融资时，以专利作为质押标的，与该专利相关的经营活动往往涉及企业的技术秘密，可能存在秘密泄露风险。此外，当披露内容涉及企业正在研发的技术和产品时，向银行披露经营活动，很有可能会使技术公开，导致企业的研发成果无法被授予专利权。

第二节　专利制度——为"创新之树"搭建"庇护之所"

从技术创新种子形成伊始，一直到其成长为参天大树，风险无处不在。其中，与技术研发管理、企业经营和市场竞争环境相关的风险具有更多的不可控因素相比，与专利文件质量相关的风险对于创新主体来说可控性是最高的——只要选对了人，比如技术人员与有经验的专利代理师密切配合，不难为"创新之树"量身打造一栋合适的"庇护之所"。好的"庇护之所"能够为"创新之树"遮风挡雨，使它不受破坏和偷窃，结出丰硕的果实——产生经济效益，提升市场竞争力。因此，对创新主体而言，运用专利制度为"创新之树"搭建一所合适的"庇护之所"，是避免创新风险的最值得投入的手段。

一、技术创新的两种主要保护方式

说到保护技术创新，人们最先想到的可能就是申请专利，但在专利制度产生之前，还有一种方式也曾经在保护创新的舞台上扮演着重要的角色，那就是技术秘密。直至今日，技术秘密也被公认为是除专利制度外最常用的一种创新成果保护方式。那么，技术秘密与专利到底有什么区别？为什么在专利制度产生后技术秘密保护逐渐失去了优势地位呢？

专利权是将发明创造向国家专利行政管理部门提出专利申请，经依法审查合格后，专利申请人被授予的在规定的时间内对该项发明创造享有的专有权。权利人可以在规定时间内对专利技术垄断，进行独占实施，或许可、转让他人实施。技术秘密属于商业秘密的一种，是指不为公众所知悉、具有商业价值并由权利人采取保密措施的技术信息。技术信息可以是有特定的完整的技术内容，构成产品、工艺、材料及其改进的技术方案，也可以是某一产品、工艺、材料等技术或产品中的部分技术要素。专利和技术秘密都属于知识产权范畴，却有着非常不同的特点。

一项技术从立项、研发到应用和创造价值，其间要经历很多环节，也可能产生不同的技术信息和阶段性的技术成果。对于这些信息和成果，创新主体既可以选择公开技术、申请专利的方式保护，也可以选择保密方式，作为技术秘密来保护，不同的保护方式具有不同的特点。

第一，技术方案的公开性不同。是否公开是两种权利最核心的区别。申请专利必须公开技术内容，这是专利制度设立的初衷，即以公开换保护。发明创造被授予专利权后，权利人会获得一段很长时间的垄断权，该权利受国家保护，其对价是权利人必须将自己的技术充分公开，使得公众能够获知，丰富现有技术库，从而促进国家技术进步。因此，申请专利时，作为国家授予权利的证明，专利文件具有权利公示作用，权利人是公开的，与发明核心内容相关的技术细节也都记载在专利文件中。专利的公开性使得竞争对手有机会了解专利权人的技术底细，也允许和鼓励其他人在此基础上进一步改进，研制出更先进的技术，这样才能起到促进整个社会技术进步的作用。相比之下，技术秘密最重要的一点就是秘密性，理论上只有技术秘密一直被保持在秘密状态，即不为竞争对手所知，才可能实现它的价值。为此，技术秘密持有者必须采取充分的保密措施。但是，随着科技的发展，许多创新成果很容易被反向工程破解，就算采取保密措施，也无法阻止他人通过合法手段获知技术内容。因此，对于这类创新成果而言，采取技术秘密的方式保护基本无效，专利保护是最优选择，通过公开自身技术获得法律保护，争取主动权，为后续的发展奠定较好的技术和法律基础。当然，对于那些不容易破解的技术而言，两种方式都可供选择，但由于秘密不公开的特点，会导致一旦发生侵权纠纷，举证责任及相关秘密点的梳理工作较为困难。

第二，保护力度不同。专利权的保护依托于国家强制力，具有绝对的排他性，未经允许他人无权实施。因此，在侵权诉讼中，只要权利人拥有专利权证书，同时证明侵权人所使用技术落入其权利范围内，即可主张权利。而技术秘密的独占性则是相对的，它不依靠任何专门法律而产生，只是依据保密措施而实际存在。权利人必须制定一整套完整的保密措施，否则该技术秘密被泄露的风险很大。此外，技术秘密不能对抗独立开发出同一技术的第三人。也就是说，虽然甲拥有技术秘密，但其只能向非法获取自己技术秘密的人主张权利，而不能阻止乙通过独立开发、反向工程、公开场合的观察、善意取得等手段获得同样的技术并加以应用。

第三，保护期限和维持方式不同。根据我国《专利法》的规定，发明专利的保护期限为20年，实用新型专利的保护期限为10年。每年专利权人必须按规定缴纳相应的年费，否则将丧失权利。而技术秘密没有明确的期限限制，也就是说，如果技术秘密一直被权利人采取较好的保密措施进行保护，也无人破解，那么该技术信息会一直受到法律的保护，不会被强制公开，也不需要缴纳费用。但是，由于技术秘密需要采取措施维护以防止泄密，接触到相关技术秘密的人通常也会受保密措施、保密合同、竞业禁止协议等限制，所以通常需要高额成本的支持。

第四，保护的地域性不同。由于主权原因，专利权的一个显著特点就是具有地域性，即一项技术在哪个国家申请并获得专利权就在哪个国家受到保护，该权利在未获得授权的国家不会被认可。换句话说，如果有其他人就同样的技术在该未获授权的国家申请并获得了专利权，则意味着前一权利人也不能在后一权利人的权利所在国实施该技术。与之相对，技术秘密保护无地域限制，权利持有人只要保守好其秘密，就可以在全世界任何国家使用他所持有的技术秘密。

第五，获得保护的途径不同。专利权的取得需要申请人以法定形式向国家专利主管行政机关申请，经审查符合我国《专利法》关于授予专利权的规定要件方可取得专利权，程序相对复杂。相比之下，技术秘密的取得并不需要经过审批程序，一旦拥有并采取保密措施就自动获得相关权利。

综上，采用技术秘密方式保护创新成果一般会综合权衡以下方面：

首先，创新成果是否容易通过反向工程获取，也就是技术门槛高不高。如果他人容易从公开渠道获得的产品或服务中了解和分析出其创新技术方案，则此类技术不适合作为技术秘密保护，而应该考虑专利保护，否则很容易被模仿。反之，对那些不容易破解的技术方案可以考虑通过技术秘密保护。例如，已经有一百多年历史的可口可乐，其配方并未被申请专利，而是以技术秘密的形式被保存下来。由于保密措施得当，竞争者无法得到配方，侵权假冒就很难，这是以技术秘密为保护措施的成功典型。老干妈、云南白药等和它比较类似，特别是云南白药这块金字招牌，其制作工艺一直秘而不宣，并身居"国家保密配方"之列，甚至产品说明书中都没有成分项目记载。

其次，技术生命周期的长短和产业规模经济效益。如果创新技术成果能够在长时间保持先进性，并且在相当长的时间之内均可以得到市场的认可，就可适用技术秘密的保护方式。创新性高但经济寿命不长的技术容易随着市场的变化而被淘汰，花费一番精力申请了专利，产品可能已经过时了，这种情况下采取技术秘密进行保护可以避免申请专利的较长时间和烦琐程序，同时可以节省专利权的维护成本。

最后，维护权利的成本付出和难度。专利保护的程序和费用相对明确，可预期性高，费用也有减免政策，而保护技术秘密涉及制度、软硬件设备及维护人员稳定性等方面，其维护成本一般远大于专利权的维护成本。此外还应当考虑在遭遇侵权时，哪一种方式的救济成本更低，举证更容易。例如，专利侵权案件中一个较难举证的方面是被控侵权方法技术方案的证据获取，而技术秘密在保护阶段和秘密点举证方面要求权利人的义务较重。

同一项技术成果无法同时受到这两种手段的保护，但同一发明的不同组成部分或同一项目的不同阶段可以采用二者联合的立体保护措施，如在前期准备研发时确定以专利还是技术秘密保护为核心，在研发期、投入期先以技术秘密保护，同时等到有阶段性成果或时机成熟时或必要时转而申请专利，选择适合的专利类型进行申请，这样将专利保护和技术秘密保护方式结合起来，拓宽发展之路，达到权利最大化。

二、专利制度初探

纵观两种保护方式，技术秘密保护的主要优势在于没有保护期限的限制，保护程序简单，但是成本很高，如果没有成熟的保护方案，泄露风险也较大，此外维权过程中侵权认定较难。相比之下，专利保护的主要优势在于由国家强制力保证技术的专有垄断权，保护力度较大，举证相对容易，虽然有保护期限限制，但在技术不断更新迭代的今天，这一问题相对于其优势而言是可以妥协的；此外，申请专利的地域性和程序复杂性也是可以通过技术手段克服的问题。

因此，专利保护成为当前应用最为广泛的创新技术保护手段。世界知识产权组织的统计表明，世界上 90% ~ 95% 的发明创造都能够在专利文献中查到，并且许多发明也只能在专利文献中查到。随着经济全球化的发展，市场竞争越来越取决于自主创新能力和技术实力的竞争，而专利作为创新能力和技术实力的重要指征，表现当然非常抢眼。伴随着我国专利事业的不断发展，包括企业、科研院所和自然人在内的创新主体的专利权观念越来越普及，人们更加重视利用专利制度来保护科技成果。

1. 专利制度发展历史速览

专利（patent），从字面上理解，是指专有的权利和利益。"patent"这个单词来自拉丁文的"litterae patentes"，意思是公开的信件或公共文献，是中世纪的欧洲君主用以授予权利与恩典的文件，盖上君主的印玺之后，这封公开信件就是权利的证明，见信者皆应服从，后来指英国国王亲自签署的独占权利证书，使发明人能够在一定期限内独家享有某些产品或工艺的特权，而不受当地行会的干预。在现代，专利一般是由政府机关或者代表若干国家的区域性组织根据申请而颁发的一种文件，这种文件记载了发明创造的内容，使得在一定时期内，他人只有经专利权人许可才能实施获得专利的发明创造。

世界上第一部最接近现代专利制度的法律是 1474 年威尼斯共和国颁布的《发明人法规》，1623 年英国颁布《垄断法》（1624 年实施），标志着现代专利制度的建立。美国率先于 1836 年建立实质审查制，即依据实用性、新颖性、创造性原则进行审查。1883 年 3 月 20 日在巴黎签订的《保护工业产权巴黎公约》（以下简称《巴黎公约》），则标志着专利制度向国际化、统一化、协调化的方向发展。1970 年于华盛顿签订的《专利合作条约》（Patent Cooperation Treaty，PCT），约定各缔约国对保护发明的申请的提出、检索和审查进行合作，并提供特殊的技术服务，进一步加深了国际合作。

我国的《专利法》是在改革开放的背景下诞生的，1984 年 3 月 12 日，第六届全国人民代表大会常务委员会第四次会议通过了《中华人民共和国专利法》，1985 年 4 月 1 日正式实施，后来经过四次修改，不断完善。自专利制度在我国建立以来，极大地促进了经济社会发展和技术进步，有效地激发了全社会的创新活力，显著提高了我国企业核心竞争力，也增强了国内外投资者的信心。经过 30 多年的努力，我国专利申请量、授权量大幅攀升，自 2011 年至 2020 年，中国专利申请量连续 10 年居世界首位。

2. 专利权的特点

独占性、地域性和时间性是专利权的三个基本特点。

发明创造就好比创新主体培育的一棵有价值的树木，既可以供人乘凉，又可以收获果实。如果这棵树种植在公共区域，任何人都可以无偿享用到它的树荫和果实，这可能损害植树人的利益。想要将自己的劳动成果比较好地保护起来，植树人可以将这棵树种在自己的地盘上，给它搭建一间合适的"庇护之所"，这就是取得专利权。植树人通过修建"庇护之所"来宣示自己对"创新之树"的所有权，他人若想享受树下的阴凉、获取树上果实，需要得到植树人的允许，这是专利权的第一个特点——独占性。即在法律规定的范围内独占使用、收益、处分其发明创造，并排除他人干涉的权利。独占性由法律赋予，受法律保护，体现专利权人对知识财产的占有。任何人要实施专利，除了法律另有规定的情况，必须得到专利权人的许可，并按照双方协议支付费用，否则专利权人可以依据专利法向侵权者提起诉讼，要求赔偿。

专利权的第二个特点是地域性。被每一国家或地区授予的专利权仅在该国家或地区的范围内有效，在其他国家和地区不产生法律效力。如果专利权人希望在其他国家享有专利权，那么，必须依照其他国家的法律另行提出专利申请。除非加入国际条约及双边协定另有规定，任何国家都不承认其他国家或者国际性知识产权机构所授予的专利权。

专利权的第三个特点是时间性，也就是法律规定了权利的期限。期限届满后，专利权人对其发明创造不再享有制造、使用、销售和进口的专有权。这样，原来受法律保护的发明创造就成了社会的公共财富，任何单位或个人都可以无偿地使用。各个国家专利法中对于专利权的期限规定不尽相同。我国《专利法》第 42 条规定："发明专利权的期限为二十年，实用新型专利权的期限为十年，外观设计专利权的期限为十五年，均自申请日起计算。"

3. 专利制度的基本作用

我国《专利法》第 1 条开宗明义地说明了立法宗旨，即"为了保护专利权人的合法权益，鼓励发明创造，推动发明创造的应用，提高创新能力，促进科学技术进步和经济社会发展"。这也是专利制度的最基本作用。

从个体层面看，专利是商品经济的产物，人们行使专利权的最主要目的就是利用专利的商业价值，取得商业利益。创新主体通过法定程序明确发明创造的权利归属关系，从而有效地保护发明创造成果，获取市场竞争优势。专利权是垄断权，可以最大限度地保护专利权人的技术创新成果，排除竞争，他人未经许可侵犯专利权，可以依法追究其责任，获得侵权损害赔偿。专利技术也可以作为商品转让或许可使用，比单纯的技术转让更有法律和经济效益，从而最大化地实现技术成果的经济价值。此外，专利权作为无形资产，还可以用于融资和技术入股，许多国家对专利申请人或者专利权人有一定的扶持政策。这些都反映了专利在经济层面的作用，正如美国前总统林肯的名言："专利制度是为天才之火浇上利益之油。"

从社会层面看，专利制度通过实现技术成果的经济价值，鼓励创新，从而实现整个社会的技术不断革新，为科技和经济发展提供前进的动力。在此过程中，高新技术的商品化和产业化是创新活动的关键环节，创新者的热情和积极性是创新持续进行的原动力之一，而能够有效保护专利权的制度则是保持全社会创新热情和积极性的重要保障。创新主体投入了大量人力、物力、财力获得创新成果，向社会公开了技术方案，如果能够充分保障专利权人的权益，使得专利权人能够从中获益，则能够激励创新主体继续发挥聪明才智，不断创新，促进技术更新换代。反之，如果专利权人公开了技术方案，但社会配套行政和司法制度却没有跟上，专利权人的合法权益无法得到保障，侵权责任得不到追究，将会打击创新热情，最终影响整个社会的经济发展和技术进步。

总之，专利制度在现代市场经济环境下发挥着越来越重要的作用，专利权的获得对创新主体的研发和生产经营活动具有莫大的鼓励，也对社会发展起到极大的促进作用。当然，对于创新主体而言，这一切的前提是，其专利是有效的，对创新的保护是充分的。如果给"创新之树"搭建的"庇护之所"不够牢固或者结构不够合理，很可能经不起风雨的考验，容易坍塌——不能获得权利或者权利无效，或者虽然不至于坍塌但不能对"创新之树"提供有效保护——保护范围过窄，则很容易让竞争对手窃取创新果实，规避侵权责任。

第三节　创新主体应知的专利申请二三事

既然专利制度是保护创新的最重要手段，而专利权作为为"创新之树"

量身打造的"庇护之所"有诸多讲究，那么大家不免会产生这样的疑问：到底怎样才能获得高质量的专利？

一些技术人员在略微了解一些专利基础知识后，往往认为"照葫芦画瓢"就能解决专利申请的问题，殊不知，专利申请是专业性和实践性非常强的工作，即使熟记各项法律规定，通过了专利代理师资格考试，如果缺乏足够的实践经验积累，也基本不可能做到高质量的申请。本书的目的并不是教会创新主体如何撰写高质量的专利申请，而是给创新主体指引一条通向高质量申请的路径，即了解申请专利的基本知识、领域特点和难点，从而有的放矢地选择合适的专业人士——专利代理师。需要明白的是，在这条路径中，主角仍然是创新主体，只有创新主体将自己的技术充分交底给专利代理师，专利代理师才能将其加工成高质量的申请文件。

那么，什么叫"充分交底"呢？就是了解专利代理师撰写一份专利申请文件的基本需求，并且能够在专利代理师的提示下进一步补充完善。这一切需要创新主体了解专利申请的基本知识，本节就从专利类型、申请流程和授权条件等方面介绍这些基本知识。

一、专利类型

在我国，专利分为发明、实用新型和外观设计三种类型，不同类型的专利在保护范围和保护效力上有所不同。

1. 发明专利

根据《专利法》第 2 条第 2 款的规定，发明是指对产品、方法或者其改进所提出的新的技术方案。这里的"新"，并不是新颖性的判断标准，而是为了与"发明"相呼应，而且"新"不一定是全新的意思，可以是对先前方案的改良与更新。发明的定义当中，关键词在于"技术方案"，也就是说，要求保护的方案是能够解决技术问题、获得技术效果的方案，这一点是相对于纯理论的科学发现而言的。在先进金属材料领域，绝大多数应用技术方案都可以申请发明专利，只需注意，对于一些新机理的揭示，必须联系其能够解决的技术问题。例如，保护主题不可以写成"Si 元素含量对钢板残余奥氏体稳定的影响"，因为这属于纯理论的科学发现，但可以写成"一种通过控制 Si 含量提高钢板残余奥氏体稳定性的方法"。

发明专利从保护主题上可分为产品发明和方法发明两大类。产品发明包括由人生产制造出来的物品（如机器、仪器、设备、化合物、组合物等）以及由多种物品配合构成的系统（如信号发射与接收系统），方法发明包括所有利用自然规律通过发明创造产生的方法（如制造方法、操作方法、工艺、应用等）。发明专利的保护年限是 20 年，自申请日起计算。

金属材料领域大部分的技术创新源于材料本身和制备工艺，以材料的组成、制备工艺的改进和参数优化、具体应用为主要特征，因此发明专利申请是该领域申请的主要类型。发明专利的保护范围以权利要求书记载的为准。

图 2 - 1 ~ 图 2 - 3 所示为典型的金属材料领域的发明专利授权公告文本首页和权利要求页。

(19)中华人民共和国国家知识产权局

(12)发明专利

(10)授权公告号 CN 106521239 B
(45)授权公告日 2018.07.20

(21)申请号 201611021851.X

审查员 王玮

(22)申请日 2016.11.21

(65)同一申请的已公布的文献号
　　申请公布号 CN 106521239 A

(43)申请公布日 2017.03.22

(73)专利权人 西北有色金属研究院
　　地址 710016 陕西省西安市未央路96号

(72)发明人 赵永庆 赵彬 张平祥 侯智敏
　　尹燕飞 曾光

(74)专利代理机构 西安创知专利事务所 61213
　　代理人 谭文琰

(51)Int.Cl.
　　C22C 14/00(2006.01)
　　C22F 1/18(2006.01)

权利要求书1页 说明书6页 附图2页

(54)发明名称
　　一种核反应堆用高冲击韧性低活化钛合金

(57)摘要

　　本发明提供了一种核反应堆用高冲击韧性低活化钛合金,由以下质量百分比的成分组成:由以下质量百分比的成分组成:Al 3.5%～5.5%,V 2.0%～5.0%,Zr 2.0%～5.0%,Cr 0.5%～2.0%,Si 0.1%～0.5%,余量为钛和不可避免的杂质。本发明钛合金与传统TC4钛合金相比具有相近的室温综合力学性能,而其更优的低活性、中子辐照组织稳定性更适合在中子辐照环境下使用,同时良好的耐海水腐蚀性能使该钛合金材料能够满足未来滨海核电站和水上浮动核电站包壳结构材料使用,具有广阔的应用前景。

图 2 - 1　发明专利的授权公告文本首页

CN 106521239 B 权 利 要 求 书 1/1 页

1.一种核反应堆用高冲击韧性低活化钛合金,其特征在于,由以下质量百分比的成分组成:Al 5.0%,V 4.0%,Zr 2.0%,Cr 1.5%,Si 0.3%,余量为钛和不可避免的杂质;所述高冲击韧性是指该钛合金在25℃室温条件下的冲击功为60J以上,所述低活化是指该钛合金经过100年中子辐照后的剩余伽马辐射功率为$1×10^{-2}$Sv/h以下。

2.一种核反应堆用高冲击韧性低活化钛合金,其特征在于,由以下质量百分比的成分组成:Al 4.0%,V 3.0%,Zr 3.0%,Cr 1.0%,Si 0.1%,余量为钛和不可避免的杂质;所述高冲击韧性是指该钛合金在25℃室温条件下的冲击功为60J以上,所述低活化是指该钛合金经过100年中子辐照后的剩余伽马辐射功率为$1×10^{-2}$Sv/h以下。

3.一种核反应堆用高冲击韧性低活化钛合金,其特征在于,由以下质量百分比的成分组成:Al 3.5%,V 3.0%,Zr 3.0%,Cr 0.5%,Si 0.1%,余量为钛和不可避免的杂质;所述高冲击韧性是指该钛合金在25℃室温条件下的冲击功为60J以上,所述低活化是指该钛合金经过100年中子辐照后的剩余伽马辐射功率为$1×10^{-2}$Sv/h以下。

4.根据权利要求1至3中任一权利要求所述的一种核反应堆用高冲击韧性低活化钛合金,其特征在于,所述杂质包括Ni、Fe、O、C、Cu、Co和H,所述钛合金中各杂质的质量百分含量分为:Ni≤0.005%,Fe≤0.03%,O≤0.15%,C≤0.02%,Cu≤0.005%,Co≤0.0001%,H≤0.003%。

图 2 - 2 产品发明专利的权利要求页

CN 106148762 B 权 利 要 求 书 1/1 页

1.一种低温用TA7-DT钛合金棒材的制备方法,其特征在于,具体包括以下步骤:
步骤1,选取成分均匀的TA7-DT合金铸锭;
步骤2,棒坯锻造:
将步骤1选取的TA7-DT合金铸锭在相变点以上加热,锻造为组织均匀的精锻坯料,具体为:将TA7-DT钛合金铸锭,在相变点以上140℃～170℃加热,充分保温,经3火次镦拔后,在相变点以上0℃～30℃加热,充分保温,5火次直拔、捧圆,加工成组织均匀的Φ85mm～Φ100mm精锻坯料;
步骤3,坯料精锻:
将步骤2得到的精锻坯料,在相变点加热,充分保温,一火次精锻,精锻过程中坯料的变形率为65%～80%,加工成轧制坯料;
步骤4,坯料轧制:
对步骤3得到的轧制坯料在相变点以下加热,充分保温,轧制,加工成棒坯;
步骤5,热处理:
将步骤4制得的棒坯进行热处理,然后矫直磨光,即得到低温用TA7-DT钛合金棒材。

2.根据权利要求1所述的一种低温用TA7-DT钛合金棒材的制备方法,其特征在于,步骤1中所述TA7-DT合金铸锭按照质量百分比由以下元素组成:Al:5.20%～5.70%,Sn:2.50%～2.90%,Fe≤0.08%,C≤0.08%,N≤0.05%,O:0.07%～0.11%,H≤0.05%,余量为Ti,以上元素质量百分之和为100%。

3.根据权利要求1所述的一种低温用TA7-DT钛合金棒材的制备方法,其特征在于,所述步骤3中加热温度,允许波动-10℃～+10℃。

4.根据权利要求1所述的一种低温用TA7-DT钛合金棒材的制备方法,其特征在于,所述步骤4中加热温度为相变点以下0℃～30℃。

5.根据权利要求1所述的一种低温用TA7-DT钛合金棒材的制备方法,其特征在于,所述步骤4中轧制过程中坯料的变形率为85%～95%。

6.根据权利要求1所述的一种低温用TA7-DT钛合金棒材的制备方法,其特征在于,所述步骤5中热处理具体为:将棒坯在785℃～815℃下保温1h。

图 2 - 3 方法发明专利的权利要求页

图 2-2 示出了产品发明专利的权利要求书，共包括四项权利要求，其中权利要求 1~3 是独立权利要求，也就是从整体上反映发明的主要技术内容，无须用其他权利要求来确定其范围和含义的完整权利要求。权利要求 4 是从属权利要求，就是跟随独立权利要求之后，引用在先权利要求（包括独立权利要求或从属权利要求），并用附加技术特征进一步限定其特征的权利要求。图 2-3 示出了方法发明的权利要求书，包含了一项独立权利要求 1 和五项从属权利要求 2~6。

独立权利要求的项数、限定内容和从属权利要求的引用关系有相当大的讲究，体现了申请人的权利布局。从属权利要求是独立权利要求的下位权利要求，是对独立权利要求的进一步改进或优化，本身落入独立权利要求保护范围之内，但撰写时通常通过引用形式省略了被其引用的权利要求的所有特征，只是增加了新的技术特征或进一步细化的技术特征。从属权利要求主要目的是构建多层次的权利要求保护范围。许多技术成果的发明点不止一个，或者在一个大范围当中有许多优选的实施方案，用独立权利要求进行上位概括，以争取尽可能大的保护范围，但这种概括可能存在一定的风险。例如，概括太宽，囊括了现有的技术方案而导致缺乏新颖性或创造性，或者得不到说明书内容支持。在授权或确权过程中，独立权利要求因存在问题而导致技术方案不能被授权或应该被无效时，如果那些限定了更下位或更进一步发明点的从属权利要求有可能仍然成立，就可以将其上升为新的独立权利要求，使得方案仍然能够被授予专利权或者部分维持有效。

2. 实用新型

根据《专利法》第 2 条第 3 款的规定，实用新型是指对产品的形状、构造或者其结合所提出的适于实用的新的技术方案。同发明一样，实用新型保护的对象也必须是技术方案。但是，实用新型专利保护的技术方案范围较发明窄，它只保护有一定形状或结构的新产品，不保护方法以及没有固定形状的物质（如液体、气体、粉状物、颗粒物以及玻璃、陶瓷等）。实用新型整体上技术水平较发明要低，保护年限是 10 年，自申请日起计算。

创设实用新型这种保护类型主要是针对低成本、研发周期短的小发明创造，因为发明专利授权时间周期一般长达 2~3 年，并且要求较高，不易通过审查，而实用新型一般不进行实质审查，通过初步审查后即能快速得到授权，使得一些简单的、改进型的技术成果能够快速产生经济效益。如果有人对授权后的实用新型有效性存在疑义，可以启动无效宣告请求程序，这种依请求审查的方式滤除了那些无实际效用的实用新型，大大节约审查资源。

由于实用新型专利申请保护范围的局限性，只保护以形状、结构改进为特征的产品，金属材料领域有许多以材料和方法为主的创新成果无法采用这种形式保护，通常申请实用新型专利的是一些制造类设备，如锻造、冲压、剪切等加工设备，材料的测试设备，以金属材料为特征的具体产品制品等。同发明一样，实用新型专利的权利要求书也是确定实用新型保护范围的依据，其中独立权利要求与从属权利要求的关系也与发明相同。图2-4和图2-5所示分别为金属材料领域典型的实用新型专利授权公告文本首页和权利要求页。

(19) 中华人民共和国国家知识产权局

(12) 实用新型专利

(10) 授权公告号 CN 202116595 U
(45) 授权公告日 2012.01.18

(21) 申请号 201120205459.7

(22) 申请日 2011.06.17

(73) 专利权人 攀钢集团有限公司
地址 617067 四川省攀枝花市东区向阳村攀钢集团有限公司科技部
专利权人 攀钢集团攀枝花钢钒有限公司

(72) 发明人 杨泽猛

(74) 专利代理机构 成都虹桥专利事务所 51124
代理人 何强

(51) Int.Cl.
C21D 1/26 (2006.01)
C21D 11/00 (2006.01)
C21D 9/573 (2006.01)

权利要求书 1 页   说明书 3 页   附图 1 页

(54) 实用新型名称
镀锌连退火炉

(57) 摘要

本实用新型公开了一种能够缩短停炉时间的镀锌连退火炉。该镀锌连退火炉，包括炉体，在炉体的辐射式废气预热段、无氧化加热段设置有排烟管与多个烧嘴，在炉体的辐射管加热和均热段设置有辐射管，在辐射管上设置有排废气管与多个烧嘴，所述烧嘴上均连接有空气管、燃气管，在空气管、燃气管上均设置有切断阀，所述切断阀上连接有控制器，控制器上连接有检测器。当镀锌连退机组发生紧急停机时，检测器检测到的参数发生变化，进而通过控制器将切断阀闭合，实现自动停炉，能够使多个切断阀同时闭合，大缩短了停炉的时间，有效的防止了带钢被烧蚀或烧断，保证镀锌连退机组的正常生产，避免产生严重的后果。适合在冶金领域推广应用。

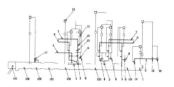

图2-4　实用新型专利的授权公告文本首页

1. 镀锌连退退火炉,包括炉体(1),炉体(1)分为辐射式废气预热段(101)、无氧化加热段(102)、辐射管加热和均热段(103)、缓慢冷却段(104)、气体喷射冷却段(105)、低温保持段(106)、转向辊段(107),在炉体(1)的辐射式废气预热段(101)、无氧化加热段(102)设置有排烟管(2)与多个烧嘴(3),在炉体(1)的辐射管加热和均热段(103)设置有辐射管(4),在辐射管(4)上设置有排废气管(5)与多个烧嘴(3),在炉体(1)的气体喷射冷却段(105)设置烧嘴冷却装置,所述烧嘴(3)上均连接有空气管(6)、燃气管(7),在空气管(6)、燃气管(7)上均设置有切断阀(9),其特征在于:所述切断阀(9)上连接有控制器(10),控制器(10)上连接有用于检测各种参数的检测器(11)。

2. 如权利要求1所述的镀锌连退退火炉,其特征在于:所述空气管(6)、燃气管(7)上设置有流量调节阀(12)、流量孔板(13)。

3. 如权利要求2所述的镀锌连退退火炉,其特征在于:所述流量孔板(13)上连接有检测器(11),检测器(11)上连接有控制器(10),控制器(10)与流量调节阀(12)相连接。

4. 根据如权利要求1至3中任意一项权利要求所述的镀锌连退退火炉,其特征在于:所述烧嘴(3)上设置有氮气管(8),在氮气管(8)上设置有切断阀(9),切断阀(9)上连接有控制器(10),控制器(10)上连接有检测器(11)。

5. 如权利要求4所述的镀锌连退退火炉,其特征在于:所述排烟管(2)上设置有炉压挡板(14)。

6. 如权利要求5所述的镀锌连退退火炉,其特征在于:在所述炉体(1)上设置有检测器(11),检测器(11)上连接有控制器(10),控制器(10)与炉压挡板(14)相连接。

7. 如权利要求6所述的镀锌连退退火炉,其特征在于:所述排烟管(2)上设置有排烟挡板(15)与排烟风机(16)。

8. 如权利要求7所述的镀锌连退退火炉,其特征在于:所述排烟管(2)上连接有检测器(11),检测器(11)上连接有控制器(10),控制器(10)与排烟挡板(15)、排烟风机(16)相连接。

9. 如权利要求8所述的镀锌连退退火炉,其特征在于:所述喷气冷却装置为冷却风机(17)。

10. 如权利要求9所述的镀锌连退退火炉,其特征在于:在所述炉体(1)上设置有检测器(11),检测器(11)上连接有控制器(10),控制器(10)与冷却风机(17)相连接。

图 2-5 实用新型专利的权利要求页

3. 外观设计专利

外观设计是指对产品的整体或者局部的形状、图案或者其结合以及色彩与形状、图案的结合所作出的富有美感并适于工业应用的新设计。形状是指对产品造型的设计,也就是指产品外部的点、线、面的移动、变化、组合而呈现的外表轮廓;图案是指由任何线条、文字、符号、色块的排列组合而在产品的表面构成的图形;色彩是指用于产品上的颜色或者颜色的组合。

外观设计与发明、实用新型有着明显的区别,外观设计注重的是设计人对一项产品的外观所作出的富于艺术性、具有美感的创造,但这种具有艺术性的创造不是单纯的工艺品,它必须具有能够为产业上所应用的实用性。外观设计保护年限为自申请日起15年。

同发明专利和实用新型专利不同的是,外观设计专利没有权利要求书,其保护范围以表示在图片或者照片中的该产品的外观设计为准，另外附有简要说明，可以用来解释图片或者照片所表示的产品外观设计。图 2-6 和图 2-7 所示分别为金属材料领域典型的外观设计专利授权公告文本首页、简要说明和图片页。

(19)中华人民共和国国家知识产权局

(12)外观设计专利

（10）授权公告号 CN 305014580 S

（45）授权公告日 2019.01.25

（21）申请号 201830579286.2

（22）申请日 2018.10.17

（73）专利权人 宁波市神光电炉有限公司
地址 315153 浙江省宁波市海曙区石碶街
道冯家村上河头

（72）设计人 陈恩光

（74）专利代理机构 宁波市鄞州甬致专利代理事
务所（普通合伙）33228

代理人 李迎春

（51）LOC(11)Cl.
15-02

图片或照片 8 幅 简要说明 1 页

（54）使用外观设计的产品名称
高频淬火炉排气盖

立体图1

图 2-6 外观设计专利的授权公告文本首页

可以看出，外观设计专利保护的对象与发明专利和实用新型专利相比有本质的不同，它不是以技术性为核心，而是因美感而存在的具有一定用途的设计。对技术方案来说，可替代性较低，有的领域甚至只有唯一一种技术解决途径，而对于外观设计来说，核心是美感，所以不具有技术独占功能。因此，对于先进金属材料领域而言，人们更关注的技术方案的保护，外观设计不是主要保护模式。

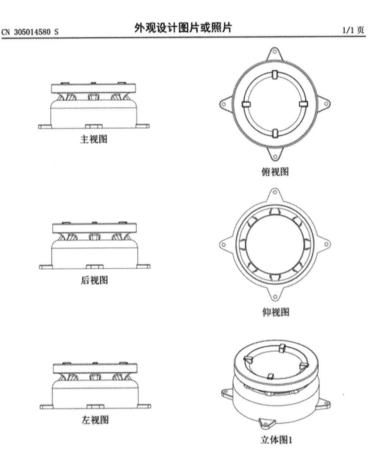

1.本外观设计产品的名称:高频淬火炉排气盖。

2.本外观设计产品的用途:本外观设计产品用于安装在高频淬火炉的排气管上,是高频淬火炉的部件。

3.本外观设计产品的设计要点:在于产品的形状。

4.最能表明本外观设计设计要点的图片或照片:立体图1。

CN 305014580 S 　　　　　　外观设计图片或照片 　　　　　　1/1 页

主视图

俯视图

后视图

仰视图

左视图

立体图1

图 2 - 7　外观设计专利的授权公告文本简要说明和图片页

二、专利申请基本流程

发明专利的审批程序主要包括受理、初步审查、公布、实质审查以及授权五个阶段。实用新型或外观设计专利的审批程序主要包括受理、初步审查和授权三个阶段，如图 2 − 8❶ 所示。

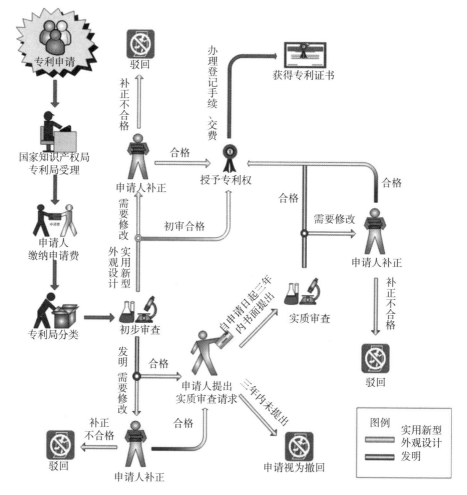

图 2 − 8　三种专利审批流程

一件专利申请自递交申请到授权，需要经过许多环节步骤。在我国，发明专利申请是实质审查制，实用新型和外观设计是初步审查制，前者的审批时间较后者长很多。

1. 发明专利申请流程

专利申请可以自己提交，也可以找具有资质的专利代理机构代为提交，如

---

❶　图片来源于国家知识产权局网站。

果选择代理机构代理，则创新主体首先要向代理机构进行技术交底，专利代理机构的代理师根据技术交底书完成专利申请文件的撰写，申请人确认后，代理机构按照规定要求将申请文件提交给国家知识产权局。国家知识产权局受理后，进入初步审查，对一些明显缺陷或形式问题进行审查，如果存在问题，通知申请人补正，合格后予以公开。随后，依照申请人的请求，进入实质审查阶段，审查员将对申请文件是否符合法定授权条件进行审查，如果没发现不符合授权条件的问题，则予以授权。如果实质审查阶段审查员认为申请文件不符合授权条件，会告知申请人，听取申请人的意见陈述，申请人还可以对申请文件进行一定程度的修改，如果经意见陈述和修改后仍然不符合授权条件，则审查员会驳回该专利申请。图 2－9 示出了一件专利从技术交底到专利授权的大致流程。

图 2－9　发明专利申请流程

在整个过程中，第一步确定技术交底资料、第二步撰写申请文件以及第七步的实质审查涉及专利技术的核心，是整个流程中最重要的三个环节。

发明专利从技术成果完成到递交专利申请再到授权，整个流程时间比较长，曾经有极端的情况，专利授权时已经过了自申请日起算 20 年的有效期，但我国目前发明专利的审查周期通常在两年到三年。在递交专利申请之前，属于创新主体研发和与专利代理机构交底的内部流程，创新主体可根据自身需要安排和控制时间节点，自主性较强。自申请递交后直至授权，其时间则主要受法定流程实质审查过程中申请人与审查员之间的交流沟通情况等因素影响，具有较大的不确定性。图 2－10 示出了发明专利审查流程。《专利法》规定了两个时间节点，一是对发明公开不晚于自申请日起第 18 个月，二是实质审查请求的提出不晚于自申请日起三年内。

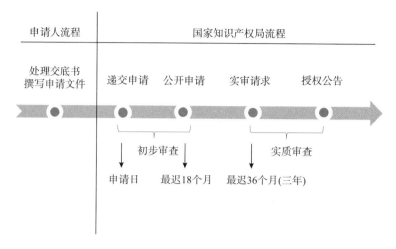

图 2-10　发明专利审查流程

2. 实用新型专利和外观设计专利申请流程

实用新型专利和外观设计专利申请的审批流程比发明专利简单得多，如图 2-11 所示。提交申请文件后，经过初步审查合格，即授权公告。

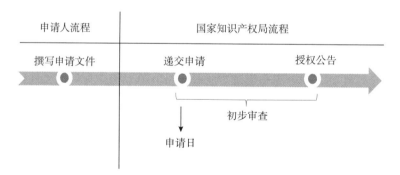

图 2-11　实用新型专利/外观设计专利审查流程

3. 驳回复审

当专利申请被审查员认定不符合授权条件而驳回时，申请人不服的，作为救济手段，可以提起复审请求。我国《专利法》第 41 条规定："专利申请人对国务院专利行政部门驳回申请的决定不服的，可以自收到通知之日起三个月内向国务院专利行政部门请求复审。国务院专利行政部门复审后，作出决定，并通知专利申请人。"

在我国，复审请求是向国家知识产权局下设的专利局的复审和无效审理部提起。复审和无效审理部会组成三人合议组对案件进行审查，审查过程中申请人可以修改申请文件和陈述意见。如果合议组认为驳回理由不正确，或者经过修改驳回理由指出的缺陷已不存在，则会撤销驳回决定，将案件发回实质审查部门继续审查。如果合议组经审查仍然认为申请不符合授权条件，则作出维持驳回决定的复审请求审查决定。当事人对该复审请求审查决定不服的，可以向人民法院提起行政诉讼。

4. 无效程序

虽然授予专利权经过了一系列的法律审查，但因审查手段和证据获取的局限性，仍难免出现一些"漏网之鱼"——被授予专利权的申请并不符合法律规定，尤其是未经实质审查的实用新型专利和外观设计专利更是如此。世界上绝大多数国家都采用设立授权后专利权无效宣告程序来解决该问题，即让社会公众有提出取消该专利权的机会，以达到纠正不符合法律的错误授权，进而维护社会和公众的合法权益。我国《专利法》第45条规定："自国务院专利行政部门公告授予专利权之日起，任何单位或者个人认为该专利权的授予不符合本法有关规定的，可以请求国务院专利行政部门宣告该专利权无效。"在我国，无效宣告请求的受理和审查也是在国家知识产权局专利局的复审和无效审理部。

无效程序是一种行政程序，其设立的意义一方面是为公众提供了请求取消瑕疵专利权或纠正不合法专利权、维护自身合法权益不受非法专利权侵害的机会。另一方面，无效程序也为专利权人提供了通过合法途径合理限定专利权保护范围的机会，可以在无效程序中修正之前的保护范围，以在专利保护过程中避免无意义的纠纷及损失。国家知识产权局作出无效宣告请求审查决定后，当事人不服的，可以向人民法院提起行政诉讼。无效宣告程序往往与专利侵权诉讼紧密相连，当专利权人提起专利侵权诉讼时，作为重要应对策略，被控侵权人往往会对涉案专利权提起无效宣告请求。

5. 专利侵权诉讼

专利侵权诉讼是指专利权人因专利权受非法侵害而引发的诉讼，由侵权行为地或被告住所地法院管辖。专利侵权判定对象是侵权行为。根据《专利法》第11条的规定，发明和实用新型专利权被授予后，除法律规定的特殊情形外，任何单位或者个人未经专利权人许可，都不得实施其专利，即不得为生产经营目的制造、使用、许诺销售、销售、进口其专利产品，或者使用其专利方法以及使用、许诺销售、销售、进口依照该专利方法直接获得的产品。外观设计专利权被授予后，任何单位或者个人未经专利权人许可，都不得实施其专利，即不得为生产经营目的制造、许诺销售、销售、进口其外观设计专利产品。

也就是说，判断是否侵犯专利权，有三个要件：一是侵害对象为有效专利权，二是存在未经专利权人许可实施其专利的行为，三是侵权行为是以生产经营为目的。与侵犯商标权、著作权等不同，侵犯专利权不以侵权行为人主观上是否存在过错为前提。如果自主研发的技术落入在先专利的权利范围之内，其生产经营为目的的实施同样属于侵权行为。

侵权判定对技术和法律有相当高的专业要求，除了一般侵权诉讼中涉及的问题之外，还会涉及更加专业的专利权保护范围界定、权利要求合理解释、被控侵权技术方案的取证和认定、两相对比是否相同或等同的判定、侵权赔偿数额计算问题，以及现有技术抗辩、先用权抗辩等各类特殊事由，甚至还须对专利权有效性进行先行判定。在实践中，通常都需要知识产权专业律师与技术人员配合共同应对。

三、授予专利权的条件

发明专利申请要获得授权，需要满足法律规定的形式上和实质上的要求。

形式方面的要求主要是按照法律规定的程序办理各种手续，提交一系列符合规定格式的文件，比如，向国家知识产权局递交申请文件，缴纳规定的费用，附上相关的证明。《专利法》《专利法实施细则》和《专利审查指南2010》中对许多文件的提交时间、提交格式和缴费期限都进行了规定，如申请文件应当包括请求书、说明书及其摘要和权利要求书等文件，请求书应当写明的事项，说明书应当包括的内容，权利要求的撰写方式，在中国完成的发明或实用新型向外国申请专利应进行保密审查，要求优先权的应在规定时间提交声明和首次申请副本，何时开始缴纳年费，等等。这些要求虽然繁多，但不难，基本都是流程和形式方面的规定，可以通过查询相关规定清楚地获知，并且形式方面的缺陷也容易通过修改克服，如果申请过程中有专利代理机构的帮助，一般不会出错。

相对来说，满足实质方面的要求对于一份专利申请来说更为关键。实质方面的要求也可以称为可专利性，它是指发明创造内容方面必须具备的条件，如果不符合，则不能授予专利权。与通过补正手续或简单修改就容易克服的形式缺陷不同，实质缺陷在很多情况下是技术方案本身或申请撰写存在较为严重的问题，如果原始申请文件没有留余地，则很难通过修改克服。以申请难度最高的发明专利申请为例，其授权的实质要件主要包括三个方面的规定：一是属于授予专利权的客体范畴，二是技术本身具备法律规定的"三性"，三是申请文件撰写需要满足一定的条件。

1. 授予专利权的客体

什么东西可以得到专利制度的保护？这是申请专利首先应该弄清楚的问题。在《专利法》中，主要有三个条款对可授予专利权的客体进行了规定和限制，即第2条、第5条和第25条。

（1）不符合发明创造的定义

《专利法》第2条主要从正面定义了发明创造保护什么。以发明为例，其定义是：对产品、方法或者其改进所提出的新的技术方案。《专利审查指南2010》中又对什么是技术方案进行了规定，即对要解决的技术问题所采取的利用了自然规律的技术手段的集合。未采用技术手段解决技术问题，以获得符合自然规律的技术效果的方案，不属于《专利法》第2条第2款规定的客体。所以大多数自然界本身存在的事物或现象，如气味、声、光、电、磁、波等信号不属于《专利法》第2条第2款规定的客体。

（2）违反法律、社会公德或妨害公共利益

我国《专利法》第5条规定了对违反法律、社会公德或者妨害公共利益的发明创造，以及违反法律、行政法规的规定获取或者利用遗传资源，并依赖该遗传资源完成的发明创造，不授予专利权。由于与实行专利制度的目的相悖，不仅不利于社会发展，反而对社会造成危害，所以这种在授权客体中排除与法律或社会普遍接受的价值观相违背的做法具有普遍性，实行专利制度的国家和与专利相关的国际公约中大都有此规定。例如，"一种吸毒工具"和"一种赌博工具及其使用方法"，显然不符合法律规定、基本道德准则和公共利益需求，不能获得保护。

需要说明的是，违反《专利法》第5条的发明创造不包括仅其实施为法律所禁止的发明创造，也就是说发明创造本身并没有违反国家法律，而是由于其滥用而违法的才会被禁止。比如用于国防的各种武器的生产、销售及使用虽然受到法律的限制，但这些武器本身及其制造方法仍然属于给予专利权保护的客体。

（3）明确排除的对象

除了从正面定义发明创造和排除与法律或社会基本价值观相悖的客体之外，我国《专利法》第25条还规定了一些特殊的对象，它们基于各方面的特殊考虑也不受专利制度保护。

一是科学发现。例如各种物质、现象、过程和规律，例如一颗新发现的小行星、一种新发现的物质。科学发现本身是自然界客观存在的，人类只是解释了这种存在，如果没有对客观世界进行改造，则不是专利法意义上的技术方案。但是，在科学发现基础上加以应用，形成改造世界的技术方案，可以申请专利。例如，发现卤化银在光照下有感光特性，这种发现不能被授予专利权，但是根据这种发现制造出的感光胶片以及此感光胶片的制造方法则可以被授予专利权。

二是智力活动的规则和方法。其包括游戏规则、企业管理方法、数学计算方法、情报分类方法、锻炼方法等。虽然人们完成发明需要进行智力活动，但如果仅仅是精神层面的思维运动，而不作用于自然并产生效果，则属于单纯的智力活动，比如创设一种游戏规则、编排乐谱，这类活动不具备技术的特征，因此不适用专利制度的保护，也不符合发明创造的定义。

三是疾病的诊断和治疗方法。这主要是出于人道主义和社会伦理的原因而加以限制，让医生在诊断和治疗过程中应当有选择各种方法和条件的自由。试想外科手术大夫要为自己采用了一种先进的手术方法来治病救人而承担侵权责任，还会有实施的动力吗？这类方案不受保护的另一考虑是，许多诊断和治疗方案需要医生主观因素的介入，结果也因人而异，在产业上也不具有再现性，比如诊脉法、心理疗法、针灸法、避孕方法等。当然，诊断和治疗中使用的仪器、设备和药品是可专利的。

四是动物和植物品种。因为动物和植物属于有生命的个体，一般认为不适宜用专利制度来保护。在我国，植物新品种是通过单独的《植物新品种保护条例》来保护。需要说明的是，虽然品种本身不能申请专利，但其生产方法是可专利的。所谓生产方法，是指"非生物学方法"生产，即通过人工介入的方式加以技术干预，如杂交、转基因等技术生产动植物品种的方法。

五是原子核变换方法和用该方法获得的物质。这类方案事关国家经济、国防、科研和公共生活的重大利益，不宜为单位或私人垄断，因此不能被授予专利权。但是，为实现原子核变换而增加粒子能量的粒子加速方法，为实现原子核变换方法的各种设备、仪器及其零部件，如电子行波加速法、电子对撞法、电子加速器、反应堆等，不属于此列，是可被授予专利权的客体。

六是对平面印刷品的图案、色彩或者二者的结合作出的主要起标识作用的设计。此条是针对外观设计审查的规定。在2009年10月1日以前，这类设计并没有被排除在专利授权客体范畴之外，第三次专利法修改时增加这一排除客体主要是为了提高外观设计专利的质量，当时这类设计数量太多，而其设计要点比较简单、方法较简单，保护价值不高。

2. 技术方案应具备的"三性"

迈入可专利客体的门槛之后，接下来要对技术方案本身提出一定的要求。

《专利法》第22条第1款规定，授予专利权的发明和实用新型，应当具备新颖性、创造性和实用性。这通常被称为发明创造的"三性"要求。

（1）新颖性

新颖性，顾名思义，就是要求发明创造是新的，前所未有的，这是对创新技术的基本要求。《专利法》第22条第2款规定，新颖性，是指该发明或者实用新型不属于现有技术；也没有任何单位或者个人就同样的发明或者实用新型在申请日以前向国务院专利行政部门提出过申请，并记载在申请日以后（含申请日）公布的专利申请文件或者公告的专利文件中。该条款中将不具备新颖性情形分为两种，一是不属于现有技术，二是不属于抵触申请。

现有技术是在申请日之前（有优先权的或者优先权日，下同）被国内外公众所知的技术。在申请日之前，在国内外出版物上公开发表的、在国内外公开使用的和以其他方式为公众所知道的技术都属于现有技术范畴。在发明专利申请的审查过程中，出版物公开是最主要的现有技术来源，审查员会检索专利文献、期刊、书籍、行业标准等以各种形式向公众公开的资料，随着网络技术的发展，影音资料也可能涉及。使用公开或者以其他方式公开也属于现有技术，其证据来源如购买凭证、技术合同、实施现场照片、广告宣传册、展会资料等，审查员由于检索获得的困难度较大，在实质审查过程中一般不会主动检索这些来源，但如果社会公众提交相关证据，审查员也会加以考虑。在无效宣告程序中，请求人提供使用公开或者以其他方式公开的现有技术证据相对较多。

"抵触申请"这一概念在《专利法》中没有直接使用，而是人们在学术上对破坏新颖性第二种情况的概括，即，由任何单位或者个人就同样的发明或者实用新型在申请日以前向国务院专利行政部门提出并且记载在申请日以后（含申请日）公布的专利申请文件或者公告的专利文件中。新颖性规定中纳入抵触申请破坏新颖性的主要目的是防止相同的发明创造被重复授予专利权。现有技术与抵触申请最大的区别在于公开时间不同，现有技术公开日期在本申请的申请日之前，理论上可以被本申请的申请人借鉴，专利制度设置新颖性和创造性就是防止在现有技术基础上不作任何改动或改动程度不大的技术被授予专利权，与鼓励技术发展进步的目的不符；而抵触申请公开日期在本申请的申请日之后，对于不同主体而言，理论上没有借鉴可能性，所以不能认为本申请的申请人在抵触申请基础上进行改进，因此抵触申请不能用于评价创造性。但如果放任抵触申请和本申请同时存在，又可能会出现先后两个"同样的发明创造"都可以授予专利权的情形，破坏了专利法中的先申请原则。基于这种考虑，设立抵触申请以排除在后申请的新颖性，其特殊之处就在于抵触申请仅限于那些向国家知识产权局提出的专利申请，而且只能用于破坏在后申请的新颖性，而不能破坏创造性。本书第四章对于新颖性的判断将还有更详细的说明，此处不作赘述。

（2）创造性

如果仅仅要求"新"，这个标准是非常容易达到的，对于现有技术稍加变换即可，那样能够被授予专利权的技术方案会非常之多，形成密集的专利丛林，社会公众稍不注意就会陷入侵权境地，不利于技术的传播和应用。因此，除了求新求变之外，现代专利制度还要求发明创造达到一定的创新高度，这就是创造性要求，我国《专利法》第 22 条第 3 款规定，创造性，是指与现有技术相比，该发明具有突出的实质性特点和显著的进步，该实用新型具有实质性特点和进步。从上述规定可以看出，发明比实用新型的创造性的标准要高一些。这一条款是在授权和确权实践中使用最多、争议也最多的条款。

不同的人依据自己的知识和能力，可能会对创造性高度得出不同的结论。为使创造性的判断尽量客观统一，法律上拟制了一个"所属技术领域的技术人员"的概念。《专利审查指南 2010》第二部分第四章规定，所属技术领域的技术人员也可称为本领域的技术人员，是指一种假设的"人"，假定他知晓申请日或者优先权日之前发明所属技术领域所有的普通技术知识，能够获知该领域中所有的现有技术，并且具有应用该日期之前常规实验手段的能力，但他不具有创造能力。如果所要解决的技术问题能够促使本领域的技术人员在其他技术领域寻找技术手段，他也应具有从该其他技术领域中获知该申请日或优先权日之前的相关现有技术、普通技术知识和常规实验手段的能力。这样，就划定了一个评判创造性的基准，无论是谁来判断发明创造的创造性，都要站在所属技术领域的技术人员的基准角度去评判。

发明专利的创造性有两个标准，一是具有突出的实质性特点，二是具有显著的进步。所谓突出的实质性特点，是指对所属技术领域的技术人员来说，发明相对于现有技术是非显而易见的。如果发明是所属技术领域的技术人员在现有技术的基础上仅仅通过合乎逻辑的分析、推理或者有限的试验可以得到的，则该发明是显而易见的，也就不具备突出的实质性特点。所谓显著的进步，是指发明与现有技术相比能够产生有益的技术效果。例如，发明克服了现有技术中存在的缺点和不足，或者为解决某一技术问题提供了一种不同构思的技术方案，或者代表某种新的技术发展趋势。

上述两个标准中，突出的实质性特点在判断创造性时通常占据主导地位。

审查实践中，通常采用《专利审查指南 2010》第二部分第四章第 3.2.1.1 节给出的判断要求保护的发明是否相对于现有技术显而易见的方法，即"三步法"，具体为：首先，确定最接近的现有技术；其次，确定发明的区别技术特征和发明实际解决的技术问题；最后，从最接近的现有技术和发明实际解决的技术问题出发判断是否显而易见。

创造性判断与每一个案件的现有技术状况和案件本身的技术水平相关，实践中有非常多的考量因素。但简单归纳起来，影响专利申请创造性判断的因素实际上就是两点，一是技术方案本身的创新高度如何，二是申请文件如何记载。其中技术方案本身的创新高度起决定性作用，但如果是高水平的创新却在申请文件中没有写好，例如没有让人明了其技术效果到底好在哪里，那就会极大地影响审查员的判断结果。

（3）实用性

实用性作为"三性"中的最后一条要求，是门槛最低、最易达到的标准。实用性，是指发明或者实用新型申请的主题必须能够在产业上制造或者使用，并且能够产生积极效果。简单来说，就是确保发明创造是可行的、能够在产业上实施的、有用的技术方案。确立实用性作为授予专利权的条件之一，是为了确保发明者的构思能在产业中实施，而不仅仅是抽象的科学理论或理想状态，同时也是为了排除那些违背自然规律、存在固有缺陷而根本无法实现的方案。

在产业上能够制造或者使用的技术方案，是指符合自然规律、具有技术特征的任何可实施的技术方案。能够产生积极效果，是指发明专利或者实用新型专利申请在提出申请之日，其产生的经济、技术和社会的效果是所属技术领域的技术人员可以预料到的。这些效果应当是积极的和有益的。显然，绝大多数发明创造都能够满足这些要求，因此相对来说，不符合实用性的案例在实践当中很少。

3. 申请文件撰写要求

如果发明创造属于授权客体，又具备"三性"，那么这样的发明创造基本上就拥有锁定专利权的可能性了，而能否让这种可能性变成现实，则取决于专利代理师撰写申请文件的功力。《专利法》当中，对申请文件的撰写有许多要求，但影响最大、实践中存在问题最多的，是说明书公开充分和权利要求清楚且以说明书为依据这两个条款。

（1）说明书公开充分

《专利法》第 26 条第 3 款规定："说明书应当对发明或者实用新型作出清楚、完整的说明，以所属技术领域的技术人员能够实现为准；必要的时候，应当有附图。"这一条款体现了专利制度"公开换取保护"的理念，通过给予专利权人一定的垄断性特权，促进科学技术知识的传播，进而推动经济社会进步；同时，根据权利义务对等的原则，要获得这种垄断权利，必须以向社会充分公开发明创造的内容为前提。

一些申请人希望获得专利权，但又怕别人知道自己的技术诀窍，因此在撰写说明书时故意有所保留；还有些申请人是刚刚想到一种问题解决思路，但对于其如何具体实现、能否实现以及效果如何还没有进行深入研究，就提出了专利申请以抢占申请日；还有一些申请人是由于对法律规定不了解、对专利申请实践不熟悉，导致披露信息不足。上述种种做法，如果本领域技术人员阅读说明书之后不清楚如何具体实现，或者不能实现其技术方案，或者无法得到预期的技术效果，则会导致说明书公开不充分问题而无法获得专利权。

《专利审查指南2010》第二部分第二章给出了由于缺乏解决技术问题的技术手段而被认为无法实现的五种情况：一是说明书中只给出任务和/或设想，或者只表明一种愿望和/或结果，而未给出任何使所属技术领域的技术人员能够实施的技术手段；二是说明书中给出了技术手段，但对所属技术领域的技术人员来说，该手段是含糊不清的，根据说明书记载的内容无法具体实施；三是说明书中给出了技术手段，但所属技术领域的技术人员采用该手段并不能解决发明或者实用新型所要解决的技术问题；四是申请的主题为由多个技术手段构成的技术方案，对于其中一个技术手段，所属技术领域的技术人员按照说明书记载的内容并不能实现；五是说明书中给出了具体的技术方案，但未给出实验证据，而该方案又必须依赖实验结果加以证实才能成立。

说明书公开不充分是一个非常严重的问题，由于在提交申请以后，不允许再将原始申请文件中没有记载，也不能直接毫无疑义确定的内容加入申请文件当中，一旦说明书出现公开不充分问题，是很难通过修改克服的。

（2）权利要求书清楚且以说明书为依据

《专利法》26条第4款规定："权利要求书应当以说明书为依据，清楚、简要地限定要求专利保护的范围。"该条款实际上从两个不同的层面对权利要求提出了要求，一是以说明书为依据，二是清楚、简要。

权利要求书以说明书为依据，是指权利要求具有合理的保护范围，请求保护的权利范围要与说明书公开的内容相适应，这是"公开换取保护"理念在权利范围方面的体现。《专利审查指南2010》第二部分第二章对这项要求具体进行了解释，即权利要求书中的每一项权利要求所要求保护的技术方案应当是所属技术领域的技术人员能够从说明书充分公开的内容中得到或概括得出的技术方案，并且不得超出说明书公开的范围。

创新成果通常是一个个具体的实施方案，如果仅保护这些具体的实施方案，竞争对手很容易绕开，达不到有效保护的目的。因此，在申请专利时，申请人通常会将这些具体方案进行提炼概括，特别是在独立权利要求当中，只记载与核心发明点相关的特征，以获得最大化的保护范围。对于这种概括到底恰不恰当，是否与说明书公开的内容相匹配，就是判断权利要求是否以说明书为依据的过程。根据《专利审查指南 2010》的规定，如果所属技术领域的技术人员可以合理预测说明书给出的实施方式的所有等同替代方式或明显变型方式都具备相同的性能或用途，则应当允许申请人将权利要求的保护范围概括至覆盖其所有的等同替代或明显变型的方式。

反之，对于用上位概念概括或用并列选择方式概括的权利要求，如果权利要求的概括包含申请人推测的内容，而其效果又难以预先确定和评价，应当认为这种概括超出了说明书公开的范围。如果权利要求的概括使所属技术领域的技术人员有理由怀疑该上位概括或并列概括所包含的一种或多种下位概念或选择方式不能解决发明或者实用新型所要解决的技术问题，并达到相同的技术效果，则应当认为该权利要求没有得到说明书的支持。

如果权利要求未以说明书为依据，主要问题其实出在说明书当中，比如说明书对具体实施方式披露得不够多、不够充分，不足以支撑权利要求的概括范围，由于说明书不能增加新的内容，所以要克服权利要求未以说明书为依据的问题，只能限缩权利要求的保护范围。因此，如果希望得到较大的保护范围，在撰写说明书时，不能仅仅满足充分公开技术方案的要求，还要注意具体实施方式的个数和覆盖面。

最后，权利要求还有清楚、简要的要求。对于简要这一点，比较容易做到，即使不满足，也可以通过修改克服。更重要的是满足权利要求清楚的要求。根据《专利审查指南 2010》的规定，权利要求书应当清楚，一是指每一项权利要求应当清楚，二是指构成权利要求书的所有权利要求作为一个整体也应当清楚。有些不清楚的缺陷是能够修改和解释澄清的，但有一些严重的不清楚缺陷，可能会影响权利要求的可授权性或者使得授权权利要求失去保护作用。《专利审查指南 2010》第二部分第二章第 3.2.2 节规定，权利要求中不得使用含义不确定的用语，如"厚""薄""强""弱""高温""高压""很宽范围"等，除非这种用语在特定技术领域中具有公认的确切含义。否则，这类用语会在一项权利要求中限定出不同的保护范围，导致保护范围不清楚。

在柏万清与上海添香实业有限公司生产、成都难寻物品营销服务中心销售的涉及"防电磁污染服"实用新型专利侵权纠纷案当中，最高人民法院认为，该专利权利要求对其所要保护的"防电磁污染服"所采用的金属材料进行限定时采用了含义不确定的技术术语"导磁率高"，但是其在权利要求书的其他部分以及说明书中均未对这种金属材料导磁率的具体数值范围进行限定。在案件审理过程中，权利人柏万清提供的证据无法证明在涉案专利所属技术领域中，本领域技术人员对于高导磁率的含义或者范围有着相对统一的认识，导致本领域技术人员根据涉案专利说明书以及公知常识，难以确定涉案专利中所称的导磁率高的具体含义，所以该权利要求的保护范围也无法准确确定。最高人民法院指出，如果权利要求的撰写存在明显瑕疵，结合涉案专利说明书、本领域的公知常识以及相关现有技术等，仍然不能确定权利要求中技术术语的具体含义，无法准确确定专利权保护范围的，则无法将被诉侵权技术方案与之进行有意义的侵权对比，因而不应认定被诉侵权技术方案构成侵权。

《专利法》第 26 条第 3 款要求说明书清楚，侧重于要求从技术角度说清楚方案如何实现，而《专利法》第 26 条第 4 款要求权利要求书清楚，则更侧重于要求从法律角度明确权利要求的保护范围。因此，在撰写申请文件时，要周到地考虑这些条款所提出的不同要求。

本章给读者粗略地普及了一些专利制度和申请相关的基本知识，实践中，专利申请与保护是一个非常专业的问题，不同技术领域还有各自的申请特点和难点。如果选择专利代理机构代为申请专利，除了得到申请手续和文件规范性方面的帮助之外，专利代理师还会对技术方案是否属于可授权客体、是否具有实用性以及申请文件撰写是否符合法律规定的基本要求进行初步判断，防止发生低级错误。但是，技术方案的新颖性和创造性，以及权利要求的保护范围是否能够有效保护创新成果，即要满足《专利法》第 22 条第 2 款和第 3 款进而满足第 26 条第 3 款和第 4 款的规定，很大程度上取决于申请人向专利代理师技术交底的充分程度。

第三章　先进金属材料领域的专利特点

不同技术领域的发明创造有不同的特点，申请专利时侧重点也不同，基于这些特点和侧重点有针对性地撰写专利申请文件和做好专利布局，是专利制度有效发挥作用的基础。反之，不顾领域特点，简单套用申请模板并盲目申请专利，可能会适得其反，不仅起不到专利保护作用，反而可能由于不恰当地披露信息给创新主体带来利益损失。

本章聚焦先进金属材料领域的专利特点，以该领域有重大社会影响力的专利纠纷案为引，向读者揭示专利保护的重要性和迫切性。然后，围绕先进金属材料领域的技术创新特点，分析代表性细分领域的专利申请撰写特点。最后，对该领域专利申请态势、申请质量和知名企业专利申请技术热点进行分析比较，以期让读者管中窥豹，从专利保护角度大致了解该领域的专利申请和布局情况。

第一节　专利热点案件解析

先进金属材料在全球发挥着越来越重要的作用，产业竞争也日趋激烈，专利武器是全球主要工业化国家保护创新的最主要手段，因此随之而来的是行业专利纠纷越来越多，涉及规模也愈来愈大。本节主要展示该领域的一些热点案件，并从中解析专利运用的得与失。

一、戴斯玛克案

2004 年，作为先进金属材料领域重要代表的钢铁行业，发生了一起被称作国内金属材料领域"知识产权官司第一案"的标杆性案件——"戴斯玛克案"。该案案情曲折复杂，行业影响面大，让该领域默默从事技术研发的广大从业者突然意识到，专利申请质量对用好"专利之剑"如此重要❶，要有效保护创新成果，应该从创新源头和申请文件撰写抓起。

2004 年 9 月，北京市第二中级人民法院正式受理了刘东业诉中冶集团北京冶金设备研究总院（以下简称冶金院）、马鞍山钢铁集团公司（以下简称马钢）专利侵权纠纷一案，后称"戴斯玛克案"。该案于 2004 年 10 月 28 日和2008 年 12 月 8 日进行了公开开庭审理，最终法院驳回了原告刘东业的诉讼请求，原告专利维权失败。

1. 戴斯玛克吸收外资技术，成为行业新兴霸主

我国是钢铁大国，钢产量居世界首位，但是在质量方面，我国却有短板。钢铁中含有的硫等杂质会影响钢铁质量，通常人们采用铁水预处理技术，使得钢中夹杂物的含量降低，优化钢铁产品的质量和产品结构，同时也能节约生产优质钢铁的成本。但是，由于我国在铁水除硫预处理方面技术不过硬，铁水预处理比只有30%左右，与国外 90% 以上的水平相比差距巨大。见此机会，国外企业大肆进入我国淘金，美国特殊金属和技术公司（ESM）、荷兰皇家霍高文公司（Koninklijke Hoogovens）和日本川崎制铁公司（Kawasaki Steel）都凭借各自"铁水脱硫技术"的专利技术占有我国大量市场份额❷。

江山代有才人出。1999 年 8 月，位于辽宁营口的中国乌克兰合资企业——戴斯玛克高新技术有限公司（以下简称戴斯玛克公司）创立，后来成为我国铁水预处理市场的新"霸主"。戴斯玛克公司创建者是刘东业等人，其与乌克兰国家科学院黑色冶金研究所和乌克兰国家科学院钛设计研究院合作，中方占75%的股份，外方占25%的股份，合作期为 11 年。同时，乌克兰向中方转让了单吹颗粒镁铁水脱硫技术。戴斯玛克公司基于该技术的配套脱硫工艺设备填补了国内技术空白，并且打遍国外进口产品，仅降低铁水脱硫成本一项，全国钢铁厂将节约 1.7 亿美元。到 2004 年专利侵权纠纷案发生时，戴斯玛克公司已与国内 18 家钢铁企业开展技术推广和应用，共计有24 个脱硫站，占到全国 85% 的市场份额，一举取代上述外资企业的独占地位。

1999 年 5 月 27 日，戴斯玛克公司以刘东业之名（为简化起见，该案当事人均统一为戴斯玛克公司）申请了"单吹气化颗粒镁铁水脱硫设备"实用新

---

❶ 夏金彪. 钢铁行业知识产权第一案［J］. 中国发明与专利，2004（12）：52－53.
❷ 谢良兵. "戴斯玛克案"的标杆性意义［J］. 法人杂志，2004（11/12）：76－78.

型专利（专利号 ZL99223935.4），此项技术为戴斯玛克公司所有。国家知识产权局于 2000 年 3 月向刘东业颁发了《实用新型专利证书》。国家知识产权局于 2004 年 7 月出具的实用新型专利检索报告的结论为：该专利全部权利请求符合《专利法》第 22 条有关新颖性和创造性的规定。

2. 竞争对手出现

正所谓"有利益的地方就有人，有人的地方就有江湖"，自 2003 年起，铁水预处理脱硫领域国内市场开始风起云涌，引起戴斯玛克公司警觉。

2003 年 12 月，戴斯玛克公司发现，冶金院工作人员解中原在全国铁水预处理技术研讨会文集中发表了题为《单喷颗粒镁铁水脱硫成套设备的开发》的文章，文章中提到的单喷颗粒镁铁水脱硫成套设备的技术特征与戴斯玛克公司的单吹气化颗粒镁铁水脱硫设备惊人地相似。

2004 年 1 月，冶金院在《中国冶金报》上刊登广告，声称其生产全套铁水喷纯镁脱硫技术设备，可以提供脱硫站总承包的交钥匙工程，或者分包和改造工程。

2004 年 6 月，冶金院在《中国冶金报》上再次刊登广告，除继续许诺销售成套铁水喷纯镁脱硫工艺技术设备外，还说明其已经与马钢下属第一炼钢厂等多家企业签订了提供铁水成套喷纯镁脱硫工艺技术设备的合同。经核实，马钢确实购买了冶金院上述铁水喷纯镁脱硫技术设备并已投入运行。

除了马钢，当时社会上一些公司也开始通过各种方式销售单吹颗粒镁铁水脱硫的成套设备，而这些公司无一例外地都对外声称其技术来源于冶金院，其销售行为是与冶金院合作进行，这样的钢铁厂家接近 10 家。

冶金院和马钢，分别何许人也？前者是中央直属大型企业集团科技型企业，主要从事高新冶金专用设备技术及应用理论研究，可谓钢铁冶金行业的"智囊团"；而马钢也是我国特大型钢铁联合企业之一。

于是，戴斯玛克公司分别与上述两大企业进行了沟通，但是无法达成共识。戴斯玛克公司认为在其组织和参与技术交流会或合作谈判中，都有来自冶金院的解中原在场，此外，2004 年 7 月，刘东业组队对马钢进行了现场访问，对新建的铁水预处理项目进行了考察。经过上述交流考察，刘东业更进一步怀疑冶金院难免存在"瓜田李下"之嫌。而解中原认为其技术为独有技术，且于 2002 年 12 月 26 日，也申请了名称为"铁水脱硫用精确定量给料的喷粉装置"的实用新型专利（专利号 ZL02292592.9）。同时，马钢表示现场拆除自家大型设备以核查装置细节，停工损失太大，无实施可能。

3. 戴斯玛克亮出"专利之剑"

由于双方无法达成共识，2004 年 8 月，戴斯玛克公司将冶金院和马钢告上法院，认为冶金院未经许可，擅自制造、销售和许诺销售铁水喷纯镁脱硫技术设备的行为侵犯了自己"单吹气化颗粒镁铁水脱硫设备"实用新型专利的专利权，马钢未经原告许可，为生产经营的目的擅自使用侵权产品，也侵害了原告的专利权。上述两被告的侵权行为，给自己造成了严重的经济损失，冶金院则因侵权而获得了不当利益。据估算，仅销售给马钢的一套设备，冶金院即非法获利人民币100万元。戴斯玛克公司请求人民法院依法查明事实，判令：①两被告立即停止侵犯原告所享有的"单吹气化颗粒镁铁水脱硫设备"实用新型专利权的行为；②两被告赔偿原告经济损失人民币100万元。

也许，在本案的开始，戴斯玛克公司心中是自信的，自己在先专利无疑将成为砍向对方头上的"利剑"。但是，他们忽视了一点——实用新型专利申请没有经过实质审查，稳定性是不高的。或许在"出剑"之前，应该请专业人士帮忙分析一下，这把"专利之剑"是否足够锋利，自己的执"剑"之术是否正确，以及对方是否真的毫无还手之力。

4. 攻防交锋

涉案实用新型专利的权利要求1保护范围如下：

> 一种单吹气化颗粒镁铁水脱硫设备，它包括计量给料器、带有气化室通道的耐火喷枪、输镁管路、铁水包盖，其特征在于在计量给料器的出口端设置转子计量给料器，在转子给料器的下方安装一个立体式筛分器，筛分器底部连接气包，输镁管路一端与气包相连，另一端与喷枪相连，喷枪穿过铁水包盖伸入铁水包内，惰性气体出口分两条管路，一路连接气包，另一路连接计量给料器。

2003年，戴斯玛克公司与冶金院共同参加了马钢的基建技改项目设备招标，结果冶金院投标的"一钢2#转炉"设备中标。戴斯玛克公司在马钢了解到该台设备的结构后，认为该台设备侵犯了涉案专利权，遂对该台设备进行了拍照。后来法院对此照片的结论是：在上述拍摄的照片中看不到被控侵权设备在转子给料器的下方安装有立体式筛分器，在铁水包上没有安装铁水包盖。

戴斯玛克公司认为，立体式筛分器是铁水脱硫设备中的内部结构，虽然从外部无法看到，但被告如果想使其铁水喷纯镁脱硫技术设备能够精确稳定均匀连续向铁水中喷吹颗粒镁，就必须安装立体式筛分器。

作为被告方的冶金院和马钢，对戴斯玛克公司的主张均不予认可，冶金院还反手拿出自己的"专利之盾"予以抵挡，其实用新型专利"铁水脱硫用精确定量给料的喷粉装置"的权利要求保护范围如下：

> 一种用于铁水脱硫用精确定量给料的容积式垂直轮给料的喷粉装置，它主要由喷射罐、进料蝶阀、给料机构、出料阀、调速电机、容积式垂直给料轮、悬臂轴和喷射式喷气嘴、电子秤组成，以上这些部分安装在同一罐体上，罐体除与电子秤的传感器刚性接触外，与其他的外部接触均为软连接，钝化的金属镁粒经过进料阀装入罐中，喷射罐分为上部加料斗、中部料仓和下部带有容积式垂直给料轮的给料机构，其中进料蝶阀、出料球阀、进气阀等通过法兰和喷射罐连接，给料机构由调速电机通过悬臂轴带动容积式垂直给料轮以一定的速度转动，其速度可调，容积式垂直给料轮轮齿镶有一种耐磨材料，轮齿之间呈槽状，给料机构的进气端安装有喷射式喷气嘴，喷射式喷气嘴的喷射点可调，以达到最佳的喷射气流，喷射料量由电子秤精确计量。

冶金院认为，其售卖设备完全按照上述专利技术制备而得，铁水喷纯镁脱硫技术设备中没有立体式筛分器，其是通过电子秤、调速电机、容积式垂直给料轮及轮齿之间呈槽状等技术来达到精确、稳定、均匀、连续地向铁水中喷吹颗粒镁，自己的专利技术特征有 11 个，而对方只有 7 个，且不完全相同，未形成全面覆盖，因而按照自己专利生产的设备无侵权之实。冶金院还指出，铁水包上可以开合的铁盖与原告所说的铁水包盖不同，被控侵权产品上没有铁水包盖。

同时，2004 年 9 月，冶金院针对戴斯玛克的涉案专利权，向专利复审委员会❶提出无效宣告请求，认为名为"铁水包内钢铁铁水处理装置"的美国专利文献 US3880411 中已经公开了涉案专利的技术方案，涉案专利权不具备创造性。

5. 结局

该案中，双方攻防的焦点在于两点：一是涉案专利权是否有效，是否可以作为侵权主张专利使用，也就是冶金院向专利复审委员会提出的无效宣告请求理由是否成立；二是被控侵权产品是否落入涉案专利权的保护范围。戴斯玛克公司提供的现场照片中，位于设备内的主要分离装置究竟是涉案专利权中的立体式筛分器，还是冶金院和马钢主张的自己特有的精确稳定喷送装置？同时，照片中看得见的铁水包上可以开合的铁盖与戴斯玛克专利权利要求保护的铁水

---

❶ 因机构改革，专利复审委员会现已更名为"专利局复审和无效审理部"，为国家知识产权局专利局内设机构。

包盖是否相同？

对于第一点，专利复审委员会经审理作出无效宣告请求审查决定，结论为ZL99223935.4号实用新型专利权有效。该决定在后来的一审和二审程序中都得到维持。

对于第二点，法院认为，被控侵权铁水喷纯镁脱硫技术设备与涉案专利权利要求1的技术特征相比缺少了"立体式筛分器"和"铁水包盖"两项技术特征，没有落入原告的专利权保护范围。虽然从产品照片上看不到该两产品部件，但是铁水包盖的作用是覆盖住铁水包内的铁水不外溅和卡住喷枪；立体式筛分器的作用是控制给料器均匀、持续、精确给料，都是必须要有的产品部件。原告主张却没有充分证据予以证明，因此对该主张不予支持。

6. 案件启示：硝烟散尽细数得与失

站在中立角度复盘本案始末，利益相争的内容精彩，但专利维权的攻防技巧却不专业。该案被称为行业内的"标杆性案件"，反映了当时行业内专利保护意识存在许多不足。

本案表明，在国内先进金属材料市场，专利保护不再是"活在真空"中，而是与现实利益密切相关。虽然戴斯玛克最后输了官司，但值得欣慰的是，在当时许多企业还不知知识产权为何物时，戴斯玛克公司就主动亮出了其"专利之剑"，作为进攻武器来维护自身权益。冶金院的表现更是可圈可点。作为科研院所，在许多同行认识上都还将专利证书等同于发表论文时，冶金院已经具有较强的专利意识，不仅在研究和成果转化中注意寻求保护，更懂得合理利用制度规则和自身专利进行防守和反击。这无疑体现了我国先进金属材料领域从业者在知识产权保护意识和运用能力上有了较大幅度的提升。

但是，在这一场专利攻防战中，也可以总结出许多教训。虽然戴斯玛克公司面临装置设备专利维权举证难的问题，抗住了对方的反手一击，但其根本失误在于"剑不利"和"术不精"，无法给对方形成致命一击，被对方反击后缺乏后手。

（1）"剑不利"

戴斯玛克公司以刘东业之名申请的是实用新型专利，而非发明专利。对于如此重要的技术，采用实用新型保护，弊端是显而易见的。在我国，实用新型审查的特点是短平快，即不对技术进行实质审查，初步审查合格后即授予专利权。这样的专利由于没有经受过实质审查员"挑剔"的审查，权利相对不够稳定，后续有被无效的风险，而且在侵权诉讼当中也可能面临更多的挑战。此外，实用新型专利的保护年限也只有10年，而发明专利的保护年限是20年。

本案中，刘东业的实用新型专利有国家知识产权局作出的实用新型专利权评价报告，结论是具备创造性，但评价报告对实用新型权利稳定的支撑仍然远低于发明专利的实质审查结论。一方面，从效力上讲，专利权评价报告不是行政决定，其主要作为证明文件使用，而不具有强制性。而且专利权评价报告由于时间以及效率关系，从检索程度和全面性上与发明专利实质审查质量不能同日而语，被评价报告认可的实用新型专利仍然被无效掉的不在少数。另一方面，从获得授权的条件角度，发明专利和实用新型专利的创造性门槛有高低之分。根据《专利法》第 22 条第 3 款关于创造性的规定，发明专利要求具有突出的实质性特点和显著的进步，而实用新型专利则只需要具有实质性特点和进步。显然，发明专利比实用新型专利的创造性标准要高。

一般来讲，发明专利的质量和技术稳定性高于实用新型专利，这点不但体现在合法性审查层面，在无效和侵权诉讼阶段，包括举证责任义务和对裁判者自由心证的影响也有所区别。因此，对于重要的创新成果，不应单方面追求快速授权，而要尽可能寻求更为稳定、高质量的发明专利权。当然，也可以按照法律规定，同时提交实用新型专利申请和发明专利申请。

（2）"术不精"

本案表面上看，戴斯玛克公司的专利权是有效的，其主要败因在于举证不能——无法获得被控侵权产品的内部结构信息。但是，权利的易维护性正是专利撰写和布局时十分重要的考虑因素。如果涉案专利在申请时即能考虑后续维权方便性，从金属材料领域产品特点下手有针对性地撰写权利要求，也许不至于在面对对方反击时没有后手。

首先，涉案专利的权利要求撰写范围太窄。如果在当初申请专利时，考虑将其脱硫装置的关键部分进行特别保护或进行必要的替代技术方案扩展，无疑将增加自己的保护范围，扩大自己的"剑锋"范围。

其次，戴斯玛克只有这一件专利，没有进行全面的专利布局，形成各种外围专利，从而为自己反击留下后手。比如，除了设备，戴斯玛克还可以保护与相应设备匹配的制造工艺方面的发明专利（方法只能申请发明专利）。专利的侵权诉讼中，通常举证责任主要由专利权人承担，即"谁主张，谁举证"。但对于新产品的制备方法专利而言，适用"举证责任倒置"原则❶。

---

❶ 《专利法》第 61 条第 1 款规定："专利侵权纠纷涉及新产品制造方法的发明专利的，制造同样产品的单位或者个人应当提供其产品制造方法不同于专利方法的证明。"

也就是说，被控侵权的一方，要向法庭举证其使用的方法不同于发明专利所保护的方法。专利权人要向法庭举证证明被控侵权的产品或装置是什么，很多被告都不会配合甚至加以阻挠，但这样不利的后果由原告承担。而在"举证责任倒置"原则下，如果被告不予配合，则被告将承担不利后果。如果本案中戴斯玛克布局有新产品的制备工艺方法专利，无疑会提高自己使用"专利之剑"的技术。

此外，除了设备和制备方法，戴斯玛克还可以保护通过相应设备和工艺处理后，涉及铁水成分含量或后续产品结构特征的产品专利，锁定下游产品的独占性。这样即便对方关于设备专利不侵权，也可能被下游专利池所包围，无法形成产业链的独占。

从这起国内先进金属材料领域"知识产权官司第一案"，可以看到打好专利战役的重要性。更重要的是，通过该案可知，金属材料领域的专利申请具有自身特点，无论是从专利撰写的准确性和全面性，还是从专利申请的布局方面，都需要创新主体拥有较高水平的专利保护和运用能力，只有将"专利之剑"打造得更锋利，将自己的"执剑之术"运用得更精准，才能最大限度地发挥专利制度的攻防作用，使其真正成为威慑侵权行为、守护自身权益的"达摩克利斯"之剑。

二、碳钢与合金钢"337 调查"案

介绍完国内专利纠纷后，再来看看国际上的典型知识产权案件，其不仅涉及企业之间的利益争夺，更多的还涉及国家层面的利益博弈。

1. 中国企业走向海外市场遭遇挑战

中国先进金属材料企业，尤其是产能过剩、面临产业升级压力的钢铁材料企业，始终有一个梦想，那就是到大洋彼岸去赚取海外市场的高额利润。但是随着中美两国贸易冲突的加剧、中国企业出口产品质量的提升，中国企业无可避免地会遭遇美国以贸易保护为名的反制措施，其中最著名的便是"双反"（反倾销、反补贴）和"337 调查"（根据美国 1930 年《关税法》第 337 条发起的调查）。其中，"双反"的结果是被加征苛刻的关税，但可以说只要多花钱，企业仍能在美国市场支撑下去；但是，如果遭遇"337 调查"，基本就是一场"生死劫"，企业在美国市场几无生存余地，即便是赢了官司，也会输了市场。

相对于"双反"，"337 调查"操作方便、门槛低，原被告成本不相称，

见效快、杀伤力大，因此成为美国本土企业对抗我国企业时使用得最为频繁的手段之一。"337 调查"对我国企业造成较大伤害的一个非常重要的原因在于，很多国内企业缺乏自己的核心知识产权。

自从 1986 年 12 月美国首次发起对中国企业的"337 调查"开始，在过去数十年的时间里，美国一次又一次地挥起了"337 调查"大棒。如今，中国已是美国的第一大贸易伙伴，但同时也是"337 调查"最大的受害国，在国际上居"337 调查"涉案国之首，最高峰年份占比达 41.7%。在已判决的相关案件中，中国企业的败诉率高达 60%，远高于世界平均值的 26%。

2. 细数历年涉及金属材料的典型"337 调查"案件的得与失

"337 调查"的效力适用于美国全境。90% 以上的"337 调查"案件都涉及侵犯美国境内专利权的指控，因此任何在美国拥有专利并且认为进口到美国的商品侵犯该专利的人都可以作为原告向美国国际贸易委员会（ITC）提起调查申请，相应地，侵权产品的生产商和进口商会被列为被告。"337 调查"案件与法院诉讼案件的最大区别是救济方式不同，"337 裁决"不会要求被告赔偿原告损失，而是颁布排除令等禁止被告的产品被进口到美国的行政命令。被告如不接受调查，有可能被直接裁决败诉，其后果是该被告的产品将被拒于美国市场之外。

（1）烧结钕铁硼材料"337 调查"❶

早在 1998 年，日本住友特殊金属公司（Sumitomo Special Metals）就曾联合美国麦格昆磁公司（Magnequench）启动了"337 调查"，向中国永磁铁合金材料企业亮出"第一棒"——起诉北京京马永磁材料厂和新环技术开发公司侵权。最终，由于涉案的两家中国企业并未应诉，美国国际贸易委员会给出"普遍排除令"（general exclusion order），即除非取得住友特殊金属公司（2003 年后为日立金属公司，英文名为 Hitachi Metals）或麦格昆磁公司的许可，否则不可将任何违反涉案专利号的钕铁硼产品销售到美国市场。

2012 年 8 月 17 日，日立金属公司及其在美建立的烧结稀土磁体工厂日立金属北卡罗来纳公司，再次向美国国际贸易委员会申请，对包括中国四家钕铁硼企业在内的全球 29 家企业发起"337 调查"。此次调查涉及日立金属在美申请的四项工艺发明专利。在发起"337 调查"的同时，日立金属又要求原来购买专利的五家中国企业续约。三家公司象征性地向 ITC 递交了应诉

---

❶ 刘思德，赵文静. 中国钕铁硼企业何时能扬帆远航？——关于中国钕铁硼企业专利困境的思考[J]. 稀土信息，2014（11）：10 - 13.

声明。但就在 2013 年 6 月开庭前的几个星期，日立金属公司突然宣布，几乎所有 29 家公司都已经签署了和解协议并且向美国国际贸易委员会提请撤诉。被告烟台正海、宁波金鸡和安徽大地熊与日立金属公司在"337 调查"开庭前达成和解协议，同意支付专利费用以及视销售情况的抽头费，取得了日立金属专利授权，此前已经购买了日本专利的中科三环、宁波韵升、北京京磁、北京银钠和安泰科技在 2013 年 5 月之前，也同日立金属签署了新的专利许可协议。目前中国钕铁硼产量约 8 万吨，其中有专利许可的产量为 2 万吨左右，剩下的 6 万吨中，有 3 万~4 万吨在国内市场消化，还有 2 万~3 万吨出口需要专利许可。因为专利限制，很多稀土产品不能销售到国外市场去，不能进入这些高端市场，钕铁硼企业损失巨大。而上述那些通过支付费用获得授权的企业也付出了高昂的代价，中科三环 1993 年获得日本钕铁硼企业的专利授权，除了首次进入的门槛费之外，每年还要根据产品销售情况支付专利使用费。2012 年上半年，中科三环收入 28.45 亿元，实现净利润 4.61 亿元，其中，海外收入 14.84 亿元，同比增长 40.54%。中科三环当期支付的专利使用费达 2526 万元，占其净利润总额的 5.5%。换句话说，中科三环每赚 100 元钱，就要支付 5.5 元专利费。同样，宁波韵升在 2012 上半年的专利使用费也达到 252 万元。

诚然，上述案件中，我方缺乏核心专利技术的主因在前，面对日立金属公司的专利延伸和专利封锁战略，通过和解手段在海外市场分一杯羹在当时看来已是最佳选择。但是，事后分析来看，日立金属在美国的 100 多项相关专利并不是全部能站住脚，部分甚至可以被无效，中国钕铁硼企业的工艺路线跟日立金属是不一样的，这也许是当时日立金属愿意庭前和解的原因之一。

（2）铸钢车轮"337 调查"❶

河南天瑞集团下属的天瑞集团铸造有限公司（以下和天瑞集团均简称天瑞）是全国规模较大的铁路铸钢件生产企业，铁路铸件在全国市场的占有率高达 50% 以上。就是这么一家公司，在近年来铁路运输发展迅速的情况下，把目光投向了全国乃至全世界各地的铁路车轮市场。2006 年前后，天瑞投入大量的人力、物力和财力，陆续完成实验研发、设备采购和厂房建设等工作，先后录用了数名之前在山西大同车轮厂（中美合资企业）就职过的新员工。天瑞在自己生产的车轮获得美国铁路协会认证后，开始热火朝天地批

---

❶ 冉瑞雪. 由商业秘密引发的 337 调查［J］. 进出口经理人，2009（3）：54 - 55.

量制造并找好代理准备在美国开拓市场，然而就在 2008 年 8 月 14 日，天瑞遭遇了来自美国的"337 调查"。

原告安施德工业公司（Amsted Industries，以下简称安施德）是美国当地的一家制造铸钢火车车轮的企业。它研发并拥有制造铸钢火车车轮的两种核心技术："ABC"工艺和"Griffin"工艺。在美国，安施德使用先进的"Griffin"工艺，而另一项"ABC"工艺则已不再在美国使用，被许可授权给中国大同爱碧玺铸造有限公司（以下简称大同公司）使用。天瑞曾经向安施德请求获得安施德制造铸钢火车车轮工艺的许可，但双方并没有在许可条款上达成一致。天瑞从山西大同车轮厂招聘的员工正是离职于拥有"ABC"工艺授权的大同公司，这些员工中有人曾在安施德的美国工厂接受过培训，还有些人在大同公司获得过在"ABC"工艺方面的培训。之后，天瑞通过一家中介公司将其生产的铸钢火车车轮卖到美国市场，直接对安施德造成市场竞争。于是，安施德向美国国际贸易委员会提起诉讼，指控天瑞盗用其商业秘密，并要求美国国际贸易委员会下达禁止令，禁止天瑞的铸钢火车车轮进入美国市场。

对于上述跳槽员工是否将相应技术引入天瑞我们在此不得而知，也不作评论，但是作为行业翘楚，天瑞在面对"337 调查"时进行了长达三年的争辩，的确勇气和毅力可嘉。天瑞争辩的理由之一为：即使天瑞有侵犯安施德商业秘密的行为，该行为完全是在中国境内发生的，由于安施德并没有在美国国内使用涉案的受商业秘密保护的"ABC"工艺，故安施德并没有满足在美国国际贸易委员会"337 调查"中所必需的"国内产业"的要求。最后，美国国际贸易委员会判定天瑞盗用了安施德商业秘密，违反《关税法》第337 条的规定，发布了对天瑞铸钢火车车轮的有限禁止令。天瑞不服，上诉到美国联邦巡回上诉法院。美国联邦巡回上诉法院在其 2011 年 10 月 11 日的决定中，维持了美国国际贸易委员会的判决。对于这起案件，美国的回答也很简单，说白话就是：不管中国企业是否使用了"ABC"工艺，只要保密工艺被盗导致美国产业损失，美国就要管，而且可以延伸到美国之外发生的侵权行为……

天瑞抗争了三年，花费巨大，它勇于抗争、不当"鸵鸟"的行为在众多习惯于掏钱息诉的中国企业当中，令人眼前一亮，心生钦佩。但是，天瑞始终绕不开的地方是，自己到底使用的是"ABC"工艺还是自主研发且具有核心知识产权的工艺。证明自己使用的不是"ABC"工艺，才是商业秘密诉讼中被告最有利的抗辩理由之一❶。

由此可知，企业有不怕抗争的勇气是可贵的，但更可贵的是，企业有自己的核心技术和专利护航。

3. 碳钢与合金钢"337调查"

（1）大国竞争不可调和——"中国崛起"与"美国优先"

一开始，美国是看不上中国本土金属材料企业的。那些年，国内企业不仅内耗严重，而且出口产品多为劳动密集型和低附加值的产品，高科技含量、高附加值的合金制品则需要大量进口。在这方面，美国仗着技术优势，在过去的数十年间，包括美国钢铁公司（US Steel Corporation）在内的很多钢铁行业企业提起过多次针对中国钢铁产品出口至美国市场的反倾销和反补贴案件。在大部分案件中，美方取得胜利，目前已有近40个事实上针对中国钢铁产品的反倾销或反补贴裁定。

随着中国国内产业调整，国内企业整合升级，金属材料领域与我国诸多产业一样，开始从价值链中低端向中高端升级转型。以钢产品为例，我国出口产品已经从管材、热轧碳钢等低端产品向不锈钢、硅钢、特钢、钢材加工制品等高端产品转移。中国羽翼渐丰的企业们想将贸易模式从低价抢占低端市场向需求导向型出口占领高端市场转变。但是，美国人显然不愿意拱手让出美国高端市场，因此先进金属材料领域的国内企业走向美国市场，不可避免将遭遇美国行政干预市场最有利的武器——"337调查"。这是"中国崛起"与"美国优先"大国竞争大环境下的必然遭遇，也是从"中国制造"到"中国创造"转变过程中必须越过的阻碍。

（2）美国钢铁公司"单挑"整个中国钢产业

也许是带着几十年前对中国钢铁行业技术落后的傲慢与偏见，2016年4月26日，美国钢铁公司（US Steel Corporation）向ITC申请对中国河北钢铁集团公司、上海宝钢集团公司（现已经和武钢合并为宝武钢铁）、首钢等约40家中国钢铁企业的输美碳钢与合金钢产品提起"337调查"，并要求发布永久性的排除令及禁止令。这是2016年以来，美国发起的第八起涉华"337调查"，也是美国首次对钢铁类产品挥舞起"337调查"大棒。这些钢企都是中国碳钢与合金钢的主要输美企业，其中涉及的天津企业最多，达到九家，还有宝钢、鞍钢、河钢、首钢、武钢、山钢、马钢等大型国有钢铁企业，同时也包括几家钢铁分销商。

---

❶ 王宁玲. 从美国337调查案看商业秘密的保护［N］. 中国知识产权报，2012－12－26（011）.

案件原告美国钢铁公司 2015 年销售收入为 115.74 亿美元，同比大幅下降 33.9%，净利润亏损 15.08 亿美元❶。而美国对大多数来自中国的钢铁产品通过反倾销、反补贴程序抬高税率，导致 2015 年中国对美出口的钢铁量仅 200 多万吨。美国首次对中国钢铁产品发起"337 调查"，这意味着美国对中国钢铁行业已几乎用尽其惯用的反倾销和反补贴措施，标志着中美钢铁贸易战再次升级。因此，此次钢铁行业"337 调查"，是美国为遏制中国钢铁产业而采取的极端贸易保护措施。

美国钢铁公司曾是美国最大的钢铁垄断跨国公司，其前身是成立于 1864 年的卡内基钢铁公司。1901 年，卡内基钢铁公司和联合钢铁公司等十几家企业合并组成美国钢铁公司。该公司曾控制美国钢产量的 65%，它先后吞并了 50 多家企业，依靠其雄厚的经济实力垄断了美国的钢铁市场和原料来源，总部设在匹兹堡。

（3）中国企业勇敢应战

面对美国企业的挑战，这次中国钢铁企业没有害怕，大家义愤填膺，一致表示坚决应对挑战，为荣誉而战，为正义而战，依法维护合法权益，坚决反对贸易保护主义，当然也是为了 28 亿美元高额利润的海外市场而战。

在调查中，对方"连下三剑"，指控分为侵犯商业秘密、原产地标准和反垄断三大问题。宝钢作为本土"带头大哥"，首当其冲，以身抵挡"侵犯商业秘密"的首波攻击。

在申请书中，美国钢铁公司诉称匹兹堡一名研究人员的电脑在 2011 年遭到黑客攻击，电脑中开发新钢铁技术的方案被盗。报道称，开发这一钢材是美国钢铁公司的业务重点，黑客偷走的是一种被称为双相钢 980 的金属的相关技术方案，被偷的方案包括合金及其涂层的化学成分、加热和冷却该金属的温度，以及生产线的布局。该公司认定中国黑客为了中国钢铁制造商的利益而窃取了其制造上述轻型高强钢材的诸多专利技术和商业秘密，随后宝钢就开发出 DP980 的高强钢产品并出口到美国，由于 DP980 的生产技术全球领先，美国钢铁公司质疑宝钢迅速的技术突破与其失窃的上述诸多专利技术和商业秘密有关。

宝钢集团发表声明称：宝钢集团作为一家完全市场化运作的公司，在日常运营活动中严格遵守各经营地的法律法规，尊重市场规律，此次美国钢铁公司

---

❶ 中国钢铁工业协会负责人就美国对华碳钢与合金钢产品发起 337 调查发表谈话 [J]. 中国钢铁业，2016（6）：5.

的三项指控是毫无依据的，完全不符合事实。特别是关于宝钢盗用商业秘密的指控，源于美国钢铁公司的无端猜测和主观臆断，更是无稽之谈。宝钢表示，其一贯遵循规则，尊重知识产权，宝钢从未、将来也不会采用盗偷的方式获取技术。宝钢一贯重视自主研发和技术进步，相关技术的发展是公司对研发项目持续投入和宝钢研发人员长期奋斗的结果，申请书中的指责是与公平正义精神相悖的，是对宝钢和宝钢广大研发人员的不敬和泼污，宝钢将会依据相关国际规则和法律维护公司的合法权利。

（4）"比比内功"——宝钢与美国钢铁公司双相钢专利技术比拼[1]

美国钢铁公司技术方面的指控主要涉及侵犯高强钢材双相钢的商业秘密，其中重点关注对象就是宝钢 DP980 双相钢这种先进金属材料。双相钢，简称 DP 钢，又称复相钢，其是由马氏体或奥氏体或贝氏体与铁素体基体两相组织构成的钢。一般将铁素体与马氏体相组织组成的钢称为双相钢。双相钢的微观组织包含软相铁素体和硬相马氏体，抗拉强度不低于 980 MPa，兼具高强度和良好的成形性，且拥有无屈服延伸、无室温时效和高加工硬化等特点，是目前应用于汽车中的份额最大的先进高强钢，主要应用于结构件、加强件和防撞件，如车轮、保险杠、横梁等。按照制备工艺，DP980 双相钢主要分为冷轧双相钢和热轧双相钢。冷轧双相钢轧制效率低、成本高，但是板厚精确，表面光滑、美观，具有优越的力学性能；热轧钢轧制强度没有冷轧高，但其轧制效率高，轧后可塑性、焊接性优良。

截至美国钢铁公司起诉日 2016 年 4 月 26 日，宝钢与美国钢铁公司在 DP980 钢领域的专利数量如表 3 – 1 所示。

表 3 – 1　宝钢与美国钢铁公司在本国和对象国双相钢专利申请情况

宝钢	美国钢铁公司
申请 63 件中国专利（含 3 件美国同族专利），无进入失效期专利	申请 7 件美国专利（含 1 件中国同族专利），失效 4 件

从表 3 – 1 中可以看出，宝钢双相钢专利方面的技术储备无论是数量还是创新度都明显高于美国钢铁公司。

对两家公司核心双相钢专利技术内容和数据进行对比。

宝钢冷轧高强双相钢核心专利技术内容和数据如表 3 – 2 所示。

---

[1]　杨珂，王良猷，张建升，等. 浅议宝钢和美国钢铁公司 DP980 双相钢专利技术差异 [J]. 冶金管理，2016（8）：40 – 43.

表3－2　宝钢冷轧高强双相钢核心专利技术

专利	申请日及申请号	主要成分及其重量百分比（％）	主要工艺	抗拉强度/MPa	延伸率（％）
专利1	2005－06－30 CN200510027399.3	C：0.10～0.20；Si＜0.6；Mn≤2.6；Al：0.020～0.080；Cr：0.35～0.90；Nb：0.015～0.050；Ti：0.015～0.050；B：0.0005～0.0030	冶炼、铸造；热轧、酸洗以及冷轧；连续退火，退火冷却采用辊冷（RC）和喷气（GJC）复合冷却方法或高速气体喷射冷却（H－GJC）；平整、精整	＞980	10～20
专利2	2005－09－29 CN200510030138.7	C：0.14～0.24；Si：0.2～1.2；Mn：1.5～2.5；P：＜0.02；S：＜0.02；N：≤0.005；Ti：0.03～0.1；Nb：0～0.04；B：0.002～0.006；Al：0.02～0.08	钢坯→热轧→酸洗→冷轧→连续退火；主要生产工艺参数如下：退火750～850℃，保温40～150 s；气冷速度30～60℃/s，冷却到350～500℃；水冷后温度200℃以下；回火温度150～300℃，回火时间100～300 s	880（大部分大于980）	＞10
专利3	2009－04－24 CN200910049987.5	C：0.08～0.18；Si：0.1～0.6；Mn：1.4～2.4；P：≤0.02％；S：≤0.005；Al：0.01～0.05；N：≤0.006；Cr：0.1～0.4；B/N：0.2～0.77	热轧：终轧温度830～930℃，卷取温度550～650℃；冷轧：压下率为40％～70％；连续退火：780～880℃保温，以10～30℃/s的速度用气体冷却到700～750℃，然后以60～200℃/s的冷速喷气冷却到550～640℃，然后以冷速大于500℃/s冷却到100℃以下，最后加热到150～250℃回火60～300 s，经过弱酸洗，再经过0～0.6％平整	980	＞10

续表

专利	申请日及申请号	主要成分及其重量百分比（％）	主要工艺	抗拉强度/MPa	延伸率（％）
专利4	2009 - 09 - 18 CN200910195926. X	C：0.08～0.18；Si：0.50～1.50；Mn：1.50～2.5；Cr：0.10～1.0；Mo：0.02～0.5；Nb：0.005～0.05；Ti：0.005～0.05；Al：0.02～0.05；P：≤0.02；S：≤0.01；N：≤0.006	冶炼，精炼，然后通过连铸铸成板坯，按常规热轧、酸连轧、热镀锌退火工艺；临界退火温度760～840 ℃，在铁素体和奥氏体两相区完成；1CR段冷却：从退火温度至锌池的冷速为1～40 ℃/s；然后，基板进入450～465 ℃的锌池完成镀锌处理；再进行2aCR段冷却，冷速大于3 ℃/s	1180	>9.4

由表3-2可知，宝钢早在2005年6月30日便拥有具有独立知识产权的高强双相钢专利，该专利添加了微量元素Ti、Nb、Cr、B；其加工工艺是在连续退火线上，采用辊冷和喷气复合冷却方法或高速气体喷射冷却，控制连续退火均热温度770～810 ℃，快冷起始温度560～680 ℃，快冷平均冷却速度20～60 ℃/s，快冷终止温度在270～420 ℃，时效温度≤420 ℃。之后宝钢又优化了双相钢成分，在2005年9月29日申请的专利中省略了合金元素Cr，改进了连续退火工艺，在连续退火时采用常规快冷，即在750～850 ℃温度范围内保温40～150 s，以气冷速度30～60 ℃/s冷却到350～500 ℃，进入水槽冷却，简化之前复合冷却工艺的设备，依然获得高强冷轧双相钢。此后，宝钢在2009年4月24日申请的专利中进一步完善了高强冷轧钢技术，通过省略常规的Ti、Nb合金化元素，添加微量的Cr和控制B/N在0.2～0.77之间，在连续退火中采用三段冷却，780～880 ℃保温后以10～30 ℃/s的速度用气体冷却到700～750 ℃，然后以60～200 ℃/s的冷却速度喷气冷却到550～640 ℃，然后以冷却速度大于500 ℃/s水淬到100 ℃以下，最后再加热到150～250 ℃回火。2009年9月18日，宝钢提交了进一步研发的冷轧热镀锌双相钢专利技术，该技术选择微合金化元素为Ti、Nb、Cr、Mo，其在热镀锌退火时，临界退火温度为760～840 ℃，在铁素体和奥氏体两相区完成；1CR段冷却：从退火温度至锌池的冷速为1～40 ℃/s；基板进入450～465 ℃的锌池完成镀锌处理；再进行2aCR段冷却，冷速大于3 ℃/s，进而获

得高强冷轧热镀锌双相钢板。

宝钢一直坚持对双相钢的研发，通过进一步研发获得了优化双相钢，在成分组成上其改变了之前的高碳高硅，采用低碳低硅，并添加微量 Ti、Nb、Cr、B 或 Mo，在退火温度为 780～820 ℃保温后，以 5～15 ℃/s 的冷却速度冷却到 650～700 ℃之间，再以 50～200 ℃/s 的冷却速度冷却到 300 ℃以下；最后在 200～300 ℃回火，进而获得抗拉强度高，均匀延伸率大且扩孔率大于 35% 的高强双相冷轧钢。

宝钢和美国钢铁公司的热轧双相钢核心专利技术内容和数据对比如表 3 - 3 所示。

表 3 - 3　宝钢和美国钢铁公司热轧双相钢核心专利技术对比

专利		申请日及申请表	主要成分及其重要百分比（%）	主要工艺	抗拉强度/MPa	延伸率（%）
宝钢	专利 1	2006 - 03 - 27 CN200610025127.4	C：0.05～0.09；Si：0.35～0.55；Mn：1.50～1.90；Ni：0.30～0.70；Nb：0.04～0.08；Al：0.02～0.04；Ti：0.01～0.04	冶炼浇铸；加热至 1180～1220 ℃，保温 90～120 min；开轧温度 1050～1100 ℃，轧件厚度到达成品钢板厚度的 2～3 倍时，待温度至 920～960 ℃，进行第二阶段轧制，变形量控制在 5～15 mm，道次变形率：10%～25%；终轧温度：820～880 ℃；空冷 60～90 s，10～20 ℃/s 的速度冷却至 400～550 ℃，钢板出水后空冷	800	22～25
	专利 2	2007 - 03 - 23 CN200710038395.4	C：0.08～0.25；Si：0.5～2.0；Mn：0.5～2.0；Al：0.01～0.06；N：≤0.010；P：≤0.020%；S：≤0.005%；Ti：≤0.03%；Nb：≤0.03%	冶炼、铸造；板坯再加热，1130～1170 ℃；轧制：在奥氏体可发生再结晶的温度范围内初轧热变形，在低于奥氏体发生再结晶但高于 Ar_3 转变点的温度范围内，采用一个或多个道次，进行终轧，终轧温度为 800～880 ℃；冷却：以 ≥20 ℃/s 的冷却速度冷却至 650～750 ℃，再以 ≥50 ℃/s 的冷却速度冷却至 230～450 ℃	980	11～20

续表

专利		申请日及 申请表	主要成分及其 重要百分比（%）	主要工艺	抗拉强度/ MPa	延伸率 （%）
美国钢铁公司	专利1	2002 – 12 – 18 US2004118489A1	C：0.02 ~ 0.15； Mn：0.3 ~ 2.5； Cr：0.1 ~ 2.0； Al：0.01 ~ 0.2； Ca：0.001 ~ 0.01； P：≤0.1； S：≤0.03； Ti：≤0.2； V：≤0.2； Nb：≤0.2； Mo：≤0.5； Cu：≤0.5； Ni：≤0.5	冶炼、铸造；1050 ~ 1350 ℃再加热，保温 10 min；开轧温度800 ~ 1000 ℃；冷却，冷却 速度不低于10 ℃/s， 不低于450 ℃卷取	500 ~ 900	19 ~ 30
	专利2	2003 – 01 – 15 US2004099349A1	C：0.02 ~ 0.20； Al：0.01 ~ 0.15； Ti：≤0.01； Si：≤0.5； P：≤0.06； S：≤0.03； Mg：1.5 ~ 2.4； Cr：0.03 ~ 1.5； Mo：0.03 ~ 1.5； Mn +6Cr +10Mo：≥3.5	727 ~ 775 ℃均热钢材 20 ~ 90 s，在均热热轧 后以1 ℃/s冷却速度 冷却至454 ~ 493 ℃保 持20 ~ 100 s。然后以 至少5 ℃/s速度冷却 到室温置于镀锌池中 进行常规镀锌扩散 处理	500 ~ 600	
	专利3	2005 – 01 – 27 US2006162824A1	C：0.05 ~ 0.20； Mn：3 ~ 8； Si：≤0.5； Al：≤0.1	热轧终冷温度在 Ar_1 + 50 ℃，冷却钢板至少 形成50vt% 马氏体， 随后在 $Ac_1 ~ Ac_1$ +50 ℃ 之间退火至少一个 小时	800 ~ 1000	10 ~ 25

从表3 – 3可以看出，宝钢在研发冷轧工艺的同时也在研发热轧双相钢，于2006年3月27提交的高强双相钢专利中，通过在基础合金中添加Ti、Nb、Ni，热轧后在辊道空冷后以10 ~ 20 ℃/s速度冷却至400 ~ 550 ℃，出水空冷。在2007年3月23日提交的双相钢专利中，通过在常规双相钢基础成分中添加Ti、Nb，热轧后以不低于20 ℃/s的冷却速度先冷却至650 ~ 750 ℃停留2 ~ 10 s，再以不低于50 ℃/s冷却速度冷却至230 ~ 450 ℃，最终获得超过980 MPa的热

轧多相钢。

再看美国钢铁公司，热轧双相钢的专利集中在 2002—2005 年。其实该公司之前也有许多专利技术，但大部分专利集中在 20 世纪 60 ~ 70 年代，早已超过专利保护的 20 年期限而失效。表 3 - 3 显示的美国钢铁公司最早研发的热轧双相钢抗拉强度为 500 ~ 900 MPa，延伸率介于 19% ~ 30%，制造工艺是通过在 1050 ~ 1350 ℃ 保温后在 800 ~ 1000 ℃ 热轧，以不低于 10 ℃/s 的冷却速度冷却，最后在不低于 450 ℃ 卷取。随后美国钢铁公司优化了热轧钢的成分，省略其中的 V、Cu、Ca、Ni、Nb 等合金元素，在均热热轧后以 1 ℃/s 冷却速度冷却至 454 ~ 493 ℃，置于镀锌池中涂覆，但该钢种牺牲了部分抗拉强度。此外美国钢铁公司还通过适当控制 Mn 在 3.0% ~ 8.0%，同时仅添加微量不超过 0.04% 的 Cu、Ni、Cr、Mo 等元素，通过热轧终冷温度在 $Ar_1 + 50$ ℃，冷却钢板至少形成 50vt% 马氏体，随后在 $Ac_1 ~ Ac_1 + 50$ ℃ 之间退火至少一个小时，获得抗拉强度在 800 ~ 1000 MPa、延伸率介于 10% ~ 25% 的含马氏体、铁素体、残留奥氏体的多相热轧钢带。

从上述宝钢与美国钢铁公司的双相钢技术的"内功"对比不难看出，二者明显不属于相同派系和路数，具体包括以下几点：

一是宝钢从"修行"路数上更为丰富，冷轧和热轧同时研习，尤其是冷轧双向钢领域，美国钢铁公司没有有效的专利技术，宝钢在 DP980 冷轧钢领域无论是钢成分还是制备工艺都独领风骚。

二是在两者都在研习的热轧双向钢领域，尽管宝钢在热轧双相钢的研发起步稍晚于美国钢铁公司，但与美国钢铁公司相同级别强度的特种钢相比，其钢成分以及制备工艺完全是不同的改进思路，二者存在本质差异。

三是宝钢在双相钢上的专利技术储备丰富，范围广，既讲究循序渐进层层深入（产品加工工艺不断改进），又讲究相应的"招式"灵活变化（冷轧和热轧分枝开花）。反观美国钢铁公司的专利储备，似乎显得逊色不少。

综上，仅仅从 DP980 这一专利技术角度看宝钢与美国钢铁公司的技术研发情况，宝钢已然胜券在握，完全有理由证明在 DP980 领域，自己就是一个"王者"。

（5）硝烟散尽，中国联盟连下三城

在实际应战过程中，宝钢集团付出了很多努力。在案件取证过程中，宝钢集团的法律代表提供了大量的研发材料、研发经费支出数据支持，而宝钢集团的科研人员作为证人在香港特别行政区取证长达 11 天。在面对美方的质疑时，宝钢集团的法律代表寸步不让，提供了大量有力证据证明宝钢集团的研发能力和科研技术。最后，在强大的证据和无法辩驳的事实面前，美国终于驳回对中国企业窃取商业秘密的指控，这成为中国钢铁企业撕开整个战局的关键战役，为之后的其他两个诉点调查也奠定了坚实的基础。

2017年2月15日，美国钢铁公司提交动议，撤销了有关宝钢侵犯商业秘密的指控，并请求终止对该指控的调查。2017年2月22日，行政法官签发第56号行政命令，初裁批准美国钢铁公司的动议，终止对侵犯商业秘密的调查。2017年3月24日，美国钢铁公司决定撤回对宝钢的指控。宝钢之前，几乎所有关于中国侵犯商业秘密的诉讼，中国从未胜诉过，这次的成功是中国钢铁企业积极应诉的结果，更是自身不断加强内功修炼、产业升级、研发实力不断提升的结果。本案的结果极大地鼓舞了国内各领域的企业和科研人员，在未来面对国际纷争时，对于西方，我们既要有实力也要有胆量，是我们的终究是我们的！

接"宝钢战役"这一漂亮的头彩，中国企业再接再厉，在中国钢铁工业协会的组织下，经过20个月的抗争，中国钢铁行业和钢铁企业在"337调查"中取得了反垄断、盗窃商业秘密、虚构原产地三个诉点全部胜诉的战绩。在此次"337调查"中，我国获得全面胜利，在先进金属材料领域，钢铁行业率先走出了开拓海外高端市场的良好开局。

（6）小结——"宝钢们"还可以做得更好！

不难看出，美国将"337调查"作为一种维护本土企业利益的重要手段，通过对中国企业发起"337调查"来限制我国产品出口到美国。要想在诸如美国"337调查"的国际纠纷中取得胜算，破除美国的贸易保护主义，创新主体首先要有自主研发能力和研究成果，在此基础上还要牢牢掌握自主知识产权，对自主研发产品及时申请专利，做好专利布局。

当然，防守还是被动的，如果宝钢能够进行更全面的海外目标市场专利布局，不仅可以有效地避免"337调查"的威胁，同时，中国公司也可以利用"337调查"实现从被动防御到主动进攻。

创新技术的保护在先进金属材料领域已经越发迫切，不仅是因为该领域的竞争态势所致，也是该领域的一些申请特色所迫。不仅需要申请专利，而且需要掌握专利申请撰写的技巧、布局的技巧以及用好专利的技巧。因而，作为创新主体，不仅应该因地制宜地种好"创新之树"，当好"植树人"，更应该找好"建筑师"，为自己的"创新之树"建好和守好"庇护之所"。再进一步从进攻层面上，用好"专利之剑"，让"专利之剑"成为侵权者头上的"达摩克利斯之剑"，让"专利之剑"成为披荆斩棘、收获"金羊毛"的王者之剑。

第二节　先进金属材料领域技术创新和专利申请撰写特点

金属材料，尤其是钢铁，对人类文明发展发挥了重要的作用。一方面，由于它本身具有比其他材料更加优越的综合性能，能够更加适应科技和生活方面的各种不同要求；另一方面，由于它的性能、数量、质量方面的巨大潜力，能够随着日益增长的要求不断发展和更新。

金属材料的特点决定了其有别于其他材料的复杂研发特点，而独特的研发特点决定了该领域存在各种不同维度的技术改进路线和表征方式，因而该领域的专利申请撰写方式与其他领域相比非常具有领域特色，可以说金属材料领域的研究特点决定了该领域专利申请的撰写特点。

一、先进金属材料领域的技术创新特点

1. 金属材料的研究对象和特点❶

金属学是关于金属材料——金属和合金的科学，它的中心内容就是研究金属和合金的成分、结构、组织和性能，它们之间的相互关系和变化规律，以及如何通过相应的装置设备和生产加工工艺实现对上述三者的控制和调整，从而更充分有效地发挥现有金属材料的潜力，进而合成新的金属材料。金属学基本上是一门应用科学，也是一门偏重于实验的科学。

2. 何为性能？

性能归纳起来大致包括工艺性能和使用性能。前者在于能不能保证生产和制作的问题，即解决怎么做的问题；后者则研究做好后能不能用的问题。

（1）金属材料的工艺性能——通过加工测试性能数据进行表征

金属材料从冶炼到制造成器件使用，需要经过铸造、压力加工、机械加工、热处理以及铆焊等一系列的工艺过程，其所具有的能够适应实际生产要求的能力统称为工艺性能，如铸造性、锻造性、深冲性、弯曲性、切削性、焊接性、淬透性等。这种性能虽然是金属材料本身固有的，但要如何测试和表达是一个很复杂的问题，很多情况下企图用单一的物理参量来表示是相当困难的。于是工程上将特定的所谓流动性、填充性、凝固收缩性、热裂性等综合起来表

---

❶ 刘宗昌，任慧平，郝少祥. 金属材料工程概论［M］. 北京：冶金工业出版社，2007.

示铸造性能，其他也作类似处理。并且，为了方便进行预测或是比较，工程上多采用模拟实验的方法，测出所规定的数值指标，作为判别工艺性能的规定标准。严格来说，它只能在一定的程度上或近似地反映材料本身表现出来的实际工艺性能，但由于它具有实用价值，测试也比较方便，还是被广泛采用。

（2）金属材料的使用性能——通过使用测试性能数据进行表征

金属材料制作成工件后，在使用过程中，要求其能适应或是抵抗作用到它上面的各种外界作用，包括诸如力学、化学、辐射、电磁场以及冷热作用等，这些作用有强有弱，有大有小，有单一有复合。金属材料满足这些要求的能力，合起来统称为使用性能，细分为力学性能、耐腐蚀性能、电磁性能、耐热性能等。这些性能大部分可以和材料的一些基本物理量直接联系，但是在工业上也会采用模拟实验指标来表示。例如，我们所知道的在拉伸试验中测出的所谓屈服强度、拉伸强度、伸长率等，这些指标和实际有一定的差距，因此，采用改进现有技术和创造新测试技术的方式来更加方便、准确地用实验室小试样反映材料各种构件在使用中的实际性能，也成为材料使用性能表征的重要维度。

（3）工艺性能与使用性能的联系

工艺性能和使用性能既有联系又不相同，它们的好与坏、高与低，有时是一致的，有时却是互相矛盾的。例如，一些要求高强度或高硬度或耐高温的材料常常会给压力加工、机械加工、铸造等工艺带来不少困难，有时甚至会达到否定某些材料的程度。因此，一方面需要改进加工工具和加工制作方法，提高材料的工艺性能；另一方面又需要使材料具有多变性或多重性，以提高其使用性能。大部分钢铁和一部分有色金属材料已在一定程度上具有这方面的特点，这也是金属材料的可贵之处。工艺性能和使用性能之间矛盾的解决过程，正是促进金属材料发展的过程。工艺性能和使用性能的不断改善和创新，是金属材料发展进程中的显著特征和重要内容。

3. 决定金属材料性能的基本因素

金属材料在性能方面所表现出的多样性、多变性和特殊性，使它具有比其他材料更优越的性能，这种优越性是其内在因素在一定外在条件下的综合反映。简单来说，决定金属材料性能的基本因素是化学成分和组织结构。

（1）化学成分（元素种类和用量）

金属材料的组成主要是金属元素，金属元素作为元素的一个大类，其原子结构具有区别于其他元素的特性，这也决定了金属原子结构键的特点，而这又在一定程度上决定了内部原子集合体的结构特征。金属材料有别于其他材料的根本原因就是其内部的金属键结合。不同金属材料之间的差别仅是量上的差别，而非质上的（当然不同金属元素之间也有性质差别）。这个量上的差别在给定的外界条件下是受材料的化学成分制约的，例如钢和铸铁的性能差别。

（2）组织结构（各类晶体结构、金相组织、晶粒、晶界等）

同一化学成分，或是同一结构的材料，其某些性能仍然可以在一个大的范围内显著变化。通过一些实例可以知道，化学成分、原子集合体的结构和内部组织是决定金属性能的内在基本因素，金属材料也正是通过这三者表现出性能的多变性。

因此，从专利撰写角度看，化学成分和组织结构都是描述金属材料基本特征和性能的重要维度。

4. 控制化学成分和组织结构的手段——生产和加工工艺

（1）化学成分控制

化学成分（包括所谓杂质和夹杂物等）主要是由冶炼和铸造，特别是由冶炼来保证的，冶炼和铸造条件的任何变化——包括冶炼和铸造工艺本身和相应装置设备的改进——都会影响到成分的改变。现代一些新的冶炼和浇注技术如真空熔炼、真空浇注、氩气保护、电渣重熔以及各种自动化装置和设备的应用，其目的都在于（或主要在于）首先保证材料的规定成分和纯洁度，而后再在这个前提下提高产量和生产率。成分的保证还不只限于此，除冶炼和浇注外，在某些情况下，后步工序如各种加工和处理条件，有时也会或多或少地改变其表层成分。

（2）组织结构调整和控制

对某一具体应用的金属材料来说，成分保证时，它的一些对结构组织不敏感的性能也就保证了。但是，成分给定时，组织结构仍然可以随条件而变化，那些对组织结构敏感的性能就可能随之变化，所以有时候光描述成分是不够的，还需要表征影响组织结构的因素，如加工和热处理的新工艺、工艺参数以及配套装置设备改进。

组织结构除了受成分制约外，还要由铸造条件、压力加工条件，特别是热处理条件来确定。其他条件，如机械加工、焊接等也有影响，有时影响也不小，但只限于工件的表层或局部。此外，在使用过程中，结构组织也会变化，机械零件或其他构件的许多破坏就是由此而发生的。由此可见，上述各个环节的工艺参变量或条件，对结构敏感性能来说是非常重要的。

现代化的各种铸造、加工和热处理等工艺，以及为适应这些工艺的各种设备和装置，已经有可能将保证或改善结构组织、提高质量推进到一个崭新的水平。例如，连续轧制新技术的应用，由于温度、时间、压下量和轧制方向等工艺参数能够按要求实现严格自动化控制，结构组织也就可以得到充分的保证，尺寸规格的精确度也得以提高；连续浇注技术产量大，工作条件好，并有可能改善铸锭组织和提高钢的纯洁度；将精炼与浇注结合于一体的电渣重熔新技术，使成分和组织结构同时都大为改善，其他如离心浇注、悬浮浇注等也都对组织结构的改进具有较好的效果。

5. 先进金属材料研发要素逻辑关系图

根据对金属材料研发各要素内容和关系的表述，可以用图 3-1 所示的四要素表示先进金属材料的研发思路和表征维度。

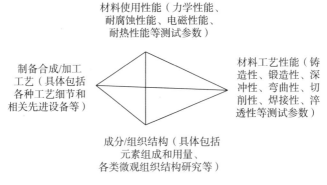

图 3-1　金属材料研发要素关系图

金属材料的成分/组织结构决定了金属材料的固有性能，固有性能好坏通过使用性能和工艺性能两个方面的测定参数得以体现和表征，而制备工艺和加工设备的使用可以对材料的成分、组织结构进行调整和控制，从而实现对各类性能的优化提升，而各类性能提升进一步拓展了金属材料的应用领域，即新用途。

6. 先进金属材料的发展

在可以预见的将来，金属材料仍将占据材料工业的主导地位。这是因为许多金属材料工业已经具有一整套相当成熟的生产技术和庞大的生产能力，并且质量稳定，供应方便，在性能价格比上也占有一定优势；在相当长时期内，金属材料的资源也是有保证的，且其可回收可循环使用，材料本身使用中对环境没有污染。当然最重要和根本的原因还在于金属材料具有其他材料体系不能完全取代的独特性质和使用性能。例如，金属材料有比高分子材料高得多的模量，有比陶瓷材料高得多的韧性以及具有磁性和导电性等优异的物理性能。同时，金属材料还在不断地推陈出新。例如，传统的钢铁材料产业正在不断提高质量、降低成本、扩大品种规格，在冶炼、浇注、加工和热处理等工艺上不断革新，出现了如炉外精炼、连铸连轧、控制轧制等新工艺技术，不断涌现出微合金钢、低合金高强度钢、双相钢等新钢种。在有色金属及合金方面则出现了高纯高韧铝合金、高强高模铝锂合金、高温铝合金以及先进的高强、高韧和高温钛合金，等等。当然，各种先进金属材料的研发，都同样遵循图 3－1 所示的研究方式，从组织成分变化规律入手，通过改进设备和合成工艺对其进行调整控制，从而得到所需的各项性能。

二、先进金属材料领域专利申请撰写特点

正如前文所述，金属材料领域研发的技术要素主要包括成分/组织、生产工艺、相应加工设备、金属性能，以及性能匹配的新用途几个方面。这些特色技术要素决定了对应的专利撰写特点。

1. 权利要求撰写特点

权利要求用于划定权利的保护范围。目前金属材料领域的专利申请中，权利要求撰写的主题主要包括产品、方法、设备、用途以及上述四者的各种组合（例如"产品＋方法""产品＋设备""产品＋用途""方法＋设备""产品＋方法＋设备"以及"产品＋方法＋用途"等组合方式）。从权利要求撰写内容看，基于上述各种主题组合方式，往往又通过具体组成用量、组织结构、具体工艺条件、设备构造细节、各种用途以及各种性能参数等技术细节特征分别或以组合方式对权利要求进行限定，丰富权利要求保护的范围和层次。

（1）基本组成限定

主要限定合金材料的具体组成和元素用量。

案例1： 中国宝钢关于双相钢专利申请 CN200910049987.5 的产品权利要求1撰写方式如下（产品权利要求：组成限定）：

> 权利要求1：一种超高强度冷轧钢，其按重量百分比计的化学成分为：C：0.08wt% ～ 0.18wt%，Si：0.1wt% ～ 0.6wt%，Mn：1.4wt% ～ 2.4wt%，P ≤ 0.02wt%，S ≤ 0.005wt%，Al：0.01wt% ～ 0.05%，N ≤ 0.006wt%，Cr：0.1wt% ～0.4%，B/N：0.2wt% ～0.77，其他为 Fe 和不可避免杂质。

（2）含公式限定

通过限定各元素用量进一步满足用量关系的计算公式，对组分之间用量关系进行高阶限定。例如，碳当量 CE（%）＝ C ＋ Si/24 ＋ Mn/6 ＋ Ni/40 ＋ Cr/5 ＋ Mo/4 ＋ V/14 ≤0.38。

案例 2：日本制铁公司（Nippon Steel）专利申请 CN200380110195.5，其独立产品权利要求 1 撰写方式如下（产品权利要求：组成＋公式）：

权利要求 1：一种扩孔性和延展性优异的高强度热轧钢板，其特征在于：它是以质量% 计含有 C：0.01% ~ 0.09%，Si：0.05% ~ 1.5%，Mn：0.5% ~ 3.2%，Al：0.003% ~ 1.5%，P：0.03% 或以下，S：0.005% 或以下，Ti：0.10% ~ 0.25%，Nb：0.01% ~ 0.05%；

进而满足：

$$0.9 \leqslant 48/12 \times C/Ti < 1.7 \tag{1}$$

$$50227 \times C - 4479 \times Mn > -9860 \tag{2}$$

$$811 \times C + 135 \times Mn + 602 \times Ti + 794 \times Nb > 465 \tag{3}$$

中任意一个式子，而且其余由铁和不可避免的杂质构成的高强度热轧钢板，强度为 980 N/mm^2 或以上。

（3）含性能参数限定

性能参数包括各种加工性能和使用性能的参数指标，例如增加相应的强度、硬度、抗弯性能、耐蚀性等性能指标，很多出现在从属权利要求中。

案例 3：中国宝钢关于双相钢专利申请 CN200910049987.5 的产品从属权利要求 4 撰写方式如下（产品权利要求：组成＋性能参数）：

权利要求 4：如权利要求 1 或 2 所述的超高强度冷轧钢，其特征在于，所述钢为带钢或钢板，其抗拉强度为 980 MPa 以上。

（4）含微观组织限定

例如增加显微组织，包括马氏体、珠光体、铁素体等表征限定。

案例 4：日本制铁公司（Nippon Steel）专利申请 CN200780000790.1，其产品独立权利要求 1 撰写方式如下（产品权利要求：组成＋结构）：

权利要求 1：一种止裂性优良的高强度厚钢板，其化学成分的构成为：以质量% 计含有 C：0.03% ~ 0.15%、Si：0.1% ~ 0.5%、Mn：0.5% ~ 2.0%、P：≤0.02%、S：≤0.01%、Al：0.001% ~ 0.1%、Ti：0.005% ~ 0.02%、Ni：0.15% ~ 2%、N：0.001% ~ 0.008%，并且余量为铁以及不可避免的杂质；显微组织为以贝氏体作为母相的铁素体或/和珠光体组织；晶体取向差为 15° 以上的晶粒的平均当量圆直径在从表面以及背面到板厚的 10% 的区域内为 15 μm 以下，在除此以外的包含板厚中心部的区域内为 40 μm 以下。

（5）含用途限定

除组成外，增加用途限定，例如一种桥梁用结构钢、一种用于车身板件的高强钢等。

案例 5：俄罗斯威森波－阿维斯玛股份公司（VSMPO AVISMA）专利申请 CN201180046734.8 的产品独立权利要求 1 撰写方式如下（产品权利要求：用途＋组成＋公式）：

> 权利要求 1：含有铝、钒、钼、铬、铁、镍、锆、氮、氧、碳和钛并且用于制造片材、结构部件和结构装甲的再熔钛合金，其特征在于还加入硅，其各组分的重量百分数如下：铝 0.01～6.5；钒 0.01～5.5；钼 0.05～2.0；铬 0.01～1.5；铁 0.1～2.5；镍 0.01～0.5；锆 0.01～0.5；氮 ≤0.07；氧 ≤0.3；碳 ≤0.1；硅 0.01～0.25；钛余量，同时，钼强度当量 [Mo] 强度当量和铝强度当量 [Al] 强度当量的值按下面公式计算：
>
> [Al] 强度当量 = Al + Zr/3 + 20 · O + 33 · N + 12 · C + 3.3 · Si，重量%，（1）
>
> [Mo] 强度当量 = Mo + V/1.7 + Ni + Cr/0.8 + Fe/0.7，重量%，（2）
>
> 等于：
>
> 对于片材，[Mo] 强度当量 =2.1～5.6；[Al] 强度当量 =6.1～8.83；
>
> 对于结构部件，[Mo] 强度当量 = 2.1～5.6；[Al] 强度当量 = 8.84～12.1；
>
> 对于结构装甲，[Mo] 强度当量 = 5.7～11；[Al] 强度当量 = 6.1～12.1。

（6）含制备工艺参数限定

除组成外，增加制备工艺参数限定，例如热轧道次、淬火、回火等处理工艺。

案例 6：韩国浦项制铁公司（POSCO）专利申请 CN201911127800.9 的方法独立权利要求 1 撰写方式如下（方法权利要求：组成＋工艺）：

> 权利要求 1：制造高锰钢组件的方法，其包括：
>
> a）提供具有如下组成的组合物：总组合物的 9～20 重量% 锰，0.5～2.0 重量% 碳，任选 0.5～30 重量% 铬，0.5～20 重量% 的镍或钴，0.2～15 重量% 铝，0.01～10 重量% 的钼、铌、铜、钛或钒，0.1～10 重量% 的硅；0.001～3.0 重量% 的氮，0.001～0.1 重量% 的硼，和 0.2～6 重量% 的锆或铪，以及余量铁；和

b）将组合物加热至至少约1000 ℃；

c）将组合物以约2 ℃/s至约60 ℃/s的速率冷却，随后将组合物在约700 ℃至约1000 ℃范围内的温度热轧制；

d）将组合物缓慢冷却或保持等温；和

e）将组合物从约700 ℃至约1000 ℃范围内的温度以至少约10 ℃/s的速率淬火或者加速冷却或空气冷却至约0 ℃至约500 ℃范围内的温度。

上述专利申请的方法从属权利要求3撰写方式如下（方法权利要求：组成＋工艺＋结构）：

权利要求3：根据权利要求1或2的方法，其中在步骤e）以后，组合物具有微观结构，该微观结构具有约100 μm或更小的细化晶粒尺寸。

（7）对应设备限定

例如用于制备金属产品的设备。

案例7：欧洲安赛乐米塔尔钢铁集团（Arcelor Mittal）专利申请CN200880018739.8的独立权利要求1撰写方式如下（产品权利要求：设备）：

权利要求1：一种用于金属制品的轧机（1），包括：至少一对工作辊；以及至少一冷却装置（2），所述冷却装置将多股在压力下的冷却射流喷射到至少一个所述工作辊（R）上，所述冷却装置（2）还在所述冷却射流和待轧制的所述金属制品之间喷射至少一股刮擦射流，所述刮擦射流被导向所需的流向，所需的流向与所述工作辊（R）表面的垂线成一凹角。

上述专利申请的从属权利要求10的撰写方式如下（方法权利要求：方法＋设备）：

权利要求10：金属制品轧制方法，其使用如权利要求1至9中任一项所述的轧机（1），其中，冷却射流和刮擦射流的压力低于4巴。

综上，金属材料领域专利申请的权利要求特点之一是内容复杂，涉及面宽，合案申请多。一件专利申请往往包括两项或两项以上的发明主题（往往至少包括金属产品及其制备方法），还可能包含各种维度及其组合方式的限定要素，各种要素数量多、维度广，相互影响，对产品性能更有错综复杂的交互作用。从申请文件撰写发展趋势看，各大公司的专利申请权利要求项数呈增多趋势（从几项到几十项甚至更多），权利要求的限定方式也从简单的组成向"组成＋结构＋组织＋公式"等多级复杂要素组合方式发展，这体现了金属材料领域目前权利要求撰写的总体发展趋势，也能反映不同国别申请人的技术复杂程度和布局需求。

2. 说明书撰写特点

说明书的作用是对权利要求保护的技术方案作出清楚、完整和支持的说明。金属材料领域的专利申请说明书具有一些特殊的共性。

（1）说明书中对于组成元素或某些工艺选择作用的撰写

金属材料领域的专利通常为对合金成分的进一步改进，因此，为了更好地说明选择的成分的作用，通常会在说明书中记载各个成分即组成合金的各元素的作用。如果存在关键工艺，同样需要记载该工艺带来的相应改性作用。记载在说明书中的元素和工艺的作用可以作为陈述权利要求具有创造性的理由，也可以是说明书公开充分的一个判断依据，因此，元素和关键工艺作用在合金领域说明书撰写中占据着很重要的位置。除了单独合金的元素或工艺作用，对于合金元素用量和具体工艺参数范围的选择带来的协同效果，各大公司专利申请的说明书部分也会有对应的记载，保证说明书内容全面充分。

（2）说明书中对于权利要求中出现的公式定义、组织结构以及工艺性能参数测定方法展开描述

对于采用特定公式、性能参数、组织结构以及热处理工艺等技术要素限定的权利要求，这些内容具体是如何定义和测定的，往往需要在说明书中进行详细描述，以确保标准一致。同时还会对符合上述特定公式、组织关系限定带来的协同效果或者可能机理进行说明。例如，申请人发现当各元素关系不满足申请人定义的一种特定平衡关系式时，相应产品性能有大幅降低，于是该关系式就是权利要求中的一个重要限定，而说明书则需要对比满足该关系式和不满足该关系式的产品性能，以及说明造成这种结果的可能原因，从而证明该关系式的发现并应用具有技术进步性。这种撰写方式往往较多地出现在日本公司专利申请中。一些公式中的表征符号是申请人自己定义的计算方式，比如碳当量 C_{eq} 如何计算，$T_{卷取温度}$、第一退火温度 T_{A1}，以及相变平衡温度 Ae_1、Ae_3 等，那么说明书中则需要说明这种定义的具体内容，必要时还包括单位量纲等细节。还有一些参数，如屈服强度、抗弯强度等，也存在各国不同的测定标准，说明书需要说明本申请具体采用的是何种标准。在说明书中对于上述定义越全面越准确越好，既可以保证说明书起到解释权利要求保护范围的作用，使技术内容更完整清楚，同时也可以最大可能地发挥这些技术要素对于权利要求范围的多维度限定作用，便于后续的创造性审查意见答复和确权过程中的比较。

（3）说明书中通过足量全面的实施例和直观对比例，以及其他证明手段说明发明效果

金属材料学科和所有化学学科一样，属于实验科学范畴。为证明手段发明

效果不仅应该提供足量、不同类型和覆盖性全的实施例，还应该提供具有直观对比效果的对比实验数据，从而可信地证明说明书发明内容部分提及的各种效果。所谓足量，是指实施例数量应该足以覆盖或支持权利要求中的各元素用量范围或公式限定等要求，具体数值应该是权利要求中数值范围的左、中、右位置的数值。所谓不同类型，包括产品性能数据、工艺性能数据、用途和效果测试数据等。所谓覆盖性全，是指针对权利要求中各种并列技术要素，对于说明书发明内容部分提及的各种效果，实施例都应该覆盖。尤其对于对比实施例，应该是单变量或直观变量对比试验，才有直观的对比效果。近年来，许多日本先进金属材料制造企业在专利申请说明书部分会提供大量实验数据，不仅独立权利要求的实施例和对比例之间存在对比，不同从属权利要求的不同优选实施例之间也存在着更优选技术效果和一般优选技术效果之间的对比，且比较例不是随便确定的，而很可能是从众多现有技术中经过充分检索调查，客观确定的较为接近的现有技术。此外，必要的时候除了测试数据，还应该以说明书附图方式提供其他表征数据，例如相图、SEM 图、光学显微镜图、组织金相图等。

总之，先进金属材料领域的实施例不仅数量、种类多，而且对比实验数据很关键，同时需要提供各项测定表征数据，才能充分证明发明再现性，为确定权利要求保护范围提供具体的技术情报，而且对相关领域的后续发明，特别对选择发明和偶然公开具有很好的防御性。在面对复审、无效和侵权诉讼时也将是有力的证据。当然，提供数据和布局成体系的实施例会增加申请人技术交底的时间和经济负担，但是说明书撰写全面细致化，实施例尤其对比例的设计逻辑体系化已经成为高质量先进金属材料发明专利撰写的发展趋势，尤其体现在目前世界各大金属材料巨头申请人的发明专利撰写方式上。

综上，先进金属材料领域说明书撰写不仅要注重对权利要求中元素用量、工艺参数选择所起作用效果的特别说明，还应该通过合理数量的实施例和比较例证明上述效果，如果权利要求中还含有组织结构、公式性能参数等要素限定，对应的实施例同样应该覆盖相应的量化表征数据。对于某些关键的要素，还应该提供多组具有直观对比效果的单一对比实验数据证明所述技术效果。此外，除了重视对于改进作用机理的阐述和实施例设计的系统性，先进金属材料领域说明书撰写也会对具体参数测定条件和标准、一些公式定义和参数计算方法进行详细的说明，使权利要求中对应要素的表征更加清楚。

可以说权利要求中技术特征的并列要素越多，越上位，限定主题越复杂，相应要求说明书部分对上述三方面的撰写也就应该更加全面和体系化。目前先进金属材料领域的专利申请说明书内容呈增多趋势，同时国外大公司说明书中会覆盖大量不同类型的实验数据，就是为了满足上述目标，应对后续过程可能出现的各种挑战。

3. 他山之石——欧洲安赛乐米塔尔钢铁集团（Arcelor Mittal）的先进高强钢专利申请撰写特点解析

欧洲安赛乐米塔尔钢铁集团是全球知名的钢铁巨头，其专利撰写质量较高。现以其在中国的一篇关于高强钢的发明专利（申请号为 CN201880082015.3，该申请公布日为 2020 年 8 月 4 日）为例，来看看国际先进的金属材料研发公司是如何在专利申请中体现本领域特色的。

该公司对专利权利要求进行了多维度要素的限定，总共有 29 项权利要求，说明书 20 页，先后提供了不同元素组成用量产品性能测试数据、不同热处理工艺测定数据、经热轧和退火的钢板的显微组织数据、经冷轧和退火的钢板的显微组织数据、残余奥氏体中的平均 Mn 含量、机械特性测试数据以及焊接力测试数据等，并对上述测试的条件、标准、方法，参数定义甚至量纲都进行了详细的解释。现分别解析如下：

产品权利要求 1："一种经冷轧和热处理的钢板，由具有以重量百分比计包含以下的组成的钢制成：$0.10\% \leqslant C \leqslant 0.25\%$；$3.5\% \leqslant Mn \leqslant 6.0\%$，$0.5\% \leqslant Si \leqslant 2.0\%$，$0.3\% \leqslant Al \leqslant 1.2\%$，其中 $Si + Al \geqslant 0.8\%$，$0.10\% \leqslant Mo \leqslant 0.50\%$，$S \leqslant 0.010\%$，$P \leqslant 0.020\%$，$N \leqslant 0.008\%$，以及任选地，选自 Cr、Ti、Nb、V 和 B 中的一种或更多种元素，使得：$0.01\% \leqslant Cr \leqslant 1.0\%$，$0.010\% \leqslant Ti \leqslant 0.080\%$，$0.010\% \leqslant Nb \leqslant 0.080\%$，$0.010\% \leqslant V \leqslant 0.30\%$，$0.0005\% \leqslant B \leqslant 0.004\%$，所述组成的剩余部分是铁和由熔炼产生的不可避免的杂质，所述经冷轧的钢板的显微组织以表面分数计由以下组成：10% 至 45% 的平均晶粒尺寸为至多 $1.3\ \mu m$ 的铁素体，铁素体的表面分数与铁素体的平均晶粒尺寸的乘积为至多 $35\ \mu m\%$，8% 至 30% 的残余奥氏体，所述残余奥氏体的 Mn 含量高于 $1.1 * Mn\%$，$Mn\%$ 表示所述钢的 Mn 含量，至多 8% 的新鲜马氏体，至多 2.5% 的渗碳体，和配分马氏体。"

权利要求 1 是产品权利要求，采用"组成 + 组织结构"方式进行要素限定。

对于上述权利要求中组分元素作用以及用量关系带来的效果，该申请说明书部分都进行了详细的记载。例如，对于碳元素记载如下："$0.10\% \leqslant C \leqslant 0.25\%$，以确保令人满意的强度并改善残余奥氏体的稳定性，这是获得足够的延伸率所必需的。优选地，碳含量高于或等于 0.15%。如果碳含量太高，则经热轧的板太硬而无法冷轧并且可焊接性不足。如果碳含量低于 0.10%，则抗拉强度无法达到目标值。"此外对于 Al + Si 元素的协同效果记载如下："根据本发明，Si 和 Al 一起起重要作用：在低于平衡转变温度 Ae_3 下冷却时硅使渗碳体的析出延迟。因此，添加 Si 有助于使足够量的残余奥氏体稳定。Si 还提供固溶强化并且在由于部分马氏体转变之后立即进行的再加热和保温步骤而引起的碳从马氏体再分布到奥氏体期间延迟碳化物的形成。在太高含量下，在表面形成硅氧化物，这损害钢的可涂覆性。因此，Si 含量小于或等于 2.0%。铝是在加工期间使液相的钢脱氧的非常有效的元素。此外，Al 是提高钢的 Ae_1 和 Ae_3 温度的 γ 相生成元素。因此，由于添加至少 0.3% 的 Al，亚温域（intercritical domain）（即 Ae_1 与 Ae_3 之间）为有利于 Mn 在奥氏体中的配分的温度范围，如以下进一步详细描述的。Al 含量不高于 1.2%，以避免夹杂物的产生，避免氧化问题以及确保材料的淬透性。此外，像 Si 一样，Al 使残余奥氏体稳定。Si 和 Al 对残余奥氏体的稳定化的作用是相似的。当 Si 含量和 Al 含量使得 Si + Al ≥ 0.8% 时，获得奥氏体的令人满意的稳定化，从而使得可以实现期望的显微组织。"

对于上述权利要求中出现的表面分数、晶粒尺寸以及组织结构的具体测定方法，说明书也进行了详细的描述："这些表面分数和晶粒尺寸通过以下方法确定：从经冷轧和热处理的钢板切割试样，抛光并用本身已知的试剂侵蚀，以露出显微组织。此后通过联接至电子背散射衍射（EBSD）装置并联接至透射电子显微镜（TEM）的光学或扫描电子显微镜例如用放大倍数大于 5000× 的具有场发射枪的扫描电子显微镜（FEG-SEM）检查该截面。各组分（配分马氏体、新鲜马氏体、铁素体和奥氏体）的表面分数的确定通过本身已知的方法用图像分析进行。残余奥氏体分数例如通过 X 射线衍射（XRD）确定。"

通过说明书上述部分表述，可以清楚解释各元素种类和用量选择所起具体作用，各元素协同的改性机理是什么，同时也清楚解释了组织结构参数。定义的奥氏体分数等参数的具体测量方式。这显然更有助于提升对本申请技术方案的理解和重现性。

本申请产品权利要求 1 的两个从属权利要求 2 和 6 内容如下。

权利要求 2："根据权利要求 1 所述的经冷轧和热处理的钢板，其中所述残余奥氏体的平均 C 含量为至少 0.4%。"

权利要求 6："根据权利要求 1 至 5 中任一项所述的经冷轧和热处理的钢板，其中所述经冷轧和热处理的钢板的屈服强度 YS 为 1000 MPa 至 1300 MPa，抗拉强度 TS 为 1200 MPa 至 1600 MPa，均匀延伸率 UE 为至少 10%，根据 ISO 标准 ISO 6892—1 测量的总延伸率 TE 为至少 14%，根据 ISO 标准 16630：2009 测量的扩孔率 HER 为至少 20%，以及所述屈服强度 YS 与所述均匀延伸率 UE

的乘积（YS * UE）、所述抗拉强度 TS 与所述总延伸率 TE 的乘积（TS * TE）和所述抗拉强度 TS 与所述扩孔率 HER 的乘积（TS * HER）的总和 YS * UE + TS * TE + TS * HER 为至少 56000 MPa%。"

上述从属权利要求通过参数和公式对产品权利要求进行限定。

相应地，对于权利要求 2 提及的残余奥氏体的平均 C 含量的具体测定方法，说明书进行了以下针对性的说明："残余奥氏体中的 C 含量例如通过如下过程确定：通过 X 射线衍射（XRD）分析用 Rietveld 精修［Rietveld H. A profile refinement method for nuclear and magnetic structures, Journal of Applied Crystallography［J］. 1969，2（2）：65 – 71］确定残余奥氏体分数和晶格参数。然后通过使用 Dyson 和 Holmes 公式［D. J. Dyson, and B. Holmes. Effect of alloying additions on the lattice parameter austenite, Journal of the Iron and Steel Institute［J］. 1970（208）：469 – 474］确定残余奥氏体中的 C 含量。"

对于权利要求 6 中的检测标准，说明书也进一步针对性说明如下："本申请说明书屈服强度 YS、抗拉强度 TS、均匀延伸率 UE 和总延伸率 TE 根据 2009 年 10 月公布的 ISO 标准 ISO 6892—1 测量。必须强调的是，由于测量方法的差异，特别是由于所用试样的几何结构差异，根据 ISO 标准的总延伸率 TE 的值显著不同于（特别是低于）使用根据 JIS Z 2201—05 标准的试样根据 JIS Z 2241 标准测量的总延伸率的值。扩孔率 HER 是根据 ISO 标准 16630：2009 测量的。由于测量方法的差异，根据 ISO 标准 16630：2009 测量的扩孔率 HER 的值与根据 JFS T1001［日本钢铁联合会标准（Japan Iron and Steel Federation standard）］测量的扩孔率 λ 的值非常不同并且无法比较。"

可见，通过说明书上述记载，既可以明确参数的检测和换算方法，也可以进一步澄清测量标准，避免不同理解。

本申请的方法权利要求如下：

权利要求 13："一种用于制造经冷轧和热处理的钢板的方法，包括以下顺序步骤：铸造钢以获得板坯，所述钢具有以重量百分比计包含以下的组成：$0.10\% \leqslant C \leqslant 0.25\%$，$3.5\% \leqslant Mn \leqslant 6.0\%$，$0.5\% \leqslant Si \leqslant 2.0\%$，$0.3\% \leqslant Al \leqslant 1.2\%$，其中 $Si + Al \geqslant 0.8\%$，$0.10\% \leqslant Mo \leqslant 0.50\%$，$S \leqslant 0.010\%$，$P \leqslant 0.020\%$，$N \leqslant 0.008\%$，以及任选地，选自 Cr、Ti、Nb、V 和 B 中的一种或更多种元素，使得：$0.01\% \leqslant Cr \leqslant 1.0\%$，$0.010\% \leqslant Ti \leqslant 0.080\%$，$0.010\% \leqslant Nb \leqslant 0.080\%$，$0.010\% \leqslant V \leqslant 0.30\%$，$0.0005\% \leqslant B \leqslant 0.004\%$，所述组成的剩余部分是铁和由熔炼产生的不可避免的杂质；将所述板坯在 1150 ℃ 至 1300 ℃ 的温度 $T_{再加热}$ 下再加热；在高于 Ar_3 的温度下对经再加热的板坯进行热轧以获得经热轧的钢板；在 20 ℃ 至 600 ℃ 的卷取温度 $T_{卷取}$ 下对所述经热轧的钢板进行卷取；

在 500 ℃ 至 T_{A1max} 的第一退火温度 T_{A1} 下对所述经热轧的钢板进行退火，T_{A1max} 是在加热时形成至多 30% 的奥氏体的温度，所述经热轧的钢板被保持在所述第一退火温度 T_{A1} 下 3 秒至 50000 秒的时间 t_{A1} 以获得经热轧和退火的钢板；对所述经热轧和退火的钢板进行冷轧以获得经冷轧的钢板；将所述经冷轧的钢板再加热到 Ae_1 与 Ae_3 之间的第二退火温度 T_{A2}，并将所述经冷轧的钢板保持在所述第二退火温度 T_{A2} 下 30 秒至 500 秒的保温时间 t_A 以在退火时获得包含 55% 至 90% 的奥氏体和 10% 至 45% 的铁素体的组织；将所述经冷轧的钢板以 1 ℃/秒至 100 ℃/秒的冷却速率 v_c 淬火到 20 ℃ 至 Ms − 50 ℃ 的淬火温度 Q_T；将所述经冷轧的钢板再加热到 350 ℃ 至 500 ℃ 的配分温度 T_P，并将所述经冷轧的钢板保持在所述配分温度 T_P 下 3 秒至 1000 秒的配分时间 t_P；将所述经冷轧的钢板冷却到室温以获得经冷轧和热处理的钢板。"

该方法权利要求主要对处理工艺的各参数条件进行了限定，对于上述工艺参数所起的作用，说明书记载了下述内容："Ae_1 表示平衡转变温度，低于该温度奥氏体完全不稳定；Ae_3 表示平衡转变温度，高于该温度奥氏体完全稳定；Ar_3 表示在冷却时奥氏体向铁素体的转变开始的温度；Ms 表示马氏体开始温度，即在冷却时奥氏体开始转变成马氏体的温度；以及 Mf 表示马氏体终了温度，即在冷却时从奥氏体向马氏体的转变终了的温度。对于给定的钢，本领域技术人员知晓如何通过膨胀测定法测试来确定这些温度。本发明人发现，如果在 500 ℃ 至 T_{A1max} 的第一退火温度 T_{A1} 下对经热轧的钢板进行退火并持续 3 秒至 50000 秒的第一退火时间 t_{A1}，则实现这样的组织，T_{A1max} 是加热时形成至多 30% 的奥氏体的温度。第一退火时间 t_{A1} 是在第一退火温度 T_{A1} 下的保温时间并且不包括加热到该第一退火温度 T_{A1} 的时间。如果第一退火温度 T_{A1} 低于 500 ℃ 和/或第一退火时间 t_{A1} 低于 3 秒，则通过显微组织恢复的软化不足，使得经热轧和退火的钢板的硬度会太高，从而导致板的可冷轧性差。如果第一退火温度 T_{A1} 高于 T_{A1max}，则在第一退火期间会形成太高的奥氏体分数，使得经热轧和退火的钢板中的新鲜马氏体的分数会高于 2%，以及经热轧和退火的钢板中的残余奥氏体的分数可能高于 30%。"

可见，本申请说明书部分对工艺中专业术语的定义以及参数选择带来的作用都进行了详细解释和说明，同样有助于清楚解释权利要求中方法权利要求的保护范围。

如果说上述说明书部分对于元素、生产工艺以及测定参数限定的解释和说明是定性表述，那么该申请在实施例部分则进一步提供了充分的实验测试和性能表征数据，对其进行了定量表征，从而进一步强化了本申请各项技术方案的可再现性。例如，对于元素选择，该申请提供了表 3 − 4 所示的实施例和对比例数据。

表3－4　关于元素选择的实施例和对比例数据

实例		C (%)	Mn (%)	Si (%)	Al (%)	Si + Al (%)	Mo (%)	S (%)	P (%)	N (%)	Cr (%)	Ti (%)	Nb (%)	V (%)	B (%)	C_{eq}	Ae_1/℃	Ae_3/℃
实施例	I1	0.146	3.78	1.46	0.79	2.25	0.187	0.001	0.009	0.004	res.	res.	0.058	res.	res.	0.25	650	900
	I2	0174	3.8	1.52	0.757	2.277	0.201	0.0015	0.013	0.008	res	res	0.03	res	res	0.29	650	900
	I3	0.188	4.04	1.19	0.781	1.971	0.2	0.0012	0.013	0.0047	0.505	0.04	0.022	res	0.0022	0.25	640	890
	I4	0.184	3.72	1.2	0.79	1.99	0.2	0.001	0.013	0 0036	res.	res.	0.032	res.	0.0006	0.29	640	900
对比例	R1	0152	3.65	1.58	0.003	1.583	res.	0.0008	0.009	0.004	res.	0.045	res	0.106	res	0.39	640	780
	R2	0.157	3.52	1.52	0.028	1.548	res.	0.0008	0.01	0.002	res.	res.	0.057	res.	res.	0.39	640	780
	R3	0.145	3.82	1.47	0.79	2.26	res.	0.001	0.009	0.005	res.	res.	0.058	res.	res.	0.35	650	900
	R4	0.146	3.86	1.48	0.028	1.508	res.	0.001	0.009	0.004	res.	res.	0.06	res.	res.	0.39	640	780
	R5	0.113	4.75	0.5	1.45	1.95	res.	0.001	0.012	0.004	res.	res.	0.03	res.	res.	0.32	600	950

注：带下划线的数据表示不属于本发明的限定范围，下同；"res."表示元素仅作为残余物存在并且不进行该元素的主动添加。

对于加工工艺，提供了表3－5所示的实施例和对比例数据。

表3－5　关于加工工艺的实施例和对比例数据

实例		钢	$T_{卷取}$/℃	退火类型	T_{A1}/℃	t_{A2}/s	T_{A2}/℃	t_{A2}/s	Ms/℃	Q_T/℃	T_P/℃	t_p/s
实施例	I1A	I1	450	分批	600	18000	840	100	255	130	400	220
	I1B	I1	450	分批	600	18000	840	100	255	110	400	220
	I1C	I1	450	分批	600	18000	870	100	283	140	400	220
	I1D	I1	450	分批	600	18000	870	100	283	120	400	220
	I1E	I1	450	分批	600	18000	900	200	337	215	400	220
	I2A	I2	450	分批	600	18000	810	200	230	110	400	220
	I2B	I2	450	分批	600	18000	840	100	285	140	400	220
	I2C	I2	450	分批	650	21600	870	100	300	180	400	220
	I3A	I3	450	分批	665	21600	840	120	285	150	450	220
	I3B	I3	450	分批	600	21600	840	120	290	150	425	220
	I3C	I3	20	连续	700	600	770	120	200	40	450	220
	I3D	I3	20	连续	700	600	830	120	280	130	450	220
	I4A	I4	450	分批	650	18000	840	100	290	140	400	220

续表

实例		钢	$T_{卷取}$/℃	退火类型	T_{A1}/℃	t_{A2}/s	T_{A2}/℃	t_{A2}/s	Ms/℃	Q_T/℃	T_P/℃	t_p/s
对比例	I4B	I4	450	分批	680	18000	840	100	290	140	400	220
	R1A	R1	450	分批	600	21600	775	200	265	140	400	230
	R2A	R2	450	分批	600	21600	775	200	270	120	400	230
	R2B	R2	450	分批	600	21600	775	200	270	140	400	230
	R3A	B3	450	分批	600	21600	840	100	260	140	400	220
	R3B	B3	450	分批	600	21600	870	100	320	150	400	220
	R4A	R4	450	分批	600	21600	775	100	250	160	450	100
	R4B	R4	450	分批	600	21600	775	200	250	120	400	230
	R5A	R4	450	分批	600	21600	830	200	210	120	400	220
	R5B	R5	450	分批	600	21600	860	200	260	150	400	220

对于晶相组织，提供了表3-6所示的组织结构测试数据和对比数据。

表3-6 组织结构测试数据和对比数据

实例		F_γ（%）	D_γ/nm	F_α（%）	D_α/μm	$F_\alpha*D_\alpha$（μm%）	FM（%）	PM（%）	d_c（×10^6 个/mm²）
实施例	I1A	15	400	33	0.8	26.4	6	46	0
	I1B	12	380	33	0.8	26.4	3	52	0
	I1C	10	350	25	1	25	6	59	0
	I1D	9	350	25	1	25	4	62	0
对比例	I1E	8.2	450	0	NA	NA	10	81.8	5
	I2A	25	450	44	0.6	26.4	2	29	0
	I2B	18	350	32	0.8	25.6	3	47	0
	I2C	14	500	24	1.2	28.8	6	56	0
实施例	I3A	13	500	25	1.2	30	7	55	0
	I3B	15	400	23	0.6	13.8	5	57	0
	I3C	2S	250	42	0.5	21	2	31	0
	I3D	17	300	15	0.7	10.5	2	66	0
	I4A	16	400	28	1.2	33.6	2	54	0

实例		F_γ (%)	D_γ/ nm	F_α (%)	D_α/ μm	$F_\alpha * D_\alpha$ (μm%)	FM (%)	PM (%)	d_c (×10⁶ 个/mm²)
	I4B	17	500	30	2	60	3	50	0
	R1A	18	480	6	0.5	3	10	66	0.05
	R2A	16	450	7	0.5	3.5	5	72	0.05
	R2B	19	480	7	0.5	3.5	10	64	0.05
对比例	R3A	13	700	35	3	105	8	44	0
	R3B	11	800	25	2.8	70	6	58	0
	R4A	15	500	6	0.5	3	12	67	0.05
	R4B	15	450	6	0.5	3	7	72	0.05
	R5A	15	600	50	1	50	8	27	0
	R5B	12	600	40	1.3	52	6	42	0

对于机械性能参数，提供了表3-7所示的实验数据和对比数据。

表3-7 关于机械性能参数的实验数据和对比数据

实例	YS/ MPa	TS/ MPa	UE (%)	TE (%)	HER (%)	YS * UE (MPa%)	TS * TE (MPa%)	TS * HER (MPa%)	YS * UE + TS * TE + TS * HER (MPa%)
I1A	1015	1327	12.6	16.1	21	12789	21365	27867	62021
I1B	1082	1302	12.4	16.4	28	13417	21353	36456	71226
I1C	1154	1287	10.8	14.5	31.3	12463	18662	40283	71408
I1D	1181	1309	10.4	14.7	36	12282	19242	47124	78649
I1E	1126	1303	9.5	13.2	n. d.	10697	17199.6	n. d.	n. d.
I2A	1000	1286	11.8	14.9	25	11800	19161	32150	63111
I2B	1074	1320	11.6	15.9	24	12458	20988	31680	65126
I2C	1049	1292	10.3	14	22	10805	18088	28424	57317
I3A	1008	1329	11.8	15.2	23	11894	20201	30567	62662
I3B	1245	1369	10.7	14.4	28	13321.5	19713.6	38332	71367

实例	YS/MPa	TS/MPa	UE (%)	TE (%)	HER (%)	YS * UE (MPa%)	TS * TE (MPa%)	TS * HER (MPa%)	YS * UE + TS * TE + TS * HER (MPa%)
I3C	1098	1290	12.3	15.4	n. d.	13505.4	19866	n. d.	n. d.
I3D	1246	1356	11.6	14.3	26	14453.6	19390.8	35256	69100
I4A	139	1270	10.1	14.1	33.2	10493.9	17907	42164	70565
I4B	862	1213	11.5	15.6	23	9913	18922.8	27899	56735
R1A	940	1334	10.5	13.8	13.9	9870	18409	18543	46822
R2A	1028	1305	11.5	14.5	18.5	11822	18923	24143	54887
R2B	898	1313	11.4	14.5	13.6	10237	19039	17857	47133
R3A	734	1148	12.4	16.8	n. d.	9102	19286	n. d.	n. d.
R3B	956	1160	12	16.5	n. d.	11472	19140	n. d.	n. d.
R4A	758	1399	10.3	12.8	10.5	7807	17907	14690	40404
R4B	1012	1326	12.4	15.6	14	12549	20686	18564	51798
R5A	815	1130	8.8	11.7	14.2	7172	13221	16046	36439
R5B	960	1169	10.2	14	24	9792	16366	28056	54214

注：实例一列带下划线的表示对比例；"n. d."表示未确定。

上述安赛乐米塔尔钢铁集团关于高性能钢的专利申请，权利要求项数和说明书页数都较多，权利要求采用了大量公式、组织结构以及工艺参数等并列要素限定，说明书注重对上述要素所起作用进行说明，注重对参数定义和测定计算方法以及采用标准的详细说明，注重实施例和对比例的全覆盖，代表了目前先进金属材料领域专利撰写的整体发展趋势和共性特点。

三、小结

本节从先进金属材料领域的研究特点出发，分析了金属材料领域专利撰写与研究方法之间的联系，也通过实际案例列举了先进金属材料领域的专利申请中权利要求与说明书撰写的领域特色，使读者对该领域专利申请的撰写语言和技术表征方式有一个感性的认知。同时，在提供技术交底资料时，创新主体应该基于这些领域特点做好材料准备，才能提高专利申请质量，提高授权可能性和维权便利性，充分发挥专利的作用。

第三节　先进金属材料领域的"专利江湖"

本节将从国内和国际视角分析现有先进金属材料领域的专利申请整体情况和发展态势，挖掘世界先进金属材料领域的研发热点区域、不同主体的创新特点和相互之间的竞争态势，带着读者亲身感受先进金属材料的"专利江湖"。

分析前，对专利数据采样进行以下说明：专利情报分析的数据源为中国专利数据库以及世界专利索引（WPI，World Patent Index）数据库。本章选取的以高品质（高强、高韧、耐高温）特殊钢和新型轻质高强镁铝钛合金为代表的先进金属材料，但与第一章不同的是，本章所选材料涵盖的范围更大，主要是考虑研究热点、全球分布和数据量的因素，并参考了《"十三五"国家战略性新兴产业发展规划》以及《中国制造 2025》中的提法。这些材料具有更高的强度和韧性、耐高温、耐腐蚀以及轻质特性，广泛用于电力、交通运输装备、船舶及海洋工程、航空航天等重点领域。专利检索主要以"分类号＋关键词"方式进行，其中钢、铝、镁、钛合金组成分类号主要包括 C22C14（钛基合金）、C22C21（铝基合金）、C22C23（镁基合金）和 C22C38（铁基合金，例如合金钢），工艺设备类分类号主要包括 C21D（改变黑色金属的物理结构；黑色或有色金属或合金热处理用的一般设备）。同时，辅以表征细分品种和性能的关键词除杂，提高专利文献相关度。此外，从技术热度出发，所检索文献数据时间为 2009 年 1 月 1 日—2019 年 12 月 31 日近十年已公开专利申请文本数据。

一、先进金属材料领域专利整体申请特点分析

1. 基本申请数据

图 3－2 所示为 2009—2019 年先进金属材料专利申请态势，展示了近十年来全球先进金属材料行业整体专利申请量随时间变化趋势。表 3－8 是先进金属材料四大领域逐年详细专利申请数据。

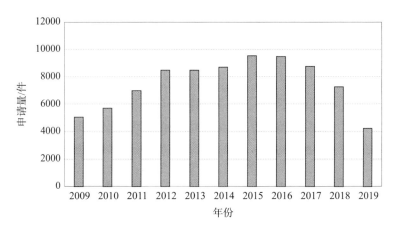

图3-2 先进金属材料专利申请态势

表3-8 先进金属材料四大领域逐年详细专利申请数据

年份	特殊钢（件）	铝合金（件）	镁合金（件）	钛合金（件）	合计（件）
2009	3703	953	285	158	5099
2010	4224	930	336	309	5799
2011	5069	1255	418	298	7040
2012	6539	1298	283	426	8546
2013	6434	1518	279	355	8586
2014	6189	1704	564	338	8795
2015	6797	1939	404	483	9623
2016	6596	2069	451	506	9622
2017	5898	2018	499	446	8861
2018	4659	1777	459	459	7354
2019	2633	1085	274	269	4261
总量	58741	16546	4252	4047	83586
占比	70%	20%	5%	5%	100%

从图3-2来看，近十年来，全球先进金属材料专利申请量每年保持在4000件以上，总量在2009—2016年呈增高趋势，从2016年开始下滑（2019年之后的专利申请部分尚未公开，故数据量较少），这与全球经济和行业周期波动相关，包括钢铁行业产能过剩、货币政策紧缩滞后、全球贸易摩擦等。这从侧面说明在先进金属材料行业，技术创新热度对宏观经济面较为敏感，与其属于基础工业的特性相匹配。

从表3-8所列的具体领域看，先进金属材料中，特殊钢的专利申请量最大，达到先进金属材料专利申请总量的70%；其次是铝合金材料，专利申请量占比达到20%。从具体领域增长趋势来看，特殊钢专利申请量变化趋势基本决定了整体先进金属材料领域专利申请趋势，在2016年小有回落，存在一定的波动周期。铝合金的专利申请量变化趋势与特殊钢相似，钛合金和镁合金领域专利申请量近十年基本维持不变，波动不大。因而从创新热度上看，目前先进金属材料专利热度较高的领域主要集中在特殊钢领域和铝合金领域。

2. 平均权利要求数和平均技术特征数

图3-3所示为从2009年至2019年先进金属材料领域专利申请中的平均权利要求数和平均技术特征数的变化趋势。

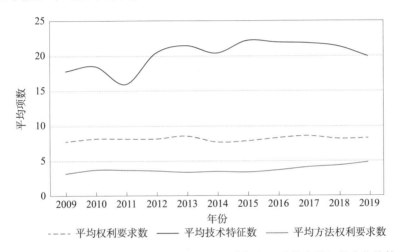

图3-3　先进金属材料专利申请平均权利要求数和平均技术特征数变化趋势

从图3-3可以看出，近十年来，先进金属材料领域的平均权利要求数基本稳定在7~8项之间，平均方法权利要求数逐年缓慢增长。而平均技术特征数经历两次波动后，略有下降趋势。通常来讲，权利要求中技术特征越少，权利要求保护范围越大，说明专利撰写者对保护范围有更高的要求。由此可见，近十年先进金属材料领域的整体专利申请质量呈稳中有升的态势，而且与工艺相关的方法权利要求数量逐年上升，说明专利申请中与工艺相关的改进增多。

3. 主要索引关键词

索引词表征权利要求中对于关键技术特征的标引，图3-4所示为2009—2019年权利要求中排名前十的索引词数量。

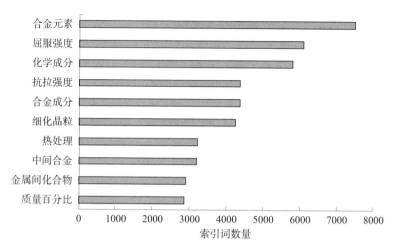

图 3 - 4　权利要求中排名前十的索引关键词

从图 3 -4 可以看出，权利要求中除了"合金元素""化学成分"等最基本的索引词外，还出现大量"屈服强度""抗拉强度"这样的性能参数类索引词以及"细化晶粒""热处理"这样的制备工艺类索引词。由此可以看出，在先进金属材料领域的权利要求书中除了合金成分之外，性能参数和制备工艺的特征也占据了很大比例，这也是先进金属材料领域权利要求撰写的最大特点。

4. 审查状态

图 3 -5 所示为 2009—2019 年先进金属材料领域专利申请的法律状态。从图中可以看出，先进金属材料领域的专利申请授权率基本处于 65% 左右的水平，而同期 IP5 五国（中日韩美欧）总平均授权率大概为 61%（原始数据来源：https：//www. fiveipoffices. org/statistics/statisticsreports，统计区间为 2009—

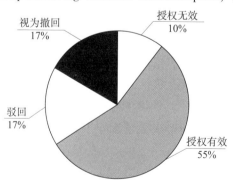

图 3 -5　先进金属材料领域专利申请的法律状态

注：因四舍五入总和不等于 100%。

2018 年统计数据）。由此可见，先进金属材料领域的专利申请授权率略高于整体平均水平，但是其视撤比率也达到了 17%，这在一定程度上反映出先进金属材料领域的申请质量呈现两极分化的态势，既有技术先进的专利，也有技术创新水平不高或撰写质量不高的专利申请，且占比较高。

二、先进金属材料领域的"五大帮派"和"东西对抗"

接下来，通过分析专利申请地域分布，来发现庞大先进金属材料行业的"名门帮派"。图 3 - 6 所示为 2009—2019 年全球先进金属材料领域分区域专利申请数量占比。

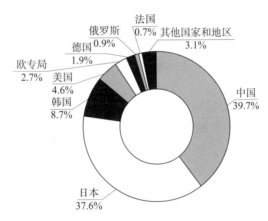

图 3 - 6　全球分区域专利申请数量占比

从图 3 - 6 可以看出，近十年来，中日韩作为金属材料行业的后起三大"帮派"（崛起顺序是日、韩、中），申请量大，咄咄逼人。而作为传统两大"帮派"的欧洲（包括德国、法国、俄罗斯）和美国，在近十年的专利布局上明显处于守势。在先进金属材料这一"江湖"，呈现出"五大帮派"当道，"东西对抗"的整体态势。

表 3 - 9 是先进金属材料 2009—2019 年四个细分技术领域在全球分区域专利申请量占比情况。

表 3 - 9　四个细分技术领域全球分区域专利申请量占比情况

区域	细分技术领域			
	特殊钢	铝合金	镁合金	钛合金
中国	35%	48%	61%	44%
日本	43%	27%	21%	25%

续表

区域	细分技术领域			
	特殊钢	铝合金	镁合金	钛合金
韩国	10%	8%	7%	17%
美国	3%	5%	5%	3%
欧洲	6%	9%	3%	8%
其他国家和地区	3%	3%	3%	3%

全球专利布局与各国基础产业和下游产业的发展密切相关❶，表 3 - 9 侧面体现了"五大帮派"各自的优势专利布局情况。

曾经美国在铝合金和钛合金领域具有一定的专利布局优势，这是因为一方面美国铝业和钛材加工业的产业基础较好，另一方面美国汽车、军工、电气、航空航天等合金下游产业的发展，有效带动了铝合金和钛合金领域的研发与生产。但由于环保、能耗等各方面原因，美国国内钢材行业目前出现一定程度上的"空心化"现象。

欧洲拥有巨无霸钢铁企业以及法国的著名铝业公司，德国是镁产业发源地，还有特殊钢领域造诣颇深的蒂森克虏伯公司，因而在镁铝合金和特殊钢领域优势较大，而俄罗斯航空航天钛材研发享誉全球，此外欧洲整体在航空航天、汽车等铝合金下游产业发展较好。

日本不仅钢铁行业和钛行业比较发达，其汽车、船舶、电气、机械设备多个产业都处于世界领先地位。高端金属材料行业既有良好的产业基础，又有强大的消费需求，使得日本在高端金属结构材料领域具有全面的专利布局，也正因如此，日本在先进金属材料领域咄咄逼人，是东方"帮派"中挑战西方"前辈"的"第一人"。

韩国具有技术含量很高的钢钛产业基础，加之造船、汽车等优势产业的发展，在特殊钢领域突飞猛进，且铝合金方面也具备一定研发实力，有全面参与东西方新老交替对抗的势头。

中国，我们本土的"帮派们"，正在面临产业升级，在先进金属材料这个行当里，除个别领域，主要生产附加值较低的上游产品，是全球最大的先进金属材料消费国和进口国。虽然目前专利申请量大，但是还处于量变到质变的艰难蜕变过程。

上述"五大帮派"到底多能"打"，究竟是"东风压倒西风还是西风压倒

---

❶ 王兴艳，袁开洪. 全球高端金属结构材料行业专利分析 [J]. 新材料产业，2013（10）：43 - 47.

东风"呢？接下来，我们就进一步通过各种维度，对上述"五大帮派"的专利申请进行"战力"剖析，看看各自的特点。

1. 创新热情

图 3-7 所示为 2009—2019 年"五大帮派"全球专利申请趋势（2019 年专利申请量下降与部分专利申请尚未公开有关），从图中可以看出近十年先进金属材料领域专利申请有两大趋势。一是日韩美欧四家明显经历了相同的周期波动，分别在 2012 年、2015 年左右和 2016 年达到各自申请峰值，目前处于第二周期的下滑区间，创新热情稍显不足，也与其已经在先进金属材料领域核心技术布局基本完成有关。二是中国作为新晋挑战选手，创新热情高涨，申请量一直呈上涨趋势，申请总量于 2016 年正式超越日本，成为全球先进金属材料专利申请量最大国，"出圈"意愿很强烈，但是创新质量如何还待后面剖析。

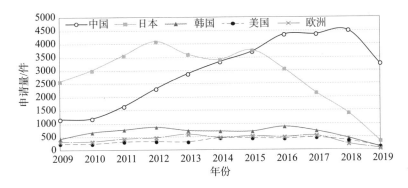

图 3-7 五大申请地区专利申请趋势

2. 创新质量

下面通过各项指标，即专利引用度、同族度、专利度、特征度、平均独权数、方法权利要求数、发明专利比例和生命周期，对"五大帮派"的创新质量进行定量分析，看看究竟哪家"内力"更深厚。

对分析指标含义说明如下：

引用度：平均每件专利申请引用在前专利量。该数据从侧面反映申请人两方面信息，一方面是对现有技术的全面了解，便于准确确定自己发明的技术贡献，从而提高专利撰写质量；另一方面也可以反映申请人研发体系属于在现有技术基础上的递进式研发，大多属于技术模仿或参与者。

自引度：平均每件专利申请引用自己在前专利量，这主要能够体现自身研究体系性，也反映了一定的专利布局密度。自引度可以代表企业技术研发的系统性，自引度比较高，可以体现专利申请人的自主技术创新热点。

被引用度：平均每件专利申请被其他专利引用量，通常用该指标来反映专利的重要性或质量，一般认为某一专利的被引用度越高，该专利的质量就越高，拥有高被引用度的企业往往会被认为具有较强的竞争优势，属于行业的技术先驱者或领军者。

被自引度：平均每件专利申请被自己在后专利引用量，同样能体现自身研究体系性，可以代表企业技术的独立性。被自引度高，说明专利权人的技术能够自成体系，研发可以连续展开，技术竞争者较少。如果是发散性创新布局，自引度相应数值会降低。

其中，引用度和自引度侧重反映申请人的主观专利申请布局特点，而被引用度和被自引度侧重反映申请人专利申请的行业客观影响力和价值。

同族度：同族专利是指在不同国家或地区由专利权人多次提出申请的基于同一优先权的一组专利文献。同族度表示平均每件专利同族数量，主要体现对目标国的布局范围，它可以反映出一项技术的重要程度，也能够反映专利权人申请专利的地域广度以及其潜在的市场开发战略。同族度越高，表示海外专利布局越广泛，专利市场利用价值越高，因而该参数同样能够在一定程度上反映专利价值。

专利度：平均每件专利申请权利要求数。专利度越大，一般说明专利质量越好。

特征度：平均每件专利申请主权项技术要素数。特征度越小，一般说明专利质量越好。

独权数：平均每件专利中含有独立权利要求数量。数量越多，说明专利保护层次更丰富。

方法权利要求数：平均每件专利中含有的方法权利要求数量，体现对工艺的保护。

发明专利占比：发明专利在所有类型专利申请中的占比。

授权率：授权案件占结案案件的比例，同样反映专利申请质量。

生命周期：专利平均时效。生命周期越短，说明专利申请时间越晚，技术上越有创新活力。

表3-10展示了先进金属材料领域五大申请区域的专利引用度以及同族度数据。

表 3 - 10　五大申请区域的专利引用度及同族度数据

区域	指标					
	申请量（件）	引用度	自引度	被引用度	被自引度	同族度
中国	32799	3.33	0.45	1.85	0.37	0.97
日本	31126	3.77	1.31	1.45	0.47	8.77
韩国	7211	1.98	0.31	0.58	0.18	3.89
美国	3824	12.36	1.23	1.46	0.41	19.43
欧洲	5176	4.00	0.35	0.95	0.15	9.9

从表 3 - 10 可以明显看出，美国在引用度和同族度两个指标上都较为突出；欧洲和日本属于第二梯队，在引用度和同族度两个维度较为平均；而韩国在被引用度方面数值相对较低，从侧面说明韩国的专利创新更有偏重性；中国在同族度方面较其他地区有明显的差距，反映了中国国内专利申请较多而海外专利布局较少的现实情况。

表 3 - 11 展示了先进金属材料领域五大申请区域的专利质量数据。

表 3 - 11　先进金属材料领域五大申请区域专利质量数据

区域	指标							
	申请量（件）	专利度	特征度	独权数（项）	方法权利要求数（项）	发明专利占比（%）	授权率（%）	生命周期（年）
中国	32799	5.92	23.74	1.43	3.53	99.30	49	5.1
日本	31126	7.29	19.09	1.73	2.59	99.99	70	7.1
韩国	7211	9.08	18.55	1.32	5.5	100	65	6.5
美国	3824	23.36	15.17	2.85	9.84	99.93	68	6.1
欧洲	5176	12.75	14.99	2.43	4.88	99.96	54	6.7

表 3 - 11 中的专利度和特征度两个指标可以精确量化评估专利申请的基础质量，专利度越大越好，特征度越小越好。独权数和发明专利占比也从侧面表征专利的质量和价值。方法权利要求数体现金属材料领域对生产工艺的创新度，方法权利要求数越多，说明创新越关注工艺上的改进；而从生命周期可以看出各国技术创新热度情况，生命周期越短说明近期创新技术越多，相反则说明前期创新热度更大，专利布局更早。

基于表 3 - 11 可以看出，先进金属材料领域的专利申请主要以含金量更高的发明专利为主，中国实用新型数量相对占比最多，但整体区别不大。而从专利度和特征度明显看出，美国和欧洲专利申请整体质量处于第一集团，韩国、日本处于第二集团，而中国明显在专利申请质量方面存在较大劣势。从方法权利要求数量可以看出，美国和韩国对生产工艺方面的创新热度最大，而日本相对较低，这从侧面反映了不同地区的专利创新热点差异。从授权率看，日本和美国专利授权率较高，也从一定程度上反映出其专利质量，而中国授权率也处于"五大帮派"末尾。从生命周期上看，日本最长，欧美韩处于第二档，而中国周期最短，这也反映了在先进金属材料研发领域，日本、欧洲、美国、韩国研发起步较早，现在已经处于技术享有期，而中国近年来创新热度较大，这与前一节的分析结果相一致。

综合上述数据可以看出，整体上美欧日较为全面，质量维度上各有优势，基本处于均势，韩国也实力不俗，而中国在"质"上与前面诸位还存在不小的差距，但是创新热情强劲。

3. 专利技术主题分析比较

对中日韩美欧"五大帮派"在先进金属材料四个细分技术领域的专利申请主题进行统计，发现其在技术主题上的发展异同。

（1）特殊钢

表3-12是特殊钢领域五大区域专利申请技术主题排名统计。

表3-12 特殊钢领域五大区域专利申请技术主题排名统计

区域	专利申请技术主题排名
中国	合金；改变黑色金属的物理结构；生铁的加工处理；金属的轧制；对金属材料的镀覆；金属铸造，用相同工艺或设备的其他物质的铸造；金属粉末的加工；由金属粉末制造制品；金属粉末的制造
日本	合金；改变黑色金属的物理结构；对金属材料的镀覆；金属的轧制；钎焊或脱焊；金属粉末的加工，由金属粉末制造制品，金属粉末的制造；磁体；电感；变压器，磁性材料的选择；金属板或管，棒或型材的基本无切削加工或处理；冲压金属；层状产品
韩国	合金；改变黑色金属的物理结构；金属的轧制；对金属材料的镀覆；钎焊或脱焊；金属板或管，棒或型材的基本无切削加工或处理；冲压金属；层状产品；金属铸造；用相同工艺或设备的其他物质的铸造；用非轧制的方式生产金属板，线，棒，管，型材或类似半成品；金属粉末的加工；由金属粉末制造制品；金属粉末的制造
美国	合金；改变黑色金属的物理结构；对金属材料的镀覆；金属粉末的加工；由金属粉末制造制品；金属粉末的制造；钎焊或脱焊；金属铸造；用相同工艺或设备的其他物质的铸造；层状产品；金属板或管，棒或型材的基本无切削加工或处理；冲压金属；非变容式机器或发动机；金属的轧制
欧洲	合金；改变黑色金属的物理结构；对金属材料的镀覆；层状产品；金属粉末的加工；由金属粉末制造制品；金属粉末的制造；钎焊或脱焊；金属的轧制；金属铸造；用相同工艺或设备的其他物质的铸造；金属板或管，棒或型材的基本无切削加工或处理；冲压金属；覆层的电解或电泳生产工艺方法；电铸

从表 3 - 12 可知，中日韩美欧前两个技术主题较为集中和一致，涉及合金组分和改变黑色金属物理结构。中国的其他技术主题更多集中在金属轧制、铸造和粉末加工领域，而日本、韩国、美国和欧洲的技术主题明显更向高端加工和具体下游产品倾斜，包括各类型材加工、冲压工艺。其中，日本在具有磁性能合金钢方面有独有的技术主题分支，韩国在复合钢板有特殊的技术主题分支，美国在发动机下游产品，欧洲在电铸领域都有特有的技术分支。这反映出中国的专利申请技术主题还主要集中在基础钢以及衍生领域，而日韩美欧各自已经有较多特色技术分支，或是先进的复材制备和冶炼工艺，或是具体的特色领域或强势下游加工产品。

（2）铝合金

表 3 - 13 是铝合金领域五大区域专利申请技术主题排名统计。

表 3 - 13　铝合金领域五大区域专利申请技术主题排名统计

区域	专利申请技术主题排名
中国	合金；改变有色金属或有色合金的物理结构；金属铸造；用相同工艺或设备的其他物质的铸造；电缆；导体；绝缘体；导电，绝缘或介电材料的选择；金属粉末的加工；由金属粉末制造制品；金属粉末的制造；对金属材料的镀覆；金属的轧制；金属的其他加工；组合加工；万能机床；覆层的电解或电泳生产工艺方法；电铸
日本	合金；改变有色金属或有色合金的物理结构；钎焊或脱焊；用于直接转变化学能为电能的方法或装置；电缆；导体；绝缘体；导电，绝缘或介电材料的选择；通用热交换或传热设备的零部件；金属铸造；用相同工艺或设备的其他物质的铸造；对金属材料的镀覆；金属的轧制；层状产品
韩国	合金；金属铸造；用相同工艺或设备的其他物质的铸造；改变有色金属或有色合金的物理结构；对金属材料的镀覆；用非轧制的方式生产金属板，线，棒，管，型材或类似半成品；金属的轧制；金属板或管，棒或型材的基本无切削加工或处理；冲压金属；钎焊或脱焊
美国	合金；改变有色金属或有色合金的物理结构；金属铸造；用相同工艺或设备的其他物质的铸造；钎焊或脱焊；金属粉末的加工；由金属粉末制造制品；金属粉末的制造；层状产品；通用热交换或传热设备的零部件；覆层的电解或电泳生产工艺方法；电铸；附加制造，即三维
欧洲	合金；改变有色金属或有色合金的物理结构；层状产品；钎焊或脱焊；金属铸造；用相同工艺或设备的其他物质的铸造；金属粉末的加工；由金属粉末制造制品；金属粉末的制造；对金属材料的镀覆；机动车；挂车；轴；通用热交换或传热设备的零部件

从表 3 – 13 可知，中日韩美欧在铝合金领域技术主题较为接近，除了基础的合金成分和结构改性外，还包括基础的铸造轧制和冶炼工艺等，且都涉及相应的产品，包括日美欧都涉及热交换设备零部件，中日涉及介电材料，日美涉及复合铝板，欧洲涉及机动车部件，美国涉及 3D 耗材等。相对来说，韩国的技术主题在铝制品方面稍显薄弱，上述五大区域在铝合金领域的技术主题差异不大，只是具体铝制品领域种类上存在一定分支。

（3）镁合金

表 3 – 14 是镁合金领域五大区域专利申请技术主题排名统计。

表 3 – 14　镁合金领域五大区域专利申请技术主题排名统计

区域	专利申请技术主题排名
中国	合金；改变有色金属或有色合金的物理结构；金属铸造；用相同工艺或设备的其他物质的铸造；金属粉末的加工；由金属粉末制造制品；金属粉末的制造；用非轧制的方式生产金属板，线，棒，管，型材或类似半成品；材料或消毒的一般方法或装置；对金属材料的镀覆；金属的生产或精炼；覆层的电解或电泳生产工艺方法；电铸
日本	合金；改变有色金属或有色合金的物理结构；金属铸造；用相同工艺或设备的其他物质的铸造；金属的轧制；对金属材料的镀覆；金属粉末的加工；由金属粉末制造制品；金属粉末的制造；用非轧制的方式生产金属板，线，棒，管，型材或类似半成品；半导体器件；其他类目中不包括的电固体器件；层状产品；锻造；锤击；压制；铆接；锻造炉
韩国	合金；改变有色金属或有色合金的物理结构；金属铸造；用相同工艺或设备的其他物质的铸造；金属的轧制；用非轧制的方式生产金属板，线，棒，管，型材或类似半成品（其他剩余主题太分散，不再统计）
美国	合金；改变有色金属或有色合金的物理结构；材料或消毒的一般方法或装置；可植入血管内的滤器；假体；为人体管状结构提供开口，或防止其塌陷的装置（其他剩余主题太分散，不再统计）
欧洲	合金；改变有色金属或有色合金的物理结构；用非轧制的方式生产金属板，线，棒，管，型材或类似半成品；金属铸造；用相同工艺或设备的其他物质的铸造；材料或消毒的一般方法或装置；可植入血管内的滤器；假体；为人体管状结构提供开口，或防止其塌陷的装置；金属板或管，棒或型材的基本无切削加工或处理；冲压金属（其他剩余主题太分散，不再统计）

从表 3 – 14 可知，中日韩美欧镁合金的主要技术主题都包括合金成分研究和对其物理结构的改变，以及镁合金制造工艺和型材加工；日本和欧洲涉及的镁合金下游领域较多且有特色，其中日本镁合金包括半导体产品和复合多层镁

合金产品以及相应的加工设备，而欧洲以及美国关于镁合金高效能医用材料的技术主题位于前列；相比之下，韩国在镁合金领域技术主题数量不大，相对处于弱势。

（4）钛合金

表 3-15 是钛合金领域五大区域专利申请技术主题排名统计。

表 3-15　钛合金领域五大区域专利申请技术主题排名统计

区域	专利申请技术主题排名
中国	合金；改变有色金属或有色合金的物理结构；金属粉末的加工；由金属粉末制造制品；金属粉末的制造；对金属材料的镀覆；附加制造，即三维；用非轧制的方式生产金属板，线，棒，管，型材或类似半成品；金属的生产或精炼；金属铸造；用相同工艺或设备的其他物质的铸造金属的轧制
日本	合金；改变有色金属或有色合金的物理结构；金属粉末的加工；由金属粉末制造制品；金属粉末的制造；金属的轧制；对金属材料的镀覆；用于直接转变化学能为电能的方法或装置；钎焊或脱焊；金属铸造；用相同工艺或设备的其他物质的铸造；非变容式机器或发动机
韩国	合金；改变有色金属或有色合金的物理结构；金属的轧制；金属粉末的加工；由金属粉末制造制品；金属粉末的制造；对金属材料的镀覆（其他剩余主题太分散，不再统计）
美国	合金；改变有色金属或有色合金的物理结构；金属粉末的加工；由金属粉末制造制品；金属粉末的制造；附加制造，即三维；金属铸造；用相同工艺或设备的其他物质的铸造；非变容式机器或发动机；对金属材料的镀覆；钎焊或脱焊；金属的生产或精炼
欧洲	合金；改变有色金属或有色合金的物理结构；金属粉末的加工；由金属粉末制造制品；金属粉末的制造；非变容式机器或发动机；钎焊或脱焊；金属的生产或精炼；金属铸造；用相同工艺或设备的其他物质的铸造；锻造；锤击；压制；铆接；锻造炉；附加制造，即三维；对金属材料的镀覆

从表 3-15 可知，中日韩美欧钛合金的主要技术主题都包括合金成分研究和对其物理结构的改变，以及钛合金制造工艺和型材加工；韩国的钛合金下游产品不多，中美欧钛合金技术主题中包括 3D 打印领域；日本的下游产品技术主题包括电化学和发动机领域，美国也涉及发动机。此外，欧美的钛合金领域专利申请的技术主题还包括金属生产和精炼工艺，且欧洲对于加工设备也比较重视，这与目前钛合金领域欧美日占据优势的市场态势基本吻合。

（5）技术主题对比小结

目前，对先进金属材料的研究除了基础元素和结构组织研究外，特种钢的发展还主要涉及冶炼新技术、新工艺流程的开发、钢铁材料的连铸连轧技术、钢铁应用新技术、轧钢技术、冷轧产品的高质和高功能化。镁合金、铝合金和钛合金则向纯净化、细晶体、均质化、强韧化和复合化方向发展，加工技术向高效、节能、短流程、高精度、环保型发展，新型铝合金、镁合金、钛合金的应用越来越广。这些发展趋势反映在上述领域的技术主题集中度上。

从技术主题的种类和数量看，特殊钢最多，各区域在特殊钢领域的技术主题差异较大，而在其他三个技术领域，技术主题相对集中，研究方向和重点差异远不及特殊钢领域那么大。且整体上铝合金、镁合金和钛合金领域技术主题更多涉及下游产品，包括汽车、船舶、医用材料以及电绝缘设备等领域。

从五大区域的专利申请总技术主题情况看，中国专利的技术领域主要涉及热处理方法及设备、一般制造方法、铸造工艺、轧制工艺、基础冶炼等冶金基础领域，专利涉及的技术水平较低，产品附加值较低，而欧美日专利所涉及的技术领域除了热处理方法和设备以及轧制工艺以外，在产品深加工、产品的应用开发等领域涉及较多，这些领域专利涉及的技术水平先进，产品附加值高。韩国在镁合金、铝合金和钛合金领域的技术主题丰富度和日美欧相比略微逊色，欧美日则各有千秋。

4. "五大帮派"技术实力小结

从上述分析不难看出先进金属材料"五大帮派"的特点：

美国和欧洲——武林前辈，内力深厚。二者作为传统金属材料强国，虽然专利数量相对较少，但是专利申请质量较高，且注重对生产工艺的改进和海外布局，以核心专利为基础，专利引用较多，专利布局全面，讲究一招一式，稳扎稳打。因而美欧在整个先进金属材料领域可以算是武林前辈，无明显偏科，自成一派。

日本和韩国——武林中生代，精修独家秘籍。日本和韩国作为东亚主要的挑战者，各具特色，已经具备一定的功力。日本专利申请讲究布局全面性，积极拓展海外布局，引用度和专利周期等数据都较为出色，从权利要求类型看，更关注对材料组成和组织结构方面的研究。韩国更注重在一些特色领域创新，以期形成不对称优势。这也与上述两国先进金属材料发展阶段和国际市场分工相匹配。

中国——武林新生代，内力养成中。中国申请数量和发展趋势上占据绝对优势，但是无论是专利质量还是海外专利数量与上述四家相比都处于明显劣势，还需要不断成长，发展适合自己特色的创新之路，方能与上述四家抗衡。

总体上讲，"东方诸派"专利申请数量已经绝对压倒西方，但从创新力度看，目前还是东西角力对峙状态。中日韩美欧"五大帮派"是先进金属材料"专利江湖"当仁不让的盟主，技术创新热度和技术主题分支度最高的是特种钢领域。整体上"东西对抗"的主角还是集中在欧美与日韩，"东风"虽然近期强劲，但也没压倒"西风"。而中国尽管近年来专利申请量成为领域第一，但是在专利质量和专利价值利用上与前面"门派"还有很大的差距。

第四节　先进金属材料领域"各大帮派的王者们"

本节进一步从多个技术维度挖掘最能代表"五大帮派"的"王者们"，分析这些申请主体的"王者"资质和相互间的竞争关系，看看他们各自的专利申请特点和技术特色，让读者进一步领略先进金属材料领域的刀光剑影和暗流涌动。

一、"王者"在哪里?

1. 全球先进金属材料专利申请量排行榜

表 3 - 16 是 2009—2019 年先进金属材料四个细分技术领域专利申请排名前 20 的申请人统计。

表 3 - 16　先进金属材料四个细分技术领域专利申请排名前 20 的申请人统计

排名	领域				
	先进金属 材料总排名	特殊钢	铝合金	镁合金	钛合金
1	日本制铁	日本制铁	神户制钢所	住友	日本制铁
2	杰富意钢铁	杰富意钢铁	UACJ（日本 联合铝业）	重庆大学	神户制钢所
3	神户制钢所	韩国浦项制铁	贵州华科铝材料 工程技术研究	上海交通大学	阿利金尼· 勒德卢姆
4	浦项制铁	宝武钢铁	三菱	中国科学院	伊斯卡
5	宝武钢铁	神户制钢	古河电气工业	日本独立行政 法人物质材料 研究机构	哈尔滨工业大学
6	鞍钢	鞍钢	住友	中南大学	西北有色 金属研究院
7	住友	现代钢铁	日本轻金属	东北大学	燕山大学

排名	领域				
	先进金属材料总排名	特殊钢	铝合金	镁合金	钛合金
8	现代钢铁	日立	诺维尔里斯	河南科技大学	通用电气
9	日立	安赛乐米塔尔	中国铝业	太原理工大学	中南大学
10	UACJ（日本联合铝业）	信越化学工业	现代汽车	浦项制铁	北京科技大学
11	信越化学工业	首钢	中南大学	河北工业大学	中国船舶
12	安赛乐米塔尔	东北大学	昭和电工株式会社	国立大学法人熊本大学	中国科学院
13	东北大学	日新制钢	日本制铁	日本制铁	MTU 航空发动机
14	首钢	住友	美国铝业	丰田汽车	韩国机械材料研究所
15	日新制钢	莱芜钢铁	阿勒里斯瑞士	韩国机械材料研究所	华南理工大学
16	北京科技大学	中国钢研科技	海德鲁铝业钢材	比亚迪	波音
17	三菱	马鞍山钢铁	通用汽车	韩国工业技术研究所	有研科技
18	中南大学	蒂森克虏伯	江苏大学	北京工业大学	三菱
19	中国钢研科技	包头钢铁	北京工业大学	宝武钢铁	威森波－阿维斯玛（VSMPO AVISMA）
20	莱芜钢铁	南京钢铁	中国航空工业	中国航天科技	中国航空工业
技术集中度	47%	56%	30%	32%	33%
领域申请量占比	100%	70%	20%	5%	5%

表 3 - 16 中技术集中度是指排名前 20 的申请人专利申请量占本领域所有专利申请量的比例，体现了所在领域创新主体技术集中度。领域申请量占比是指各细分技术领域专利申请量占先进金属材料专利申请总量的比例。

由此可见，特殊钢领域技术集中度已经高达 56%，这也与钢铁领域通过不断并购重组，形成行业钢铁垄断巨头现状相匹配。此外通过表 3 - 16 可以看出，日本制铁（原新日铁住金）、神户制钢所、浦项制铁、宝武钢铁这些知名钢铁企业不仅在特殊钢领域专利申请排名靠前，而且在镁合金、铝合金和钛合金领域也有较多专利申请。镁合金、铝合金和钛合金领域申请主体主要以航空航天以及汽车船舶企业和科研院所居多，但是研究主体较为分散，集中度不高，且上述三个细分技术领域的专利申请量占比远不及特殊钢领域。

因而，从领域申请量、技术集中度以及公司的总体专利申请量角度和整体研发实力考量，我们将目光集中在特殊钢领域，找寻中日韩美欧"五大帮派"中的"王者们"。

2. 战斗力排行榜——多维度考量中日韩美欧钢铁产业"王者"

除了专利申请量，现从以下五个维度对特殊钢行业的知名企业进行综合排名，以期从综合角度筛选出能够代表上述五个区域先进金属材料行业最高水平的"王者"。

参考维度和资料来源如下：

2019 年全球钢产量排名（万吨），量化产能，数据来源：世界钢铁协会发布 2019 年《世界钢铁统计数据》，网址：https：//www. worldsteel. org/zh/steel - by - topic/statistics/top - producers. html。

2019 年 6 月发布钢铁企业竞争力排名，量化企业运营管理方面各项技术指标，数据来源：世界钢铁动态咨询公司（World Steel Dynamics），网址：http：//www. worldmetals. com. cn/viscms/xingyeyaowen3686/248358. jhtml。

2020 年 8 月中国钢铁研究总院推出"新材指数"世界钢铁企业技术竞争力排名榜单，发布钢铁企业技术竞争力分级评价排名，量化各企业技术竞争力的高低，所涉及的分级评价方法属于新材指数（Steel Ranking）分级评价体系，网址：http：//www. atsteel. com. cn/Home/NoticeFileDetial？ id = bc40a495 - 5e4f - 4d3d - 898d - 09f7e332fdff；http：//www. cnr. cn/rdzx/cxxhl/zxxx/20200807/ t20200807_525197077. shtml？ ivk_sa = 1023197a。

2020 年福布斯全球企业 2000 强榜中钢铁企业排名：量化上市钢铁企业营收能力，网址：https：//www. forbeschina. com/lists/1735。

2009—2019 年全球特殊钢专利申请量排名，参见表 3 - 16 中的数据以及未被列出的其他相关公司申请量排名信息。

基于上述五个维度，从企业管理运营效率、技术竞争力、营销产能以及专利申请量综合考量目前世界上知名的大型钢铁企业，具体比较结果参见表 3 - 17 所列的世界知名钢企综合排名。

表 3－17　世界知名钢企综合排名情况

公司名	国别	钢产量（百万吨）	2019年钢铁产量排名	企业竞争力排名	技术竞争力排名	福布斯财富钢企排名	专利申请排名
日本制铁	日本	51.68	3	5	1	3	1
浦项制铁	韩国	43.12	5	1	5	2	3
宝武钢铁	中国	95.47	2	15	4	1	4
安赛乐米塔尔	卢森堡	97.31	1	8	15	5	9
杰富意钢铁	日本	27.35	12	16	3	4	2
现代制铁	韩国	21.59	15	10	9	15	7
蒂森克虏伯公司	德国	12.25	35	29	7	9	18
纽柯钢铁公司	美国	23.09	14	2	19	6	91
塔塔钢铁集团	印度	30.15	9	17	18	7	67
神户制钢所	日本	6.89	55	—	2	17	5
新利佩茨克钢铁公司（俄新钢）	俄罗斯	15.61	21	6	41	8	—
美国钢铁公司	美国	13.89	27	30	22	28	
首钢集团	中国	29.34	10			23	11
谢韦尔钢铁	俄罗斯	11.85	37	3	36	—	

从表 3－17 可以看出，中国地区两大钢企宝武钢铁和首钢的最大特点就是量大有钱。宝武钢 2019 年钢铁产量位居全球第二，同时是钢铁企业中福布斯排名第一的企业（福布斯财富全球 500 强第 323 位）。马钢 2019 年 6 月被宝武合并，重钢是在 2020 年初被收购，两家企业 2019 年都具有数据独立性，因此作为独立公司未算入上述宝武统计数据，否则其数据更具冲击性。此外，宝武集团还持有首钢集团少数股权。因此，中国区的钢铁企业已经内推出了自己的"武林盟主"参与世界级别的竞争——中国宝武钢铁集团，无论是营业收入，还是盈利水平，中国宝武钢铁集团都达到世界第一量级，是全体"中原武林同门"的希望。

日本三大豪强——日本制铁、杰富意钢铁以及神户制钢所悉数入榜，且日本制铁无论是产量还是企业竞争力和创新能力都排在世界顶尖水平，其中神户制钢所在企业竞争力上并未上榜，与前面两位在体量和营收能力上有一定差距。所以，日本区的豪强代表是世界钢铁巨头之一的日本制铁公司（Nippon Steel，福布斯财富全球 500 强第 404 位）。日本制铁公司前身分别是新日本制铁（以下简称新日铁）和住友金属工业（以下简称住金）。新日本制铁公司成立于 1934 年，由官营八幡制铁所和日本民间的六家钢铁公司合并组成，住友金属工业公司由住友伸铜管公司（创立于 1897 年）和住友制钢（创立于 1901 年）于 1935 年合并组成，2012 年 10 月由原日本最大的钢铁公司新日本制铁株式会社与原日本第四大钢铁公司住友金属工业株式会社合并成立新日铁住金（NIPPON STEEL & SUMITOMO METAL），2019 年 4 月 1 日新日铁住金正式更名为日本制铁公司。此次更名后，"住友金属"从名称中消失。日本制铁通过整合制造技术、产品技术和研发能力，进一步强化钢铁产业领先的技术。新日铁在合并前拥有授权专利 8000 多项，住友金属在合并前拥有授权专利 4000 多项❶，合并后这些专利都成为日本制铁公司的专利，为企业钢铁生产技术的升级和研发提供了宝贵的经验和支持。日本制铁公司通过研发力量整合，集中优势力量提升技术和产品的研发水平，降低重复投入，同时，还通过共享专利等知识产权，实现了生产成本的优化。可以说，它继承了日本民间大量钢铁企业优秀的传统，它不是"一个人战斗"！

韩国的主力钢铁企业是双雄会——浦项制铁和现代制铁。尽管本土呼吁二者结盟（合并）的呼声日益高涨，不过目前它们还是各自为战居多。浦项制铁是排名挤进 2020 年福布斯排行 500 强的三家钢企之一（福布斯财富全球 500 强第 365 位，其他两位是前文提及的宝武钢铁和日本制铁），且浦项制铁在企业竞争力排名上近几年都高居第一。浦项制铁公司（POSCO）成立于 1968 年，成立伊始从日本制铁公司获得了技术，并努力应用从这家先进钢铁制造商那里学到的一切，从运营技术到产品生产技术。20 世纪 70 年代末，随着韩国钢铁工业的迅速发展，日本和其他发达国家的钢铁企业不愿意再转让新技术，因此浦项制铁公司成立了浦项技术研究实验室、浦项产业科学研究院（RIST）和浦项科技大学（POSTECH），致力于开发新的先进技术。浦项制铁将超过 1% 的研发资金用于研发、培育先进技术，并建立高附加值的生产系统。浦项制铁的不懈努力得到了回报，现在该公司已经开始在海外销售其独特的技术，如 POIST（独创的炼钢技术）、FINEX 熔融还原炼铁工艺技术和 CEM（紧凑式无头连铸及轧制）技术，并试图通过增加 WB/WF（全球最好/全球第一）产品的销售来提高盈利能力。简而言之，浦项制铁通过持续的技术创新来确保全球竞争力，使其一直保持韩国钢铁行业关键贡献者的地位，克服了与其他先进钢铁企业的激烈竞争，并最终成为钢铁巨头。浦项制铁被摩根斯坦利公司评为"世界最具竞争力公司"，被福布斯评为"全球最受瞩目公司"，被道琼斯评为"可持续发展企业"，连续七次被世界钢铁动态咨询公司评为"全

---

❶ 高双，袁宇峰. 新日铁住金合并重组及整合策略研究 [J]. 冶金经济与管理，2017 (2)：35-39.

球最具竞争力的钢铁制造商"。这些指标加身，其韩国区的"霸主"称号可谓是当之无愧。

欧洲地区的钢铁企业代表应该是大局已定。德国的蒂森克虏伯在炼钢技术上有非常强大的技术，依托强大的造铁工业，在世界炼钢企业中也是拥有非常强大的竞争力，特别是在工具钢方面占据领先地位。俄罗斯的大型钢企俄新钢也继承了苏联传统，在军工特种钢材上一家独大，生产的钢材大量用于军工武器上，其钢材的质量至今难以超越。但是，上述两国企业无论是在体量、研发全面性以及盈利管理方面和欧洲的世界级霸主安赛乐米塔尔还存在不小的差距。安赛乐米塔尔钢铁集团（Arcelor Mittal）总部位于卢森堡，是目前全球规模最大的钢铁制造企业之一。安赛乐米塔尔的发展史就是大规模并购扩展史，由米塔尔（Mittal）于2006年收购安赛乐（Arcelor）后组建而成，在全球汽车、建筑、家用电器、包装等用钢领域占据领先地位。原安赛乐公司（Arcelor）是由欧洲三大钢铁公司——阿尔贝德钢铁公司（Arbed）、阿塞拉里亚钢铁公司（Usinor）、北方钢铁联合公司（Aceralia）于2002年合并而成。2011年安赛乐米塔尔与其他公司合作收购了加拿大的巴芬兰（Baffinland）铁矿公司，2014年通过与日本制铁公司按50%占比出资的合资企业收购了蒂森克虏伯位于美国的卡尔弗特（Calvert）钢厂。安赛乐米塔尔就是一个"高富帅的人设"：公司管理先进，很有钱，也很能赚钱，在欧洲大陆，还没有任何大型企业能够挑战该公司在金属材料制备加工领域的权威，因此成为欧陆的荣光和单极霸主。

美国在钢铁领域的表现应该略显挣扎，凭借引进德国先进造铁技术，在特种钢领域走在世界前列，特别是纽柯钢铁公司，其生产的特种钢的所有材料都来源于废钢。但是，由于美国过度的国内保护，其在钢铁领域整体竞争稍显乏力，表3-17所示排行榜中纽柯钢铁公司表现整体处于中游，略优于美国钢铁公司。因此，美国纽柯钢铁公司成为美国的钢铁领域代表，它是目前美国最大的钢铁生产商，也是最大的"小型轧机"钢铁企业（使用电弧炉来熔炼废钢，而不是高炉来熔炼铁）。作为北美最大的材料回收商，纽柯钢铁公司在2015年回收了1690万吨废料。没错，选择它是因为它采用废钢炼钢，是有特色的，也是美国优先理念的代表。

最后是来自非传统强势区域的印度公司——塔塔钢铁集团（Tata Steel）。由于铁矿资源丰富，使得印度铁矿企业规模庞大，从而入围榜单，但因经济和造铁技术过于落后，使得印度在世界造铁技术竞争力方面比较低，基本都是生产低端钢材或出口铁矿，在造铁技术方面长期受制其他发达国家。可以说，比有钱比不过中国企业，比技术其更是天然处于劣势，整体上印度还未达到

"武林盟主"的门槛。因此，塔塔钢铁还只能暂时在"幕后"观摩学习。

3."五大王者"画像

根据上述实力比拼结果，最终筛选出中日韩欧美"五大帮派"的"王者们"。

中国：宝武钢铁，"年轻多金"体量大，内力欠火候，有点"虚胖"，但锋芒毕露，无法忽略的挑战者。

日韩：日本制铁和浦项制铁，正当"壮年"，已与西方诸强过手多次，起步阶段经常受制于人，抗击打能力出色，技术内力强大，在国际上的竞争力非常强悍。

欧洲：安赛乐米塔尔，"高富帅"代表，存在天然优越感的"江湖前辈"，曾经是全球第一大钢铁集团，目前钢产量方面受到中国宝武钢铁不小冲击，技术层面受到日韩两国冲击更大，但是谁也不敢小觑这一欧陆"前辈"。

美国：纽柯钢铁，美国目前最大的钢铁生产商，剑走偏锋，有自己的特色技术，北美最大的废钢回收加工企业，均采用电炉炼钢，其短流程钢厂的生产技术和效率在美国国内处于领先地位，生产成本也处于较低水平。纽柯钢铁公司还创新性开发出薄板坯连铸连轧技术（CSP）。强大的技术优势和市场地位是纽柯钢铁公司竞争的优势所在。美国的科技进步带来了产业革命，也送走了一批批过往时代的巨头。虽然粗放型金属企业不再是美国的代表，但是纽柯钢铁公司在专业技术领域的沉淀，内力深厚，值得"尊重"。

二、神仙打架——"王者们"的专利技术竞争力对比

1.五大企业专利申请分布区域情况

表3-18是五大企业专利申请主要分布区域统计。

表3-18　五大企业专利申请主要分布区域统计

企业名称	区域						
	总量	中国	日本	EP	韩国	美国	WO	其他国家/地区
中国宝武钢铁	3131	2739	75	72	0	100	108	37
日本制铁	9416	1227	3493	1083	98	1000	921	1594
韩国浦项制铁	4079	532	195	341	2252	277	440	42
欧洲安赛乐米塔尔	868	124	14	143	0	182	195	210
美国纽柯钢铁	114	12	3	16	0	32	18	33

表 3 – 18 列出了五大钢铁企业在 2009—2019 年先进金属材料领域的专利申请数以及主要分布区域。可以看出，五大企业除了选择本国作为最大专利申请国外，对国外的布局重点并不相同。

从绝对数量看，安赛乐米塔尔和纽柯钢铁的专利数并不多，而日本制铁、浦项制铁以及宝武钢铁的专利申请数遥遥领先。

从布局区域看，日本制铁全球布局最为广泛，不仅含有大量的 PCT 国际申请，而且在中国、欧美都有较多的专利布局，也是在除了欧美日韩以外其他国家和地区专利布局最多的企业。这充分说明日本制铁十分注重全球化战略，以达到在更广范围内对本国的原创发明实施保护的目的。而且从专利全球分布情况来看，亚洲、北美、欧洲为日本制铁主要布局区域。浦项制铁的专利布局与日本制铁极为相似，除了全球其他地区专利布局不及前者比例高外，也注重全球化专利布局，同样把亚洲、美洲和欧洲作为主要布局区域。值得关注的是，日韩两家企业布局最多的海外国家都是中国，而日韩两国之间的相互专利申请布局相对较少。安赛乐米塔尔和纽柯钢铁的专利布局主要集中在自己主场欧美地区，以及较多的 PCT 申请，两公司海外布局最多的区域依旧是亚洲地区，尤其是中国，而在日韩两国本土专利单独布局不多。由此可见，在先进金属材料领域，无论是西方还是东方，上述四家"豪强"都已经心有灵犀地将技术封锁重心集中到了后起的中国本土，不仅在中国以外全球范围进行了大量专利布局，而且直接将中国作为除了主场以外最大的专利申请国。反观中国宝武钢铁，大量申请还是集中在国内本土，虽然在日本欧美也有一定数量的专利布局，但是占比太低，也反映出目前我国专利申请的现状，国内申请居多，高质量的国际海外申请较少，防御为主，主动进攻能力不足。尤其容易遭到上述海外企业联合起来的专利技术联盟封杀，存在较大的海外维权风险，这是我国企业做大做强再走向海外必须面临的现状。

2. 五大企业专利影响力分析

五大企业先进金属材料领域专利申请量、被引用度、专利度以及特征度详细数据如表 3 – 19 所示。

表 3 – 19　五大企业专利申请各项数据指标

企业名称	指标				
	专利量（件）	被引用度	被自引用度	专利度	特征度
中国宝武钢铁	3131	2.42	0.89	6.83	20.64
日本制铁	9416	1.49	0.51	6.94	20.58
韩国浦项制铁	4079	1.23	0.25	9.09	17.03

续表

企业名称	指标				
	专利量（件）	被引用度	被自引用度	专利度	特征度
欧洲安赛乐米塔尔	868	1.54	0.22	13.76	17.90
美国纽柯钢铁	114	1.38	0.21	27.7	20.92

从表3-19中被引用度和被自引用度看，宝武钢铁和日本制铁被引用度以及被自引用度都处于前列，表明其已经形成相对较为全面且自成体系的技术储备。宝武钢铁近十年在先进金属材料领域的专利技术实力提升明显，在国内已经成为名副其实的专利技术"霸主"，但是结合前面专利申请分布区域情况分析，宝武钢铁的被引用度高大多是由于大量国内申请人引用贡献所致，因而含金量稍显逊色。而日本制铁一直处于先进金属材料领域的技术先驱者地位。浦项制铁、安赛乐米塔尔和纽柯钢铁总被引用度较高，而被自引用度相对较低，说明其专利技术较多地被其他竞争企业参考和借鉴，属于本领域技术的领军者。

从表3-19中专利度和特征度看，五家企业基本处于较高的质量水平，相比较而言，浦项制铁和安赛乐米塔尔表现最为突出。而宝武钢铁两项指标都属于五大企业中最末，这从侧面说明虽然宝武钢铁近十年在先进金属材料领域的专利技术储备和影响力取得了长足的进步，相对于中国区整体，其已经极大地缩小了与上述国外各明星企业的差距，但是宝武钢铁仍然处于挑战者和追赶者地位。

3. 五大企业专利引用网络分析

五大企业相互间的专利引用与被引用数量关系如图3-8所示。

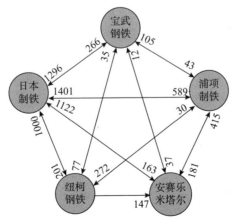

图3-8　五大企业间专利引用网络关系

图 3 - 8 可以较为直观地表现五大企业专利影响力以及专利技术的竞争情况。图中，两个节点之间的连线代表企业之间的专利引用关系，连线上箭头从某一专利权人（如宝武钢铁）指向另一专利权人（如日本制铁），表示后一专利权人（日本制铁）的专利被前一专利权人（宝武钢铁）引用，连线上的数字代表引用次数。例如，日本制铁的专利被宝武钢铁引用 1296 次，宝武钢铁的专利被日本制铁引用 266 次。

图 3 - 8 中某节点（企业）被其他节点（企业）引用次数越多，表明所代表企业在五大强者中的专利影响越大；反之，某节点（企业）引用其他节点（企业）次数越多，表明其在五大强者中技术吸收能力越强。如果两个节点之间引用和被引用都较为频繁和平均，则表明二者之间引用关系相当密切，技术相似度高，技术竞争激烈。基于上述关系阐述，我们不难发现，日本制铁在五大企业中引用和被引用次数都较多，表明其在五大派别的顶级对抗中，具有出色的技术吸收能力和影响力，专利技术不仅处于先进水平，同时也重视对主要竞争对手专利技术的吸收和再布局。纽柯钢铁作为总申请量最少的企业，其被引用数量相对很高，说明其在特色领域的专利技术影响力巨大。从引用关系看，安赛乐米塔尔对日本制铁和浦项制铁的技术吸收最多，表明在五大企业中，欧洲的老大还是紧紧盯着来自亚洲的两位"老朋友"。安赛乐米塔尔与美国的老乡并未有较大的技术重合度。而对中国宝武钢铁最为关注的两位竞争对手正是亚洲的两位"老乡"日本制铁和浦项制铁，二者引用中国宝武钢铁的专利次数较多，表明其对"东方阵营"内部涌现出的新兴势力的确"关爱有加"，这种"关爱"更多是出于对中国市场的技术布局需要。同时从引用和被引用相互关系看，日本制铁和浦项制铁之间无疑是"相爱相杀"，技术竞争激烈，浦项制铁发展历程也是师从日本，而后在某些技术领域做到了青出于蓝胜于蓝，完成技术反输出。而宝武钢铁，结合其专利申请体量看，其技术影响力在五大企业中是最小的。宝武钢铁引用日本制铁专利高达 1296 次，说明宝武钢铁对日本制铁的专利技术借鉴较多，二者也存在技术方面的转让关系。

综上，图 3 - 8 也从专利申请角度表明目前五大企业之间的技术竞争态势。美国纽柯钢铁"安静"地走着自己的特色高端路线，在某一技术领域保持很高的影响力，攻击性最弱。而安赛乐米塔尔的主要竞争对手是日本制铁和浦项制铁。浦项制铁和日本制铁是五大企业中目前影响力最大的两家，且互相存在激烈技术竞争，同时二者由于市场原因，还都特别"关注"中国的宝武钢铁。而中国宝武钢铁目前来看在五大企业中影响力较小，而且技术上缺乏像纽柯钢铁一样的"独门绝技"，未来技术层面必然会面临两位东亚近邻在本国市场以及世界范围的激烈技术竞争。

4. 五大企业技术竞争位点分析

通过对企业专利申请中某技术主题的申请热度和引用度等进行分析，可以侧面挖掘出该企业专利技术布局中的关注热点，也即竞争热点领域。

表 3-20 展示了五大企业各自主要技术竞争位点，也可以侧面反映各自之间的优势领域和相互间竞争关系。

表 3-20　五大企业主要技术竞争领域

企业	主要技术竞争领域
中国宝武钢铁	铁基合金；通过伴随有变形的热处理或变形后再进行热处理来改变物理性能；铁基合金的制造；热处理的一般方法或设备；热处理；专门适合金属轧机其或加工产品的控制设备或方法；熔融铁类合金的处理；铁基合金的热处理；金属连续铸造，即长度不限的铸造；用熔融态覆层材料且不影响形状的热浸镀工艺；其所用的设备
日本制铁	铁基合金；热处理；通过变形改变铁或钢的物理性能；用熔融态覆层材料且不影响形状的热浸镀工艺；其所用的设备；热处理的一般方法或设备，例如退火、硬化、淬火或回火；需要或允许专门轧制方法或程序的特殊成分合金材料的轧制；铁基合金的热处理；金属轧制的方法或制造实心半成品或成型截面的轧机
韩国浦项制铁	铁基合金；通过变形改变铁或钢的物理性能；热处理；用熔融态覆层材料且不影响形状的热浸镀工艺；其所用的设备；需要或允许专门轧制方法或程序的特殊成分合金材料的轧制；铁基合金的热处理；热处理的一般方法或设备；属轧制的方法或制造实心半成品或成型截面的轧机；实质上由金属组成的层状产品
欧洲安赛乐米塔尔	铁基合金；热处理；通过伴随有变形的热处理或变形后再进行热处理来改变物理性能；用熔融态覆层材料且不影响形状的热浸镀工艺；热处理的一般方法或设备；铁基合金的热处理；实质上由金属组成的层状产品；通过变形改变铁或钢的物理性能；通过覆层形成材料的真空蒸发、溅射或离子注入进行镀覆；用冲压、旋压或拉深的无切削成型
美国纽柯钢铁	铁基合金；金属连续铸造；金属轧制的方法或制造实心半成品或成型截面的轧机；通过变形改变铁或钢的物理性能；金属轧制的方法或制造实心半成品或成型截面的轧机；熔融铁类合金的处理

从表 3-20 可以看出，五大企业对于铁基合金（主要是特种钢）、热处理、加工、涂镀等传统工艺都有保护。但是从技术重合度或相似度看，中日韩三国企业接近度明显更高，中日韩三国企业还都涉及专门适合金属轧机或其加工产品的控制设备或者需要或允许专门轧制方法或程序的特殊成分合金材料的轧制，这涉及新兴的轧钢程序控制技术，也是未来先进钢材的发展方向。此

外，浦项制铁和安赛乐米塔尔在金属层状材料方面存在技术竞争。而纽柯钢铁在金属连铸以及熔铁类合金处理的特色技术领域拥有较大优势，但全面性上和以上四家公司存在不小差距。

通过专利数量、专利影响力、专利技术内容并结合企业产能、经营能力等内容，我们挖掘了先进金属材料"五大帮派"中最具代表性的五大"王者"企业，比较了五大企业之间的专利质量、研究热点以及行业地位和竞争关系。根据分析结果，在先进金属材料的"专利江湖"中，日本制铁和浦项制铁较为活跃，且相互间存在较大技术竞争，安赛乐米塔尔与前二者在技术层面既有竞争也有互相合作，纽柯钢铁特点突出，但相较前面三家，江湖影响力欠缺。中国宝武钢铁虽专利质量提升较快，但与前面诸君还存在不少内力差距，且锋芒毕露，会面临东亚两位近邻的国内国际双重封堵。

对于像中国宝武钢铁这类积极开拓国际市场的先进金属材料国内企业，在加速企业创新步伐的同时，对所形成的技术优势储备，应该更加重视海外高质量专利的申请和布局。可以学习其他区域"王者"的专利运营方式，例如日本制铁积极介入钢铁产品用户终端产品的研发和制造的做法，与相关方积极合作，可以在原材料供给、产品制造及应用等方面形成既相互联系又相互独立的技术解决方案，最终形成相互支撑的系列专利保护网，一旦在国外申报专利，可形成全方位保护态势，对提升企业竞争力、保护自身利益大有裨益。

此外，尤其以日本制铁为代表的日本大型钢铁企业，都在有针对性地在中国布局相关专利内容，国内钢铁企业应对此予以重视，并采取相应的防御对策，并且尽快在周边竞争国家和产品目标市场国家做好专利申请布局。

本章最后还需要说明的是，单独一个中国宝武钢铁显然不足以让"中原联盟"实现"一统"先进金属材料"江湖"——占领全球高端市场的宏远战略目标，所有的国内企业都应该重视"内功"修炼，培育核心技术，尤其是加强对核心技术的专利保护和应用，提升专利申请质量，只有这样才能在国内和国际市场从容应对国外强者的挑战和围堵。

第四章 先进金属材料领域的专利化难点

　　专利权是具有垄断性质的特权。发明创造依法获得授权后，专利权人在一定期限内拥有禁止他人未经允许不得实施其专利的权利。这种垄断性质的特权来自国家对专利权人公开其发明创造行为提供的"交易对价"，即通常所说的"以公开换取保护"，目的是促进科技进步和社会发展。因而我们通常形象地把专利授权比喻成专利审查行政机关代表公众与专利权人签订交易合同，专利文件就是针对这个交易的合同文本，权利要求书是界定专利权人权利范围的条款，说明书对该权利范围进行必要的说明和解释。

　　这份合同不同于"意思自治"的普通民事合同，特殊之处在于，其中记载的"权利"受国家公权力保障。因此，基于公平正义的角度，国家需要通过立法解决许多基本问题，包括：什么样的发明创造可以受到保护、如何合理地划定权利范围、说明书应提供怎样的说明和解释、权利行使的条件和侵犯后果，等等。为此，各个国家都制定了配套的法律法规进行详细规定，实践中还有审查指南、司法解释和案例予以支撑。在这样一个庞大的专利制度体系下，创新成果专利化过程中必然需要考虑许多因素，也存在许多难点，某些领域还有一些特殊问题。

　　本章以一件专利无效案件作引，让读者体会先进金属材料领域的创新成果专利化过程中可能遭遇的风险，然后从权利要求范围划定、创新性判断和说明书充分公开三个方面，解析先进金属材料领域的专利化难点。

第一节 从热点案件"管窥"专利化难点

　　作为重要的无形资产，专利在各大企业及研究机构的竞争和发展中起着举足轻重的作用，其背后反映的是创新主体之间围绕看得见和看不见利益的竞争和较量。本节通过一个热点案件带领大家领略两个国际钢铁巨头围绕一项专利权的交锋，从中我们可以看出，专利申请远不是写篇论文、说明一个试验过程、发表一个研究结论那么简单，其涉及诸多复杂法条的合规性审查。有时候，写在文件中的每个字、在审查过程中发表的每一条意见，甚至没有写在申请文件中的技术现状，都可能成为最后确定案件去留的"呈堂证供"。

一、案情经过

国家知识产权局于 2008 年 2 月 20 日授权公告了一件专利申请号为 CN02812036.1、名称为"镀有铝合金体系的高强度钢板以及具有优异的耐热性和喷漆后耐腐蚀性的高强度汽车零件"的发明专利，专利权人为新日铁住金株式会社（后更名为日本制铁株式会社，以下简称日本制铁）。

该专利授权公告的权利要求书如下：

1. 一种具有优异的耐热性和喷漆后耐腐蚀性的高强度的镀有铝合金体系的钢板，其特征在于在该钢板的表面上具有 Fe－Al－体系镀层，该镀层中含有总量大于 0.1% 的 Mn 和 Cr，并且 Al 和 Fe 含量至少为 70%。

2. 如权利要求 1 所述的具有优异的耐热性和喷漆后耐腐蚀性的高强度的镀有铝合金体系的钢板，其特征在于，以质量计，该钢板含有 C：0.05%～0.7%、Si：0.05%～1%、Mn：0.5%～3%、P：不高于 0.1%、S：不高于 0.1% 和 Al：不高于 0.2%，此外还含有一种或多种选自以下的元素：Ti：0.01%～0.8%、Cr：不高于 3% 和 Mo：不高于 1%，以便满足以下表达式：

$$Ti + 0.5 \times Mn + Cr + 0.5 \times Mo > 0.4 \cdots\cdots 1。$$

3. 如权利要求 1 的具有优异的耐热性和喷漆后耐腐蚀性的高强度的镀有铝合金体系的钢板，其特征在于，以质量计，该钢板含有：C：0.15%～0.55%、Si：不高于 0.5%、Mn：0.2%～3%、P：不高于 0.1%、S：不高于 0.04%、Al：0.005%～0.1%，并且还含有一种或多种选自以下的元素：Cr：不高于 2%、Mo：不高于 1%，以便满足下式：

$$（Cr + 7 \times Mo）\geqslant 0.1%。$$

4. 如权利要求 1 的具有优异的耐热性和喷漆后耐腐蚀性的高强度的镀有铝合金体系的钢板，其特征在于，以质量计，该钢板含有：C：0.15%～0.55%、Si：不高于 0.5%、Mn：0.2%～3%、P：不高于 0.1%、S：不高于 0.04%、Al：0.005%～0.1% 和 N：不高于 0.01%，并且还含有一种或多种选自以下的元素：B：0.0002%～0.0050%、Ti：0.01%～0.8%、Cr：不高于 2%、Mo：不高于 1%、Ni：不高于 1%、

Cu：不高于 0.5% 和 Sn：不高于 0.2%，以便满足下式：

$$(Ni + 0.5 \times Cu + 3 \times Sn) \geqslant 0.012\%。$$

5. 如权利要求 1~4 任一项的具有优异的耐热性和喷漆后耐腐蚀性的高强度的镀有铝合金体系的钢板，其特征在于所述 Fe-Al-体系镀层还含有 1%~20% 的 Si。

6. 如权利要求 1~4 任一项的用于高强度汽车部件的镀有铝合金体系的钢板，其特征在于 Fe-Al-体系镀层中的 Al 浓度不高于 35 重量%。

7. 如权利要求 1~4 任一项的具有优异的耐热性和喷漆后耐腐蚀性的高强度的镀有铝合金体系的钢板，其特征在于所述 Fe-Al-体系镀层还含有 Zn：1%~50% 和 Mg：0.1%~10% 中的一种或两种。

8. 如权利要求 1~4 任一项的具有优异的耐热性和喷漆后耐腐蚀性的高强度的镀有铝合金体系的钢板，其特征在于所述 Fe-Al-体系镀层的厚度是 3~35 μm。

9. 如权利要求 1~4 任一项的高强度的镀有铝合金体系的钢板，其中所述钢板表面上的镀层主要由 Fe-Al 组成；在该镀层下面具有厚度从不小于 2 μm 至不大于钢板厚度的十分之一的铁氧体层；和在该铁氧体层下面具有主要由马氏体组成的基底钢。

10. 如权利要求 9 的高强度的镀有铝合金体系的钢板，其中所述钢板表面上的铝合金体系镀层和该铝合金体系镀层下面的铁氧体层中含有 Si。

11. 如权利要求 9 的高强度的镀有铝合金体系的钢板，其中所述铁氧体相的硬度不高于 200。

12. 一种如权利要求 1~4 任一项的高强度的镀有铝合金体系的钢板，其中所述镀钢被用作汽车部件的至少一部分中。

13. 一种如权利要求 1~4 任一项的高强度的镀有铝合金体系的钢板，其中在其表面的至少一部分上具有厚度为 1~200 μm 的电镀膜。

14. 一种将如权利要求 1~13 任一项所述的高强度的镀有铝合金体系的钢板用于汽车部件的方法，其中，在采用热压方法制备该汽车部件时，所用钢板是用主要由 Al 组成的金属来镀含有不小于 0.05 重量% 的 C 作为钢组分的钢而制得的，该部件是在比以下 A、B、C 和 D 条件的时间更长的加热条件下加热之后通过压制成型形成的，并且该部件的至少一部分在不低于 10 ℃/秒的冷却速率下冷却：A（800 ℃，13 分钟）、B（900 ℃，6 分钟）、C（1050 ℃，1.5 分钟）、D（1200 ℃，0.3 分钟）。

该专利涉及汽车用钢板这一领域，具体涉及镀铝热冲压钢板产品，由于该产品被广泛应用于各种车型，因此在行业内具有重大影响。无效请求人浦项制铁公司（POSCO，以下简称浦项制铁）于 2014 年、2015 年和 2016 年先后三次就该授权专利提出无效请求；在第三次无效请求后，国家知识产权局专利复审委员会最终作出"宣告专利权全部无效"的审查结论。

专利权人日本制铁不服上述无效决定，向北京知识产权法院提起行政诉讼，法院支持了无效决定的结论，驳回原告上诉请求。专利权人不服一审法院判决，继而向北京市高级人民法院提出诉讼请求，法院仍然维持了一审法院的判决，该授权专利最终被全部无效。第三章中提到，涉案双方日本制铁和浦项制铁均是钢铁行业的国际巨头，无效审查和司法判决的结论一定程度上影响了汽车钢板的制造价格以及汽车制造这一我国经济发展重点行业的国际竞争力，引起了汽车制造上下游企业的广泛关注。在无效口审、行政诉讼阶段，均有多名国内外相关行业人员旁听。本案同族专利在韩国也同样涉及了专利无效程序。

二、过招三次显神通，无创造性被无效

1. 第一次无效宣告请求

浦项制铁于 2014 年 8 月 15 日第一次就上述授权专利提出无效请求，并先后提交了 11 份证据。日本制铁未提交任何反证，仅对授权专利的权利要求书进行修改，删除了其中的权利要求 3。最终请求人明确的无效请求的理由为：权利要求 2、7、13、14 保护范围不清楚，不符合《专利法实施细则》（1992年修订）第 20 条第 1 款的规定（现为《专利法》第 26 条第 4 款）；权利要求 1 缺少必要技术特征，不符合《专利法实施细则》（1992 年修订）第 21 条第 2款的规定（现为《专利法实施细则》第 20 条第 2 款）；权利要求 1～14 修改超范围，不符合《专利法》第 33 条的规定；权利要求 1～14 得不到说明书支持，不符合《专利法》第 26 条第 4 款的规定；权利要求 1 不符合《专利法》第 22 条第 2 款关于新颖性的规定；权利要求 1～14 不符合《专利法》第 22 条第 3 款关于创造性的规定。

国家知识产权局专利复审委员会于 2015 年 5 月 12 日作出决定，不认可无效请求人的主张，在删除权利要求 3 的授权公告文本的基础上，维持第02812036.1 号发明专利权继续有效。

其中，对于权利要求 2、7、13、14 保护范围不清楚的无效理由，决定指出：

一项权利要求的保护范围是否清楚，应当基于本领域技术人员的知识和能力来进行判断。

（1）权利要求 2

请求人认为：权利要求 2 中相应组分含量的表达式 Ti + 0.5 × Mn + Cr + 0.5 × Mo > 0.4 不成立，从而导致权利要求 2 保护范围不清楚。

对此，合议组经审查后认为：将权利要求 2 中限定的相应组分的含量数值代入式 Ti + 0.5 × Mn + Cr + 0.5 × Mo 中，计算所得数值明显小于 0.4，但根据本专利说明书的记载，表 1 中所定义的 Ti + 0.5 × Mn + Cr + 0.5 × Mo = Ti*，是将各组分的"质量%"作为单位，所得到 Ti* 的数值均满足大于 0.4 的要求，因此结合说明书表 1 中的记载，本领域技术人员可以毫无疑义地确定权利要求 2 的表达式正确的含义是将式中各组分含量以"质量%"为单位代入计算，权利要求 2 的保护范围对本领域技术人员来说是清楚的。

（2）权利要求 7

请求人认为：权利要求 7 引用权利要求 1，权利要求 1 中限定"Al 和 Fe 含量至少为 70%"，而权利要求 7 中同时限定了"Fe – Al 一体系镀层中还含有 Zn：1% ~ 50%，Mg：0.1% ~ 10%"，此时对于 Zn 大于等于 30% 的技术方案无法实现，由此导致权利要求 7 保护范围不清楚。

对此，合议组经审查后认为：组合物中各组分含量之和不能超过 100% 是客观规律，对于权利要求 7 的技术方案，在限定"Al 和 Fe 含量至少为 70%"的条件下，本领域技术人员清楚 Zn 含量大于等于 30% 的技术方案无法实施，自然会排除这些技术方案，因此权利要求 7 的保护范围对本领域技术人员来说是清楚的。

（3）权利要求 13

请求人认为：本专利说明书实施方式部分未对权利要求 13 中的电镀膜进行任何描述，导致权利要求 13 的保护范围不清楚。

对此，合议组经审查后认为：电镀是利用电解原理在金属等材料表面镀上一层其他金属或合金的过程，所形成的电镀膜具有防止氧化、提高耐磨损性、导电性、反光性等作用，是本领域的常规操作，本领域技术人员根据材质的应用场合和性能需求，能够确定适宜的电镀膜组成和形成条件，因此权利要求 13 的保护范围对本领域技术人员来说是清楚的。

（4）权利要求 14

请求人认为：权利要求 14 限定了"该部件是在比以下 A、B、C 和 D 条件的时间更长的加热条件下加热之后通过压制成型形成的……A（800 ℃，13 分钟）、B（900 ℃，6 分钟）、C（1050 ℃，1.5 分钟）、D（1200 ℃，0.3 分钟）"，其中"和"字不能清楚表明所限定的温度和时间关系。

对此，合议组经审查后认为：权利要求的保护范围是否清楚要基于本领域技术人员的知识和能力。权利要求14通过四个温度和时间的坐标点限定了加热条件，虽然文字的描述是"比以下A、B、C和D条件的时间更长的加热条件"，但本领域技术人员能够理解其本意并非限定只在四个特定温度下的更长时间，而是以这四个坐标点所确定的界限为加热条件边界，例如本专利说明书图11所示，其中折线为A、B、C和D四个坐标点的连线，在该折线右上方的坐标点表示的温度和时间条件即为符合要求的加热条件。因此，权利要求14的表述方式不会导致其技术方案保护范围不清楚。

2. 第二次无效宣告请求

在专利复审委员会对第一次无效请求作出决定前，浦项制铁又于2015年1月30日第二次就上述授权专利提出无效请求，并重新组织相关证据，提交了对比文件1~7和证据1~9。

可能是考虑到无效请求的理由仍不足够充分、不能将上述专利无效，浦项制铁主动撤回了该无效请求。

3. 第三次无效宣告请求

在前两次无效请求受挫后，浦项制铁仍未放弃，重新组织完善证据和无效理由，于2016年4月14日第三次提出无效请求，请求宣告本专利上述权利要求全部无效。

在无效审查过程中，无效请求人先后提交了23份证据，而专利权人也提交了5份反证和8份参考资料。专利权人还提交了修改后的权利要求书，其中仅针对权利要求1进行修改，修改后的权利要求1如下：

1. 一种具有优异的耐热性和喷漆后耐腐蚀性的高强度的镀有铝合金体系的钢板，其特征在于在该钢板的表面上具有Fe-Al-体系镀层，该镀层中含有Mn、并且Mn的含量大于0.1%，或者该镀层中同时含有Mn和Cr、并且Mn和Cr的总量大于0.1%，并且Al和Fe含量至少为70%。

最终无效请求人明确的无效理由和证据使用方式为：权利要求1~2、4~14的技术方案公开不充分，不符合《专利法》第26条第3款的规定；权利要求1缺少必要技术特征，不符合《专利法实施细则》（1992年修订）第21条第2款的规定（现为《专利法实施细则》第20条第2款）；权利要求1~2、4~14保护范围不清楚，不符合《专利法实施细则》（1992年修订）第20条第1款的规定（现为《专利法》第26条第4款）；权利要求1~2、4~14得不到说明书支持，不符合《专利法》第26条第4款的规定；权利要求1、5不具

有新颖性，不符合《专利法》第 22 条第 2 款的规定；权利要求 1～2、4～14
不具有创造性，不符合《专利法》第 22 条第 3 款的规定。其中权利要求 1 的
创造性评述方式为：以附件 1（公开日为 1993 年 11 月 22 日，公开号为 JP 特
开平 5－311379A 的日本专利文献及其中文译文）为最接近的现有技术，权利
要求 1 相对其与公知常识，或附件 2，或附件 3（公开日为 1996 年 10 月 22
日，公开号为 JP 特开平 8－277453A 的日本专利文献及其中文译文），或附件
17 的结合不具备创造性；以附件 4 为最接近的现有技术，权利要求 1 相对附
件 4 与附件 1 的结合不具备创造性；以附件 5 为最接近的现有技术，权利要求
1 相对附件 5 与附件 1 的结合不具备创造性。

专利复审委员会于 2016 年 12 月 6 日作出无效决定，宣告专利权全部无
效。其中，认定权利要求 1 相对附件 1 和附件 3 的结合不具备创造性；另外，
对于权利要求 1 的理解和审查文本的确定，决定指出：

（1）理解权利要求中技术特征的含义时，应当立足于发明所属的技术领
域，以所属领域技术人员的视角去考察。除非所属领域技术人员足以判断出申
请文件或专利文件的撰写者具有明显赋予该技术特征特定含义的意图，否则一
般情况下该特征应当理解为相关技术领域所通常具有的含义。

权利要求 1 中记载了"该镀层中含有总量大于 0.1% 的 Mn 和 Cr"的技术
特征，请求人与专利权人就该技术特征含义有不同的理解。专利权人主张镀层
中需同时包含 Mn 和 Cr 两种元素；而请求人则主张镀层中 Mn 和 Cr 只要包含
其一即满足上述限定，其理由在于对权利要求的理解应当基于权利要求的文字
记载、结合对说明书的理解对权利要求作最广义的解释，且专利权人的上述主
张是因为修改未被接受而作出，其本身说明了专利权人上述解释的不合理性。

对于该技术特征的理解，合议组认为：一方面，就文字表述而言，无论基
于通常理解还是在该技术领域，上述技术特征"包含 Mn 和 Cr"中"和"的
记载通常被理解为 Mn 和 Cr 需同时存在的含义；另一方面，本专利说明书记
载了（参见说明书第 3 页）为了避免喷漆后耐腐蚀性的降低，将 Mn 加入到所
属铝合金体系镀层中是非常有效的，即强调了 Mn 存在于镀层中对实现本专利
技术效果有重要作用，而本专利说明书中也不包含镀层中仅包含 Cr 而不包含
Mn 的实施方式，因而由本专利说明书的内容无法得出镀层中可以只包含 Cr 这
一范围，即由本专利的记载无法看出该专利文件的撰写者具有明显赋予该技术
特征特定含义的意图；此外，专利权人在撰写权利要求和主张权利时，对其说
明书涉及的技术内容作选择限缩性的限定亦不违反常理。尽管专利权人在无效
程序中前后存在反言的情形，但权利要求的保护范围应站在本领域技术人员的

角度，结合专利文件的整体内容进行客观理解和解释，而不应仅依据专利权人的这一意见进行推断。综上所述，对权利要求 1 中该技术特征的含义应理解为镀层中同时包含有 Mn 和 Cr，且其总量大于 0.1%。

（2）专利权人在本次无效程序中欲对权利要求 1 作出修改，其在修改时认为权利要求 1 中"该镀层中含有总量大于 0.1% 的 Mn 和 Cr"这一技术特征包含三个并列的技术方案：只包含 Mn、只包含 Cr、同时包含 Mn 和 Cr，并认为修改后的权利要求 1 删除了"只包含 Cr"这一技术方案，属于删除式的修改，符合《专利法》《专利法实施细则》《专利审查指南 2010》的相关规定。

对此，合议组认为：依据前述对权利要求 1 保护范围的分析可知，该技术特征应被理解为"镀层中同时包含有 Mn 和 Cr"这一含义，因此专利权人这一修改方式并不属于删除式修改，不符合《专利审查指南 2010》第四部分第三章第 4.6.2 节关于修改方式的规定。因此，本无效宣告请求审查决定针对的审查基础为本专利目前被维持有效的权利要求，即本专利授权公告的权利要求 1 ~ 2、4 ~ 14。

三、文字理解起争议，两审判决定输赢

1. 一审过程

日本制铁不服上述无效决定，于 2017 年 7 月 25 日向北京知识产权法院提起诉讼，主要认为被诉决定未正确理解权利要求 1 中的技术特征"在该钢板的表面上具有 Fe – Al – 体系镀层"，导致创造性判断结论有误，以及被诉决定未考虑相关证据在技术手段、技术问题、技术领域和技术偏见等方面与本申请的区别，错误地认为本申请不具备创造性。审理过程中，原告日本制铁又提交了 36 份证据，用以证明本专利具有创造性。

一审法院认同了无效决定的结论，驳回原告的诉讼请求。其中对于对权利要求 1 的理解，一审判决指出：

原告的观点是：首先，权利要求 1 中限定了"在该钢板的表面上具有 Fe – Al – 体系镀层"，根据本专利说明书记载的内容应当理解为"钢板表面的镀层已经合金化到表面"，而不是指合金化的程度"完全合金化"。其次，被诉决定认定"附件 1 中的合金化过程也是以 850 ~ 950 ℃ 的温度加热 10 ~ 100h，因此根据上述记载也无法将权利要求 1 与附件 1 镀层的合金化程度相区分"，该认定结论是主观推测，附件 1 没有明确公开镀层已经合金化到表面的 Fe – Al – 体系合金层。据此，权利要求 1 与附件 1 的区别特征应为"在该钢板

的表面上具有 Fe – Al – 体系镀层""该镀层中含有总量大于 0.1% 的 Mn 和 Cr"。并且，本专利克服了现有技术中存在的"镀层不要合金化到表面"的技术偏见。

被告的观点是：首先，被诉决定中使用"完全合金化"是因为原告在口头审理中多处提及"全部转化为合金化体系"，即原告自认的是合金化的程度，因此，被诉决定对"完全合金化"进行了论述。其次，权利要求 1 记载的是"在该钢板的表面上具有 Fe – Al – 体系镀层"，其仅仅描述了合金，并没有限定完全合金化或合金化到表面。再次，根据本专利说明书的记载，当将钢板加热至不低于 800 ℃的高温时实现了合金化，而附件 1 中的合金化过程是以 850 ~ 950 ℃的温度加热 10 ~ 100h，因此，根据本专利说明书记载的内容，可以推定附件 1 同样实现了镀层的完全合金化。最后，本案并没有充分的证据表明本领域存在"镀层不要完全合金化"这一技术偏见。

第三人的观点是：按通常理解，"Fe – Al – 体系镀层"并没有镀层完全合金化的含义，且本专利说明书记载有"完全合金化"和"未完全合金化"两种情形的实施例，权利要求 1 不能体现"完全合金化"。因此，原告所称镀层"合金化至表面"并不构成权利要求 1 与附件 1 的区别特征。

对于上述争议，一审法院认为：首先，根据《专利法》（2000 年修订）第 56 条第 1 款（现为《专利法》第 64 条第 1 款）的规定，发明或者实用新型专利权的保护范围以其权利要求的内容为准，说明书及附图可以用于解释权利要求。因此，一般情况下，权利要求中的用词应当理解为相关技术领域通常具有的含义。在特定情况下，如果权利要求中所用技术术语含义含糊不清或产生多义理解，而说明书的对应文字内容部分或附图描述明确、清晰，本领域技术人员通过阅读说明书和附图内容可以理解权利要求书对应的术语含义时，则应当用说明书的文字内容及附图来确定权利要求中对应词语的含义。本案中，权利要求 1 所述"Fe – Al – 体系镀层"在本领域中具有通常的含义，并不属于自造词或自定义的技术术语，故应当依据权利要求书记载的内容按照本领域通常的含义加以理解，而不应当具体解释为说明书记载的"合金化到表面的镀层"。

2. 二审过程

日本制铁不服上述一审判决，于 2019 年 4 月 11 日向北京市高级人民法院提起诉讼，主要诉讼理由与一审诉讼理由相近。审理过程中，原告日本制铁又提交了 8 份证据。

二审法院作出终审判决，认同了一审判决的结论，认为所有权利要求不具备创造性，由此驳回原告的上诉。其中对于权利要求 1 的创造性，二审判决指出：

各方当事人对被诉决定认定的权利要求 1 和附件 1 的区别技术特征"镀层中含有总量大于 0.1% 的 Mn 和 Cr"不持异议，本院经审查予以确认。该区别特征实际解决的技术问题为，改善钢板喷漆后的耐腐蚀性。虽然附件 1、3 提及的耐腐蚀性为裸露耐腐蚀性而非喷漆后耐腐蚀性，日本制铁株式会社提交的证据表明裸露与喷漆后耐腐蚀性的测试方法、腐蚀方向均有不同，但两者的差异远未达到给出相反教导的程度。正如本专利说明书的记载，"由于该镀层具有比基底钢板高的电势，因此基底钢的腐蚀从裂缝开始，并且喷漆后耐腐蚀性趋于降低"。由此可见，提高铝合金体系镀层本身的耐腐蚀性也相应会改善其喷漆后的耐腐蚀性。鉴于二者均涉及铝合金体系镀层本身的腐蚀，附件 3 公开了合金层中同时含有 Mn 和 Cr 可以提高其耐腐蚀性，本领域技术人员为改善钢板喷漆后的耐腐蚀性，有动机将附件 3 与附件 1 相结合得到权利要求 1 的技术方案。因此，权利要求 1 相对于附件 1 和附件 3 的结合不具备创造性。

四、案件启示

该案件的审查过程中，浦项制铁和日本制铁两方均提供了数十份证据以证明各自的观点，无效理由涉及《专利法实施细则》第 65 条第 2 款关于无效理由规定中的多个重要条款，包括：《专利法》第 22 条第 2 款规定的新颖性、第 22 条第 3 款规定的创造性、第 26 条第 3 款规定的说明书公开充分、第 26 条第 4 款规定的权利要求清楚和得到说明书支持、第 33 条规定的修改不得超范围以及《专利法实施细则》（1992 年修订）第 21 条第 2 款（现为《专利法实施细则》第 20 条第 2 款）规定的独立权利要求要包含必要技术特征等规定。另外，案件的审查过程还涉及《专利法》（2000 年修订）第 56 条第 1 款规定（现为《专利法》第 64 条第 1 款）的专利权保护范围的认定。

我们知道，发明专利的保护期限是从申请日起 20 年，上述案件在获得授权后的 11 年内，先后经历三次无效程序和两次诉讼程序，最终被全部无效，距离该案申请日（2002 年 6 月 14 日）更是已经超过 17 年。其中纷繁复杂的程序、证据、理由和意见交锋，即使是专业的法官、审查员和专利代理师，也都会觉得千头万绪，必须打起十二分的精神，充分研究法律规定和案件事实，严密推理，谨慎得出结论。对于不熟悉专利申请相关规定的创新主体而言，可能更是头皮发麻、无从下手。

各类专利纠纷案件每天都在发生，结局总是几家欢喜几家愁。本案马拉松般漫长的行政和司法程序，反映了其背后的强烈利益冲突。应该说，对于每一个创新主体而言，能够切实保护创新成果的专利都蕴藏着很高的价值，这种价值不仅仅体现在排除竞争、限制对手，取得看得见或者看不见的收益，还是增强企业竞争力和话语权，获得谈判筹码，增加企业无形资产的有力工具。有时候，一项专利是否有效甚至影响到一个企业的生死存亡。

当创新成果确有保护价值时，作为权利的基础，专利申请文件的撰写质量对权利有效性和保护力度起着决定性的作用，申请文件没有写好，创新成果再好，聘请的代理师或律师团队再强大，也可能无力回天。遗憾的是，我国许多创新主体在这方面意识远远不够，本案中日本制铁的专利布局不可谓不尽心，但后续仍然在文字理解上被对手抓住漏洞，导致案件全部被无效。攻守双方各有利器、能够多回合交锋的案件在国内并不多见，有很多本来很好的成果，由于申请文件撰写时留下了隐患，战斗的号角刚一吹响，还没过几个招，就已经败下阵来。

第二节　容易"绕开"的保护范围

专利文件的核心是权利要求，因为其划定了专利权人所能够行使权利的范围。《专利法》第 64 条第 1 款规定：发明或者实用新型专利权的保护范围以其权利要求的内容为准，说明书及附图可以用于解释权利要求的内容。然而，在研发、生产、实施过程中，通常获得的创新成果都是一个个具体的技术方案，如果只将这些具体的技术方案作为权利要求的内容，则可能保护的只是一些离散的点，竞争对手稍作变化就能"绕开"保护范围，从而规避侵权责任，专利权也就失去了保护作用。因此，创新成果专利化实践中面临的一个难点问题是，如何撰写权利要求，将创新成果有效地保护起来。为了回答这一问题，首先需要了解权利要求的组成、权利要求中术语的理解、保护范围大小等基本概念，还需要知道与特定领域相关的常用限定方式，在此基础上才能构建出能够有效保护创新成果、尽可能避免"规避设计"的权利要求体系。

一、权利要求书的由来及基本概念[1]

欧洲是专利制度的发源地。在英、德两国早期的专利制度中，授予专利权

---

[1]　尹新天. 中国专利法详解［M］. 北京：知识产权出版社，2011.

的法律文件都只包括一个对发明的详细说明部分，即现在人们所说的专利说明书。说明书作为一份技术文件向全社会充分公开发明的技术内容，并使该领域技术人员能够实施，从而对社会发展作出贡献，而作为这种贡献的回报，申请人可在一定的时期内取得对该项发明的独占权。然而，由于授权的法律文件不包括权利要求书，在发生专利侵权纠纷时，需要由法院根据说明书的内容判断什么是受法律保护的发明。但是由于说明书是对发明创造的详细、全面的介绍说明，包括背景技术、发明原理、具体实施方式等，其篇幅常常很大，因此面对这样的说明书，无论是社会公众还是法院的法官，都很难归纳出什么是发明的新贡献；即便归纳出来，其内容也往往因人而异，无法统一。显然，这种方式导致了专利保护范围不清楚和不确定。

在各国的专利发展过程中，首先是专利申请人自发地开始在专利文件中撰写出权利要求书，而不是在专利法有了强制性规定之后才开始这样做的。美国率先在其专利法中明确规定专利申请文件和专利文件中应当包括权利要求书，随后这一规定逐渐为其他国家所采纳。权利要求书以简洁的文字来限定受专利保护的技术方案，向公众表明专利保护的范围。从 1973 年《欧洲专利公约》（EPC）规定中可以了解到权利要求书在欧洲专利制度中的地位："一份欧洲专利或者欧洲专利申请的保护范围由权利要求书的内容来确定，说明书和附图可以用于解释权利要求。"

也就是说，为了确保专利制度的正常运行，一方面需要为专利权人提供切实有效的法律保护，另一方面需要确保公众享有使用已知技术的自由。为此，需要有一种法律文件来界定专利独占权的范围，使公众能够清楚地知道实施什么样的行为会侵犯他人的专利权。权利要求书就是为上述目的而规定的一种特殊的法律文件，它对专利权的授予和专利权的保护具有重要意义。

因此，权利要求书最主要的作用是确定专利权的保护范围。这包括，在授予专利权之前，表明申请人想要获得何种范围的保护；在授予专利权之后，表明国家授予专利权人何种范围的保护。

权利要求书由一个或多个权利要求构成，其应当记载发明或者实用新型的技术特征，这些技术特征可以是构成发明或者实用新型技术方案的组成要素，也可以是要素之间的相互关系。而技术方案则是对要解决的技术问题所采取的利用了自然规律的技术手段的集合，技术手段通常是由技术特征来体现的。下面我们通过案例说明。

案例 1：

一种冷轧钢板，作为成分组成，其以质量%计含有 C：0.070% ～

0.100%、Si：0.50%～0.70%、Mn：2.40%～2.80%、P：0.025%以下、S：0.0020%以下、Al：0.020%～0.060%、N：0.0050%以下、Nb：0.010%～0.060%、Ti：0.010%～0.030%、B：0.0005%～0.0030%、Sb：0.005%～0.015%、Ca：0.0015%以下、Cr：0.01%～2.00%、Mo：0.01%～1.00%、Ni：0.01%～5.00%、Cu：0.01%～5.00%，剩余部分由 Fe 和不可避免的杂质构成。

上述权利要求的主题是"冷轧钢板"，Fe、Mn、Si、Nb、Ti、B 等元素及其含量是该冷轧钢板的组成要素，都是构成权利要求的技术特征。该技术特征体现了上述权利要求所采取的技术手段，其组合到一起共同形成权利要求请求保护的技术方案。

案例 2：

一种钒氮合金的制备方法，其特征在于所述制备方法的步骤包括：

步骤一，将碳质还原剂和以无水物计的硫酸氧钒按质量比为（0.1～0.3）：1 配料，混匀，得到混合物料；

步骤二，将所述混合物料机压为块状物料，所述块状物料的密度为 1.5～2.0g/cm³；再将所述块状物料在 60～120 ℃条件下干燥 1～7h；

步骤三，在常压和氮气流量为 100～600mL/min 的条件下，将干燥后的块状物料加热至 1000～1400 ℃，保温 1～5h，随炉冷却至室温～100 ℃，出炉，得到钒氮合金。

上述权利要求中所记载的配料、混匀、压块、干燥、加热和冷却等各个步骤是构成该权利要求的组成要素，与此同时，步骤之间的先后顺序体现组成要素之间的相互关系，这些组成要素及其之间的相互关系均是该权利要求所包括的技术特征，共同构成了该权利要求请求保护的技术方案。

二、权利要求的类型

1. 按照权利要求的性质分为产品权利要求和方法权利要求

上述案例 1 要求保护的是"冷轧钢板"，案例 2 要求保护的是"制备方法"，这两个案例中权利要求的主题类型是不相同的，其中案例 1 为产品权利要求，案例 2 为方法权利要求。

产品权利要求的保护对象是"物"，包括主题为物品、物质、材料、工具、装置、设备、仪器、部件、元件、线路、合金、组合物、化合物、药物制剂、基因等的权利要求。

案例3：

    一种浓酸浸出用反应器，其特征在于：包括反应筒体、液压升降装置、酸雾收集本体和废气收集装置，所述液压升降装置包括液压站和与其相连的液压杆；所述酸雾收集本体上设有酸雾收集口、浆料进口、承插管和浓酸进口，所述承插管设于反应筒体的顶部，浆料进口和浓酸进口分别设于承插管的两侧，酸雾收集口设于承插管的顶部；所述废气收集装置环绕在反应筒体的外侧，废气收集装置的顶部设置废气收集口，废气收集装置与反应筒体之间通过设在侧壁顶部的气相逸出口相通；反应筒体底部设有下料口。

该权利要求请求保护的主题是一种浓酸浸出用反应器，而反应器是一种"物"，因此该权利要求为产品权利要求。

方法权利要求的保护对象是"活动"，包括制造方法、使用方法、通信方法、处理方法以及将产品用于特定用途的方法等权利要求。其中"将产品用于特定用途"就是所谓的用途权利要求，也属于方法权利要求的一种。

案例4：

    一种控制宽幅 IF 钢连退起皱的方法，其特征在于，仅对连退生产中的加热温度、炉区速度、计划排产等工艺过程进行调整，避免因速度过大或过小的波动造成褶皱，合理调整快冷负荷，降低带钢在时效段的强度，减少时效段产生褶皱的概率，其具体控制步骤如下：

    1）计划编排时，首先利用 5~10 卷普通低碳产品使时效段炉辊过渡到最大宽度；

    2）将时效段炉区速度控制在 120~160 m/min 的范围内；

    3）控制快冷风机压力差≤0.1 kPa，保证带钢横向温差在 5 ℃以内；

    4）快冷温度控制在 350~380 ℃之间；

    5）出口活套最大位置设定值≤70%；

    6）均热温度控制在 790~810 ℃范围内，使带钢的高温抗拉强度≥20 N/mm²。

该权利要求请求保护的主题是一种控制宽幅 IF 钢连退起皱的方法，是一种"活动"形式，因此该权利要求为方法权利要求。

案例5：

    一种水系冷却剂用作淬火油的用途，其特征在于，所述冷却剂含有选自碳酸盐、碳酸氢盐、倍半碳酸盐、磷酸盐、硼酸盐、钼酸盐以及钨酸盐中的 1 种以上的无机酸盐、金属抗腐蚀剂和水。

该权利要求请求保护的主题是一种水系冷却剂用作淬火油的用途，同样是一种"活动"，因此，该权利要求为方法权利要求。

确定权利要求类型的唯一判断标准是权利要求的主题名称，不必再进一步分析该项权利要求中记载的各个技术特征是方法性质的，还是产品性质的。若主题为一种"物"，则为产品权利要求，若主题为一种"活动"，则为方法权利要求。例如，"一种用于轴承的钢材"的主题是一种"物"，因此是包含用途限定的产品权利要求，而"钢材在制造轴承中的应用"的主题是一种"活动"，因此是方法权利要求。

区分产品权利要求和方法权利要求的原因在于专利法对不同类型的专利权提供不同的法律保护。《专利法》第 11 条规定：发明和实用新型专利权被授予后，除本法另有规定的以外，任何单位或者个人未经专利权人许可，都不得实施其专利，即不得为生产经营目的制造、使用、许诺销售、销售、进口其专利产品，或者使用其专利方法以及使用、许诺销售、销售、进口依照该专利方法直接获得的产品。由此可知，对于产品权利要求和方法权利要求而言，专利法对其采取不同的保护方式，产品权利要求的保护力度要远远大于方法权利要求。

在举证责任方面，产品权利要求的举证也要比方法权利要求的举证简单得多，因为产品权利要求是两个产品直接在结构上进行比较，而对于方法权利要求，专利权人很难确定该产品是通过什么方法得到的。因此从这一点而言，产品权利要求的保护力度也是要大于方法权利要求的。

对于产品和方法权利要求的撰写，《专利审查指南 2010》第二部分第二章第 3.2.2 节规定：一般情况下产品权利要求应当用结构特征来描述，例如用元素及其含量来定义合金，但是当产品权利要求中的一个或多个技术特征无法用结构特征予以清楚地表征时，允许借助物理或化学参数表征或方法特征进行表征；方法权利要求应当用方法本身的特征定义，例如所使用的原料、生产的工艺过程、操作条件和所得到的产品等。

2. 按照权利要求的形式分为独立权利要求和从属权利要求

案例 6：

1. 一种钒氮合金的制备方法，其特征在于所述制备方法的步骤包括：

步骤一，将碳质还原剂和以无水物计的硫酸氧钒按质量比为（0.1 ~ 0.3）∶1 配料，混匀，得到混合物料；

步骤二，将所述混合物料机压为块状物料，所述块状物料的密度为 $1.5 \sim 2.0 \ g/cm^3$；再将所述块状物料在 $60 \sim 120$ ℃ 条件下干燥 $1 \sim 7 \ h$；

步骤三，在常压和氮气流量为 $100 \sim 600 \ mL/min$ 的条件下，将干燥后的块状物料加热至 $1000 \sim 1400$ ℃，保温 $1 \sim 5 \ h$，随炉冷却至室温 ~ 100 ℃，出炉，得到钒氮合金。

2. 根据权利要求 1 所述的钒氮合金的制备方法，其特征在于所述碳质还原剂为炭黑、石墨和活性炭中的一种以上；碳质还原剂的粒度为 $0.074 \sim 0.250 \ mm$。

3. 根据权利要求 1 所述的钒氮合金的制备方法，其特征在于在步骤一之前还包括对原料碳质还原剂和硫酸氧钒的干燥和粉碎步骤。

在案例 6 中，权利要求 1 和权利要求 2、3 的撰写形式是不相同的，其中权利要求 2、3 引用了权利要求 1，并进行了进一步的限定。该权利要求 1 是独立权利要求，而权利要求 2、3 则是从属权利要求。

那么如何区分独立权利要求和从属权利要求呢？

独立权利要求从整体上反映了发明的技术方案，记载了解决发明提出的技术问题的最基本的技术方案，其保护范围最宽。从属权利要求描述进一步改进或者进一步限定后的技术方案。如果一项权利要求包含了另一项同类型权利要求中的所有技术特征，且对所述权利要求的技术方案作进一步的限定，则该权利要求为从属权利要求。

而为使权利要求更加简明，从属权利要求一般采用引用在前其他权利要求的撰写方式。以案例 6 的权利要求 2 为例进行说明，其中的"根据权利要求 1 所述的钒氮合金的制备方法"为引用部分，写明了其引用的权利要求的编号及其主题名称，而其中的"其特征在于所述碳质还原剂为炭黑、石墨和活性炭中的一种以上；碳质还原剂的粒度为 $0.074 \sim 0.250 \ mm$"则为限定部分，写明了该权利要求进一步限定的附加技术特征。

需要说明的是，区分权利要求的形式需要了解以下事项：

第一，从属权利要求所包含的技术特征，不仅包括它所附加的技术特征，还包括它所引用的权利要求的全部技术特征，如案例 6 的从属权利要求 2 不仅包括其附加限定的碳质还原剂的相关技术特征，还包括其引用的权利要求 1 的包括三个步骤的整体制备方法的全部技术特征。因此，从属权利要求的保护范围小于其所引用的独立权利要求。

第二，从属权利要求与其所引用的权利要求的主题名称一定是相同的，如案例 6 的从属权利要求 2 和 3 的主题与被引用的权利要求 1 主题名称均为"钒氮合金的制备方法"。

第三，从属权利要求中的附加技术特征可以是对所引用的权利要求的技术特征作进一步限定的技术特征，如案例 6 的从属权利要求 2 对碳质还原剂种类和粒度的进一步限定；也可以是增加的技术特征，如案例 6 的从属权利要求 3 限定了步骤一之前的干燥和粉碎步骤。

第四，设置从属权利要求的目的是为专利权构建一个多层次的保护体系。比如，专利授权后，在可能的无效程序中，独立权利要求因保护范围过大而被认定不具备创造性，如果从属权利要求不存在上述问题，则仍然能够有效存在。因此，在申请文件的撰写时，布置多层次保护的独立权利要求和从属权利要求，对于专利权的有效保护是十分必要的。

三、先进金属材料的领域特色——组合物权利要求

在包括先进金属材料领域在内的化学领域的专利申请中，有一类特殊的权利要求——组合物权利要求，例如上述案例 1。根据《专利审查指南 2010》第二部分第十章第 4.2.1 节的规定，组合物权利要求，是以组合物的组分或者组分和含量等组成特征来表征的权利要求。组合物权利要求按表达方式分为开放式和封闭式两种。开放式表示组合物中并不排除权利要求中未指出的组分；封闭式则表示组合物中仅包括所指出的组分而排除所有其他的组分。

开放式一般使用"包含""含有""基本含有""基本组成为""本质上含有""主要由……组成""主要成分为""基本上由……组成"等方式进行定义。

案例 7：

> 1. 水系冷却剂，其特征在于，其含有选自碳酸盐、碳酸氢盐、倍半碳酸盐、磷酸盐、硼酸盐、钼酸盐以及钨酸盐中的 1 种以上的无机酸盐、金属抗腐蚀剂和水。

案例 7 采用了"含有"的表达方式，为开放式权利要求，也就是说除了权利要求记载的无机酸盐、金属抗腐蚀剂和水以外，不排除其他的组分，例如还可以含有本领域常用的抗菌剂等成分。

而封闭式一般使用"由……组成""组成为""余量为"等方式进行定义。如案例 1，其采用了"剩余部分由 Fe 和不可避免的杂质构成"的表达方式，为封闭式权利要求，也就是说其仅包括权利要求中指出的元素，而排除其他的元素。在合金领域，封闭式权利要求是合金产品权利要求最为常见

的一种撰写形式。

四、权利要求的理解

1. 用词、术语的解释

根据《专利审查指南 2010》第二部分第二章第 3.2.2 节的规定，一般情况下，权利要求中的用词应当理解为相关技术领域通常具有的含义。例如，案例 1 中的"冷轧钢板"，相关技术领域中指的是在常温下在再结晶温度以下进行轧制得到的钢板；案例 4 中的"IF 钢"，相关技术领域中指的就是无间隙原子钢。

在特定情况下，如果说明书中指明了某词具有特定的含义，并且使用了该词的权利要求的保护范围，由于说明书中对该词的说明而被限定得足够清楚，这种情况也是允许的。

以本章第一节日本制铁 vs. 浦项制铁的热点案例为例，对于权利要求 1 中的技术特征"Fe－Al－体系镀层"，原告日本制铁认为应根据说明书记载的内容将其理解为"钢板表面的镀层已经合金化到表面"，而一审法院则认为：发明或者实用新型专利权的保护范围以其权利要求的内容为准，说明书及附图可以用于解释权利要求。因此一般情况下，权利要求中的用词应当理解为相关技术领域通常具有的含义。该案权利要求 1 所述"Fe－Al－体系镀层"在本领域中具有通常的含义，并不属于自造词或自定义的技术术语，故应当按照本领域通常的含义加以理解，不应当具体解释为说明书记载的"合金化到表面的镀层"。另外，在第三次无效程序中，无效决定将"该镀层中含有总量大于 0.1% 的 Mn 和 Cr"理解为"镀层中同时包含 Mn 和 Cr"的这一认定结论，也是在综合考虑了通常理解、本领域一般认知以及说明书记载的内容后得出的。

另外，权利要求中的数值范围一般以数学方式进行表达，例如案例 4 中的"$\leq 70\%$"。同时也可以采用文字方式表达数值范围，其中"大于""小于""超过"等理解为不包含本数，例如"小于 70%"就表示"$< 70\%$"；"以上""以下""以内"等理解为包括本数，例如"70% 以下"就表示"$\leq 70\%$"。

2. 技术特征

权利要求的保护范围是由组成其技术方案的全部技术特征来限定的。一项权利要求所记载的技术特征越少，表达每一个技术特征所采用的措词越具有广泛的含义，则该权利要求的保护范围就越大；反之，一项权利要求所记载的技术特征越多，表达每一个技术特征所采用的措词越是具有狭窄的含义，则该权利要求的保护范围就越小。

例如，"一种包含 Fe 和 Co 的合金"与"一种包含 Fe、Co 和 Ni 的合金"相比，前者保护了任意包含 Fe 和 Co 两种元素的合金，其中囊括了后者保护的合金，后者包含的技术特征更多（多限定了含有 Ni），因此其保护范围更小。又如，"铁基合金"与"不锈钢"相比，前者囊括了后者，后者的措辞含义更狭窄，因此其保护范围更小。

前面已经提及，与独立权利要求相比引用其的从属权利要求保护范围更小，也是由于从属权利要求的技术方案通过附加技术特征对独立权利要求作了进一步的限定。需要注意的有以下几点❶：

（1）权利要求中包含的功能性限定的技术特征应当理解为覆盖了所有能够实现所述功能的实施方式。例如，权利要求中有一种实验室反应装置，其特征在于包括加热部件"表述，其中的"加热部件"是功能性限定的技术特征，其覆盖了所有能实现加热功能的部件，例如酒精灯、水浴锅等。

（2）对于权利要求中包含的上位概念概括的技术特征，应当理解为覆盖了所有具有该上位概念的共性特征的具体实施方式。例如，案例 6 权利要求 1 中的"碳质还原剂"覆盖了炭黑、石墨和活性炭等具体还原剂。

（3）对于权利要求中包含的并列选择方式概况的技术特征，应当理解为覆盖了所有罗列的并列具体实施方式。例如，案例 6 权利要求 2 中限定的"所述碳质还原剂为炭黑、石墨和活性炭中的一种以上"，覆盖了炭黑、石墨和活性炭三个并列的具体碳质还原剂。

五、合金产品权利要求的特色限定

在金属材料领域，合金产品权利要求是最常见的一类权利要求，其本质也是一种组合物权利要求。除了与其他组合物有许多共性以外，合金产品还有一个重要的特点，就是同样组分及含量的合金由于加工工艺不同，可能会呈现不同的微观组织结构，进而呈现不同的性能。因此，除了组合物通常用的组成含量限定之外，合金产品还可能使用微观组织、性能参数、用途和制备方法等进行限定，而且许多性能参数限定时还会出现公式。比如，常见的微观组织限定包括铁素体、奥氏体、珠光体、贝氏体、马氏体、非晶、共析、亚共析、过共析等。例如"一种奥氏体不锈钢合金"，其中的"奥氏体"便是微观组织限定。

对于包含微观组织特征、公式特征、性能参数特征、用途特征或方法特征

---

❶ 田力普. 发明专利审查基础教程·审查分册［M］. 北京：知识产权出版社，2012.

限定的产品权利要求而言，在判断保护范围时，会考虑上述特征是否隐含了要求保护的产品具有某种特定结构和/或组成。如果上述特征隐含了要求保护的产品具有某种特定结构和/或组成，则该特征具有限定作用；相反，如果上述特征没有隐含要求保护的产品在结构和/或组成上发生改变、具有某种特定结构和/或组成，则该特征不具有限定作用。上述判断原则在实际操作时可能面临非常复杂的情况，也会产生许多争议问题。

下面分别举例说明常用的合金产品类权利要求限定形式，主要包括：成分含量、成分含量+公式、成分含量+微观组织、成分含量+制备方法或性能参数、成分含量+用途以及成分含量+混合型。需要说明的是，采用哪种限定形式，取决于发明创造相对于现有技术的贡献。

1. 成分含量限定型产品权利要求

根据《专利审查指南2010》第二部分第十章第4.2.2节的规定，如果发明的实质或者改进只在于组分本身，其技术问题的解决仅取决于组分的选择，而组分的含量是本领域的技术人员根据现有技术或者通过简单实验就能够确定的，则在独立权利要求中可以允许只限定组分；但如果发明的实质或者改进既在组分上，又与含量有关，其技术问题的解决不仅取决于组分的选择，而且还取决于该组分特定含量的确定，则在独立权利要求中必须同时限定组分和含量。成分含量限定型合金类产品独立权利要求为最常见和通用的撰写方法，该类产品独立权利要求的保护范围也是相对最大的。案例1就是典型的成分含量限定的产品权利要求。

2. 成分含量+公式限定的产品权利要求

根据《专利审查指南2010》第二部分第十章第4.2.2节的规定，用文字或数值难以表示组合物各组分之间的特定关系的，可以允许用特性关系或者用量关系式来定义权利要求。

以第一节日本制铁 vs. 浦项制铁热点案例的权利要求2为例，在限定各元素含量的同时，还限定了 Ti、Mn、Cr 和 Mo 四种元素的含量满足 "Ti + 0.5 × Mn + Cr + 0.5 × Mo > 0.4" 的公式。说明书中声称通过加入特定用量的上述元素，可以使得钢板具有极其优异的耐热性，尤其是加工之后的耐热性。

3. 成分含量+微观组织限定的产品权利要求

当合金的成分含量以及公式的限定不足以使合金区别于现有技术中的合金时，可将合金特定的微观组织结构的限定加入独立权利要求当中。

案例8：

一种止裂性优良的高强度厚钢板，其化学成分的构成为：以质量%计含有 C：0.03%～0.15%、Si：0.1%～0.5%、Mn：0.5%～2.0%、P：≤0.02%、S：≤0.01%、Al：0.001%～0.1%、Ti：0.005%～0.02%、Ni：0.15%～2%、N：0.001%～0.008%，并且余量为铁以及不可避免的杂质；显微组织为以贝氏体作为母相的铁素体或/和珠光体组织；晶体取向差是 15°以上的晶粒的平均当量圆直径在从表面以及背面到板厚的 10% 的区域内为 15 μm 以下，在除此以外的包含板厚中心部的区域内为 40 μm 以下。

该权利要求在限定元素含量的同时还限定了合金的微观组织结构，之所以作如此限定，是由于其发明点在于通过控制显微组织为以贝氏体作为母相的铁素体或/和珠光体组织，并通过控制板厚方向的晶粒直径，从而得到止裂性提高的高强度厚钢板。

4. 成分含量＋制备方法或性能参数限定的产品权利要求

《专利审查指南 2010》规定，当产品权利要求中的一个或多个技术特征无法用结构特征予以清楚地表征时，允许借助物理或化学参数表征或方法特征对产品权利要求进行表征。

案例 9：

1. 一种大型风力发电机齿轮用棒材，按重量百分比包括以下组分：C：0.37%～0.42%，Si：0.15%～0.40%，Cr：0.80%～1.25%，Mn：0.50%～0.90%，Mo：0.15%～0.30%，S：≤0.015%，Al：0.02%～0.04%，O：≤0.0015%，H：≤0.00020%，P：≤0.012%，余量为 Fe 和不可避免的杂质；

所述大型风力发电机齿轮用棒材按以下工序进行制备：EAF 冶炼→LF 精炼→VD 真空处理→大断面连铸机轻压下工艺连铸→铸坯缓冷→铸坯检验→加热→除鳞→大压下轧制→红钢入坑→矫直→酸洗修磨→倒棱→探伤→成品检验→包装→标识→称重→入库；

所述 EAF 冶炼：控制电炉终点碳≥0.10% 和终点磷≤0.012%，出钢温度≥1630 ℃，采用偏心炉底无渣出钢，出钢过程钢包内加入合成渣、硅锰合金、复合中铝进行预脱氧，出钢留钢和留渣，严禁出钢下渣；

所述 LF 精炼：通过喂铝线和添加铝粒使钢水保证 Al：0.010%～0.050%，全程吹氩充分搅拌，确保白渣时间≥30 分钟，进行充分脱氧、脱硫和去夹杂，并将其他化学成分控制在目标范围内；

其特征在于：

所述 VD 真空处理：在 VD 工位保持氩气搅拌，流量在 $70 \sim 180$ L/min 之间，真空度在 0.5 托以下保持至少 10 分钟，破真空后按照成分目标值进行成分微调，采用喂 Al 线方式控制钢中 Al 在 $0.02\% \sim 0.04\%$，喂入 CaFe 线进行夹杂物变性处理，保证氩气软吹时间在 10 分钟以上，取成品样调包上连铸；

所述大断面连铸机轻压下工艺连铸：总压下量 $2 \sim 6$ mm，过热度 $20 \sim 30$ ℃；

所述铸坯缓冷：入坑缓冷，缓冷坑必须干燥，入坑温度≥500 ℃，保温时间≥36 小时；

所述加热：加热温度 $1100 \sim 1290$ ℃，加热时间≥240 分钟；

所述除鳞：高压水除磷，压力≥13 MPa；

所述大压下轧制：采用双辊可逆式轧机，最大辊径 ϕ 950 mm，单道最大压下量达 80 mm。

该权利要求中限定制备方法的原因在于，其发明创造相对于现有技术的贡献是通过对成分及制备方法的综合控制，可以获得 P 含量控制在 120 ppm 以下，S 含量控制在 150 ppm 以下，A、D 类夹杂物级别小于 1.0 级，B、C 类夹杂物级别小于 0.5 级，中心疏松控制到 1.5 级以下的大型风力发电机齿轮用棒材。显然该权利要求仅仅用合金材料的成分含量进行限定并不能对其进行充分表征，因此权利要求中加入了制备方法的限定。

5. 成分含量 + 用途限定的产品权利要求

用途限定也是产品权利要求中的常见限定方式。如第一节日本制铁 vs. 浦项制铁热点案件的权利要求 6，其中"用于高强度汽车部件的"便是对钢板的用途限定。

6. 成分含量 + 混合型限定的产品权利要求

当仅用成分含量与一种其他限定方式的组合仍不能清楚表征产品时，也可考虑采用多种其他限定方式同时进行限定。但限定增多时，需要考虑对权利要求保护范围的影响。

案例 10：

1. 一种钢轨，其特征在于：其以质量% 计，含有 C：$0.75\% \sim 0.85\%$、Si：$0.10\% \sim 1.00\%$、Mn：$0.30\% \sim 1.20\%$、Cr：$0.20\% \sim 0.80\%$、V：$0.01\% \sim 0.20\%$、N：$0.0040\% \sim 0.0200\%$、Mo：$0 \sim 0.50\%$、Co：$0 \sim 1.00\%$、B：$0 \sim 0.0050\%$、Cu：$0 \sim 1.00\%$、Ni：$0 \sim$

1.00%、Nb：0 ~ 0.0500%、Ti：0 ~ 0.0500%、Mg：0 ~ 0.0200%、Ca：0 ~ 0.0200%、REM：0 ~ 0.0500%、Zr：0 ~ 0.0200%、Al：0 ~ 1.00%、P≤0.0250%、S≤0.0250%，剩余部分包括 Fe 和杂质，且满足下述式1以及式2；

以头部外廓表面为起点至深度 25 mm 的范围的组织含有95%以上的珠光体组织，而且所述组织的硬度在 HV350 ~ 480 的范围；

在处于以所述头部外廓表面为起点的深度为 25 mm 的位置的横断面，平均粒径为 5 ~ 20 nm 的 V 的碳 – 氮化物是每 1.0 μm² 被检测面积存在 50 ~ 500 个；

由处于以所述头部外廓表面为起点的深度为 2 mm 的位置的硬度减去处于以所述头部外廓表面为起点的深度为 25 mm 的位置的硬度所得到的值是 HV0 ~ HV40；

$$1.00 < Mn/Cr ≤ 4.00 \qquad\qquad 式1$$
$$0.30 ≤ 0.25 × Mn + Cr ≤ 1.00 \qquad\qquad 式2$$

其中，式1、式2中记载的元素符号为各元素的以质量%计的含量。

由于19世纪中叶钢已经被用于制造钢轨，钢领域已经发展了百余年，现有技术已达到相对成熟的水平，为区别于现有技术并体现本申请的发明构思，该权利要求除组分含量限定外，还使用微观组织、性能参数和公式同时对产品权利要求进行了限定。通过对钢轨钢的合金成分、组织、V 的碳 – 氮化物的个数加以控制，对头部表面和头部内部的硬度、头部表面和头部内部的硬度之差进行控制，进而对 V 的碳 – 氮化物的组成加以控制，从而可以使钢轨的耐磨性和耐内部疲劳损伤性得以提高。另外，这样的钢轨可以在货运铁道使用时，大大提高钢轨的使用寿命。

总而言之，无论采用哪种方式撰写权利要求，都应在充分检索现有技术的基础上，准确确定发明构思和关键技术手段，综合考虑发明高度、经济前景、授权愿望等因素，确定合适的权利要求限定方式和撰写方法，从而获得稳定且适当的权利要求。

六、为创新之树建造足够大的"庇护之所"

在介绍了与权利要求相关的基本概念之后，我们不难得出结论：在技术特征有对应性的情况下，一项权利要求所记载的技术特征越少，则该权利要求的保护范围就越大；反之，一项权利要求所记载的技术特征越多，则该权利要求的保护范围就越小。比如，由技术特征 A、B、C 组成的权利要求保护范围大于由技术特征 A、B、C、D 组成的权利要求保护范围。

对于创新主体而言，从保护力度角度看，肯定是希望保护范围越大越好，这样能够为"创新之树"提供足够大的"庇护之所"，哪怕竞争对手在自己的最优方案上进行改动，只要在权利要求圈定的保护范围之内，就难以逃脱侵权责任。如图 4 - 1 所示，创新主体实际发明是最优方案 A，但其获得了比该最优方案 A 更大的专利权保护范围 B，则竞争对手在 B - A 的区域内实施也属于侵权。因此，创新成果专利化过程中一个最重要的问题是，如何最大化保护范围。

图 4 - 1　创新成果的最优方案与保护范围

这个问题看似简单，但不熟悉专利法的人却不一定能够建好这个"庇护之所"。

案例 11：

国家知识产权局于 2003 年 12 月 31 日公告，授予名称为"触变注射成形用镁合金粒的熔炼及加工方法"的发明创造专利权，授权公告的权利要求如下：

1. 一种触变注射成形用镁合金粒的熔炼及加工方法，其特征在于采用熔剂和氩气双重精炼，中间合金控制镁合金化学成分，除去 Fe、Ni 杂质；氩气保护下低压半连续铸造，生产镁合金棒材；由镁合金棒材加工成镁合金粒；其熔炼工艺如下：（1）将含有 $MgCl_2$ 42% ~48%、KCl 38% ~46%、$BaCl_2$ 6% ~10%、CaF_2 3% ~7% 的固体熔剂加入坩埚炉中，熔剂占熔炼镁合金重量的3% ~10%，待熔剂熔化后加入工业纯镁锭，镁锭全部熔化后，升温至 800 ~850 ℃；搅拌熔剂及镁液，使其充分混合，搅拌时间为 20 ~40 min；（2）根据所熔炼镁合金的牌号，加入 Al、Zn 以及中间合金控制镁合金化学成分，将预热至 100 ~150 ℃ 的 Al - Ti₅ 或 Mg - Mn₄ 以及 Al - Mn₄ 中间合金置于钛棒焊接成的料筐中，慢慢浸入上述镁液中，不断搅拌，使其熔化；加入中间合金的重量，占所熔炼镁合金总量的 0.3% ~1.5%；（3）熔液在密闭的坩埚内静置20 ~40 min，在氩气保护下，金属液面上施以 0.05 MPa 的压力，使镁合金液通过设置在坩埚下部的导流管，被压入有氩气保护的静置炉；（4）将压力为 0.01 MPa 的氩气通入镁合金液底部，不断搅拌，搅拌时间为 5～15 min；（5）将镁合金液静置 20～40 min，在氩气保护下，用 0.05 MPa 的压力将静置后的镁合金液由静置炉压至结晶器上方的分流器，再由分流器导入结晶器，而后通过半连续铸锭机铸成棒锭，浇铸温度 680～720 ℃，铸锭速度 30～33 mm/s，结晶器冷却水温 15～20 ℃，水压 0.06～0.08 MPa；

　　上述镁合金棒锭按照触变注射成形工艺要求加工成镁合金粒，其制粒工艺如下：先将棒锭表皮车去 5～10 mm，然后装在专用制粒机床上加工，加工参数设计为：切削速度 100～180 m/min，切削量 1.8～2.8 mm，进给量 2～6 mm；采用硬质合金刀具加工，刀具前角断屑槽 R 为 1.5～3.5 mm；通过改变切削量、进给量及断屑槽的工艺参数控制镁合金粒的粒度；加工好的镁合金粒呈不规则的棱状体，成品中杂质含量 Fe：0.0025%～0.0019%、Ni：0.0011%～0.0005%、Cl：0.002%～0.0008%，经过筛分，磁选即为镁合金粒成品。

　　上述权利要求中，对各步骤的工艺参数都进行了详细的限定，专利权的保护范围过小，保护力度相对不强。实际上，该案核心发明点在于，得到镁合金粒呈不规则棱状体，并将 Fe、Ni 和 Cl 的含量分别控制在 Fe 0.0025%～0.0019%、Ni 0.0011%～0.0005%、Cl 0.002%～0.0008%，以满足触变成形工艺要求。因此，独立权利要求 1 中只需要限定上述特定成分含量范围，以及对成分控制和合金粒产生影响的步骤即可。与上述发明点无关的内容，例如连铸步骤的浇铸温度、铸锭速度、结晶冷却水温、水压等，在实际操作中对结果影响不大，完全可以在合理范围内进行调节，因此没必要在独立权利要求中作具体限定。否则，竞争对手改换一下例如结晶冷却水温或水压条件，使之不落入权利要求限定的范围内，就能轻易"绕开"专利权人划定的保护圈。

　　类似上述撰写形式的权利要求在国内创新主体撰写的申请文件中并不少见，体现了技术人员的具体化、最优化思维与专利申请文件撰写时权利最大化思维之间的差异。那么如何将具体的、最优的解决方案进行抽象、概括，尽可能地扩大权利要求的保护范围呢？这就需要引入一个"必要技术特征"的概念。

　　根据《专利法实施细则》第 20 条第 2 款的规定，独立权利要求应当从整体上反映发明或者实用新型的技术方案，记载解决技术问题的必要技术特征。所谓必要技术特征，就是发明创造为解决其技术问题所不可缺少的技术特征，其总和足以构成发明或者实用新型的技术方案，使之区别于背景技术中所述的其他技术方案。换言之，必要技术特征就是涉及发明核心点且其总和能够组成完整方案的技术特征。

正如前面提到的，一项权利要求所记载的技术特征越少，则该权利要求的保护范围越大。因此，为了获得更大的保护范围，在撰写保护范围最大的独立权利要求时，应尽量只记载解决技术问题的必要技术特征，去掉那些与核心发明点无关的非必要技术特征；而且，如果一项技术方案具有多个发明点时，可考虑只将其中最重要的一个写入独立权利要求中，其他的根据情况写入从属权利要求中，或者，另起一个独立权利要求加以限定。也就是说，虽然我们的创新成果在具体应用时是一个个具体的实施方案，但撰写专利申请文件时，要从保护范围最大化的角度去构建独立权利要求。

案例 12：

以前钢铁生产中，硫元素一直被认为是有害无素，含硫量超过 0.1% 的钢铁材料通常被判为废品，没有任何实用价值。为了提高钢的性能，人们一直苦心研究脱硫工艺方法，并将其纳入世界性钢铁标准加以严格控制。而为了获得有良好耐磨性能的钢，人们主要采用在钢中加入 Ni、Cr、Mo、W、V、Ti 和稀土合金的方法。20 世纪 90 年代，河南安阳钢铁公司一位科研人员发现，将钢铁材料中硫含量控制在 0.5wt% ~11wt% 时，硫反而变为极其主要和具有广泛实用价值的有益元素和成分，在钢中有了固体润滑剂，特别是会使钢的耐磨性得到很大提高。

具体做法如下：采用 50 kg 小型实验电弧炉冶炼 MoS_2 钢。炉料比：普碳废钢 40 kg，硫铁 15 ~ 16 kg，钼合金 3 ~ 5 kg 和适当辅料。先加废钢、钼合金，送电熔化，1600 ~ 1650 ℃时加入硫铁，根据炉况掌握冶炼时间，最后加入 Al – Si、Si – Ca 合金脱氧，镇静后出钢。

按照类似的方法，还可以炼出 WS_2 钢、MnS 钢、高硫系列钢 1# ~ 10#。可按用途分为高硫低碳、高硫中碳、高硫高碳，还可炼出低碳低合金、中碳中合金、高碳高合金系列合金钢。

于是，这位科研人员以此技术申请了专利，方案如下：

1. 一种由铁、碳、硫及合金元素组成的高硫合金钢，其特征在于其中硫含量为 0.5wt% ~11wt%。

2. 一种生产高硫合金钢的方法，其特征在于以含硫 30wt% ~32wt% 的硫铁为主要原料，用电弧炉冶炼，先加入废钢和所需合金元素，送电熔化，1600 ~ 1650 ℃时加入硫铁，最后加入脱氧剂脱氧，镇静后出钢，使其含硫量为 0. 5wt% ~11wt%。

　　3. 根据权利要求 2 所述的方法，其特征在于所加入的合金元素可以分别是钼合金、钨合金、锰合金。

　　可以看出，上述独立权利要求 1 和 2 记载的内容比具体操作要简化得多，特别是产品独立权利要求 1，只限定了合金钢包含铁、碳、硫和合金元素，而且上述元素中只关注了硫元素的含量。显然，该独立权利要求保护范围是相当大的，可以说只要是符合硫元素含量在 0. 5wt% ~11% 范围内的合金钢，都将纳入其保护范围，无论其是高碳钢，还是中低碳钢，也无论还含有其他什么合金元素。类似地，方法独立权利要求 2 也只包含与控制方案中硫元素含量在 0. 5wt% ~11wt% 范围相关以及保证构成完整炼钢方案的步骤。

　　该发明创造所要解决的技术问题是通过提高合金钢中硫的含量以提高合金钢的耐磨性，所以"硫含量"这一技术特征是本专利区别于背景技术的区别技术特征。独立权利要求 1、2 对此已经作出了明确而具体的限定，即硫含量为 0. 5wt% ~11wt%；而其他合金元素（如 Mo、W、Mn 等）的含量并不是本专利技术方案区别于现有技术的特征，也不是解决其技术问题的必要技术特征，其他合金元素的添加量可以根据所炼钢种的用途和性能进行常规选择。同样，生产工艺中涉及的电弧炉冶炼、脱氧、镇静等具体操作也都是常规的。因此，独立权利要求 1 和 2 中限定的技术特征非常精简，只包括解决技术问题的必要技术特征，从而使其保护范围最大化。

　　通过上面两个案例可知，在撰写权利要求书时，首先应当保证其技术方案能够区别于现有技术，并能够解决其所要解决的技术问题；在此基础上，无须限定其他非必要技术特征，以扩大权利要求的保护范围，这些非必要技术特征可考虑写入从属权利要求中。

　　当然，上述案例情况相对简单，实践中有很多发明创造方案非常复杂，可能涉及术语含义的界定、发明贡献的概括、限定方式的选择、不止一个发明点时的权重布局，等等，都是撰写权利要求时选择、取舍和表达技术特征必须慎重考虑的因素。

第三节　容易"雷同"的技术方案

　　想要防止竞争对手"绕着走"，可以精简权利要求中的技术特征，尽可能扩大权利要求的保护范围。但显然，保护范围也并非越大越好，否则很能与现有的技术方案或其合理变形方案发生"雷同"，如图 4-2 所示，如果保护范围 B 过大，与现有技术 C 或 D 产生交集，则会发生技术方案的"雷同"。因此，在最大化权利要求保护范围的同时，小心地避开现有技术的"雷"，是创新成果专利化过程中面临的又一难点。

图 4-2　最优方案、保护范围与现有技术

"雷同"在字典中的意思是指随声附和，与他人的一样；也指一些事物不该相同而相同。这里使用这个词是指专利技术方案与现有技术相同或相近，其中"相同"是指存在新颖性问题，"相近"是指存在创造性问题。

根据《专利法》第 22 条第 1 款的规定，授予专利权的发明和实用新型应当具备新颖性、创造性和实用性。因此，创新成果相对于现有技术具备新颖性和创造性是授予专利权的必要条件之一，即请求保护的发明创造必须与现有技术不相同，而且还要有一定的创新高度。在撰写申请文件时，要想避免走入缺乏新颖性或创造性的"雷区"，必须弄清楚专利法规定的新颖性和创造性是什么，以及如何评判技术方案的新颖性和创造性。

一、新颖性

1. 新颖性的基本概念

根据《专利法》第 22 条第 2 款的规定，新颖性是指该发明或者实用新型不属于现有技术；也没有任何单位或者个人就同样的发明或者实用新型在申请日以前向国务院专利行政部门提出过申请，并记载在申请日以后（含申请日）公布的专利申请文件或者公告的专利文件中。

该条款实质上包括了两部分的内容，一是与现有技术不同，二是不构成"抵触申请"。所谓抵触申请，就是在本申请的申请日之前向国家知识产权局申请，但在本申请的申请日之后（含申请日）公开的专利文件。现有技术和抵触申请都可能成为专利授权和确权过程中使用的对比文件。

需要注意的是，"新颖性"是专利法中具有特定内涵的一个法律术语，与我们日常生活中理解的"新颖"或"新的"不完全相同。要求发明创造具有新颖性的原因有如下两点。

一是鼓励发明创造和科技创新。国家之所以对一项发明创造授予专利权，为专利权人提供一定期限内的独占权，是因为他向社会提供了前所未有的技术成果，丰富了技术资源，应当受到奖励。而对于那些已经出现过的技术来说，已经是现有资源的一部分了，当然不可能再获得授权。对新的技术授予专利权，才有可能鼓励发明创造和科技创新，因而新颖性是授予发明和实用新型专利权最为基本的条件之一。

二是避免权利冲突。专利权是排他权，如果相同技术内容的多项发明或实用新型被重复授予专利权，必然会造成权利之间的冲突。

2. 现有技术

根据《专利法》第 22 条第 5 款的规定，现有技术是指申请日以前在国内外为公众所知的技术。现有技术包括在申请日（有优先权的，指优先权日）以前在国内外出版物上公开发表、在国内外公开使用或者以其他方式为公众所知的技术。

现有技术的本质在于公开。即，现有技术应当是申请日以前公众能够得知的技术内容，或者说应当在申请日以前处于能够为公众获得的状态，并包含能够使公众从中得知实质性技术知识的内容。构成现有技术的公开只需要公众想要了解即能得知、想要获取即能得到就足够了，并不要求公众必须已经得知或者必须已经获得，也不要求公众中每一个人必须都已经得知。其中，公开的实质性技术知识内容必须是客观的，不能带有臆测的内容。例如，申请日前在非洲国家塞舌尔某公共图书馆上架的图书，虽然其出版量小且难以获得，但是该图书已经处于能够为公众获得的状态，就符合了现有技术中对"公开"的要求。

而相反，处于保密状态的技术内容不属于现有技术。所谓处于保密状态，包括受保密规定或协议约束的情形，以及社会观念或者商业习惯上被认为应当承担保密义务的情形（即默契保密）。但是，保密的内容一旦被公开（即解密）或者负有保密义务的人违反规定、协议或者默契而泄露了秘密，则该内容从解密日或泄密日起即成为现有技术。

（1）时间界限

现有技术的时间界限是申请日，享有优先权的，则指优先权日。广义上说，申请日以前（不包括申请日当天）公开的技术内容都属于现有技术。

根据《专利法》第 28 条的规定，国务院专利行政部门收到专利申请文件之日为申请日，如果是邮寄的，以寄出的邮戳日为申请日。以电子文件形式递交的，以国家知识产权局专利电子申请系统收到电子文件之日为申请日。另外，根据《专利法实施细则》第40条的规定，说明书中写有对附图的说明但无附图或者缺少部分附图的，申请人应当在国务院专利行政部门指定的期限内补交附图或者声明取消对附图的说明。申请人补交附图的，以向国务院专利行政部门提交或者邮寄附图之日为申请日；取消对附图的说明的，保留原申请日。

（2）地域要求

分析现有技术的定义可知，其中并没有对技术的地域进行规定。也就是说，要求一项发明或实用新型必须在全世界任何地方都未在出版物上公开发表或公开使用过，或以其他方式为公众所知，才认为其具有新颖性；而只要有一个地方公开过该发明或实用新型，无论是以什么方式，都认为其丧失了新颖性。

（3）公开方式

《专利审查指南2010》中列出的现有技术公开方式包括出版物公开、使用公开和以其他方式公开三种。

专利法意义上的出版物是指记载有技术或设计内容的独立存在的传播载体，并且应当表明或有其他证据证明其公开发表或出版的时间。符合上述含义的出版物可以是各种印刷的、打字的纸件，也可以是用电、光、磁、照相等方法制成的视听资料，还可以是以其他形式存在的资料，例如存于互联网或其他在线数据库中的资料等，常见的如在线电子期刊。

出版物的印刷日视为公开日，有其他证据证明其公开日的除外。印刷日只写明年月或者年份的，以所写月份的最后一日或所写年份的12月31日为公开日。多版次或多印次的，以最后一次印刷日为公开。互联网证据则通常以上传日或审核发表日为其公开日。

使用公开是指由于使用而导致技术方案的公开，或者导致技术方案处于公众可以得知的状态。具体方式包括能够使公众得知其技术内容的制造、使用、销售、进口、交换、馈赠、演示、展出等方式。但是，未给出任何有关技术内容的说明，以致所属技术领域的技术人员无法得知其结构和功能或材料成分的产品展示，不属于使用公开。使用公开是以公众能够得知该产品或者方法之日为公开日。

为公众所知的其他方式，主要是指口头公开等。例如，口头交谈、报告、讨论会发言、广播、电视、电影等能够使公众得知技术内容的方式。口头交谈、报告、讨论会发言以其发生之日为公开日。公众可接收的广播、电视或电影的报道，以其播放日为公开日。

3. 抵触申请

抵触申请是指由任何单位或者个人就同样的发明或者实用新型在本申请的申请日以前向国家知识产权局提出并且在本申请的申请日以后（含申请日）公布的专利申请文件或者公告的专利文件，其能够损害本申请的新颖性。抵触申请的判断主要分为形式判断和内容判断两部分。

（1）形式判断

其一是"在先申请、在后公开"，即申请日必须在本申请的申请日之前（不含申请日当天），公开是在本申请的申请日之后（含申请日当天）；其二是抵触申请必须是中国专利申请。

（2）内容判断

除上述形式条件外，抵触申请还必须满足"同样的发明或者实用新型"这个实质性条件。

抵触申请不属于现有技术。当两个不同的创新主体分别独立完成相同的发明创造后，一个先申请专利，另一个在前一个申请的申请日之后、公开日之前申请专利，虽然后一申请的申请人完成发明创造并没有借鉴前一申请，有其存在的正当性，但从专利制度角度讲，由于前一申请公开后已经为公众所知，后一申请不再能够给公众提供进一步的好处，因而不应再对后一申请提供以公开换取保护的"对价"。不同创新主体尚且如此，相同创新主体作出的相同发明创造更不会被授予两次专利权。但是，由于前一申请的公开日在后一申请的申请日之后，不构成现有技术，由此就产生了"抵触申请"的概念。因此，抵触申请概念的设立是为了解决特殊的新颖性问题，抵触申请不能用于评价创造性，而且通常具有地域性，在我国，抵触申请只能是向国家知识产权局提交的申请或者 PCT 进入了中国国家阶段的申请。

4. 如何判断技术方案的新颖性

根据《专利审查指南 2010》的规定，方案是否具备新颖性，有两个判断原则，一是方案与现有技术或抵触申请相比，是否属于同样的发明创造；二是单独对比原则。

同样的发明创造是指，专利申请与现有技术或者抵触申请的相关内容相比，技术领域、所解决的技术问题、技术方案和预期效果实质上相同。判断一项发明创造是否具备新颖性，核心在于技术方案是否实质上相同，如果其技术方案实质上相同，而所属技术领域的技术人员根据两者的技术方案可以确定两者适用于相同的技术领域，解决相同的技术问题，并具有相同的预期效果，则认为两者为同样的发明创造。

单独对比原则是指，在判断新颖性时，应将申请文件中的各项权利要求分别与每一项现有技术或抵触申请的相关技术内容单独进行比较，不能将其与几项现有技术或者抵触申请的内容的组合，或者与一份对比文件中的多项技术方案的组合进行对比。这一点与创造性判断不同。

新颖性判断通常采用特征对比法，即首先确认专利申请权利要求的类型和保护范围，再对每项权利要求作技术特征分解，将每个技术特征与对比文件公开的技术特征逐一对比，判断技术特征是否均被对比文件公开，由其全部技术特征对比结果的总和确认两者的技术方案是否实质上相同，然后判断所述技术方案是否能够用于相同的技术领域、解决相同的技术问题并产生相同的技术效果，通过整体分析判断确定是否具备新颖性。

常见的不具备新颖性的情形有以下几种：

（1）相同内容

权利要求与对比文件所公开的内容完全相同，或者仅仅是简单的文字变换，或者某些内容虽然在对比文件中没有文字记载，但可以从对比文件中直接地、毫无疑义地确定。其中，所谓简单的文字变换指的是虽然对于某一技术特征的文字表述上有差异，但对于本领域技术人员而言，可以清楚地确认本申请和对比文件的文字表述指代的是同一特征，两者含义完全相同。例如前文提及的，"IF 钢"和"无间隙原子钢"指代的是同一种合金。

案例 13：

权利要求请求保护一种碳纤维改性 CuW80 触头材料，其含有钨、铜、碳纤维和不可避免的杂质，而对比文件公开了一种通过活化烧结熔渗制备的碳纤维改性 CuW80 触头材料，虽然其中未记载含有不可避免的杂质，但是本领域技术人员知晓合金中必然含有杂质。因此，所属技术领域的技术人员可以直接地、毫无疑义地确定对比文件中的合金含有不可避免的杂质，本申请和对比文件的触头材料均包括钨、铜、碳纤维和不可避免的杂质，两者技术方案相同，属于相同的技术领域，能解决相同的技术问题，并能实现相同的预期效果，因而该权利要求相对对比文件不具备新颖性。

（2）惯用手段的直接置换

所谓惯用手段的直接置换指的是所属技术领域的技术人员在解决某个问题时熟知和常用、可以互相置换、且产生技术效果预期相同的技术手段。惯用手段的直接置换仅适用于使用抵触申请评述权利要求新颖性的情形中，区别仅仅在于非常简单的、次要的细节。比如，权利要求与对比文件均涉及一种按摩太阳椅，权利要求的绝大部分技术特征都在对比文件中公开，区别仅在于其中扶手采用的固定方式不同，一个是"螺钉固定"，另一个是"螺栓固定"。两种固定方式属于惯用手段的直接置换，因此，该权利要求相对对比文件不具备新颖性。

（3）上下位概念

通俗来说，如果一个概念完全落入另一个概念的范畴内，并且为后者的一部分，则前者即为后者的下位概念，后者即为前者的上位概念。下位概念除了反映上位概念的共性以外，还反映了上位概念未包含的个性。例如，"铁基合金""有色合金"相对"合金"而言是下位概念，而"合金"相对"铁基合金""有色合金"而言是上位概念。上位概念和下位概念是相对的，而非绝对的。例如，"铁基合金"相对"合金"而言是下位概念，但"铁基合金"却是"不锈钢"的上位概念。

在新颖性的判断中，遵循的基本原则是"下位概念破坏上位概念的新颖性、上位概念不破坏下位概念的新颖性"。也就是说，如果发明或者实用新型要求保护的技术方案与对比文件公开的内容相比，区别仅在于前者采用上位概念，而后者采用下位概念，那么对比文件将使发明或者实用新型不具备新颖性；相反，若对比文件采用的是上位概念，而发明或者实用新型采用的是下位概念，则该对比文件不能使发明或者实用新型丧失新颖性。例如，发明包括"镧系元素"，而对比文件包括的是"铈"，那么后者将破坏前者的新颖性，反之则不能破坏新颖性。

这种判断方法与我们日常生活中所认知的"新颖性"是不相同的，具体来说，按照日常认知，对于上述"对比文件采用的是上位概念，而发明或者实用新型采用的是下位概念"，我们也会认为发明或者实用新型不是"新颖"的。对此，专利法之所以作如此规定，也是从鼓励发明创造和科技创新的角度考虑：权利要求的保护范围通常是在说明书充分公开的内容的基础上概括得到的，往往并不是权利要求所概括的所有技术方案都是发明人已经充分研究并完全掌握的，其中有可能存在发明人未意识到的、技术效果超出预期的内容，因此为了避免"跑马圈地"的权利要求在授权后就变成"无人禁区"，专利法对于"新颖性"有了上述规定，鼓励发明人及其他社会公众在已有技术方案的基础上进行进一步的研究开发，以期获得更好的发明创造。这种类型的发明创造便是后面将会进一步介绍的选择发明。

（4）数值和数值范围

在金属材料领域中，权利要求中往往存在以数值或者连续变化的数值范围限定的技术特征，例如元素的含量、热处理的温度、轧制压力等。尤其是在要求保护合金的产品权利要求中，以元素组成及含量进行限定是极为普遍的撰写方式。因此，了解涉及数值和数值范围的权利要求的新颖性判断标准对于行业人员来说是十分重要的。具体地，在其余技术特征与对比文件相同的前提下，新颖性的判断应按照如下规定进行。

第一，对比文件公开的数值或者数值范围落在申请权利要求的技术特征的数值范围内，将破坏要求保护的权利要求的新颖性。

案例14：

申请权利要求请求保护一种铜基形状记忆合金，包含10%～35%（重量）的锌和2%～8%（重量）的铝，余量为铜。如果对比文件公开了包含20%（重量）锌和5%（重量）铝的铜基形状记忆合金，则该对比文件破坏该权利要求的新颖性。

第二，对比文件公开的数值范围与申请权利要求的技术特征的数值范围部分重叠或者有一个共同的端点，将破坏要求保护的发明或者实用新型的新颖性。

案例15：

申请权利要求请求保护一种钢板的轧制方法，其轧制速度为80～90m/min，轧制温度为900～910 ℃。如果对比文件公开的轧制方法中的轧制速度为85～95m/min，轧制温度为910～920 ℃，由于本申请和对比文件的轧制速度的数值范围部分重叠，而轧制温度的数值范围有共同的端点910 ℃，因此该对比文件破坏该权利要求的新颖性。

第三，对比文件公开的数值范围的两个端点将破坏申请权利要求的技术特征为离散数值，并且具有该两端点中任意一个的发明或者实用新型的新颖性，但不破坏申请权利要求的技术特征为该两端点之间任一数值的发明或者实用新型的新颖性。

案例16：

专利申请的权利要求请求保护一种不锈钢的热处理方法，其中的淬火温度为500 ℃、530 ℃、570 ℃或者600 ℃。如果对比文件公开了淬火温度为500～600 ℃的不锈钢的热处理方法，则该对比文件破坏淬火温度分别为500 ℃和600 ℃时权利要求的新颖性，但不破坏干燥温度分别为530 ℃和570 ℃时权利要求的新颖性。

第四，申请权利要求的技术特征的数值或者数值范围落在对比文件公开的数值范围内，并且与对比文件公开的数值范围没有共同的端点，则对比文件不破坏要求保护的发明或者实用新型的新颖性。此种情形与上述"上位概念不破坏下位概念的新颖性"实际是同一判断思路，相应的发明同样属于选择发明。

案例 17：

专利申请的权利要求请求保护一种马贝奥三体复合相衬板，其特征在于，其组分按重量百分比包括：C：3.5%～3.9%，Si：2.0%～2.6%，Mn：0.5%～1.2%，Mo：0.14%～0.20%，Cu：0.14%～0.20%，Cr：＜0.3%，S：＜0.05%，P：＜0.05%，余量为 Fe。

而对比文件公开了一种马贝奥三体复合相衬板，其特征在于，其组分按重量百分比包括：C：3.4%～4.0%，Si：1.8%～2.7%，Mn：0.4%～1.3%，Mo：0.14%～0.20%，Cu：0.14%～0.20%，Cr：＜0.3%，S：＜0.05%，P：＜0.05%，余量为 Fe。虽然 Mo、Cu、Cr、S 和 P 的含量已被对比文件公开，但由于本申请 C、Si 和 Mn 的含量落在对比文件公开的数值范围内，并且没有共同的端点，因此该对比文件不破坏该权利要求的新颖性。

（5）包含性能参数、用途或制备方法等特征的产品权利要求

本章第二节已经提到，对于包含微观组织特征、性能参数特征、用途特征或方法特征限定的产品权利要求而言，应当考虑上述特征是否隐含了要求保护的产品具有某种特定结构和/或组成。如果上述特征隐含了要求保护的产品具有某种特定结构和/或组成，则该特征具有限定作用；相反，如果上述特征没有隐含要求保护的产品在结构和/或组成上发生改变、具有某种特定结构和/或组成，则该特征不具有限定作用。

进一步地，若要求保护的产品权利要求包含微观组织特征、性能参数特征、用途特征或方法特征，而其余技术特征与对比文件相同，则此时，若上述特征隐含了要求保护的产品具有某种特定结构和/或组成，则该权利要求具备新颖性；若根据上述特征，本领域技术人员无法将要求保护的产品和对比文件公开的产品区分开，则可推定要求保护的产品与对比文件的产品实质上相同，因此该权利要求不具备新颖性。

案例 18：

专利申请的权利要求请求保护一种高强韧铜钛合金，其特征在于，包括组分及其质量百分比为：铜粉 60%～63%，钛粉 37%～40%，两者质量百分比之和为 100%。而对比文件公开了一种合金，其原料由铜粉和钛粉混合组成，其中铜粉含量为 40%～60%，余量为钛粉，其制备方法包括混料、压制成型、脱模、烧结和冷却出炉五个步骤。

虽然专利申请权利要求中采用了"高强韧"的性能限定，但是由于本领域中对于"高强韧"并无具体标准，也就是说具体多大的强度或韧性才是高的并无明确规定，在对比文件 1 的铜钛合金的组成与本申请相同的情况下，所述"高强韧"的性能限定不能将本申请的铜钛合金与对比文件公开的铜钛合金区分开，因此该权利要求不具备新颖性。

案例 19：

专利申请的权利要求请求保护一种激光焊接性优异的汇流排用铝合金板，其组成为 Si：0.35 质量% 以下、Fe：0.15 质量% ~ 0.60 质量%、Ti：0.10 质量% 以下、B：1~6 ppm，余量由 Al 和不可避免的杂质构成，截面中，板厚 1/4 中的最大长度为 2 μm 以上的金属间化合物的个数密度为 400 ~ 1500 个/mm^2，导电率为 58 ~ 62% IACS。

对比文件公开了一种优异的激光焊接性的铝板，其含有 Si 0.02 ~ 0.1 质量%，Fe ≤ 0.3 质量%，余量为 Al 和不可避免的杂质，当量直径为 1.5 ~ 6.5 μm 的金属间化合物颗粒的数量为 1000 ~ 2400 个/mm^2，进一步可含有 Ti：0.01% ~ 0.2%，B：1~100 ppm。且在本领域，铝合金导电率与合金组分相关，在纯铝中加入合金元素将或多或少降低导电率。对比文件已经公开了本申请铝合金的组分以及金属间化合物颗粒数量，本领域技术人员有理由推定其导电率至少与本申请导电率范围存在部分重叠。同时，"汇流排"是对权利要求主题的用途限定，其并未隐含该铝合金板具有特定的结构和/或组成，本领域技术人员依据该用途限定无法将权利要求要求保护的铝合金板和对比文件公开的铝板区分开。由此可见，对比文件公开了权利要求的全部技术特征，技术方案实质上相同，属于相同的技术领域，能解决相同的技术问题，并实现相同的技术效果。因此，权利要求不具备新颖性。

二、创造性

1. 创造性基本概念

根据《专利法》第 22 条第 3 款的规定，发明的创造性，是指与现有技术相比，该发明有突出的实质性特点和显著的进步。

创造性是授予专利权的必要条件之一。并且，创造性审查是审查过程中最常涉及的法条，方案是否具备创造性往往是审查员和申请人的关键争议焦点。因此，理解《专利法》第 22 条第 3 款规定的创造性，对于技术交底书和申请文件撰写、答复审查意见通知书乃至确权过程中的相关抗辩都有着至关重要的意义。

一项发明创造虽然相对于现有技术来说是新的，但如果与现有技术相比变化很小，且其变化是本领域技术人员容易想到的，对于这样一类专利申请如果授予专利权将导致授权的专利过多过滥，给公众应用已知技术带来了很多制约，很可能干扰社会发展的正常秩序，不利于实现专利制度鼓励和促进创新的宗旨。所以专利法规定，授予专利权的发明或者实用新型除了必须具有新颖性之外，还必须具有创造性。

换言之，能够授予专利权的发明创造不仅需要与现有技术不一样，而且这种不一样还不应是本领域的技术人员很容易想到的，应该是在现有技术基础上向前迈出了较大一步，这一步应当迈得有些难度，不是轻而易举的。那么，到底怎么衡量这一步够不够大呢？接下来我们以发明为例梳理创造性判断中涉及的基本概念。

（1）所属技术领域的技术人员

发明创造是否具备创造性需要由人作出判断，而不同的人依据自己的知识和能力，可能得出不同的结论。为使创造性判断的结论尽量达到客观，首先需要拟定一个判断基准，这就有了"所属技术领域的技术人员"的概念。

《专利审查指南2010》对所属技术领域的技术人员给出了定义，其也可称为本领域的技术人员，是指一种假设的"人"，假定他知晓申请日或者优先权日之前发明所属技术领域所有的普通技术知识，能够获知该领域中所有的现有技术，并且具有应用该日期之前常规实验手段的能力，但他不具有创造能力。如果所要解决的技术问题能够促使本领域的技术人员在其他技术领域寻找技术手段，他也应具有从该其他技术领域中获知申请日或优先权日之前的相关现有技术、普通技术知识和常规实验手段的能力。

所以，对于权利要求保护的技术方案是否具备创造性的评价，要站在上述拟制的"所属技术领域的技术人员"的角度来进行判断。也就是假设存在这么一个人，他具有上述背景知识和能力，但没有创造能力，如果他能够得到权利要求的技术方案，则认为该方案不具备创造性；反之，如果他不能够得到权利要求的技术方案，则认为该方案具备创造性。

（2）突出的实质性特点

发明有突出的实质性特点，是指对所属技术领域的技术人员来说，发明相对于现有技术是非显而易见的。如果发明是所属技术领域的技术人员在现有技术的基础上仅仅通过合乎逻辑的分析、推理或者有限的试验可以得到的，则该发明是显而易见的，也就不具备突出的实质性特点。也就是说，发明具有突出的实质性特点意味着所述发明是必须经过创造性思维活动才能获得的结果，不是本领域技术人员运用其已掌握的现有技术知识和基本技能就能够预见到的。

其中，"有限的试验"指的是试验结果可预期，试验手段是有限的，试验是常规的。试验结果是否可预期是判断发明是否是"有限的试验"的关键要素。所谓的"可预期"指的是本领域技术人员在试验前已然可以预期某些技术特征的改变将产生的结果，例如，本领域技术人员根据普通技术知识可以预期，一般来说在钢中加入适量 Mn 元素具有增加钢的强度、脱氧、脱硫、降低淬火温度等作用。而相反地，若试验结果是不可预期的，那么即使试验手段是有限的、试验是常规的，本领域技术人员也无法通过"有限的试验"获得发明的技术方案。

（3）显著的进步

发明具有显著的进步，是指发明与现有技术相比能够产生有益的技术效果。例如，发明克服了现有技术中存在的缺点和不足，或者为解决某一技术问题提供了一种不同构思的技术方案，或者代表某种新的技术发展趋势。对显著的进步进行判断主要考虑发明的技术效果。

"有显著的进步"并不是说申请专利的发明在任何方面与现有技术相比都要有进步或者产生了好的效果。有的情况下，发明有可能在某一方面取得了进步，而在其他方面又需要作出一定牺牲，这并不意味着否定其显著的进步性，而需要综合判断。比如，许多药物虽然有着一定程度的副作用，但若在治疗某些疾病方面有着明显积极的技术效果，那么该药物相关的申请也可能具有显著的进步。

2. 创造性判断的原则

创造性判断与新颖性判断的相同之处在于不仅要考虑技术方案本身，而且还应当考虑发明所属技术领域、所解决的技术问题和所产生的技术效果，将其作为一个整体予以看待。不能因为每个技术特征被不同的现有技术公开了，就简单地认为该技术方案已被现有技术公开。换言之，不能因每一个特征都是已知的而直接否定由这些已知技术特征构成的技术方案的创造性，应当关注特征之间的关系，包括协同关系、制约关系、支持关系、顺序关系等。例如，在黄铜中铅、锡、锰、镍等都是常用的元素，在镁合金中铝、锌、锰、锆等都是常用的元素，本领域技术人员熟知上述元素的作用，但是特定含量的上述元素互相组合在一起时，就有可能相互配合或相互弥补，产生支持协同作用，从而得到具有创造性的合金。

创造性判断与新颖性判断的不同之处在于，在承认发明是新的，即与现有技术不相同的基础上，需要进一步判断这种不相同是否使得发明对于所属领域技术人员来说显而易见，以及是否具有有益的技术效果。创造性的判断是相对于现有技术的整体而言的，即允许将现有技术中的不同的技术内容结合在一起与一项权利要求要求保护的技术方案进行对比判断。

3. 创造性判断的方法[1]

（1）突出的实质性特点

判断发明是否具有突出的实质性特点，就是要判断对本领域的技术人员来说，要求保护的发明相对于现有技术是否显而易见。如果要求保护的发明相对于现有技术是显而易见的，则不具有突出的实质性特点；反之，如果对比的结果表明要求保护的发明相对于现有技术是非显而易见的，则具有突出的实质性特点。

判断要求保护的发明相对于现有技术是否显而易见，通常可按照以下三个步骤进行：

首先，确定最接近的现有技术。其次，确定发明的区别特征和发明实际解决的技术问题。发明实际解决的技术问题可以根据说明书的记载或本领域技术人员的预期来确定。可见，技术效果直接影响创造性判断的结果，所以申请文件中应尽可能详细地描述每个关键特征对方案技术效果的影响，必要时提供试验数据予以证明，无法得到确认或无记载的技术效果通常难以作为证明发明具有创造性的依据。最后，判断要求保护的发明对本领域的技术人员来说是否显而易见。即判断现有技术整体上是否存在某种技术启示，使本领域的技术人员在面对所述技术问题时，有动机改进该最接近的现有技术并获得要求保护的发明。如果现有技术存在这种技术启示，则发明是显而易见的，不具有突出的实质性特点。

技术启示的判断具有一定的主观性，是创造性判断中的难点。下述情况，通常认为现有技术中存在技术启示：

① 所述区别特征为公知常识，例如，本领域中解决该技术问题的惯用手段，或教科书或者工具书等披露的解决该技术问题的技术手段。

案例 20：

某专利权利要求 1 请求保护一种高尔夫球杆头的低密度合金，其特征是：它包含重量百分比的钛 84%～94%、铝 5.5%～9.5%、钒 3.0% 以下，铁 0.6% 以下、硅 0.6% 以下、钼 1.2% 以下及铬 1.2% 以下，以组成密度在

---

[1]　国家知识产权局. 专利审查指南 2010（2019 年修订）[M]. 北京：知识产权出版社，2020.

4.40 g/cm³ 以下的钛铝钒合金。

说明书"背景技术"部分记载：采用不锈钢原料制成的传统高尔夫球杆头由于密度较大、强度较低，易造成击球失败的概率大增，为此产业界采用了 Ti－6Al－4V 钛合金制作的高尔夫球杆头；然而在考量杆头体积大型化及调整重心裕度下，有必要进一步改良上述钛合金，使其降低密度，且另添加其他元素但仍保持原有机械性能以提升钛合金的应用裕度。此外，说明书"发明内容"部分记载：本发明的主要目的是提供一种高尔夫球杆头的低密度合金，其调整钛合金的铝及钒的比例，以降低密度及保持原有机械强度，达到调整高尔夫球杆头的整体重量及提升弹性变形能力的目的。本发明的主要优点是：其利用低密度的钛铝钒合金制造一高尔夫球杆头，钛铝钒合金包含重量百分比的钛、铝、钒，或选择添加钼、铬、铁、硅及/或硼等微量元素，以组成 4.40 g/cm³ 以下的钛合金。另外，说明书在"具体实施方式"部分记载：实施例 1 是合金元素仅包括钛铝钒的实施情况，实施例 2~6 是分别选择添加了钼、铬、铁、硅及碳化硼的实施情况；本发明通过相对提高铝添加量，可降低合金密度并改良韧性，以获得所需的低密度性质；通过添加适量的硼，因其在高温下组织稳定且具有较佳的抗氧化能力、韧性及塑性，可改善合金的机械性质。

在上述专利的无效过程中，请求人提交的附件 1 公开了一种包含 8% 重量百分比的铝，1% 重量百分比的钒，以及 1% 重量百分比的钼的钛合金（Ti－8Al－1V－1Mo），适用于高尔夫球杆头；还公开了添加铝减轻了合金的密度且通过取代作用使得合金变硬；铝的含量可增加至至少 8.5% 的重量百分比。最终，该专利由于不具备创造性而被宣告全部无效。

合议组认为，权利要求 1 与附件 1 的区别技术特征在于：附件 1 没有记载所述合金的具体密度。由上述区别技术特征可知，权利要求 1 实际要解决的技术问题是选择合适的适用于高尔夫球杆头的合金密度。根据本领域的公知常识，在实际使用中由于要求高尔夫球杆头重量不得太重，因此需要降低制备高尔夫球杆头材料的密度，以此来增大杆头体积，增加杆头的较佳击球点面积以提高击球成功率。同时附件 1 中也公开了"添加铝减轻了合金的密度且通过取代作用使得合金变硬，铝的含量可增加至至少 8.5% 的重量百分比"。可见附件 1 已经给出了通过增加铝的含量降低制备高尔夫球杆头材料的密度的技术启示。基于本领域的公知需求和附件 1 给出的启示，本领域技术人员仅通过合乎逻辑的分析、推理和有限次的试验就能获得具有适合密度的高尔夫球杆头的低密度合金，从而得到权利要求 1 的技术方案，该合金也一定具有和本专利所要求保护的合金相同的性质，即在降低密度的同时保持原有的机械性能。

② 所述区别技术特征为与最接近的现有技术相关的技术手段，例如，同一份对比文件其他部分披露的技术手段，该技术手段在该其他部分所起的作用与该区别特征在要求保护的发明中解决技术问题所起的作用相同。

案例 21：

要求保护的发明是一种闭孔泡沫铝的制备方法，具体是在铝或铝合金熔化后加入钙和碳酸钡颗粒搅拌均匀，然后保温发泡，最后快速冷却得到闭孔泡沫铝。

对比文件 1 实施例 1 公开了一种低孔隙率铝镁钙稀土基闭孔泡沫铝合金，并具体公开了其制备方法为：①将纯铝熔化，加入钙和碳酸钙；②搅拌 20～300 s，使铝合金熔体泡沫化；③快速冷却泡沫铝熔体，获得闭孔泡沫铝合金。

另外，对比文件 1 说明书发明内容部分还公开了发泡剂可以选自碳酸钙、碳酸钡、碳酸锶和碳酸镁中的一种或多种。

由此可知，要求保护的发明和对比文件 1 实施例 1 之间的区别技术特征在于"发泡剂的不同"，其中本申请使用的是碳酸钡，而对比文件 1 使用的是碳酸钙。基于该区别技术特征，本申请实际解决的技术问题是如何使铝合金发泡。而对比文件 1 说明书发明内容部分公开了上述区别技术特征，并且与其在本申请中所起的作用相同，都是使铝合金发泡。因此，对比文件 1 说明书发明内容给出了使用碳酸钡作为铝合金发泡剂的技术启示，在该启示的教导下，本领域技术人员有动机对对比文件 1 实施例 1 进行改进，使用碳酸钡代替碳酸钙作为发泡剂，进而得到要求保护的发明的技术方案。

③ 所述区别特征为另一份对比文件中披露的相关技术手段，该技术手段在该对比文件中所起的作用与该区别特征在要求保护的发明中所起的作用相同。

案例 22：

案例 20 的专利中，还包括引用独立权利要求 1 的从属权利要求 6，进一步限定了该钛铝钒合金另包含重量百分比 1.0% 以下的硼。

无效过程中，请求人还提供了附件 2，其公开了一种钛基合金，并进一步记载了"具有良好的蠕变强度及良好的铸造性的钛合金，包含必要的 2%～10% 的铝、1%～10% 的钼，及 0.1%～2% 的硅"和"可取舍的可取代部分硅的添加物为以下的一个或多个：分别多达 4% 的铬、锰以及铁，以及分别多达 2% 的硼以及铍"。

合议组认为：附件 2 记载了一种钛基合金，而本领域公知现今制备高尔夫球杆头所采用的材料因为其要求具有低密度高强度故多采用钛合金。此外，附件 2 提供具有较好蠕变强度的合金，该合金必然还存在其他特性，如说明书中所示，添加了硼的实施例中的合金显示出了更好的伸长率。本专利说明书第 5 页第 19～20 行中也记载了"通过添加适量的硼，因其在高温下组织稳定且具有较佳的抗氧化能力、韧性及塑性，可改善合金的机械性质"。综上可以看出，附件 2 属于相近的钛基合金领域，其中已经给出了可在钛基合金中添加硼的启示，本领域技术人员在面对改善附件 1 公开的合金产品的机械性能时，容易从附件 2 公开的改善钛合金机械性能的元素中得到技术启示，将其用到附件 1 公开的钛合金中，从而即可得到本专利权利要求 6 的钛合金。

（2）显著的进步

除了显而易见性之外，创造性判断还需要考虑显著的进步性，这主要是指发明具有有益的技术效果。例如，发明与现有技术相比具有更好的技术效果，包括质量改善、产量提高、节约能源、防治环境污染等；或者发明提供了一种技术构思不同的技术方案，其技术效果能够基本上达到现有技术的水平；或者发明代表某种新技术发展趋势；或者尽管发明在某些方面有负面效果，但在其他方面具有明显积极的技术效果。

可以看出，在创造性判断的两个条件当中，突出的实质性特点更难达到，显著的进步相对容易实现，因此创新成果专利化过程中的一个难点是突出发明创造相对于现有技术的非显而易见性。

4. 选择发明创造性的判断

先进金属材料领域发明创造的一个常见类型是选择发明，就是从现有技术公开的宽范围中，有目的地选出现有技术中未提到的窄范围或个体的发明。也就是说，从一般性公开的较大范围中选出一个未明确提到的小范围或个体，与公知的较大范围相比，所选出的小范围或个体具有特别突出的作用、性能或效果，这样的发明我们称为选择发明。

选择发明与其他发明不同，它不是在现有技术的基础上增加了新的技术特征或者更换了不同的技术特征，而是一种进一步的选择，它落入现有技术的已知范围内。所谓进一步的选择，一般有两种情形：一是从一般（上位）概念中选择具体（下位）概念；二是从一个较宽的数值范围中选择较窄的数值范围，包括点值。

在进行选择发明的创造性的判断时，选择所带来的预料不到的技术效果是考虑的主要因素。根据《专利审查指南 2010》的规定，所谓预料不到的技术效果，是指发明同现有技术相比，其技术效果产生"质"的变化，具有新的性能；或者产生"量"的变化，超出人们预期的想象。这种"质"或者"量"

的变化，对所属技术领域的技术人员来说，事先无法预测或者推理出来。

如果发明仅是从一些已知的可能性中进行选择，或者发明仅仅是从一些具有相同可能性的技术方案中选出一种，而选出的方案未能取得预料不到的技术效果，则该发明不具备创造性。

如果发明是在可能的、有限的范围内选择具体的尺寸、温度范围或者其他参数，而这些选择可以由本领域的技术人员通过常规手段得到并且没有产生预料不到的技术效果，则该发明不具备创造性。如果发明是可以从现有技术中直接推导出来的选择，则该发明不具备创造性。如果选择使发明取得了预料不到的技术效果，则该发明具有突出的实质性特点和显著的进步，具备创造性。

案例 23：

在上诉人（原审原告）法国肯联铝业诉被上诉人（原审被告）国家知识产权局专利复审委员会的发明专利申请驳回复审行政纠纷的驳回案中（2013高行终字第 357 号），一审和二审法院都支持了国家知识产权局专利复审委员会作出的维持驳回的决定。

该案权利要求 1 如下：

1. 一种制造具有高韧度和高机械强度的铝基合金板材的方法，其中：

a）制造一个金属熔池，所述金属熔池以重量计包括以下成分：3.0% ~ 3.4% 的 Cu；0.8% ~ 1.2% 的 Li；0.2% ~ 0.5% 的 Ag；0.2% ~ 0.6% 的 Mg 和至少一种选自 Zr、Mn、Cr、Sc、Hf 和 Ti 的元素；如果选择上述元素，所属元素以重量计的量是：0.05% ~ 0.13% 的 Zr，0.05% ~ 0.8% 的 Mn，0.05% ~ 0.3% 的 Cr 和 Sc，0.05% ~ 0.5% 的 Hf 和 0.05% ~ 0.15% 的 Ti；其余为铝和不可避免的杂质。

补充条件是 Cu 和 Li 的量满足下式：

Cu（以重量百分比计）+5/3Li（以重量百分比计）<5.2；

b）以所述金属熔池为原料浇铸一块板；

c）在 490 ~ 530 ℃之间的温度均化所述板 5 ~ 60 h；

d）将所述板轧制成最终厚度在 0.8 ~ 12 mm 之间的板材；

e）将所述板材进行固溶热处理并淬火；

f）控制拉伸所述板材至永久变形 1% ~ 4%；

g）通过在 140 ~ 170 ℃加热 5 ~ 30 h 对所述板材进行回火。

对于其中选择 Zr 的技术方案，对比文件 1（US5389165A）公开了一种低密度、高强度、高韧性的铝锂合金及其制造方法，该合金的制造方法包括以下步骤：a）浇铸成分为 $Cu_a Li_b Mg_c Ag_d Zr_e Al_{bal}$ 的铝合金，其中 $2.8 < a < 3.8$，$0.8 < b < 1.3$，$0.2 < c < 1$，$0.2 < d < 1$，$0.08 < e < 0.4$，余量为 Al 和杂质，且 Cu（wt%）+ 1.5Li（wt%）< 5.4；b）加热铸锭以消除应力；c）先在 940 ℉（504.4 ℃）均化 8 h，然后在 1000 ℉（536.1 ℃）均化 36 h；d）将铸锭轧制成所需厚度的板材；e）将板材固溶热处理并淬火；f）拉伸板材至 5% ~ 11%；g）在 320 ~ 340 ℉（160 ~ 171 ℃）对板材进行人工时效 12 ~ 32 h，相当于回火处理。

将本申请权利要求 1 的上述技术方案与对比文件 1 公开的技术内容进行对比，二者的区别在于：①权利要求 1 中 Cu 含量为 3% ~ 3.4%，对比文件 1 中 Cu 的取值为 $2.8 < a < 3.8$；②权利要求 1 中限定 Cu（以重量百分比计）+ 5/3Li（以重量百分比计）< 5.2，而对比文件 1 中 Cu（wt%）+ 1.5Li（wt%）< 5.4；③权利要求 1 中均化温度为 490 ~ 530 ℃，对比文件 1 中分两步均化，先在 940 ℉（504.4 ℃）均化，然后在 1000 ℉（536.1 ℃）均化；④权利要求 1 中板材轧制的厚度为 0.8 ~ 12 mm，对比文件 1 中未具体记载轧制后板材的厚度；⑤权利要求 1 中控制拉伸板材至永久变形 1% ~ 4%，对比文件 1 中拉伸板材至 5% ~ 11%。

合议组认为，权利要求 1 的技术方案相对于对比文件 1 实际解决的技术问题是：通过选择合适的工艺参数从而优化制备方法。对本领域技术人员而言，工艺参数的优化选择是改进制备方法的常规技术手段之一，因此，判断权利要求 1 的技术方案是否具有创造性的关键在于，上述工艺参数的选择是否能够产生预料不到的技术效果。

对于区别技术特征①，本申请说明书第 7 页表 1 中记载了 Cu 含量合适的范围在 2.7% ~ 3.4%，优选为 3.0% ~ 3.4%，更优选为 3.1% ~ 3.3%，表明本申请的技术方案对于 Cu 含量在 2.7% ~ 3.4% 范围内均可实现；但是说明书中并未记载铜含量高于 3.0% 有何有益效果，低于 3.0% 会带来何种不利；本申请实施例中具体的铜含量为 3.3% 和 3.2%，并没有铜含量在 3.0% 以下和 3.0% 以上的对比例，从而无从比较二者在性能上有何区别，可认为铜含量在 2.7% ~ 3.0% 范围内与 3.0% ~ 3.4% 范围内具有相同的技术效果，由于对比文件 1 中已经公开 Cu 含量为 2.8% 这一具体值，其落入了 2.7% ~ 3.4% 的范围，因此可以认为本申请的 Cu 含量选择并未取得预料不到的技术效果。在此情况下，本领域技术人员在对比文件 1 公开的铜含量的范围 2.8% ~ 3.8% 内能够根据需要进一步选择得到 3.0% ~ 3.4% 的范围，且该选择并未带来预料不到的技术效果。

对于区别技术特征②，说明书第 7 页第 5 段记载为了获得所需的韧度结果，可有利地在固溶热处理期间获得几乎完全的溶解，可通过限定铜和锂的总量而实现；对比文件 1 同样是通过调节铜和锂的成分，使铜和锂的含量之和保持在溶解极限以下，以便当暴露于高温时避免韧度损失。二者所要解决的技术问题和采取的技术手段均相同，本领域技术人员能够在对比文件 1 公开的内容的基础上，根据需要进一步选择合适的铜和锂含量关系的临界参数，本申请中也未记载该选择带来何种预料不到的技术效果。

对于区别技术特征③，对比文件 1 权利要求 3 公开了在 940 ℉（504.4 ℃）进行均化，对比文件 1 说明书第 7 栏第 62～68 行还公开了在 650～1000 ℉（341.6～536.1 ℃）均化铸锭 20～40 h，本领域技术人员同样能够在对比文件 1 的基础上进一步选择合适的均化温度，该选择也未带来预料不到的技术效果。

对于区别技术特征④，对比文件 1 说明书第 11 栏第 38 行还公开了合金 A～F 轧制的厚度为 0.5 英寸，约为 12 mm，即现有技术已有将铸锭轧制到 12 mm 的技术启示。因此，对比文件 1 公开的具有相似成分、采用相似工艺制备的铝合金同样也能根据实际需要，将其轧制到 0.8～12 mm 的厚度。

对于区别技术特征⑤，说明书第 9 页第 6 段记载了，产品经受 1%～5%并优选 2.5%～4%的控制拉伸，当控制拉伸变形大于 5%时，韧度趋于减小，对于大于 5%的永久变形，K_{ahn} 试验结果特别是 E_g 趋于减少，这是提供不超过 5%的永久变形的原因；同时在实施例 2～3 中针对不同的永久变形率进行了性能测试。从说明书的记载可知，永久变形量大于 5%时，韧度减小，对产品性能会产生不利的影响；但是，变形量在 4%～5%之间时，产品性能并无太大变化，即变形量从 5%减少至 4%时，该选择并未带来预料不到的技术效果。在对比文件 1 已公开板材可进行 5%拉伸变形的基础上，本领域技术人员能够根据实际需要，在该变形量大小范围内进行适当的调整以得到所需的拉伸变形量，这对本领域技术人员来说是无须付出创造性劳动的。

本案中，本领域技术人员在对比文件 1 的基础上对具体合金成分和工艺参数进行常规选择，就能得到权利要求 1 的技术方案。同时对比文件 1 公开的制备方法得到的合金也具有高韧度和高强度，即上述区别技术特征的引入也没有使权利要求 1 相对于对比文件 1 产生预料不到的技术效果。因此，权利要求 1 不具备《专利法》第 22 条第 3 款规定的创造性。

案例 24：

日本制铁的前身新日铁住金不锈钢株式会社（以下简称新日铁）在中国

申请的 CN200780016464.X 号专利申请获得授权后，被提起无效，专利复审委员会作出的第 18653 号决定以全部权利要求不具备创造性为由宣告发明专利权全部无效。新日铁不服，起诉到法院，最终二审法院撤销了专利复审委员会的无效决定。

该案的主要争议是修改后的独立权利要求 7 是否具备创造性。

权利要求 7 是一个典型的合金领域的组合物权利要求：

一种耐间隙腐蚀性优良的铁素体系不锈钢，其特征在于，以质量% 计含有：C 0.001% ～ 0.02%、N 001% ～ 0.02%、Si 0.01% ～ 0.5%、Mn 0.05% ～ 1%、P 0.04% 以下、S 0.01% 以下、Cr 12% ～ 25%，按照 Ti 0.02% ～0.5%、Nb 0.02～1% 的范围含有 Ti、Nb 中的一种或二种，并且按照 Sn 0.005% ～2% 的范围含有 Sn，剩余部分由 Fe 和不可避免的杂质构成。

请求人提供的附件 4（JP2000 - 169943A）公开了一种高温强度优异的铁素体系不锈钢，以重量% 计，含有 C 0.001% ～0.1%、N 0.001% ～0.05%、Cr 10% ～25%、S 0.01% 以下、P 0.04% 以下、Mn 0.01% ～2%、Si 0.01% ～2%、O 0.01% 以下、Sn 0.05% ～2%，还含有 Ti 0.01% ～1%、Nb 0.01% ～1% 的一种以上，剩余部分由 Fe 和不可避免的杂质构成。本领域公知附件 4 中所述的氧元素属于不可避免的杂质。

合议组认为：权利要求 7 与附件 4 技术方案的区别在于权利要求 7 的 Mn、Ti 的含量范围在附件 4 所述范围之内。但本领域公知 Mn 和 Ti 在铁素体不锈钢中的作用均为公知，因此，本领域技术人员容易选择该区别特征中的范围。因此本专利权利要求 7 要求保护的技术方案相对于附件 4 不具备突出的实质性特点，从而不符合《专利法》第 22 条第 3 款有关创造性的规定。

新日铁认为，附件 4 中也没有给出任何提高耐间隙腐蚀性的教导，例如本专利比较例 C16 各组分含量均在附件 4 所述范围之内，仅 Cr 含量不在本专利所述范围之内，该产品的最大侵蚀深度达 925 μm，耐间隙腐蚀性差，由此表明根据附件 4 不能想到解决耐间隙腐蚀性的问题，本专利取得了预料不到的技术效果。

最终，专利权人的主张得到了法院的支持。法院认为：涉及化学混合物或组合物的创造性判断中，当本领域技术人员可以预测技术方案中组分及其含量的变化所带来的效果时，运用三步法判断创造性是可以的。但是，当本领域技术人员难以预测技术方案中组分及其含量的变化所带来的效果时，应当根据技术方案是否取得预料不到的技术效果作为判断是否具备创造性的方法。

本案中，权利要求7的技术方案落入附件4的技术方案的范围内，属于选择发明。此时，预料不到的技术效果是判断创造性时考虑的主要因素。根据本专利说明书的记载，权利要求7的发明目的在于提供一种具有耐间隙腐蚀性铁素体系不锈钢，由实验数据可知，本专利实施例中C1的最大侵蚀深度为516 μm，而对比例C16的最大侵蚀深度为925 μm。然而，对比例C16落入附件4的范围内，却未落入权利要求7的范围内，即附件4同时包含了技术效果好的和技术效果差的技术方案，本专利权利要求7便是其中技术效果好的技术方案，由此结合最大侵蚀深度的实验数据对比，认定本专利权利要求7取得了预料不到的技术效果，具备创造性。

从该案的审理过程可以看出，详细的实施例和对比例是使本专利最终确权的关键。本专利权利要求7在现有技术附件4的范围内作了进一步选择，且该选择带来了预料不到的技术效果，由此最终认可了本专利权利要求7的创造性。

由于合金领域产品权利要求往往是组合物权利要求，在判断创造性时，预料不到的技术效果是考察非显而易见性的重要指标。而预料不到的技术效果通常需要大量的实施例、对比例来证明。该案中，专利权人之所以能成功扭转局面，正是因为其在申请专利权之初就已经写好了一份非常完美的说明书，特别是实施例部分，运用大量的实施例和比较例证明了本申请所取得的技术效果，为维护其专利权的稳定起到了关键性作用，这是特别值得国内专利申请文件撰写者学习的地方。

案例25：

本案涉及申请日为1996年8月29日、授权公告日为2000年3月15日、发明名称为"电解电容器负极箔用铝 – 铜合金箔"的第96109099.5号发明专利权，专利权人是北京伟豪铝业有限责任公司和北京南辰铝品有限责任公司。授权的权利要求1如下：

> 1. 一种电解电容器负极箔用铝 – 铜合金箔，它是含有铜、锰的合金箔，合金中以铜为主，以锰为辅，其合金成分（重量百分比）如下：Cu 0.2% ~ 0.3%，Mn 0.1% ~ 0.3%，Fe≤0.3%，Si<0.15%，余量为Al以及不可避免的杂质。

2002年7月3日，山西省运城市解洲铝厂以上述专利的权利要求1不具有新颖性、创造性等为理由向专利复审委员会提出无效宣告请求。其中，对比文献10（JP昭56 – 115517A）公开了一种铝电解电容器阴极用铝合金箔，该铝合金箔由铝材料及材料中不可避免的不纯物如铜0.1%~2.0%、锰0.02%~0.2%、铁0.05%~0.7%、钛0.02%~0.15%所构成。该对比文献说明书明确教导，所述发明是作为铝电解电容器的阴极用铝合金箔用的，其在铝－铜－铁－系合金中添加微量的锰及钛；说明书的实施例是：以99%的纯铝（含不可避免的不纯物）的材料添加0.3%铁作为母材，通过调整铜、锰、钛的添加量并考察铜、锰、钛的添加量对静电容量、拉伸强度、折弯强度的影响，确定出发明中铜、锰、钛添加量的技术方案。

将本专利的权利要求1与对比文献10公开的铝电解电容器阴极用铝合金箔比较，可以发现其区别技术特征在于：①权利要求1的负极箔用铝－铜合金箔中具体限定硅的含量要小于0.15重量%，而对比文献10中铝合金箔无此种要求；②对比文献10中的铝合金箔含有0.02%~0.15%的钛，而权利要求1的铝－铜合金箔无此种要求。

合议组认为：根据说明书的记载，权利要求1所要解决的技术问题是提供一种比容高、强度中强、韧性好、减薄小且表面光亮无灰粉的新型电解电容器负极用铝铜合金。发明铝铜合金有关比容和抗拉强度的技术效果相对于对比文献10中的铝合金箔是意外的，且该发明所具有的表面光亮无灰粉的技术效果在对比文献10中没有任何提示。所属领域技术人员也不会预料到本专利权利要求1的铝铜合金箔具有远高于对比文献10的比容和抗拉强度，并具有腐蚀箔表面光亮无灰粉的技术效果，因此，本专利权利要求1的技术方案相对于最接近的现有技术对比文献10，具有突出的实质性特点和显著的进步，进而具有创造性。

由该案例可以看出，实施例记载的效果是判断是否产生预料不到的技术效果的重要部分。本专利提供的是一种比容高、强度中强、韧性好、减薄小且表面光亮无灰粉的新型电解电容器负极用铝铜合金，且实施例均支持本专利的上述性能，本专利与对比文件的性能如比容、抗拉强度、表面光亮无灰粉均远远优于现有技术对比文献10。因此，即使本申请相对于对比文献10的区别较为微小，但其效果突出，因此该无效请求未能得到国家知识产权局专利复审委员会（现国家知识产权局专利局复审和无效审理部）的支持。

第四节　容易披露不到位的说明书

万丈高楼平地起，要为"创新之树"构建结构稳固的"庇护之所"，需要有扎实牢固的"地基"。在专利申请文件中，权利要求书决定了"庇护之所"的面积，那么什么是"庇护之所"的"地基"呢？答案是说明书。

说明书（包括说明书附图）是申请文件的重要组成部分，具有充分公开发明、支持权利要求书要求保护的范围、修改申请文件的依据、解释权利要求等作用。尤其是对于包括先进金属材料在内的化学领域专利申请而言，说明书中的具体实施方式部分是极其重要的关键内容。权利要求保护范围是否合适、清楚，有没有新颖性和创造性，很多问题都要从说明书中去寻找依据。而专利申请文件的说明书与产品说明书或者论文有很大的不同，没有经验的申请人往往会忽视一些重要内容，披露不到位，"地基"不牢固。

本节通过说明书的作用和组成、说明书的充分公开和权利要求以说明书为依据三部分内容对说明书进行介绍。

一、说明书的作用和组成

1. 说明书的作用

说明书是记载发明或实用新型技术内容的法律文件，其主要有以下四方面的作用：❶

（1）充分公开发明，使所属技术领域的技术人员能够实现

《专利法》第 26 条第 3 款规定：说明书应当对发明或者实用新型作出清楚、完整的说明，以所属技术领域的技术人员能够实现为准；必要的时候，应当有附图。因此，说明书的首要作用是充分公开发明，使所属技术领域的技术人员能够实现。

（2）公开技术内容，支持权利要求书请求保护的范围

《专利法》第 26 条第 4 款规定：权利要求书应当以说明书为依据，清楚、简要地限定专利保护的范围。也就是说，申请人获得的专利保护范围应当与其在说明书中向社会公众披露的技术信息相匹配。因此，说明书的第二个作用是对权利要求提供支撑，要让权利要求这座建筑稳固而宽阔，需要在作为地基的说明书中详细公开足以支撑该建筑的技术内容。

（3）审查程序中修改申请文件的依据

在专利审查程序中，申请人可能出于各种目的而修改申请文件。《专利法》第 33 条规定：申请人可以对其专利申请文件进行修改，但是，对发明和

实用新型的专利申请文件的修改不得超出原说明书和权利要求书记载的范围。因此，说明书是修改申请文件的重要依据。实际申请过程中，将说明书中记载的技术内容加入权利要求书中也是克服权利要求不符合相关规定的主要修改方式之一。

（4）用于解释权利要求

《专利法》第64条第1款规定：发明或者实用新型专利权的保护范围以其权利要求的内容为准，说明书及附图可以用于解释权利要求的内容。因此，在审查、侵权诉讼等程序中，说明书及附图是判断权利要求保护范围的辅助手段。

2. 说明书的组成

通常，说明书除了发明名称之外，还包括下列组成部分：

（1）技术领域：写明要求保护的技术方案所属的技术领域。

（2）背景技术：写明对发明或者实用新型的理解、检索、审查有用的背景技术；有可能的情况下，还需引证反映这些背景技术的文件。说明书中引证的文件可以是专利文件，也可以是非专利文件，例如各种报纸、杂志和书籍等。在背景技术部分中，通常要客观地指出背景技术中存在的问题和缺点，在可能的情况下，说明存在这种问题和缺点的原因以及解决这些问题时曾经遇到的困难。

（3）发明内容：这是说明书最重要的组成部分。需写明发明创造所要解决的技术问题以及解决其技术问题采用的技术方案，一般与权利要求有对应关系，还要对照现有技术写明发明或者实用新型的有益效果。有益效果是确定发明是否具有"显著的进步"、实用新型是否具有"进步"的重要依据。例如，有益效果可以由产率、质量、精度和效率的提高，能耗、原材料、工序的节省，加工、操作、控制、使用的简便，以及有用性能的出现等方面反映出来。需要注意的是，有益效果最好不要只是断言性的，可以通过对发明创造的要素特点进行分析和理论说明，或者通过列出实验数据的方式予以说明，特别是化学领域的发明创造更是如此。

（4）附图说明：说明书有附图的，对各幅附图表示什么含义作简略说明。

（5）具体实施方式：这也是说明书的重要组成部分，对于充分公开、理解和实现发明创造，支持和解释权利要求都是极为重要的。一般是详细写明发明创造的优选方式，比如可以对照附图举例说明，在具体实施方式中可以进一步包括多个实施例，或者还可以将实施例与对比例进行比较。包括先进金属材料在内的化学领域专利申请容易存在原料或产品结构不清楚、表征不规范、技术效果难预期、能否实现靠实验等特点，因此具体实施方式部分的内容，特别是实验数据，显得尤为重要。

（6）说明书附图：作为说明书的组成部分之一，说明书附图的作用在于用图形补充说明书文字部分的描述，使人能够直观地、形象化地理解发明或者实用新型的每个技术特征和整体技术方案。发明专利申请文件中，附图并不是必须有的内容。在先进金属材料领域中，常见的附图包括装置结构图、工艺流程图和材料性能测试图等。

二、充分公开的立法初衷和具体要求

《专利法》第26条第3款规定：说明书应当对发明或者实用新型作出清楚、完整的说明，以所属技术领域的技术人员能够实现为准；必要的时候，应当有附图。这一条款是《专利法》中对"以公开换取保护"理念的主要体现——专利权与发明创造的公开互为对价，平衡专利权人的利益与公众利益，通过给予专利权人一定垄断性特权鼓励专利权人公开其发明创造，促进科学技术知识的传播，进而推动经济社会进步。

从经济学上来说，垄断是一种效率低下的资源配置方式，不利于社会总福利的增长，世界各国基本都有禁止垄断的相关法律，但专利权却是由政府机关根据申请而颁发的，是受国家强制力保障的垄断权。对于这种矛盾如何解释？理论影响最大的是专利契约论，为各国所普遍接受。专利契约论认为：专利权是国家与申请人之间签订的一项特殊契约。申请人和国家都能从该契约获得利益，专利权人对其发明享有一定时间内的排他性权利，国家（社会公众）则获得了该发明的内容。这就是常说的"以公开换垄断""以公开换保护"。专利权人从垄断中获得了物质上的利益和精神上的鼓励，社会公众则可以利用专利公开的技术信息，避免重复劳动，可以"站在巨人的肩膀上"进行科学研究。

另外，利益应当具有平衡性。专利权人获得的潜在收益与其公开专利技术而产生的对社会的贡献应当相匹配。因此，技术方案的公开必须要达到所属技术领域的技术人员能够实现的程度才有意义，如果所属技术领域的技术人员根据公开的发明内容不能实现发明，就等于申请人没有向社会作出足够的贡献，这种情况下，申请人若获得垄断权利，则会造成与公众利益之间的极度不平衡。因此，要求说明书充分公开，就是希望申请文件中记载的技术信息资料能够使所属技术领域技术人员在已知技术信息的基础上进一步开发研究，实现促进科学技术进步和创新的目的。

也就是说，申请人若想构建其独占的"庇护之所"，那么就必须首先清楚、完整地公开其设计方案，以使社会公众能够准确了解其方案，并判断其方案是否的确对社会作出了足够的贡献；而公开的程度则需要达到社会公众能够重复并实现其方案的要求。

那么，说明书充分公开的具体要求是什么呢？简单来说，就是清楚、完整和能够实现。

所谓清楚，就是说明书应该主题明确、表述准确。应当使用所属技术领域的技术人员能够理解的语言，从现有技术出发，明确地反映出想要做什么和如何去做，使所属技术领域的技术人员能够确切地理解该发明或者实用新型要求保护的主题。换句话说，说明书应当写明发明或者实用新型所要解决的技术问题以及解决其技术问题采用的技术方案，并对照现有技术写明有益效果。

所谓完整，就是包括有关理解、实现发明创造所需的全部技术内容。比如，形式上记载有关所属技术领域、背景技术状况的描述以及说明书有附图时的附图说明；内容上说明发明创造所要解决的技术问题，解决其技术问题采用的技术方案和有益效果，以及具体实施方式。

所谓能够实现，就是指所属技术领域的技术人员按照说明书记载的内容，就能够实现该发明或者实用新型的技术方案，解决其技术问题，并且产生预期的技术效果。能够实现是充分公开的核心，是否清楚、完整归根结底是要看所属技术领域的技术人员根据说明书是否能够实现本发明或实用新型。

三、先进金属材料领域的说明书易漏写的点

《专利审查指南2010》中列出了说明书公开不充分的几种情形：

（1）说明书中只给出任务和/或设想，或者只表明一种愿望和/或结果，而未给出任何使所属技术领域的技术人员能够实施的技术手段。

（2）说明书中给出了技术手段，但对所属技术领域的技术人员来说，该手段是含糊不清的，根据说明书记载的内容无法具体实施。

（3）说明书中给出了技术手段，但所属技术领域的技术人员采用该手段并不能解决发明或者实用新型所要解决的技术问题。

（4）申请的主题为由多个技术手段构成的技术方案，对于其中一个技术手段，所属技术领域的技术人员按照说明书记载的内容并不能实现。

（5）说明书中给出了具体的技术方案，但未给出实验证据，而该方案又必须依赖实验结果加以证实才能成立。

在先进金属材料领域，实验数据是专利申请文件中最容易漏掉的内容，也就是上面最后一种情况。很多创新主体认为，自己做出来了，也告诉别人怎么做的了，只要他照着做就能够做出来，这就是充分公开了。但是，专利法意义上的充分公开，不仅要求披露怎么做，还要让所述领域的技术人员阅读申请文件之后，有基本的信服度。对于机械装置之类的技术方案，是否可行基本上在介绍完装置构成之后就能明了了，但化学领域的发明创造，比如组合物，能不能做得出来、到底有什么作用和效果，都需要实验证实。因此，虽然各合金元素的基本作用为本领域技术人员所熟知，但是各合金元素形成合金后所带来的技术效果以及技术效果的具体程度都是难以预测的，尤其是还存在某些方案所要达到的技术效果是为了克服某些技术偏见，该技术效果是所属领域技术人员难以预见的情况。因此，先进金属材料领域专利申请中技术效果的获得通常是需要给出足够的实验数据加以验证的。案例 26 就是典型的说了怎么做，但没有给出必要证明的情况。

案例 26：

要求保护的发明是一种制作首饰的钨合金材料，主要成分为钨、镍、铬、钴、钼，其中钨含量为 85% ~ 88.5%。说明书中声称所述钨合金材料拥有钨的优点——硬和亮，充分发挥了钨的硬度及亮度，并改善了其易碎的特性，专门适用于首饰珠宝。然而本申请说明书中仅记载了钨合金的成分，并未记载任何实验数据以证明其性能。且在该领域中，在钨合金中加入镍、铬、钴和钼等合金元素能够使钨合金克服易碎、难以加工的缺陷这种技术效果是本领域技术人员难以预见的，因此必须要有具体实验数据的验证，而本申请说明书却未作记载。因此，有合理的理由认为该申请没有达到充分公开的要求。

需要说明的是，许多创新主体在披露发明创造时出于各种担心，希望在申请专利时有所保留，比如一些不容易破解的关键点和最优方案，这也是许多知识产权保护意识较强的创新主体在一些情况下会采取的做法。但是，技术秘密的保留程度是一个非常具有技巧性的事情，稍不留神就可能导致申请存在公开不充分或者缺乏新颖性、创造性的问题。如果审查员认定该技术方案无新颖性、创造性，而出于技术秘密保护目的没有被记载在说明书中的技术要点不能加入到原技术方案中，则导致整个申请不能被授予专利权，此种情形下保留技术秘密显然是得不偿失的做法。另外，还需要考虑这些技术要点作为技术秘密保护是否有实际意义。如果技术要点实际是竞争对手在我方专利文件的基础上通过较为简单的研究就能够搞清楚并获得的，那么这些技术要点作为技术秘密保留便没有实际意义。所以对专利申请与技术秘密之间的平衡需要进行专业的评估，对于不熟悉专利规则的人来说，最好是与专业专利代理师充分交流沟通，选择最佳的策略。

比如最近大热的"手撕钢"，它薄如蝉翼，厚度仅有 0.02 mm，也就是普通 A4 纸厚度的四分之一，用手即可撕开；通体透亮，反射着镜面般的光泽，能映出人脸；但是价格高昂。与普通铝箔相比，这种超薄的"手撕钢"具有更好的耐腐蚀性、防潮性、耐光性，尤其是耐热性。"手撕钢"主要用于耐高温和对材料要求非常高的地方，如喷气发动机燃烧室的叶片和锂离子充电电池的线圈。燃烧室的温度非常高，锂离子电池材料则有很强的腐蚀性，这对材料的厚度和性能要求都很严格，而"手撕钢"的优良性能正好满足了这种需求。如此高端的"手撕钢"技术以前一直被德国、日本等国家垄断。"把一卷原始的钢带放进轧机里，轧辊就会像擀面杖一样把钢带从厚擀薄"，这一轧机工作原理看似并不复杂，实则工艺难度很大。太钢集团购买了进口的加工设备——精密带钢轧机，但是轧辊怎么安装、中间间距如何设置，轧机的出厂设置里并不包含这些关键性的数据。显然，这些内容是作为技术秘密保留的，这些数据的保留并不影响相关装置结构披露的充分性。

不过，太钢的故事还是有好的结局。太钢集团成立了宽幅超薄精密不锈钢带创新研发团队开展联合攻关，经过两年多的不懈努力，历经 700 多次的试验，终于实现了一系列关键工艺和生产制造技术的重大突破，于 2018 年成功生产出厚度 0.02 mm、宽度 600 mm 的不锈钢精密带材，工艺技术和产品实物质量达到国际领先水平，太钢也因此成为全球唯一可批量生产宽幅超薄精密不锈钢带的企业。

四、说明书对权利要求的支持

说明书中对技术内容要进行充分公开，其直接目的在于对权利要求的保护范围提供支持；反过来讲，权利要求的保护范围应该来源于说明书充分公开的内容，这是撰写权利要求时需要考虑的第三个问题（前两个问题参见本章第二节和第三节内容，即保护范围不能太小，否则竞争对手很容易"绕开"，保护范围又不能太大，否则可能涵盖了现有技术的内容而缺乏新颖性或创造性）。

如图 4-3 所示，为解决某一技术问题，发明创造提供了三个具体方案 A、B 和 C，这三个方案具有一些共同点，可以从中发现解决该技术问题的共性，在一定条件下，可以基于这些共性将方案 A、B、C 归纳概括成保护范围 D。保护范围 D 大于单个的方案 A、B、C 或者其加和，这样就能扩大发明创造的保护范围，防止被"绕过"。当然为了满足新颖性和创造性的条件，保护范围 D 也不能太大，免得与现有技术存在交集。而上面说的一定条件，就是要求说明书要对该保护范围 D 涵盖的不同方案提供具体说明，即说明书要对权利要求的保护范围提供支持。

图 4-3　权利要求的概括

《专利法》第26条第4款规定：权利要求书应当以说明书为依据，清楚、简要地限定要求专利保护的范围。其中，前半部分就是解决权利要求书与说明书相适应的问题，"权利要求书应当以说明书为依据"的本意是指权利要求具有合理的保护范围，请求保护的权利范围要与说明书公开的内容相适应，体现"以公开换保护"这一立法宗旨。

具体而言，"以说明书为依据"的判断标准是，权利要求能够从说明书充分公开的内容得到或概括得出。"得到"的含义是权利要求的技术方案与说明书记载的内容实质上一致，即权利要求的技术方案在说明书中有一致性的记载。"概括得出"则是指，如果所属技术领域的技术人员可以合理预测说明书给出的实施方式的所有等同替代方式或明显变型方式都具备相同的性能或用途，允许申请人将权利要求的保护范围概括至覆盖其所有的等同替代或明显变型的方式。实践中，哪些属于可以合理预测的等同替代方式或明显变型方式，哪些超出了这一范围，往往成为申请人与审查员之间的争议焦点，因此也是申请文件撰写时的一个难点。常见的概括包括上位概括、并列概括和功能性限定三种方式。

1. 上位概括

判断上位概念概括是否合理有两种方法❶：①如果权利要求的概括包括申请人推测的内容，而其效果又难以预先确定和评价，应当认为这种概括超出了说明书公开的范围，因而导致权利要求得不到说明书的支持；②如果权利要求的概括使所属技术领域的技术人员有理由怀疑该上位概括包含的一种或多种下位概念不能解决发明所要解决的技术问题，并达到相同的技术效果，则应当认

❶　田力普. 发明专利审查基础教程·审查分册［M］. 北京：知识产权出版社，2012.

为该权利要求得不到说明书的支持。

在说明书中记载的一个小的数值范围的基础上，权利要求概括了一个大的数值范围的情形也可以理解为特殊形式的上位概念概括，因此其判断方法与上述判断上位概念概括是否合理的方法相同。

案例 27：

要求保护的发明是一种镀层制品，其中包括导电层，该导电层的合金包含 1wt% ~ 10wt% 的 In 和 90wt% ~ 99wt% 的 Ag。说明书中记载的实施例为：10wt% 的 In 和 90wt% 的 Ag。

上述权利要求要求保护较大的范围，而实施例只是给出了单一点值的实施例。当权利要求覆盖的保护范围较宽，其概括不能从一个实施例中找到依据时，至少应当给出两端值附近的实施例，当数值范围较宽时，还应当给出至少一个中间值的实施例。比如本案权利要求保护范围较宽，限定的 In 的含量范围 1wt% ~ 10wt%，两端值的含量差达到 10 倍，所属技术领域的技术人员有理由怀疑当合金成分为 1wt% 的 In 和 99wt% 的 Ag 时效果有明显不同，不能解决发明要解决的技术问题，从而导致权利要求没有得到说明书的支持，不符合《专利法》第 26 条第 4 款的规定。

2. 并列概括

概括的第二种方式是提供"并列选择"方式，即用"或者"或"和"并列几个必择其一的具体特征。采用并列概括时，被并列的具体内容应该是等位价的，例如金或银；不能将上下位概念作并列概括，例如金属或银。

采用并列选择方式概括的权利要求中的所有技术方案都应当在说明书中充分公开到本领域技术人员可以实现的程度，否则，如果仅有部分技术方案满足"充分公开"的要求，而其他的技术方案不满足该要求，则这样的权利要求也得不到说明书的支持。判断并列选择方式概括是否合理的方法与判断上位概念概括是否合理的方法相似。

案例 28：

要求保护的发明是一种耐大气腐蚀结构用钢，其化学成分为，C 0.001% ~ 0.08%，Si 0.10% ~ 0.50%，Mn 0.50% ~ 1.60%，P≤0.080%，S≤0.025%，Ni 0.01% ~ 3.50%，Mo 0.01% ~ 0.50%，Cu 0.01% ~ 1.20%，Nb 0.001% ~ 0.060%，Ca 0.0005% ~ 0.0040%，Al 0.010% ~ 0.080%，N≤0.0080%，还含有 Cr 0.01% ~ 5.50%，RE 0.001% ~ 0.080%，Sb 0.005% ~ 0.10%，Ti 0.001% ~ 0.090%，V 0.001% ~ 0.080% 的一种或两种以上的元素，余量为 Fe 及不可避免的杂质。说明书实施例中包括多个实验数据，但所有实验数据只含

有 Cr，而 RE、Sb、Ti、V 等元素均未涉及。

该案例权利要求限定 Cr、RE、Sb、Ti、V 可以选择一种或两种以上，这就排列组合出多个并列的技术方案，说明书中虽然给出了多个实验数据，但这些实验数据中对应的只是含有 Cr 的技术方案。由于合金领域中各元素在合金中所起的作用存在差异，如 Cr 和 RE 所起的作用就差别很大，因此对于所属技术领域的技术人员而言，含有不同合金元素的技术方案所达到的技术效果也存在差别，难以预见含有除 Cr 外的其他合金元素，如 RE 的技术方案也能够达到相同的技术效果。因此，该权利要求概括了较宽的保护范围，得不到说明书支持，不符合《专利法》第 26 条第 4 款的规定。

3. 功能性限定

功能性限定就是用功能描述来限定技术特征，比如转动机构、加热装置，等。在权利要求中，通常有两种情况会使用功能性限定，一是使用结构限定无法很好地描述清楚技术特征的本质，另一种情况是为了扩大保护范围，涵盖多个实现同一功能的多个技术特征。《专利审查指南 2010》中规定，对于权利要求所包含的功能性限定的技术特征，应当理解为覆盖了所有能够实现所述功能的实施方式。例如，某生产工艺中包括了加热装置，其概括了该领域中所有能够实现"加热"这一功能的装置。另外，有的情况下，使用功能或效果性参数来表征技术特征也属于功能性限定，如屈服强度 250 MPa 的铝合金。如果权利要求中限定的功能是以说明书实施例中记载的特定方式完成的，并且所属技术领域的技术人员不能明了此功能还可以采用说明书中未提到的其他替代方式来完成，或者所属技术领域的技术人员有理由怀疑该功能性限定所包含的一种或几种方式不能解决发明或者实用新型所要解决的技术问题，并达到相同的技术效果，则权利要求中不能采用覆盖了上述其他替代方式或者不能解决发明或实用新型技术问题的方式的功能性限定。

案例 29：

要求保护的发明是一种 2000 MPa 级超高强度高韧性钢板，其特征在于，以重量百分比计其化学成分包含：C 0.20%～0.60%、Si 1.0%～3.0%、Mn 1.0%～5.0%、Mo 0.10%～0.60%，余量为 Fe 和不可避免的杂质，该钢板的制备方法包括冶炼、浇注、加热、轧制、冷却步骤。说明书中记载，本专利要解决现有热轧双向钢的强度不能达到 2000 MPa 级的技术问题，并提出"该申请提供一种 2000 MPa 级超高强度高韧性钢板的制造方法，该方法包括冶炼、浇注、加热、轧制、冷却，其中在所述轧制过程中，开轧温度为 1150～1200 ℃，当轧件厚度到达成品钢板厚度的 2～3 倍时，在辊道上待温至 1100～1150 ℃，随后进行第二阶段轧制，第二阶段轧制道次变形率为 10% ~ 25%，终轧温度为 1000 ~ 1050 ℃"。说明书中还记载，"本发明采用 Mn – SiMo 系成分，通过成分设计和轧制工艺的配合，获得以贝氏体 + 马氏体复相为组织特征的钢板，可以在普通生产线上稳定生产"。

在该案例中，钢的组成元素均为常规合金元素，合金元素的用量也没有超出常规的用量范围，申请人之所以将权利要求 1 限定为 "2000 MPa 级" 可能是希望通过性能参数的限定来规避新颖性缺陷。权利要求 1 中记载的强度达到 2000 MPa 是该申请所期望达到的效果，也可以说是所述钢板所具有的功能，而该效果或功能是通过说明书中记载的成分设计和轧制工艺相配合的技术方案来实现的。权利要求 1 中记载了成分设计及包括轧制等步骤在内的制备方法，但是没有对具体的轧制工艺进行限定，所属技术领域的技术人员并不知晓除说明书限定的特定轧制工艺以外的其他替代方式也能使钢的强度达到 2000 MPa，从而解决该申请的技术问题。可见所属技术领域的技术人员从说明书公开的内容中不能得到或概括得出权利要求 1 所请求保护的技术方案，该权利要求得不到说明书的支持，不符合《专利法》第 26 条第 4 款的规定。

另外，权利要求不允许使用纯功能性特征来限定。所谓纯功能性特征限定，是指权利要求仅记载了发明所要达到的目的或技术效果，完全没有记载为达到这种目的或技术效果而采用的技术手段。

案例 30：

要求保护的发明是一种合金，其特征在于具有形状记忆功能。

该权利要求描述了发明所要产生的技术效果，是纯功能性限定的权利要求，其覆盖了所有能够实现上述效果的技术方案，而本领域技术人员难以将说明书公开的具体技术方案扩展到所有能够实现该功能的技术方案，因此该权利要求得不到说明书支持，不符合《专利法》第 26 条第 4 款的规定。

本章介绍了创新成果在专利化过程中面临的最主要的几个难点问题，涉及诸多法律条款，这些法律条款在具体实践中还有配套的细则、审查指南、相关司法解释和案例，构成一个庞大的体系，要弄清楚所有内容是非常困难的事情；即使熟悉各项法律条文，在实践操作中也还会面临很多难以界定的争议。而且专利权是技术与法律紧密结合的权利，通过法律语言将技术内容布局成为有效权利，不仅需要专业知识，还需要熟悉流程、能够预判风险，甚至需要懂得企业管理和经济学知识，先进金属材料领域更是具有一些特殊要求。因此，为了避免考虑不周到而带来后续无法弥补的后果，在创新成果专利化过程中，最好在专业指导下进行专利申请和布局。

第五章 创新保护的专业工种——专利代理

如果把发明人比作"创新之树"的种树人，那么专利代理师（2018年前称专利代理人）就是为"创新之树"建造"庇护之所"的建筑师。关于专利代理师的工作，人们通常存在两种认识误区：一种误区是，认为专利代理师就是在发明人提供的技术交底书基础上重新编排整理文字内容，并提供流程便利；另一种误区是，认为只要把发明创意点大致讲述一下，后面的事情就可全权由专利代理师完成，申请人坐等授权颁证即可。

在有前一种认识的人眼里，专利代理师就像房产中介一样——能够帮助申请人省点事，但只要稍加用心，看看网上攻略，自己也能像办理房产过户一样取得专利授权。而在有后一种认识的人眼里，衡量专利代理师水平高低的标准就是看其能否帮助自己的专利很快获得授权，专利被驳回则说明专利代理师水平不行。

那么，将技术转换为专利的过程中，到底要不要请专利代理师帮忙？自己写出来的专利申请和请专利代理师写的专利申请会有区别吗？怎样选择有含金量的专利代理服务？专利获得授权真的是评价专利代理师能力的"金标准"吗？上述问题实际上是各技术行业从业者所共有的。为了消除认识误区，本章首先普及一些专利代理的基本知识，再以先进金属材料领域的专利代理服务为切入点，介绍专利代理师的工作。相信阅读完本章之后，读者心目中将自然会有以上问题的答案。

第一节 "自己写"还是"请人写"

就像"种树"与"建房"属于完全不同的社会分工一样，发明创造与专利代理也着实存在很大的专业差异。虽然一些"种树人"自己用木材、砖和水泥等材料也能搭建出外观上看似像那么回事的房屋，但是如果考究房屋是否结实耐用、结构布局是否合理、能否承受风雨或外力撞击，等等，则这些

"房屋"往往难以经受考验。

类似的道理，在大量可获取的专利申请模板的指引下，将发明创造撰写成符合格式要求的申请文件并非难事。然而，作为权利与利益的博弈基础，专利申请文件在审查过程中以及授权之后都极有可能面临由审查机构、利益相关方，甚至社会公众发起的多方挑战。因此，一份申请文件是否能够顺利获得授权，并且更进一步地，能够在授权后发挥其社会经济价值，绝非"照猫画虎"就能够实现的。

一、中国专利代理制度发展概况

专利事务可能涉及技术、法律、经济、金融、贸易和企业管理等多方面内容，而且申请专利和办理其他专利事务在程序上也有很多繁杂的手续，有时候一个不恰当的处理，比如申请时信息没有披露到位、提交文件晚了几天，就会使权利遭受无法挽回的损失。正是专利事务的这种复杂性和专业性，使得专利代理成为创新保护体系中不可或缺的一环。

专利代理属于民事法律行为中的委托代理，即专利代理机构接受当事人的委托，以委托人的名义按照专利法的规定向国家知识产权局办理专利申请或其他专利事务。专利代理师是获得了专利代理师资格证书，持有专利代理师执业证并在专利代理机构专职从事专利代理工作的人员。世界上实行专利制度的国家都有专门从事专利代理事务的专利代理机构以及一大批从事专利代理工作的专利代理师。我国目前的专利代理率在80%左右，而美国、德国、日本等专利制度起步较早的发达国家，每年90%以上的专利申请都是通过专利代理机构代理的❶，专利代理师在发明人、申请人、专利行政机关、法院和社会公众之间架起沟通桥梁，为保护权利人的合法权利、保障专利制度正常运转、鼓励创新和技术进步发挥着非常重要的作用。

中国的专利代理制度是与专利制度同步建立和发展起来的。1985年《专利法》颁布实施，标志着中华人民共和国专利制度的正式建立，然而当时我国改革开放刚刚起步，整个经济体制还属于计划经济模式，在绝大多数人意识中，"发明技术成果"理所应当贡献给国家，人们对私权属性的专利权非常陌生，申请人连"专利权保护的是什么""保护有什么用""为什么申请专利还

---

❶ 谷丽，洪晨，丁堃，等. 专利代理行业准入制度国内外比较研究［J］. 专利法研究，2016：142－153。

要交费"等基本常识都没有认知，更不知道如何申请专利了。因此，尽快建立起一支专业化的专利代理队伍具有十分重要的意义。为此，国务院各部委科技局或情报所、各省自治区直辖市的科委或情报所、国家教委所属重点高校和一些实力雄厚的企业、科研院所相继成立了专职或兼职的专利代理机构，最早培养了一批专利代理人。受到社会经济、科技创新和人们专利意识等多方面的发展限制，当时的专利申请数量不多，涉外专利更少（当时能够做涉外案件的专利代理机构必须由国务院指定，最早只有三家），专利代理机构的从业人员还都属于国家干部编制。20 世纪 80 年代后期，全国每年的专利申请数量仅 2 万多件，1989 年全国共有代理机构 450 个，专利代理人 4800 名。第一代专利代理人奠定了中国专利代理制度和代理精神的基石，也为促进中国专利制度发展、创新成果繁荣和专利代理专业化发展作出了卓越的贡献。

20 世纪 90 年代，随着国内外形势的发展，扩大化学品和药品的专利保护、中国正式加入《专利合作条约》（PCT）、"科教兴国"战略提出等一系列对创新利好的事件发生，人们的知识产权意识慢慢觉醒，国外公司到中国申请专利的积极性也不断增加，1997 年，外国企业或个人在中国的专利申请数量第一次突破 2 万件大关，而这些案件促使专利代理机构在不断发展壮大的同时，也探索着新的运营机制，出现了合伙制和股份制形式的专利代理机构。

进入 21 世纪，以中国加入 WTO 为契机，国家对法律法规进行了全面整顿，废止不适用的部分，制定或修改新的法律。2000 年 8 月，国家知识产权局向各专利代理机构明确提出了脱钩改制的任务，即不能再挂靠在政府部门及下属单位，必须改成合伙制或有限责任制。这一规定淘汰了一批不能适应市场的专利代理机构，而留下的专利代理机构也被激发出更高的能动性并提供更优质的服务。之后，中国成功加入 WTO，按照国际规则，向外国公司开放市场，外国专利申请量每年以 20%～30% 的幅度增加，越来越多的专利代理机构取得了涉外专利代理资格。

2008 年，为了建设创新型国家，国务院颁布《国家知识产权战略纲要》，将知识产权工作上升到国家战略层面，从此中国进入了以专利为代表的知识产权事业高速发展时期。自 2011 年至 2020 年，中国专利申请量连续十年居世界首位，这大大促进了专利代理行业的发展。同时，《专利法》第三次修正取消了涉外专利代理事务需要国务院指定的限制，专利代理机构不再区分涉外代理和涉内代理，全国代理机构数量和取得专利代理师资格的人数都呈现快速增长态势。截至 2019 年年底，全国约 4.79 万人取得专利代理师资格，执业专利代理师达到 2.02

万人，专利代理机构达到2691家（不含港澳台地区）❶。2010年至2019年我国专利代理机构及专利代理师数量变化情况如图5-1和图5-2所示。

图5-1　2010年至2019年我国专利代理机构
数量变化情况（不含港澳台地区）

图5-2　2010年至2019年执业专利代理师及
取得专利代理师资格数量变化情况（不含港澳台地区）

❶　国家知识产权局.《全国专利代理行业发展状况（2019年）》显示：我国专利代理行业发展势头正劲［微信公众号］（2020-09-30）.

国家知识产权战略的实施促进了创新，驱动社会不断发展进步，随之而来的是，创新主体对创新成果的保护需求也朝着更加专业化、高端化的方向发展，除了专利挖掘与申请、专利侵权诉讼等传统业务之外，还出现了诸如专利导航、专利布局、自由实施（Freedom to Operate，FTO）分析、专利价值评估、专利质押融资咨询等新兴高端业务。专利代理作为技术和法律相结合的高端专业化服务，在知识产权创造、运用和保护全过程中都扮演着重要角色。

二、专利代理机构的业务范围

按照一件专利申请诞生前后的时间顺序，专利代理机构的业务范围包括以下方面。

1. 申请前阶段：查新检索、专利预警与 FTO 分析和专利挖掘等咨询服务

查新检索：当人们拥有一个技术创意或者想要朝着某个预判有前景的技术方向努力时，比如新产品研发时或销售前，新工艺使用前，为了避免与前人已有的成果重复导致创新资源浪费，一个非常重要且有效的环节是对目标技术方案进行查新检索，即在现有数据库中进行检索，并基于检索结果判断目标技术方案是否符合专利法意义上的新颖性和创造性要求，从而为下一步决策提供支持。数据库、关键词、分类号、时间范围和检索策略直接影响检索结果的准确性，有经验的专利代理师能够帮助创新主体更客观地了解自己技术的创新水平。

专利预警与 FTO 分析：专利预警与 FTO 分析是近些年较为热门的专利咨询服务种类，与查新检索类似，通常也是在新技术实施前进行的，不过其目的更多是确认自己的技术是否落入他人的专利权保护范围。专利预警与 FTO 分析在概念和工作内容上有一定重叠，但应用情况仍然有一些区别。专利预警一般在技术研发前端未成型时进行，侧重于对已有专利权的规避设计，目的在于为研发方向提供建议；而 FTO 分析则一般在技术成型度较高时进行，如新产品发布前或新技术使用时，侧重于自己自由实施，目的在于证明自己已尽到明显注意义务，以排除故意侵权指控。专利代理师在进行专利预警和 FTO 分析时，除了检索可能侵犯的专利权之外，还会对规避潜在障碍专利的可能性和应对方法进行分析。例如，提出规避设计方案，或者分析潜在障碍专利的稳定性，提供对其提起无效宣告请求的建议，等等。

专利挖掘：查新检索通常是在人们认为自己的技术有创新性的情况下进行的确认性检索，专利预警和 FTO 分析通常是人们为了避免自己的技术侵犯他

人专利权而进行的分析，而专利挖掘则与它们都不同。由于申请人对自己的技术以及本行业领域相关技术非常熟悉，导致其往往产生一种错觉，认为自己日常接触的这些技术都是很常见很普通的，没有什么创新点。实际上，这是一种认识的误区。即使是现有的产品和技术，比如从市面上购买的机器设备、原材料，在按照说明书操作和使用的过程中，或多或少还是会发现一些不方便、不好用的地方，或是需要自己摸索设计一些优化方案，如果成功解决了技术问题、优化了技术方案，哪怕是很小的点，也是对现有技术的改进，都可以尝试寻求专利保护。专利代理师能够帮助人们理清"现有技术"和"自己的发明"，深入挖掘创新点并进行尽可能多的拓展，从法律角度寻求合理且最大化的保护范围。简言之，专利挖掘就是从创新成果中提炼出具有专利申请和保护价值的技术创新点和技术方案。

其他咨询服务：包括专利申请咨询、专利基础知识培训、用户自定义的专利信息数据库搭建与维护，等等。

2. 申请阶段：代为办理从专利申请文件撰写、提交到结案❶的相关事务

申请文件撰写：技术创新通常都是具体的产品或方法，而专利申请文件却是一种以文字或者文字加附图形式呈现的法律文书。这种信息转换看上去简单，照着现成的专利申请文件也能"攒"出来，但实际上真正好的专利申请文件撰写是大有讲究的，每一字句都需要仔细斟酌，写多了或写少了都有可能给后续授权或维权造成影响。比如权利要求保护范围写小了，竞争对手稍加变换就能绕开，相当于把创新成果白白奉送给他人；而权利要求保护范围写得太大，则有可能不能通过审查。再如，技术事实应当披露到什么程度、哪些是实施方案中的关键点而需要构建多维度立体保护策略、哪些可以作为技术秘密保护而不必披露，都不单单是技术披露层面考虑的问题，更是涉及权利、利益以及合规合法性层面的问题。专利代理师的职业专长就是给具象化的技术披上法律的外衣，以帮助申请人争取最优的权利保护。

审查意见的转达与建议：审查员对申请文件进行审查之后，经常会提出各种各样的审查意见。对于实用新型和外观设计，只需进行初步审查，审查意见相对较少，相当多的申请不用发出任何补正通知书即可直接授权；而对于发明专利申请而言，能够直接授权的案件极少，大约有 99.8% 的案件都会收到审查意见通知书❷，审查员在其中指出申请文件存在的问题，要求申请人修改或

---

❶ 结案包括授权、驳回和撤回申请三种方式。

❷ 数据来自国家知识产权局内部统计，全局近五年一次授权率平均值为 0.17%。

者陈述意见。专利代理师的一项重要工作就是按照《专利代理委托协议书》中的约定，将这些审查意见转送给申请人，并且向申请人提供针对性的答复意见和申请文件修改的建议。审查意见通知书是审查程序中的听证手段，同时也是审查员与申请人之间的沟通手段。由于技术的复杂性和文字表达的局限性，很多时候审查员对申请文件的理解和合法性判断不能一步到位，其通过审查意见通知书表达对申请文件的理解和认定，经由这种方式达到与申请人沟通确认的目的，再作出授权还是驳回的审查决定。因此，审查意见通知书答复得是否恰当，对申请能否被授权、保护范围的大小有非常重要的影响。然而，审查意见通知书中的法律语言具有很强的专业性，对不熟悉法律规定、缺乏实践经验的申请人来讲，不一定能够正确理解和有效应对。好的专利代理师熟悉审查意见答复规则，能够帮助申请人更好地理解审查意见通知书，并通过解释、澄清、举证、反驳、修改等方式应对其中指出的问题，为申请人争取合法利益的最大化。

"外向内"或"内向外"专利申请的特殊事务："外向内"专利申请是指将国籍在中国大陆以外的申请人的申请向国家知识产权局递交；而"内向外"专利申请则相反，是指中国大陆申请人向中国大陆以外的国家或地区主管专利的行政机构或者国际知识产权组织（WIPO）提出专利申请。这两种专利申请代理过程中的工作有很大的区别。由于专利具有地域性，各个国家或地区对于授予专利权的条件和专利申请流程有不一样的要求，而且通常都要求在申请目标国无固定居所的申请人委托该国或地区代理机构办理相关事务，因此"外向内"的专利申请代理过程中除了普通的撰写和审查意见转达建议之外，另一项主要工作是将外文申请文本进行翻译并根据中国《专利法》的规定提供一些修改建议。而"内向外"的专利申请代理过程的特殊性则更多体现在处理申请人与目标申请国或地区的代理机构之间的衔接沟通以及办理该申请在中国国内涉及的一些手续，例如，约定费用和支付方式、提交保密审查、文本翻译、优先权文件准备，等等。对于在中国以外寻求专利布局的申请人来讲，尽管可以直接委托目标申请国或地区的专利代理机构办理相关手续，但出于语言沟通、法律知识、便利性等方面的考虑，绝大多数都会选择委托中国的代理机构代为办理向外申请的事宜，即由中国的代理机构负责与目标申请国或地区的代理机构进行对接。

流程性事务处理：主要包括文件准备、期限监控、费用缴纳等各种专利申请流程手续办理。这既包括在普通申请流程中会涉及的通用流程事务，又包括可能视情况不同发生的一些特殊性流程事务，例如，请求保密审查、中止、恢复权利、延期、著录项目变更、更正等。这些事务对于申请人来说没有技术性难度，按照网上可以查到的流程操作指引办理即可，专利局发出的行政文书通常也会提示下一步应该如何操作。但是，流程性事务都比较琐碎繁杂，稍不留神就容易出错，比如错过了时限、缴费时申请号没有填对、文件不齐全、缺少必要的签字盖章，等等。如果企业专利数量较多，情况就更为复杂。专利代理机构有专业的流程管理团队，不少代理机构还有自动化监控提醒系统，在流程方面能够帮助申请人节省不少精力和时间成本。

3. 驳回/授权后阶段：提供复审、无效、诉讼等服务

驳回申请文件的复审：专利申请被驳回后，并不一定意味着申请人丧失了授权机会，根据专利法的规定，申请人对驳回决定不服的，可以向国务院专利行政部门❶请求复审。复审程序是对之前审查过程的一种救济和延续，通常由有经验的审查员组成三人合议组对案件进行审查，对于驳回不恰当或者通过修改克服了驳回缺陷的案件，合议组会撤销驳回决定，案件再次回到前一审查程序继续审查。2020年，对驳回决定提起复审请求的发明专利申请中约有39%的申请经过复审程序后，驳回决定被撤销。对于一些重要的专利申请、一些明显不恰当的驳回决定以及一些能够通过修改挽回的申请，驳回后请求进入复审程序非常值得一试。专利代理师根据自己的经验，向申请人提供复审成功可能性、利弊和策略的分析意见，帮助申请人作出最适合自己的选择。

专利权无效宣告请求的应对：一件专利授权后，根据专利法的规定，任何单位和个人认为其不符合授权规定的，都可以请求宣告该专利无效。被无效专利权被视为自始不存在。因此，无效宣告请求程序就是向国务院专利行政部门提起挑战专利权有效性、确认专利权是否应该存在的程序。一件专利能否经受无效宣告请求程序的"检验"，专利文件的撰写质量是首要决定因素，但很多情况下，专利权人能否在无效宣告程序中恰当地应对也同样十分重要。比如，对无效宣告请求人的证据进行质证、对理由进行反驳、对程序不合法问题提出质疑，以及及时提交反证，向合议组进行演示说明，利用法律规定修改时机对权利要求进行修改，等等。专利代理师的角色类似于民事诉讼中被告的代理律师，能够利用自己的专业知识帮助专利权人尽可能争取最优结果，维护专利权人的合法权益。

提起行政和侵权诉讼：对于专利申请人或专利权人而言，专利行政诉讼通常发生在对国务院专利行政部门作出的复审决定或者无效宣告请求审查决定不

---

❶ 即国家知识产权局专利局下的复审和无效审理部，下同。

服时，权利人应向管辖法院北京知识产权法院提起行政诉讼，国务院专利行政部门在案件审理中作为被告出庭。专利侵权诉讼通常发生在被控侵权行为发生地或者被告所在地的管辖法院，很多情况下侵权诉讼会伴随发生涉案专利被提起无效宣告请求，两个程序相互影响相互制约。因此，专利权人的对手——无效宣告请求人（很多情况下也是侵权诉讼的被告）也可能提起专利行政诉讼。由于行政诉讼和侵权诉讼中涉及许多非常专业的事项，例如准备立案材料、证据收集和提交、庭审过程中的质证和辩论、侵权诉讼管辖法院的选择、专利稳定性分析等，绝大多数权利人在这个阶段都会委托专利代理师和/或知识产权律师代为办理。

专利权处分、行政维权和权利维持：包括专利授权后的转让、许可、质押融资、海关知识产权备案保护、请求地方知识产权管理职能部门查处假冒专利或专利侵权，等等。还包括授权后专利权的程序性维持，主要是代缴年费和转送文件等。

4. 综合性专利事务

企业专利顾问：对企业来说，在日常经营中建立自己的知识产权管理体系，明确自己现有的权利，构建权利体系，防范与他人发生侵权纠纷并应对可能的风险，最有效且节省成本的方式是搭建自己的专利管理团队。在企业的专利管理团队中，除了负责将企业知识产权战略与技术和法律进行对接的专职IP（知识产权）管理人员以外，通常还会在专利代理机构中聘请一名或多名具有丰富实践经验的专利代理师或具有专利代理师和律师双重身份的人担任专利顾问。此外，企业经营中经常会遇到专利转让、专利技术许可、侵权纠纷、专利技术合同纠纷等事务，也都会向专利顾问寻求建议。专利数量不多的中小企业甚至不设专职IP管理人员，由法务与专利顾问对接。一个好的专利顾问，不仅能够应付企业日常专利管理方面的服务需要，还能着眼于长远，结合企业的经营目标与现实需要，为企业制定切实可行的专利策略，保护和增值企业的无形资产，减少遭遇被控侵权的风险。

专利布局：对于以企业为代表的创新主体而言，专利作为限制竞争、谋求市场利益的工具，关系到企业的发展，申请和保护过程中有许多考虑因素。例如，确定企业需要对哪些技术进行专利保护？申请什么类型的专利？在哪些国家或地区申请专利？申请多项专利还是申请单个专利好？什么时间提出申请？什么时间公开为好？实际上，回答这些问题时已经不仅仅局限于专利技术本身，更多的还要考虑企业发展和需求。比如，企业在行业中是处于领先者还是追随者？技术先进性和可替代性如何？竞争对手所拥有的专利情况如何？技术迭代周期长短如何？申请专利主要目的是抢占市场、授权许可、作为谈判筹码还是风险控制？总之，专利布局实际上是关于企业发展战略层面的事务，考虑因素众多，需要企业管理者、技术团队和专利代理师共同商讨谋划。

企业专利托管：通俗地讲，企业专利托管就是企业就自己专利方面的事务，包括前面介绍的所有服务内容中的一项或多项，外包给一个管家进行打理。管家通常由专门知识产权代理机构中的服务团队组成。根据托管协议的约定，托管服务可以包括专利知识培训、基本制度建设、查新检索、专利挖掘、申请取得、使用、转让许可、质押融资、侵权保护和维权等。专利托管与传统个案委托的最显著区别在于，托管服务团队更加深入地参与到企业专利管理当中，更能了解企业需求，从而制定更加契合企业实际情况的专利战略。通过专业化的专利托管服务，企业管理和使用自己的专利可以更加省心，也可以更加全面地管理和使用自己的无形资产，实现人才的合理配置。

三、专利代理的价值

按照专利法的规定，中国单位或者个人在国内申请专利或办理其他专利事务可以委托专利代理机构办理，也可以自行办理。从前面介绍的专利代理制度的基本情况和专利代理的业务范围可以看出，专利代理机构是随专利制度产生而产生的、提供专业化专利代理服务的机构。但是，实践中也确有一部分人不通过专利代理机构而自行申请专利并获得专利授权。那么，专利代理到底有什么价值？自己写的专利申请和请专利代理师写的专利申请有什么不同？

要回答这些问题，首先要弄清申请专利的目的。概括地讲，人们申请专利的目的主要有以下三种：

一是通过专利保护自己的创新技术成果，获得经济利益。专利作为一种无形资产，具有巨大的商业价值，也是企业提升竞争力的重要手段。无论是个人、企业还是科研院所，作为专利权人都可通过自行实施、许可、转让、质押融资等各种方式获得长期的利益回报。同时，企业和科研院所申请专利还可以防止因人才流失导致的技术成果流失。

二是在商业竞争中争取主动、限制对手。专利权具有排他性，而先进技术的可替代性是比较小的，如果企业对自己创新成果不申请专利，则很可能会被竞争对手抢占先机，对企业生产销售安全带来巨大影响。相反，取得了专利权的权利人可以限制竞争对手使用相同的技术，对竞争对手发展形成障碍。另外，当发生被控侵权纠纷时，企业自己拥有专利权可以成为反击工具，还可以通过交叉许可的方式降低或免除许可使用费，这成为现代企业非常有效的谈判筹码。

三是利用专利权的其他附加价值，主要包括宣传、职称或荣誉评审、税费减免、补贴等。

前两点是建立专利制度最根本的目的。如果申请专利的目的是前两点，则专利申请文件的质量就十分重要，它决定了权利范围、稳定性和授权可能性，实践中因一件核心专利被无效而导致企业付出沉重代价甚至整个团队解散的例子比比皆是。如果仅仅出于第三种目的申请专利，则相对来说专利质量的重要性就不那么高了。

现实中，没有系统学习过专利法，没有专利申请和实际运用的实践经验的一些发明人照着现成的模板也写出了看上去像那么回事的专利申请文件，其中一部分也获得了授权。但实际上，这些文件可以说只有专利申请文件的形貌而毫无其神韵——仅仅将方案的实施内容分别填放在权利要求书和说明书当中，而没有仔细考究或者真正意识到专利类型、权利要求特征构成、权利要求布局、说明书公开程度等因素对于保护范围、通过审查的可能性、维权难易度和无效风险等的影响。这样撰写的专利申请往往存在很大的隐患，导致通过专利审查的可能性降低，或者即便通过了审查，最终得到授权的专利大多也不能有效地保护发明创造，成为没有太大实际效用的"证书专利"。

以国家知识产权局专利局下属的专利审查协作四川中心自 2013 年成立以来审结的合金领域全部 4508 件专利申请为例进行统计❶，由专利代理机构代理递交的专利申请授权率为 50.3%，没有请代理机构而是由申请人自己撰写的专利申请授权率却只有 23.6%。

对于无专利相关专业知识的申请人而言，若出于成本考虑，可以将重要性不高、质量要求也不高的技术自行申请专利，前提是对审查结果具有较高的容忍度。但对于那些重要的创新技术成果，即抱有前面说的第一、二种目的申请专利的，必须重视专利文件撰写质量，优先聘请专业的专利代理团队来代理，以尽可能地帮助自己实现专利申请目的和专利价值。

聘请专业的专利代理团队的优点归纳起来，有以下几个方面。

第一，从申请前就开始介入，有的放矢地提供专业化服务。

申请专利有许多需要注意的事项，涉及技术、法律、文献检索、权利布局、专利战略等多方面知识，很多问题在申请之前就要"未雨绸缪"。例如，

---

❶ 数据统计至 2020 年 8 月 13 日之前。

在决定将一项技术成果申请专利前，首先应对通过专利保护该项技术成果的利弊进行分析，包括判断该技术成果有无申请专利的价值，是采取专利保护还是技术秘密保护更优，申请内容是否属于专利制度保护的客体；然后还要对欲保护的技术方案进行查新检索，评估新颖性和创造性，确立申请专利类型、申请策略和申请时机；此外，还可以对竞争对手的专利进行分析，看自己的技术成果是否落入他人的保护范围，是否需要进行规避设计或者改进设计。这些情况如果没有考虑周全往往会对后续的专利申请过程产生很大的影响。

如果申请人不熟悉专利法律法规，也无申请专利的知识经验，又不委托专利代理机构去做这些事情，仅按照自己的理解将技术记载于纸上，很有可能考虑不周到，对后续申请产生不利影响，不能充分有效地维护自己的权利，甚至会丧失本可以获得的权利。专利代理机构专注于这一领域，拥有专业化团队，他们可以在专利申请之前，甚至技术研发早期就提前介入，提供咨询意见，同时他们在文献检索的手段、深度和广度、结论判断、后续专利申请策略方面相对于申请人要专业得多，对风险也有预判和应对策略，能够帮助申请人提前谋划，在申请起始阶段就避免一些问题的产生，或者将潜在风险降低，为后续专利申请打牢基础。

第二，熟悉法律要求，申请文件撰写质量好。

在专利代理领域有句话叫"没有授权不了的专利，只有没写好的申请"。这句话虽然有些绝对，但也反映出专利申请文件的撰写质量在整个专利申请过程中起着何其重要的作用。

法律对授予专利权规定了很多限制条款，比如，技术方案本身存在缺陷，不能实施，或者违反国家法律、社会公德，或者妨害公共利益的发明创造，这些情形下均不能授予专利权；还有专利法专门规定了一些不能授权客体，如科学发现、疾病的诊断和治疗方法。又比如，技术方案没有对现有技术作出实质贡献，即不具备新颖性或创造性的技术方案，也不能授予专利权。另外，专利申请文件撰写或审查过程中存在严重缺陷也不能获得授权。比如，对技术方案的公开不够充分，或者权利要求保护范围记载不清楚，或者审查过程中的修改超出了原申请文件记载范围，等等，都会引起不能授权的法律后果。

要及时正确地完成法律规定的撰写要求，就需要懂得有关专利申请的法律知识，熟悉专利法的规定。专利代理师具备专门从事此类工作的专业素养，对于那些本身存在缺陷的技术方案，在申请之前就可以帮助申请人筛查出来，看看有没有弥补之法；对于缺乏新颖性或创造性的方案，在申请之时可以帮助申请人再次挖掘和完善；而在文件撰写过程中，专业的专利代理师能够尽可能地避免出现导致不能授权的撰写或修改缺陷。

申请阶段的撰写情况还决定了后续审批过程中的可修改性和可澄清性、授权后的无效和维权难度等，专利代理师会综合考虑这些因素，相对于不熟悉这方面知识的申请人而言，专利撰写质量就高得多。

第三，流程事务不操心，省时高效，降低风险。

专利申请过程中，专利局对申请文件的格式有比较严格的要求，流程比较复杂琐碎，不了解的人往往要花费相当大的精力去学习探索。比如，请求书各种选项填写和勾选代表什么含义、需要附上什么资料、是否有必要的证明和签章、是否在规定时限内提交，等等。如果文件不符合要求，会被要求补正，时间成本增加，更严重的是，有时一个小细节没注意就导致无法补救的权利丧失。比如，由于没有勾选不丧失新颖性宽限期的声明，导致自己在国际展会上展示的样品破坏了专利申请的新颖性，或者由于没有勾选对同样的发明创造在申请发明同日申请了实用新型专利，导致先授权的实用新型专利影响发明专利申请授权。而且，个人办理比较辛苦，可能会走些冤枉路，费时费力，受理速度也一般不如请代理公司办理，如果算上这些，耗费的综合成本可能比请代理公司还要高。代理公司提供系统专业化的服务，资料准备和流程处理有专门的负责人，确保申请人正确地办理取得和维持专利权的各种法定手续，也为申请人节省了大量的时间成本。

第四，有利于提高专利审查机关的工作效率，加快审批速度。

专利审查机关受理申请、审查、颁布专利等工作效率，不仅与工作人员的业务素质有关，包括申请文件以及各种手续在内的文件质量也常常有很重要的影响。当文件不合乎要求时，可能会给审查工作带来困难，申请人需要修改、补正，导致审批时间延长，甚至给以后发生各种纠纷留下隐患。因而专利代理师出色、有效的工作，能够与审查机关配合默契，大大提高专利审批效率。

在第二节中，还将以案例的形式形象地演示聘请了专利代理机构的申请与没有聘请专利代理机构的申请在授权前的审查阶段的差异。

总而言之，专利代理师承担的社会角色与技术创新的发明人有着显著的区别。发明人是技术人，是将技术知识应用于解决实际问题的劳动者，是"创新之树"的种树人；而专利代理师虽然也有一定的技术功底，能够在发明人介绍的基础上理解背景知识和发明创造内容，但其专长上却更偏重于法律，是将发明创造的技术信息加工为合法专有权的"法律人"，是给"创新之树"搭建"庇护之所"的"建筑师"。合适的"庇护之所"能够促进"创新之树"健康地成长，从创新成果开始萌芽到开花结果，从申请专利到维权运用的整个过程中，专利代理师都发挥着十分重要的作用。美国前总统林肯有句名言："专利制度是为天才之火浇上利益之油"，而这个"利益之油"必须正确地添加，"天才之火"才能越烧越旺，专利代理师就是确保"利益之油"正确添加过程中十分重要的因素，是专利制度有效运转的强有力支撑。

第二节　请什么样的人写

尽管将创新技术成果交由专业的专利代理机构代理有着诸多优点，但实践中却时常听到一些申请人抱怨，请的专利代理师只是在自己提供的技术交底书或者申请文件初稿上简单地作了些文字变换就递交了，例如，把一些参数范围稍加扩展，将原先 2% 的 Cu 含量修改成 1% ~ 3%，将原先 800 ℃ 的淬火温度修改为 750 ~ 850 ℃，这些工作完全没有技术含量，专利代理费花得不值。

的确，真正意义上的专利申请文件撰写绝不仅仅是把技术交底书作文字编排和格式变换，正如上一节提到的，将技术信息转换为申请文件的过程中，每一字句都需要仔细斟酌。尽责的专利代理师在成稿之前都会向申请人反复确认细节，弄清技术关键点和预期的保护范围，说明不同撰写方式对申请人利益的影响，并提供合理化建议。同样，在审查意见的转达和建议等其他代理服务过程中，专利代理师的专业性也相当重要，而且，不同技术领域的案件对于专利代理师的专业要求并不一样。没有选择对专利代理师，不仅仅是代理费花得冤枉，更糟糕的是可能导致本来能够获得的权利遭受无法挽回的损失。因此，如何选择合适的专利代理机构和专利代理师对于专利申请而言也是需要慎重考虑的。

一、"自己写"与"请人写"在专利申请阶段的差异

在"技术创新—专利申请—授权保护—权利运用"这一创新保护链条当中，技术创新是源头根本，但只有技术创新是远远不够的，如何将技术创新转化为法律文件，即作为权利基础的专利申请文件写得好不好，决定了技术创新能否得到有效保护，能否发挥其经济和社会价值。实践中，经常有一些很好的发明，因为专利申请文件没有写好而丧失了授权的机会，也有一些已经授权的专利，因为保护范围写得过小而被使用的竞争对手"规避"掉，输掉侵权官

司。因此，在申请阶段写好专利申请文件，并在审查过程中恰当地应对审查意见通知书指出的问题，是确保技术创新能够得到授权保护并发挥权利运用功效的基础性工作。

那么，在这至关重要的专利申请阶段，专利代理师应该或者能够发挥怎样的作用呢？我们来看下面这个案例，这是由发明人自己撰写的一份专利申请文件，全文如下：

说 明 书

一种制作闭孔泡沫铝的方法

技术领域

本发明属于制备泡沫铝技术领域，具体提供了一种制作闭孔泡沫铝的方法。

背景技术

泡沫铝是一种在铝或铝合金基体中分布着大量连通或不连通孔洞的新型轻质多孔功能材料，集多种优良性能于一身，如比表面积大，比刚度高，冲击能量吸收率高，孔隙率高，防火防爆性能好，阻尼减振性能好，隔声吸声，电磁屏蔽，良好的散热性等。在航空航天、电子通信、交通运输、原子能、医学、环保、冶金、机械、建筑、电化学和石油化工等领域都具有巨大的市场潜力和经济价值。

国内外制备闭孔泡沫铝的方法很多，其中采用发泡剂法发泡是重要的一种。但是由于发泡剂分解温度一般都低于铝或铝合金的熔点，所以导致发泡剂的发泡效果不好和发泡效率不高。

发明内容

本发明为了解决铝或铝合金熔点与发泡剂热分解温度难以匹配的缺点，特提供了一种制作闭孔泡沫铝的方法。

本发明是这样实现的：一种制作闭孔泡沫铝的方法，其特征是：在铝或铝合金熔化后加入钙和碳酸钡颗粒搅拌均匀，然后保温发泡，最后快速冷却得到闭孔泡沫铝。

本发明以热分解温度远远高于铝或铝合金熔点的碳酸钡作为发泡剂，使闭孔泡沫铝的制作变得简单易行，发泡效率高，发泡效果好，孔隙结构均匀，适合连续规模化生产。

具体实施方式

具体实施方式一：根据说明书附图1具体说明本实施方式。一种制作闭孔泡沫铝的方法，所述方法的过程为：在铝或铝合金熔化后加入钙和碳酸钡颗粒搅拌均匀，然后保温发泡，最后快速冷却得到闭孔泡沫铝。

具体实施方式二：本具体实施方式是对具体实施方式一所述的一种制作闭孔泡沫铝的方法的进一步说明，制备闭孔泡沫铝的发泡剂采用碳酸钡，各组分比例为：钙为3wt%～7wt%，碳酸钡为3wt%～9wt%，余量为铝或铝合金，碳酸钡的粒度为600～1000目。

具体实施方式三：本具体实施方式是对具体实施方式一所述的一种制作闭孔泡沫铝的方法的进一步说明，在800℃下以1000～3000 rpm搅拌30 min，在1500℃下保温发泡45 min，采用水冷方式冷却得到平均孔径5～7 mm、相对密度为80%的闭孔泡沫铝。

权 利 要 求 书

1. 一种制作闭孔泡沫铝的方法，其特征是：在铝或铝合金熔化后加入钙和碳酸钡颗粒搅拌均匀，然后保温发泡，最后快速冷却得到闭孔泡沫铝。

2. 如权利要求1所述的一种制作闭孔泡沫铝的方法，其特征在于制备闭孔泡沫铝的发泡剂采用碳酸钡，各组分比例为：钙为3wt%～7wt%，碳酸钡为3wt%～9wt%，余量为铝或铝合金，碳酸钡的粒度为600～1000目。

3. 如权利要求1所述的一种制作闭孔泡沫铝的方法，其特征在于在搅拌阶段在800℃下以1000～3000 rpm搅拌30 min，在1500℃下保温发泡45 min，在冷却阶段采用水冷方式。

摘 要

一种制作闭孔泡沫铝的方法，属于泡沫铝制备技术领域。本发明所述的方法：在铝或铝合金熔化后加入钙和碳酸钡颗粒搅拌均匀，然后保温发泡，最后快速冷却得到闭孔泡沫铝。制备闭孔泡沫铝的发泡剂采用碳酸钡，各组分比例为：钙为3wt%～7wt%，碳酸钡为3wt%～9wt%，余量为铝或铝合金，碳酸钡的粒度为600～1000目。在搅拌阶段在800℃下以1000～3000 rpm搅拌30 min，在1500℃下保温发泡45 min，在冷却阶段采用水冷方式。

在实质审查阶段，审查员采用了两篇现有技术文献作为证据，其中对比文件 1 披露了权利要求的绝大多数特征，对比文件 2 披露了对比文件 1 中没有公开的特征——泡沫铝制备时采用碳酸钡作发泡剂。审查员认为本申请全部权利要求相对于对比文件 1 和 2 的结合不具备《专利法》第 22 条第 3 款规定的创造性❶，并给予申请人四个月的修改答复期限。申请人答复意见如下：

"1. 本人修改了专利权利要求。在权利要求 1 中添加了内容'并以铂、钽和金作为催化剂'；在权利要求 2 中添加了'催化剂采用铂、钽和金'和'铂为 0.01wt%，钽为 0.001wt%，金为 0.01wt%'。并对'说明书'和'说明书摘要'做了相应修改。

2. 对比文件 2（CN101473055A）中尽管提到使用 $BaCO_3$ 作为发泡剂，但是并没有给出详细的实验配方。附上本人找到的 3 个已授权专利，都使用 TiH_2 作为发泡剂，并且冷却方式也类似，但这并不影响相关专利的授权。"

之后，审查员发出第二次审查意见通知书，指出申请人对申请文件的修改超出了原申请文件的记载范围，不符合《专利法》第 33 条的规定❷。通过电话沟通，申请人弄清楚了审查员指出的修改超范围缺陷无法通过修改克服，放弃答复，此案最后视为撤回。

本申请的发明人显然不太了解专利法，虽然提交的申请文件看上去具备基本形式要件，但实质内容却存在严重缺陷，而且面对审查意见指出的问题，不太能够理解其含义和采取有效应对方式。

第一，申请文件完全没有写入真正发明点的内容"催化剂采用铂、钽和金"。而这些内容作为在申请日提交的申请文件中毫无记载的新信息，是不允许事后加入申请文件当中的——如果允许这种行为，则意味着申请人可通过日后不断补充新内容而使申请文件纳入申请日后完成的发明创造，显然不合理，违背了同样的发明创造以申请日定先后的先申请制原则。

第二，本申请是一种改进型发明，说明书中记载了许多其相对于现有发泡铝的优点，例如"发泡效率高，发泡效果好，孔隙结构均匀"等，但申请文件中并未提供任何证明。也就是说，这些效果仅仅停留在申请人声称的层面，这一点很可能在审查过程中被认为是没有太大说服力的。

---

❶　《专利法》第 22 条第 3 款规定：创造性，是指与现有技术相比，该发明具有突出的实质性特点和显著的进步，该实用新型具有实质性特点和进步。

❷　《专利法》第 33 条规定：申请人可以对其专利申请文件进行修改，但是，对发明和实用新型专利申请文件的修改不得超出原说明书和权利要求书记载的范围，对外观设计专利申请文件的修改不得超出原图片或者照片表示的范围。

第三，权利要求书和说明书具体实施方式记载完全相同，说明书对于权利要求书所要求保护方案的各特征选择、原理、效果等没有任何具体说明，具体实施方式记载的仍然是概括性的实施范围，而不是具体而详细的实际操作"示例"。这样的记载一方面令人怀疑申请人是否实际作出并验证过方案的可行性；另一方面不清楚哪些内容是关乎发明核心的要点，哪些是现有技术，没有给后续修改或者受到诸如创造性质疑时留出足够的争辩或修改空间。

第四，权利要求中一些参数范围很大，一些又小至一个点值。例如"碳酸钡的粒度为 600～1000 目""在 800 ℃下""以 1000～3000 rpm 搅拌 30 min""在 1500 ℃下保温发泡 45 min"。这些参数的选择看上去较为随意：粒度和搅拌速度能够在一个非常宽的范围中选择适用，缺乏多层次的优选；而温度、搅拌和发泡时间又固定在单一点值，导致保护范围极小，很容易被规避设计，专利即使授权也基本无实用价值。

上述四个方面的问题是原始文件自带的致命缺陷，后续基本上没有可修改的余地，导致本申请不能被授权。当然，申请文件还存在其他一些欠考虑之处，例如，说明书中提到了"附图 1"而申请文件并没有提交附图，具有从属关系的权利要求的特征有重复之处，等等。虽然这些问题可以通过修改克服，但也显示了申请人自己撰写的文件非常不专业。

此外，在审查员发出第一次审查意见通知书之后，申请人并没有完全理解其中认定"技术方案不具备创造性"在专利法中的含义，申请人陈述的两点意见都不是应对创造性审查意见时具有针对性和说服力的答复。第一点意见是申请人修改了申请文件，加入了原始申请文件中没有记载的内容。这反而暴露出申请文件没有充分揭示其发明内容，一旦如此修改则超出原申请文件记载的范围，违反《专利法》第 33 条的规定，不能允许。第二点意见是虽然现有技术中提到 $BaCO_3$ 作为发泡剂，但没有给出详细配方，并举出几篇专利文献，意欲说明个别特征被公开不一定影响在后申请的创造性。然而，审查员评价方案的创造性是基于一个完整技术方案作出的，并非单个特征，本案中审查意见是认为两篇现有技术结合能够破坏本申请的创造性，即认为本领域技术人员有动机将对比文件 2 公开的" $BaCO_3$ 作为发泡剂"这一特征结合到对比文件 1 公开内容基础上从而获得本申请的方案，申请人仅提出对比文件 2 公开详细度不够并不足以否认这种结合动机。

从上面的案例可以看出，对于专利申请缺乏了解的申请人来说，自己撰写申请文件不是一个明智的选择，很可能在原始申请文件中留下许多隐患，而很多情况下这些隐患是不能通过修改克服或者意见陈述澄清的，加之很多申请人对审查意见的理解和应对能力不足，导致原本很好的创新成果由于申请文件的撰写和审查过程应对的失误而丧失了获得授权的机会。

下面我们再来看一个由专利代理机构代理的一件专利申请。该申请在审查阶段同样遭受了全部方案不具备创造性的质疑，但最终却通过十分得当的应对获得了授权。

说 明 书

一种 1 系铝合金板材生产工艺

技术领域

本发明属于铝合金生产工艺技术领域，涉及一种 1 系铝合金板材生产工艺，尤其涉及一种能够改善铝合金板材表面的工艺。

背景技术

铝合金是工业中应用最广泛的一类有色金属结构材料，在航空、航天、汽车、机械制造、船舶以及化学工艺中已大量应用。根据铝合金中铝的含量与添加元素的区别，铝合金分为 1 系铝合金、2 系铝合金、3 系铝合金、4 系铝合金、5 系铝合金、6 系铝合金、7 系铝合金、8 系铝合金与 9 系铝合金，其中 1 系铝合金属于含铝量最多的一个系列，纯度达到 99.00wt% 以上。

在制备纯铝系列即 1 系铝合金板材的过程中，往往对其晶粒以及组织的变化要求比较严格。现有技术中，生产铝合金铸锭的工艺为：首先将原料在熔炼炉中熔炼，其次将熔炼后的合金熔液在保温炉中静置、除气、除渣，最后将合金熔液进行铸造，之后进行均匀化退火、挤压、淬火、锯切，即得到铝合金板材。

1070 属于纯铝合金，不能通过热处理强化，强度低，切削性不好，但其铝板具有塑性高，耐蚀，导电性和导热性好等特点，可接受接触焊，气焊。常应用于制造一些具有特定性能的结构件、电仪表部件、热交换材料等，如铝箔制成垫片及电容器、电子管隔离网、电线、电缆的防护套，网、线芯及飞机通风系统零件及装饰件。

现有技术生产的 1070 合金板材表面存在色差以及振纹，电导率以往可达到 59.5%IACS；此次客户要求表面不能有明显色差和振纹，表面粗糙度 $Rz \leqslant 10 \, \mu m$，电导率要求 $\geqslant 61\%IACS$。针对此问题，技术人员对现有工艺进行改进。针对客户技术协议要求，对其设计出不同的挤压工艺，并对挤压后的板材进行力学、成分、电导率等性能检测，以获得最佳的挤压工艺参数，满足客户所提出的要求。

发明内容

有鉴于此，本发明为了解决现有技术生产的 1070 铝合金板材表面存在色差以及振纹，且电导率不能满足要求的问题，提供一种 1 系铝合金板材生产工艺。

为达到上述目的，本发明提供一种 1 系铝合金板材生产工艺，包括以下步骤：

A. 熔铸：按照如下重量份数比配制铝合金原料：Si：0.04% ~ 0.07%，Fe：0.10% ~ 0.15%，Cu ≤ 0.03%，Mg：0.001% ~ 0.03%，Zn：0.001% ~ 0.03%，V：0.001% ~ 0.03%，Ti：0.003% ~ 0.04%，单个杂质 ≤ 0.05%，杂质合计 ≤ 0.15%，余量 Al，将配制好的铝合金原料加入熔炼炉中均匀混合后熔炼为液态铝合金，将液态铝合金熔铸为铝合金铸锭；

B. 均质：将熔铸得到铝合金铸锭加热至 480 ~ 490 ℃ 后保温 10 ~ 13 h，得到均质后的铝合金铸锭；

C. 挤压：将均质后的铝合金铸锭送入挤压机的挤压筒中进行挤压，得到铝合金板材，其中挤压筒温度为 430 ± 10 ℃，挤压筒的挤压比为 21.2，挤压速度为 6.0 ~ 9.5 m/min，铝合金铸锭加热温度为 430 ~ 450 ℃，挤压模具的加热温度为 440 ~ 450 ℃，整个模具工作带打磨成 2° ~ 5° 的促流角，挤压模具使用前进行氮化处理，使模具表面硬度保持在 900 ~ 950 HV；

D. 在线淬火：将挤压后的铝合金板材置于在线淬火装置中淬火至室温，淬火方式为水冷；

E. 锯切：将在线淬火后的铝合金板材进行锯切，锯切后的铝合金板材的长度为 300 ~ 400 mm；

F. 打包：将锯切后的铝合金板材进行性能检测后包装。

进一步，步骤 A 液态铝合金熔炼温度为 720 ~ 750 ℃。

进一步，步骤 A 中各元素依次按照先高熔点、后低熔点、先大密度、后小密度的顺序加入熔炼炉中熔炼，待炉内出现铝水时，进行电磁搅拌，然后向炉中通入氩气进行精炼除杂，氩气流量为 35 ~ 55 scfh，将经扒渣得到的合格铝液注入到保温炉中保温，然后细化处理。

进一步，步骤 B 熔铸后的铝合金铸锭加热至 490 ℃ 后保温 13 h。

进一步，步骤 C 中挤压机为 1000 t 吨位。

进一步，步骤 D 中淬火冷却速率为 5.0 ~ 6.0 ℃/s，淬火时间为 60 ~ 80 s，淬火后铝合金板材的温度为 25 ~ 28 ℃。

本发明的有益效果在于:

1. 本发明所公开的 1 系铝合金板材生产工艺,由于 1 系铝合金铸锭本身较软,在经模具挤压成型的过程中,经过模具工作带的挤压时间越短越好,本发明所公开的挤压模具针对 1 系铝合金铸锭的特点,其独特之处在于把模具工作带打磨成 2°~5° 的微小倾角,即打磨成促流角,使模具工作带长度变成 0.5 mm(由于 1 系铝合金偏软的特点,这样做并不会影响模具寿命),这样可降低工作带黏着区宽度,减小黏着区的摩擦力,增大滑动区;与此同时针对 1 系铝合金铸锭的特点,进行高效的模具氮化处理,使模具表面硬度保持在 900~950 HV,并且表面硬度波动小于 50 HV。这样最终制备的 1 系铝合金板材表面粗糙度 $Rz \leqslant 10~\mu m$,电导率达到 61% IACS 以上,满足了客户的生产要求。

2. 本发明所公开的 1 系铝合金板材生产工艺,通过优化生产工艺,调整工艺参数以及对挤压模具的结构改良,生产出了表面光洁,表面粗糙度 $Rz \leqslant 10~\mu m$,电导率达到 61% IACS 以上的 1 系铝合金挤压板材。

附图说明

为了使本发明的目的、技术方案和有益效果更加清楚,本发明提供如下附图进行说明:

图 1 为对比例 2 或对比例 3 制备的铝合金板材表面质量图;

图 2 为本发明实施例制备的铝合金板材表面质量图。

具体实施方式

下面将对本发明的优选实施例进行详细的描述。

实施例

一种 1 系铝合金板材生产工艺,包括以下步骤:

A. 熔铸:按照如下重量份数比配制铝合金原料:Si:0.05%,Fe:0.10%,Cu:0.001%,Mn 为 0,Mg:0.004%,Zn:0.002%,V:0.008%,Ti:0.004%,杂质 0.03%,Al:99.80%,将配制好的铝合金原料加入熔炼炉中均匀混合后熔炼为液态铝合金,液态铝合金熔炼温度为 740 ℃,将液态铝合金熔铸为铝合金铸锭;

B. 均质:将熔铸得到铝合金铸锭加热至 490 ℃后保温 13 h,得到均质后的铝合金铸锭;

C. 挤压：将均质后的铝合金铸锭送入挤压机的挤压筒中进行挤压，得到铝合金板材，其中挤压机为 1000 t 吨位，挤压筒温度为 430±10 ℃，挤压筒的挤压比为 21.2，挤压速度为 6.0 m/min，铝合金铸锭加热温度为 430~450 ℃，挤压模具的加热温度为 440~450 ℃，整个模具工作带打磨成 2°~5°的促流角，模具工作带长度为 0.5 mm，挤压模具使用前进行氮化处理，使模具表面硬度保持在 900~950 HV，并且表面硬度波动小于 50 HV；

D. 在线淬火：将挤压后的铝合金板材置于在线淬火装置中淬火至室温，淬火方式为水冷；

E. 锯切：将在线淬火后的铝合金板材进行锯切，锯切后的铝合金板材的长度为 300~400 mm；

F. 打包：将锯切后的铝合金板材进行性能检测后包装。

对比例 1

一种 1 系铝合金板材生产工艺，包括以下步骤：

A. 熔铸：按照如下重量份数比配制铝合金原料：Si：0.05%，Fe：0.10%，Cu：0.001%，Mn 为 0，Mg：0.004%，Zn：0.002%，V：0.008%，Ti：0.004%，杂质 0.03%，Al：99.80%，将配制好的铝合金原料加入熔炼炉中均匀混合后熔炼为液态铝合金，液态铝合金熔炼温度为 740 ℃，将液态铝合金熔铸为铝合金铸锭；

B. 均质：将熔铸得到铝合金铸锭加热至 490 ℃后保温 13 h，得到均质后的铝合金铸锭；

C. 挤压：将均质后的铝合金铸锭送入挤压机的挤压筒中进行挤压，得到铝合金板材，其中挤压机为 1000 t 吨位，挤压筒温度为 430±10 ℃，挤压筒的挤压比为 21.2，挤压速度为 9.6 m/min，铝合金铸锭加热温度为 430~450 ℃，挤压模具的加热温度为 440~450 ℃，整个模具工作带打磨成 2°~5°的促流角，模具工作带长度为 0.5 mm，挤压模具使用前进行氮化处理，使模具表面硬度保持在 900~950 HV，并且表面硬度波动小于 50 HV；

D. 在线淬火：将挤压后的铝合金板材置于在线淬火装置淬火至室温，淬火方式为水冷；

E. 锯切：将在线淬火后的铝合金板材进行锯切，锯切后的铝合金板材的长度为 300~400 mm；

F. 打包：将锯切后的铝合金板材进行性能检测后包装。

对比例 2

一种 1 系铝合金板材生产工艺，包括以下步骤：

A. 熔铸：按照如下重量份数比配制铝合金原料：Si：0.06%，Fe：0.12%，Cu 为 0，Mn 为 0，Mg：0.004%，Zn 为 0，V：0.02%，Ti：0.03%，杂质 0.03%，Al：99.74%，将配制好的铝合金原料加入熔炼炉中均匀混合后熔炼为液态铝合金，将液态铝合金熔铸为铝合金铸锭；

B. 均质：将熔铸得到铝合金铸锭加热至 490 ℃后保温 13 h，得到均质后的铝合金铸锭；

C. 挤压：将均质后的铝合金铸锭送入挤压机的挤压筒中进行挤压，得到铝合金板材，其中挤压机为 1000 t 吨位，挤压筒温度为 430 ± 10 ℃，挤压筒的挤压比为 21.2，挤压速度为 5.6 m/min，铝合金铸锭加热温度为 380 ~ 400 ℃，挤压模具的加热温度为 440 ~ 450 ℃，整个模具工作带打磨成 2° ~ 5°的促流角，模具工作带长度为 0.5 mm，挤压模具使用前进行氮化处理，使模具表面硬度保持在 900 ~ 950 HV，并且表面硬度波动小于 50 HV；

D. 在线淬火：将挤压后的铝合金板材置于在线淬火装置中淬火至室温，淬火方式为空冷；

E. 锯切：将在线淬火后的铝合金板材进行锯切，锯切后的铝合金板材的长度为 300 ~ 400 mm；

F. 打包：将锯切后的铝合金板材进行性能检测后包装。

对比例 3

一种 1 系铝合金板材生产工艺，包括以下步骤：

A. 熔铸：按照如下重量份数比配制铝合金原料：Si：0.06%，Fe：0.12%，Cu 为 0，Mn 为 0，Mg：0.004%，Zn 为 0，V：0.02%，Ti：0.03%，杂质 0.03%，Al：99.74%，将配制好的铝合金原料加入熔炼炉中均匀混合后熔炼为液态铝合金，将液态铝合金熔铸为铝合金铸锭；

B. 均质：将熔铸得到铝合金铸锭加热至 490 ℃后保温 13 h，得到均质后的铝合金铸锭；

C. 挤压：将均质后的铝合金铸锭送入挤压机的挤压筒中进行挤压，得到铝合金板材，其中挤压机为 1000 t 吨位，挤压筒温度为 430 ± 10 ℃，挤压筒的挤压比为 21.2，挤压速度为 6.3 m/min，铝合金铸锭加热温度为 380 ~ 400 ℃，挤压模具的加热温度为 440 ~ 450 ℃，整个模具工作带打磨成 2° ~ 5°的促流角，模具工作带长度为 0.5 mm，挤压模具使用前进行氮化处理，使模具表面硬度保持在 900 ~ 950 HV，并且表面硬度波动小于 50 HV；

D. 在线淬火：将挤压后的铝合金板材置于在线淬火装置中淬火至室温，淬火方式为水冷；

E. 锯切：将在线淬火后的铝合金板材进行锯切，锯切后的铝合金板材的长度为 300~400 mm；

F. 打包：将锯切后的铝合金板材进行性能检测后包装。

对比例 4

一种 1 系铝合金板材生产工艺，包括以下步骤：

A. 熔铸：按照如下重量份数比配制铝合金原料：Si：0.05%，Fe：0.10%，Cu：0.001%，Mn 为 0，Mg：0.004%，Zn：0.002%，V：0.008%，Ti：0.004%，杂质 0.03%，Al：99.80%，将配制好的铝合金原料加入熔炼炉中均匀混合后熔炼为液态铝合金，液态铝合金熔炼温度为 740 ℃，将液态铝合金熔铸为铝合金铸锭；

B. 均质：将熔铸得到铝合金铸锭加热至 490 ℃后保温 13 h，得到均质后的铝合金铸锭；

C. 挤压：将均质后的铝合金铸锭送入挤压机的挤压筒中进行挤压，得到铝合金板材，其中挤压机为 1000 t 吨位，挤压筒温度为 430±10 ℃，挤压筒的挤压比为 21.2，挤压速度为 6.0 m/min，铝合金铸锭加热温度为 430~450 ℃，挤压模具的加热温度为 440~450 ℃，整个模具工作带打磨成 0°的促流角，也就是没有促流角，模具工作带长度为 0.5 mm，挤压模具使用前进行氮化处理，使模具表面硬度保持在 900~950 HV，并且表面硬度波动小于 50 HV；

D. 在线淬火：将挤压后的铝合金板材置于在线淬火装置淬火至室温，淬火方式为水冷；

E. 锯切：将在线淬火后的铝合金板材进行锯切，锯切后的铝合金板材的长度为 300~400 mm；

F. 打包：将锯切后的铝合金板材进行性能检测后包装。

对比例 5

一种 1 系铝合金板材生产工艺，包括以下步骤：

A. 熔铸：按照如下重量份数比配制铝合金原料：Si：0.05%，Fe：0.10%，Cu：0.001%，Mn 为 0，Mg：0.004%，Zn：0.002%，V：0.008%，Ti：0.004%，杂质 0.03%，Al：99.80%，将配制好的铝合金原料加入熔炼炉中均匀混合后熔炼为液态铝合金，液态铝合金熔炼温度为 740 ℃，将液态铝合金熔铸为铝合金铸锭；

B. 均质：将熔铸得到铝合金铸锭加热至490 ℃后保温13 h，得到均质后的铝合金铸锭；

C. 挤压：将均质后的铝合金铸锭送入挤压机的挤压筒中进行挤压，得到铝合金板材，其中挤压机为1000 t吨位，挤压筒温度为430±10 ℃，挤压筒的挤压比为21.2，挤压速度为6.0 m/min，铝合金铸锭加热温度为430～450 ℃，挤压模具的加热温度为440～450 ℃，整个模具工作带打磨成2°～5°的促流角，模具工作带长度为2～4 mm，挤压模具使用前进行氮化处理，使模具表面硬度保持在900～950 HV，并且表面硬度波动小于50 HV；

D. 在线淬火：将挤压后的铝合金板材置于在线淬火装置淬火至室温，淬火方式为水冷；

E. 锯切：将在线淬火后的铝合金板材进行锯切，锯切后的铝合金板材的长度为300～400 mm；

F. 打包：将锯切后的铝合金板材进行性能检测后包装。

对比例1与实施例的铝合金配方相同，铝合金铸锭中铝含量为99.8%，对比例1相对于实施例提高挤压速度后，铝合金板材表面轻微起浪。对比例2和对比例3的铝合金配方相同，铝合金铸锭中铝含量为99.74%，实施例挤压后的铝合金板材表面平整，未出现振纹等缺陷（如图2所示），对比例2和对比例3的挤压速度和淬火方式不同，且挤压后的铝合金板材表面都有出现起浪、振纹等缺陷（如图1所示）。对比例4与实施例的模具工作带角度不同，对比例4的促流角为0°，对比例5与实施例的模具工作带长度不同，相对于实施例增加了模具工作带长度，对比例4和对比例5挤压后的铝合金板材表面有出现起浪、振纹等缺陷。

综合分析，针对此1系铝合金，影响其挤压表面质量的主要因素为挤压铸锭的模具和挤压速度，受淬火方式影响较小。当铸锭Al质量分数提高到99.8%时，提高挤压铸锭温度到430～450 ℃，控制挤压速度6～8 m/min，模具工作带打磨成2°～5°的促流角，模具工作带长度为0.5 mm时，可有效解决表面色差、机械纹重等表面质量问题。

应用AG-X 100KN电子万能试验机及涡流电导仪对实施例和对比例1～5试样进行力学和电导率检测，检测结果见表1。

表1

	挤压速度/（m/min）	淬火方式	模具工作带角度/（°）	模具工作带长度/mm	屈服强度/MPa	抗拉强度/MPa	延伸率（%）	电导率（%IACS）	表面质量 Rz/μm
实施例	6.0	水冷	2~5	0.5	33	60	71	62.89	平整 Rz：5~8
对比例1	9.6	水冷	2~5	0.5	34	61	70	62.22	轻微起浪 Rz：5~8
对比例2	5.6	空冷	2~5	0.5	38	64	55	59.99	平整 Rz：5~8
对比例3	6.3	水冷	2~5	0.5	40	65	54	60.22	平整 Rz：5~8
对比例4	6.0	水冷	0	0.5	34	60	72	62.54	轻微起浪 Rz：7~10
对比例5	6.0	水冷	2~5	2~4	33	61	71	62.46	轻微起浪 Rz：9~12

从实施例和对比例1相对于对比例2和对比例3化学成分生产的型材性能数据可以看出，针对纯铝合金，铝合金铸锭中铝含量由99.7%提升到99.8%后，材料的电导率提升较为明显，最高可达到62.89%IACS，与对比例2的电导率相比，明显提高，满足客户要求的电导率大于61%IACS；虽然在试样电导率提高的前提下，力学性能有所降低，但仍符合客户的要求。

从实施例相对于对比例4和对比例5模具工作带改进生产的型材性能数据可以看出，模具工作带角度为2°~5°，模具工作带长度为0.5 mm时，所制备的铝合金试样力学性能、电导率以及表面质量能够满足客户要求。

最后说明的是，以上优选实施例仅用以说明本发明的技术方案而非限制，尽管通过上述优选实施例已经对本发明进行了详细的描述，但本领域技术人员应当理解，可以在形式上和细节上对其作出各种各样的改变，而不偏离本发明权利要求书所限定的范围。

说 明 书 附 图

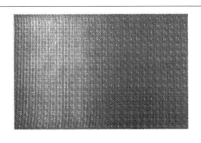

图1

图2

权 利 要 求 书

1. 一种1系铝合金板材生产工艺，其特征在于，包括以下步骤：

A. 熔铸：按照如下重量份数比配制铝合金原料：Si：0.04%～0.07%，Fe：0.10%～0.15%，Cu≤0.03%，Mg：0.001%～0.03%，Zn：0.001%～0.03%，V：0.001%～0.03%，Ti：0.003%～0.04%，单个杂质≤0.05%，杂质合计≤0.15%，余量Al，将配制好的铝合金原料加入熔炼炉中均匀混合后熔炼为液态铝合金，将液态铝合金熔铸为铝合金铸锭；

B. 均质：将熔铸得到铝合金铸锭加热至480～490℃后保温10～13 h，得到均质后的铝合金铸锭；

C. 挤压：将均质后的铝合金铸锭送入挤压机的挤压筒中进行挤压，得到铝合金板材，其中挤压筒温度为430±10℃，挤压筒的挤压比为21.2，挤压速度为6.0～9.5 m/min，铝合金铸锭加热温度为430～450℃，挤压模具的加热温度为440～450℃，整个模具工作带打磨成2°～5°的促流角，模具工作带长度为0.5 mm，挤压模具使用前进行氮化处理，使模具表面硬度保持在900～950 HV；

D. 在线淬火：将挤压后的铝合金板材置于在线淬火装置中淬火至室温，淬火方式为水冷；

E. 锯切：将在线淬火后的铝合金板材进行锯切，锯切后的铝合金板材的长度为300～400 mm；

F. 打包：将锯切后的铝合金板材进行性能检测后包装。

2. 如权利要求1所述的1系铝合金板材生产工艺，其特征在于，步骤A液态铝合金熔炼温度为720～750℃。

3. 如权利要求2所述的1系铝合金板材生产工艺，其特征在于，步骤A中各元素依次按照先高熔点、后低熔点、先大密度、后小密度的顺序加入熔炼炉中熔炼，待炉内出现铝水时，进行电磁搅拌，然后向炉中通入氩气进行精炼除杂，氩气流量为 35～55 scfh，将经扒渣得到的合格铝液注入到保温炉中保温，然后细化处理。

4. 如权利要求 3 所述的 1 系铝合金板材生产工艺，其特征在于，步骤 B 熔铸后的铝合金铸锭加热至 490 ℃后保温 13 h。

5. 如权利要求 4 所述的 1 系铝合金板材生产工艺，其特征在于，步骤 C 中挤压机为 1000 t 吨位。

6. 如权利要求 5 所述的 1 系铝合金板材生产工艺，其特征在于，步骤 D 中淬火冷却速率为 5.0～6.0 ℃/s，淬火时间为 60～80 s，淬火后铝合金板材的温度为 25～28 ℃。

摘　　要

本发明属于铝合金生产工艺技术领域，涉及一种 1 系铝合金板材的生产工艺，包括熔炼铸造、均匀化退火、挤压、淬火、锯切和打包工艺，其中铝合金原料配方为 Si：0.04%～0.07%，Fe：0.10%～0.15%，Cu≤0.03%，Mg：0.001%～0.03%，Zn：0.001%～0.03%，V：0.001%～0.03%，Ti：0.003%～0.04%，单个杂质≤0.05%，杂质合计≤0.15%，余量 Al，挤压工艺中将整个模具工作带打磨成 2°～5°的促流角，挤压模具使用前进行氮化处理，使模具表面硬度保持在 900～950 HV，通过优化调整生产工艺参数以及对挤压模具的结构改良，生产出了表面光洁，表面粗糙度 $Rz \leqslant 10$ μm，电导率达到 61% IACS 以上的 1 系铝合金挤压板材。

这是一个根据客户要求定制合金产品而作出的工艺改进型发明创造。客户对产品的外观、表面粗糙度和电导率等参数提出具体要求，而现有的生产工艺达不到上述要求，申请人通过工艺流程的优化改善了合金产品的表面理化性能。

在审查过程中，审查员一开始质疑本发明的工艺流程步骤没有创造性，原因是对比文件 1 公开了类似的工艺，区别有三点：一是 Fe、Zn 元素含量不同；二是熔炼铸锭、均质化退火、锯切的具体工序和参数不同；三是挤压步骤不同。前两点区别属于本领域根据实际需要进行的常规调整，第三点区别在对比文件 2 给出了技术启示。

申请人在答复意见中，首先认可了区别一和二属于常规技术手段，但指出对比文件2并不能给出应用区别三的技术启示。对于上述观点，申请人并非泛泛而谈，其详细分析了对比文件2与本申请目的和手段的区别：对比文件2是通过改变工作带入口角度的方法控制铝合金流量，解决热挤压模具寿命低、产品尺寸不稳定、表面质量不高的问题，其中对于角度的选取以及工作带长度的改变程度没有给出相应的技术启示。本专利针对1系铝合金偏软的特点，经过大量的试验，得到将工作带打磨成2°~5°的促流角区间范围、模具工作带长度为0.5 mm的技术改进，使用此参数的模具流速均匀，并且在长时间挤压工作下，壁厚损失较小。另外，为了防止促流角的改进会相对缩短模具寿命，以及由于模具强度相对不高造成的模具弹变（此种"零工作带"模具更易发生弹变），进而导致尺寸超差，本申请将模具表面又进行氮化处理，对模具表面的氮化处理使得模具的表面硬度维持在900~950 HV，表面硬度波动小于50 HV，改善对模具造成的影响。

最终，上述观点说服了审查员，此案在一通后授权。值得指出的是，本案虽然看上去是在意见答复时作出的得当应对改变了案件走向，但实际上，原始申请的撰写才是关键。本申请的创新点在于发现了1系铝合金制造工艺中一些参数设计对性能的特殊影响，包括铸锭Al质量分数、模具工作带的促流角、模具工作带长度，以及模具的表面氮化处理，这些处理单个看都比较细微。然而，说明书中对这些参数的细微调整给出了详细的解释：由于1系铝合金铸锭本身较软，在经模具挤压成型的过程中，经过模具工作带的挤压时间越短越好，把模具工作带打磨成2°~5°的微小倾角，即促流角，使模具工作带长度变成0.5 mm（由于1系铝合金偏软的特点，这样做并不会影响模具寿命），可降低工作带黏着区宽度，减小黏着区的摩擦力，增大滑动区；与此同时进行高效的模具氮化处理，使模具表面硬度保持在900~950 HV，并且表面硬度波动小于50 HV。说明书中还针对这些发现进行了对比试验。

换而言之，尽管这些参数单独来看在现有技术范围内的改变很细微，但却是针对1系铝合金特点而有目的地进行选择，且相互之间有关联协同作用。原始申请文件的记载给出了这样选择的合理理由，并非可以在常规范围中任意选出来都能够实现相同效果的。因此，当申请人答复提出相应观点时，能够得到审查员的认可。

案件审查过程中可能面临审查员提出的各种质疑，这种质疑不仅取决于技术成果本身的价值，申请文件撰写以及答复阶段的专业性同样重要，许多时候能够影响案件走向结果和权利大小。因此，委托专业的代理机构和代理师申请专利绝不是像买房委托房产中介那样只是图个方便获取资讯、加快进度、自己省事那么简单，创新成果以何种方式转化为能够获得受到法律保护的权益，是专利代理过程中真正具有技术含量的工作内容。

二、专利代理机构的选择

一旦决定将创新成果交给专利代理机构代理，接下来就要面临选择代理机构的问题：是选择行业知名度高的所，代理量大的所，价格实惠的所，还是找认识的朋友推荐一个所？显然，这些问题没有统一的答案，就像要在路边选择一家餐馆吃饭一样，既无须一味追求知名度高、代理量大的，也不能迷信价格越便宜越好，而是需要根据自身需求综合比较各方面因素来进行选择，适合自己的最好。通常在选择代理机构方面，可以考虑如下因素。

1. 具有正规代理机构资质

这是选择代理机构的基本前提。由于专利代理事务的专业性，《专利代理条例》规定，从事专利代理业务应当向国务院专利行政部门提出申请，提交有关资料，取得专利代理机构执业许可证。然而，受市场利益的驱动，也有一些没有获得代理机构注册证却擅自开展代理业务的无证机构，即我们经常说的"黑代理"。"黑代理"以牟利为目的，一方面为了招揽客户夸大其词，承诺专利申请100%授权等不可能做到的事项；另一方面不注重服务质量，没有规范的服务流程，甚至瞎编乱造专利。这些"黑代理"没有承担相应责任的能力，无法保证申请人的权益，一旦发生纠纷，专利权人可能会受到严重损害，同时扰乱了市场秩序。因此，申请专利一定要选择正规的代理机构，以获得最基本的权益保障。

现实中，有一些"黑代理"利用申请人不了解相关规定，以混淆视听的营业执照冒充专利代理机构的证件，比如某知识产权咨询公司、某专利技术成果转化公司等。

正规的专利代理机构都有国家知识产权局颁发的"专利代理机构注册证"，证书上有唯一识别的代理组织机构代码，通过国家知识产权局网站（http://www.cnipa.gov.cn/）或者中华全国专利代理师协会网站（http://www.acpaa.cn/）可以查询代理机构的资质。查询网页（网址 http://dlgl.cnipa.gov.cn/txnqueryAgencyOrg.do）界面如图 5 - 3 所示。

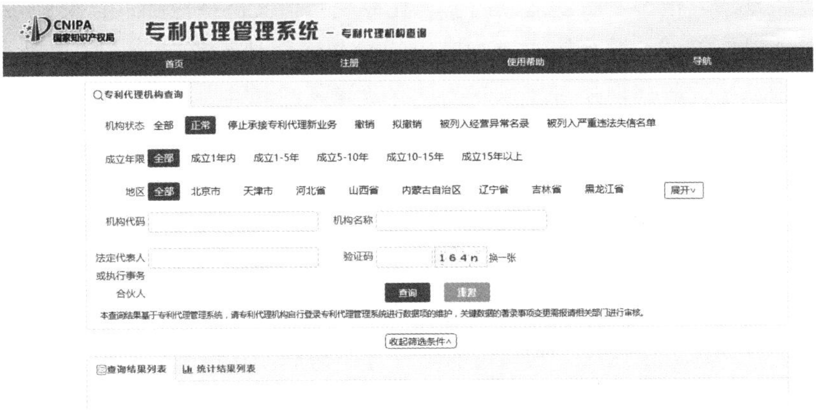

图5-3 专利代理机构查询界面

2. 具有专业且稳定的服务团队

专利代理当中最重要且最有专业技术含量的内容是申请文件的撰写和在相关各种程序当中向申请人、行政机关和司法机关提供专业意见。而这两类服务内容取决于直接为客户提供专利服务的代理师团队，因此，可以说代理服务团队是选择专利代理机构时最重要的考虑因素。

每个代理机构内部通常会根据合伙人或组长划分为不同的服务团队，每个团队内部人员素质和经验也有所不同。因此即便是同样技术领域的同类案件，由于对接团队的人员不同，提供的质量也有所差别。这就是为什么有时同一家代理机构能给甲公司提供满意的服务却不能让乙公司满意的原因。只有选对了代理团队，发明人与代理师之间才能默契、高效地配合，在加深技术方案理解的基础上，丰富拓展可能的实施方式和技术效果，根据需求有层次地撰写权利要求，以及绘制出便于理解且展示充分的附图，为最终获得高质量的专利奠定基础。

因此，在选择代理机构的时候，最好能够先了解提供服务的人员信息，例如事先请他们提供拟服务团队的成员简历，商定一名经验丰富的对接人员，通过与对接人员的充分交流大致了解团队的服务能力，再通过试探性接触加深彼此了解，然后再作出合作与否的决定。日本索尼（Sony）公司在选择自己的代理机构时就十分慎重，它们先用一些案件对欲考察的几个服务团队进行测试，考察通过后再进行拜访，以自己的标准主导代理机构的选择。

应该了解，具有一些特殊经历和背景的代理服务团队人员可能在某些代理服务方面相对更为擅长。例如，具有实质审查经历和检索经验的专利代理师较擅长查新检索、把握发明创造性高度，在专利申请文件撰写和审查意见答复中可能更能抓住关键；具有技术研发经历的专利代理师了解申请人的思维方式，特别是领域接近的代理师对技术方案具有较深刻的理解力和预见性，有利于创新点的交流和启发；具有无效和诉讼经验的专利代理师则更能准确预判专利授权后程序中可能存在的风险，从而在撰写专利申请文件时提前做好规避；具有涉外案件，特别是美日欧韩和 PCT 案件代理经验的专利代理师对相关国家、地区和组织机构的审查实践更为了解，在撰写申请文件时能够兼顾要点，合理布局权利要求和说明书，例如有些主题虽然在中国属于不能授权的客体，但在美国或者欧洲却可以授权，其在说明书中详细记载便于后续拓展海外市场。

此外，专利代理机构本身及其人员的稳定性也是一个非常重要的考量因素。目前，国内专利代理机构人员流动性较高，例如一件案件，撰写新申请时的代理师是 A 代理师，等第一次审查意见通知书下来就换成了 B 代理师，待授权或驳回结案后，无效或复审程序中又换成了 C 代理师，这非常影响技术方案理解和权利布局的连贯性，进而影响服务质量。因此对于申请人来讲，专利代理机构频繁换人显然是不利的，选择时还是应该通过细致深入的调查，尽可能选择人员流动性相对较小的代理机构。

3. 国内专利申请的代理质量

之所以限定在国内专利申请，是因为涉外专利申请，尤其是"外向内"专利申请，通常还有国外专利代理机构的参与，而国内专利申请从撰写到结案，甚至结案后流程通常完全由代理机构自身负责，可以说是代理能力的试金石。在所有代理服务之中，含金量最高的当属申请文件撰写，申请文件作为法律文件的基础直接影响着发明创造最终能否得到授权、保护范围是否理想、授权后的权利是否稳定，以及整个过程所花费的人力、时间和金钱成本。当然，后续审查过程中的意见答复、修改策略也是相当重要的代理能力。

为了客观衡量和横向比较代理机构的代理质量，业内创设了一些指标，通常由知名媒体或咨询机构进行发布，下面分别列举部分指标的含义。

发明专利申请授权量：代理机构代理的发明授权数量；

发明专利申请的授权率：代理机构代理的发明授权数量/（发明专利申请的代理总数量 – 在审发明专利数量）×100%；

发明专利申请的驳回率：代理机构代理的发明驳回数量/（发明专利申请的代理总数量 – 在审发明专利数量）×100%；

专利度：专利申请中平均权利要求个数（独立权利要求 + 从属权利要求）；

特征度：专利申请中独立权利要求的平均技术特征个数；

审通答复次数：从专利申请到授权或驳回结案过程中答复审查意见通知书的平均次数；

权项有效答复率：从申请到授权时，权利要求书中减少的权利要求个数；

特征有效答复率：从申请到授权时独立权利要求中增加的特征个数；

专利申请周期：从申请到授权或驳回结案的时间；

被引用次数：一件专利被在后专利的申请人或审查员所引用的次数；

专利维持时间：从申请日或授权日起至专利无效、终止、撤销或期限届满之日的实际时间。

然而，这些指标由于其表征局限性，并不能完全说明问题，比如，对于授权量大、成立时间久的代理机构，其在审专利数量占比基本可以忽略，因此发明授权量与授权率呈正相关；而对于成立时间不久、在审专利数量占比较大的代理机构，发明授权量大的代理机构授权率不一定大。更重要的是，代理机构的发明授权量和授权率更大程度上取决于其案源，即原始技术方案本身的技术含量，这又与代理机构的商业开拓能力相关，另外审查过程的随机性也会造成一定影响。当然，在完全不了解的情况下，其也不失为一种较为量化的撰写质量参考指标。

除了上述量化指标之外，最直接的代理质量评判还是来自于实战案例，通过申请人与代理师之间的交流、文件撰写、提供的代理意见，尤其是代理师对各类情况的解释、风险的预判和相关建议，等等，虽然时间战线较长，但更加真实地反映了对接代理人员或团队的服务水平。申请人可在每次合作后对代理机构进行评估，包括专利申请书撰写质量、权利保护范围、领域技术熟悉度、建议专业度、沟通配合度等，再根据评估结果考虑是需要进一步沟通、合作，还是需要更换代理机构。

4. 擅长领域是否匹配

大多数专利代理机构通常都声称是全领域覆盖的，内部而言一般分为机械、电学、化学三大领域，但实际上，与机构主要案源领域和合伙人或资深代理师擅长领域分布相关，许多代理机构，特别是中小型代理机构通常会有自己更加擅长的领域，甚至是更为细分的技术分支。例如，有些代理机构特别擅长代理生物医药类案件，有些擅长代理通信技术类案件，有些则擅长代理人工智能领域的案件。如果化工类申请人找的代理机构主要致力于机械或电子技术类专利代理，显然遇到对路的代理团队的概率相对较小。因此，在选择代理机构时，还是需要做一些调研，比如询问看看候选代理机构的客户主要有哪些，也可以检索一下这些代理机构曾经代理过的案件，看看是否与自己的技术领域接近，评估一下这些案件的数量和质量。

5. 流程管理是否规范

流程管理的规范性一方面反映了代理机构的管理能力水平，很难想象一个总是交错交漏文件、时限等注意事项常常提醒不到位的机构能够做好申请文件的质量管控；另一方面，专利申请过程中，专业化的流程管理规范本身就是一个极其重要的环节，对于代理机构而言，"时限大于天"，如果不能够保证做到各类时限的零差错监控，避免各类流程事项的延误错漏，轻则导致客户时间延误或经济损失，重则可能导致权利丧失等不可挽回的后果。

例如，专利申请过程中，不仅有专利行政机关的各种要求和注意事项，包括文件提交、补正、提出各类请求、审查意见答复、提交复审与无效、提交海外申请等，还有另一端来自客户的各种指示，包括何时返稿、何时递交文件、是否出具意见和建议、账单如何出具，等等。将全部案件统一起来监管，定期提醒满足各类事项要求是一项非常复杂的工作，现在大部分代理机构都有专业的流程管理软件来进行全部案件的集成精细化管理，同时还有一个团队负责行政机关、客户和专利代理师之间的流程性事务链接。例如，将期限监控结果及时提醒客户、核查提交文件的形式问题、向行政机关递交材料、将客户或行政机关意见转给专利代理师，等等。因此，代理机构的流程团队需要足够专业和负责，精确监控各类时限和流程要求，确认客户知晓相关事项，保证专利代理师严格遵守作业时间。

6. 服务意识是否到位

专利代理机构是提供技术服务的，因此服务意识是否到位是选择代理机构必须要考虑的因素。服务意识强、以客户为中心的代理机构往往管理水平较高，而且对于客户而言，与这样的代理机构打交道容易比较顺畅地进行需求沟通，方便企业自身的专利技术管理。

专利代理机构的服务意识主要包括几个方面：

一是以将心比心的心态从客户需求出发，主动站在客户立场上思考问题，争取客户利益最大化。比如当客户想要尽快获得专利授权保护时，可以根据客户和技术方案情况分析能否走保护中心预审途径或者优先审查途径，或者是否适合同时申请实用新型和发明专利；当客户需要向国外申请专利时，根据需求规划最经济的申请方式；当撰写申请文件时，启发客户充分拓展实施方式，提炼概括争取更优的保护范围；当审查员指出申请文件存在的问题时，根据自己的专业知识评估该问题是否的确存在，是否有争辩余地，等等。

二是以专业精神而非"忽悠"留住客户。例如，当发现客户案件存在问题时以有理有据的方式指出，帮助客户作出正确的判断，而非事先拍胸脯作保证，出了问题将责任都推到客户技术方案或者审查员身上；当客户面临复杂情况选择时，对每种选择可能出现的风险和后果进行分析，让客户作出选择时心中有数，而不是让客户糊里糊涂地做决定或者直接代替客户决定；对客户做好沟通解释和专利申请与审查知识的普及，而不是用让人误以为自己有关系、有能力的言辞与客户建立委托关系，等等。

三是以积极主动的方式了解客户，以更好地契合客户需求。比如，一些代理机构对于有长期合作意向的客户，在初次合作时以及后继不定期地会举行面对面沟通、调研技术一线，甚至主动给客户提供定制化服务，如上门挖掘、专利培训等，通过各种形式了解客户技术研发历史、行业水平情况、创新成果与布局方向等，也同时向客户普及自己的工作，以便在代理服务时双方的配合更加默契。

7. 价格是否合理

服务价格是申请人选择代理机构时绕不开的话题，但是，显然代理机构的服务价格并非越低越好。目前市场上有一些代理机构为了争取客户，服务价格低得离谱，但机构服务成本本身是固定的，低竞价的结果只能是通过减少在每个案件上花的时间和精力来降低服务成本，最终损害的是客户利益。

比如，通常专利申请收费为 5000 ~ 10000 元/件的专利代理机构[1]，一个专利代理师撰写一个国内案件一般要花费 1 ~ 3 个工作日的时间，因为字句的斟酌再加上与申请人的沟通、反复修改、最终成稿确认要付出很多精力。然而，一些代理机构仅收费 1000 ~ 3000 元/件，可想而知其服务也会大打折扣。通常其仅仅是在客户提供的技术交底书上进行文字调整，使之形式上符合专利法的要求，而不会去深入理解客户的技术成果，更不用说替客户做方案挖掘和权利扩充了，对于案件的后续走向，他们要么不考虑是否有授权前景，以拿到国家知识产权局下发的"受理通知书"为完成任务，要么单纯追求授权结果而完全不顾权利要求保护范围是否过于狭窄变成了无用的"证书专利"。这类代理机构所提供的服务实际上就是形式审核与流程"跑腿"，真正具有技术含量的专利文件撰写工作还是客户自己完成的，而结果很可能是专利保护范围过小，甚至是专利无法授权。从这个意义上来讲，低价格反而更不划算。

另外需要注意的是，一些"黑代理"常用"包授权"承诺来吸引客户，

---

[1]　案件收费依据案件技术领域、技术内容和代理机构地域、代理师级别等有所不同，这里为举例说明而非行业标准。

正规的专利代理机构都不会承诺包授权，哪怕进行了检索。申请能否授权，很大程度上取决于技术方案本身，而且审查过程有一些不确定性，例如对于一些法条的适用存在模糊地带，连专利行政部门内部也存在学术争议，这是专利代理机构不可控的。"包授权"承诺实际上是对申请人的不负责任，或者完全不考虑专利保护内容，胡乱编写无用的技术方案，或者把权利要求从一个保护范围缩小到一个保护点，成为传说中的"垃圾专利"。

专利申请的代理费用（不包含官方收取的费用）与具体案件情况密切相关，影响收费的因素包括技术交底书的完善程度、技术复杂度、在技术交底书基础上的加工程度（要做实质性深加工还是仅规范格式）、是否要提供通知书答辩建议、是否要进行检索、是否后续要申请国外或 PCT 专利、是否有特殊需求（如规避设计、可授权性、防规避性、抗无效性、易维权性）等。总之，对质量要求越高，收费也越高。所以，创新主体不能只以价格成本为导向，而应该正视价格背后可能存在的服务质量差异。

8. 其他参考性因素

除了上面列出的主要考虑因素之外，我们选择代理机构还应注意其他一些方面，比如代理机构是否代理与自己有利益冲突客户的案件，代理机构的成立时间、人员规模、异地还是本地、是否能提供更多类型的服务，等等。这些因素或多或少也会对申请人的选择有一定影响。

（1）存在利益冲突

《专利代理条例》仅限制了针对同一专利申请或专利权发生利益冲突的委托，比如，无效案件当中同一专利代理机构不能同时代理专利权人和无效宣告请求人。看上去专利申请阶段很难即刻显现利益对抗，直接利益冲突的可能性较小，但是如果做竞争性产品的两个企业，比如日本制铁与我国宝钢集团旗下的钢铁企业，都委托同一代理机构，甚至同一专利代理师对创新成果进行专利撰写，在技术挖掘和方案拓展时相互从对手的技术中获得启发有时候是难以避免的，这应该是双方企业都不愿意看到的事情。

许多大企业会在委托代理机构之前做利益冲突调查，例如三星和 LG 的液晶技术团队，如果存在利益冲突情形，通常会放弃委托或者要求代理机构选边站队。当然，优质的代理机构难得，如果综合其他因素在这方面有所妥协，至少也应当要求代理机构内部有较为完善的利益冲突"防火墙"机制，即将利益冲突客户案件分配到不同的团队，并且严格禁止团队之间的技术交流。但即使如此，一旦发生诸如相似技术同时竞争专利申请权之类的情况，代理机构泄密的嫌疑实际上是很难被排除的。

（2）人员规模

关于代理机构人数的考察可能存在两个误区：一是单纯从机构总人数规模上考察代理机构的代理能力。申请阶段的代理能力"瓶颈"在于撰写申请的能力，而撰写申请的能力则取决于相关领域专利代理师人数以及其带的助手人数，其他诸如流程、诉讼、商标、领域差异较大的代理师的人数影响可以忽略不计。二是认为大型代理机构业务量大、代理质量肯定相较小型代理机构好。无论是公司制还是合伙制的代理机构，实质上都是多个合伙人的聚集体，合伙人底下的团队之间业务相对独立，并不像普通企业那样纵向管控横向联动，因此对于每个案件的质量把控基本上仍是由合伙人负责的，大型代理机构不同合伙人所带领团队的代理质量很有可能有高有低，而不少中小代理机构中的优秀合伙人带出团队的案件质量也相当高。

当然，在某些情况下，代理机构的人员规模也有一定的参考意义，例如，对于年申请量在几百上千件的集团企业，如果代理机构人数太少，处理能力有限，显然是不能胜任的；而对于年申请量只有几件到十几件的创新主体而言，一般代理机构从数量上说都能够接收，但选择大型代理机构时在资源分配上有可能会处于较为不利的地位。此外，如果企业具有一定规模的申请量，可以选择不止一家代理机构，科学地加以管理，即所谓"把鸡蛋放在不同的篮子里"。

（3）地理位置

我国专利代理机构的数量和专利代理师的人数在地区上的分布非常不均衡，大多数代理机构都位于北京和东部几个大的沿海省市，与经济和科技发展程度呈正相关。2019年，全国有2691家专利代理机构，其中北京、广东、江苏、上海和浙江五省市的总和为1690家，占比达63%，而甘肃、新疆、宁夏、海南、青海、内蒙古和西藏的专利代理机构都不到10家；2.02万执业专利代理师中，北京、广东、江苏和上海四地的总和为13795人，占比达68%。在经济活跃、专利服务需求旺盛的地区，代理机构和代理师的实践经验也更丰富，总体上代理能力和代理质量更优。其中，尤以北京为公认的优质代理机构聚集地，老牌知名代理机构最多，这与北京既是国家知识产权局、北京知识产权法院和最高人民法院所在地，也是众多国内外500强企业、大量创新主体、科研院所的所在地，代理机构在这里经历了多年实践历练是分不开的。

然而，本地代理机构有利于深入交流。科研人员与专利代理师的思维经常有不在一个"频道"的情况，而技术方案有时又很难用文字或语言准确地表达，如果专利代理师能够方便地与申请人现场交流，例如一线参观、样品演示，或者当面答疑解惑，肯定是比不见面的沟通更为充分，有助于更加深入地理解技术和申请需求，甚至有时邮件来来回回无法说清楚的事情，代理师到现场一看或者经申请人对着产品演示后一下就明白了。特别是技术方案复杂、申请量较大、技术关联性较高的情况下，创新主体的专利管理人员及技术人员与代理机构之间的充分沟通是非常必要的。异地代理机构在这一点上显然不如本地代理机构有优势，但幸好互联网和通信技术的高速发展拉近了人与人之间的距离，方便了异地沟通。在本地代理机构不能够满足创新主体的需要时，也可以考虑委托异地的优质代理机构，通过视频会议、远程演示等方式办公，弥补不能当面交流的弊端。

（4）业务范围

除了专利代理服务之外，许多专利代理机构还能够提供多样化的服务种类，例如有的从事商标、版权、法律诉讼代理业务，有的拥有从事知识产权许可、转让和运营的团队，有的在海外有良好的合作伙伴，还有的承担了一些政府项目申报和知识产权联盟管理工作。如果申请人有这方面的需求，可以将其作为选择代理机构的加分项。例如，实施"走出去"战略的企业可以选择海外合作业务较为成熟、有长期稳定的海外合作伙伴的代理机构；面临较高的行政管理或诉讼风险的企业，则可选择那些有专业诉讼团队和争议解决能力的代理机构。

当然，没有任何一个专利代理机构是十全十美的。申请人需要结合自身实际情况，综合考虑各种因素来选择，也可以尝试选择具有不同特点的多家代理机构，既可以分担风险，又能够获得差异化服务。

三、专利代理师的基本素养

虽然优质的专利代理机构能够提供规范的流程管理和代理质量控制，但申请文件撰写、审查意见答复等与技术相关的代理服务不是流水线上的标准操作，需要专利代理师付出大量的脑力劳动。因此，在技术交底和申请阶段，专利代理师的选择非常关键，好的专利代理师能够较为准确地预判一项技术申请专利过程中的各种风险，提供专业化的建议，帮助申请人争取尽可能最优的结果。

那么，怎样选择合适的专利代理师呢？专利代理是一项综合型的知识工作，合格的专利代理师关键需要具有四个方面的基本素养：一是过硬的专业服务技能；二是良好的沟通能力；三是与时俱进的学习能力；四是客户至上的服务意识和履职尽责的职业操守。

1. 专业服务技能

过硬的专业服务技能是一个合格专利代理师的基本要求，也是赢得客户尊重、获得案源的保障。具体包括以下几个方面：

①具有基本技术知识。这里所说的基本技术知识，是指能够理解普通技术知识，有相关领域基础知识和逻辑分析推理能力，比如化学领域的代理师要了解基础化学知识，看得懂化学结构式和反应方程，否则，就很难理解技术方案，甚至犯低级错误。当然，专利代理师的技术门槛要求并不需要非常高，因为其毕竟专业擅长点在于专利法律法规，即便一开始不知晓发明中一些比较专业或前沿的技术知识，也可以通过与发明人的沟通或者自己补充背景知识来弥补，而且，专利申请审批和涉案专利诉讼时，审查员或者法官很多也都不具备深厚的技术功底，专利代理师本身就需要从普通技术人员容易看懂的角度去撰写申请文件或者代理意见，比如在申请文件中做一些专业技术普及的工作。

②掌握专利相关法律法规。作为专利代理师，至少应当熟悉《专利法》《专利法实施细则》和《专利审查指南2010》，特殊领域的专利代理师还应当熟练掌握相关领域的特殊规定，比如，《专利审查指南2010》第二部分第十章"关于化学领域发明专利申请审查的若干规定"要求说明书中必须记载化学产品的确认（化学名称及结构式或化学式）、化学产品的制备（至少一种制备方法）和化学产品的用途，以满足化学产品发明充分公开的要求。此外，专利代理师还应该了解其他相关知识产权法律法规，如《商标法》《著作权法》《知识产权海关保护条例》《植物新品种保护条例》《计算机软件保护条例》《集成电路布图设计保护条例》等。

③严谨的逻辑思维。技术方案的描述、权利要求的概括和整体布局，都需要系统而严谨的逻辑思维。比如，从方案与现有技术的核心区别提炼权利要求保护范围；从产品、制备方法、应用等方面布局独立权利要求；递进式地构建从属权利要求体系；在保护范围和授权前景之间作出合理的评估；等等。

④具象与抽象思维的转换能力。专利代理师通常是基于技术交底书来撰写申请文件，但由于很多发明人不熟悉专利申请文件撰写的要求，他们提供的技术交底书通常是非常具体的实现方式，比如直接提供一种产品结构样图、具体到每种原料用量的组合物配方或者像实验流程说明那样详细的步骤描述。还有些交底书又显得过于简单，似乎仅停留在构思阶段，缺乏可操作性。专利代理师通常需要对这些问题进行修正，对具体的实现方式进行归纳概括，去掉非必要技术特征，提炼合适的保护范围，对抽象的方案引导发明人进行细节挖掘，有时还需要进行思维扩展，启发和帮助发明人发现发明实施的更多可能性。

此外，专利代理师还有一些加分技能，如善于文献检索、能够处理无效和诉讼案件、熟悉涉外专利申请事务、精通多种语言、能够运用软件制图等。

2. 沟通能力

沟通包括倾听、理解和表达。专利代理师是连接申请人和审查员的桥梁，良好的沟通协调能力是确保信息准确传递的基础。

专利语言以技术语言为基础，但又与技术语言有较大区别，专利语言要求具有法律语言的严谨性和专业性。特别重要的是，撰写专利文件时不能仅考虑读者受众是对技术内容心照不宣、一点就透的本领域人员，还要设想文件会被不了解相关技术的审查员、法官甚至社会公众看到和评判。

曾经有一位专利代理师被委托人投诉，委托人认为这位专利代理师在说明书中写了太多和发明创新点无关的内容，权利要求写得不符合技术语言习惯，看上去"怪怪的"，不认可代理师的专业性。这位委托人的案件涉及 1 系铝合金改良工艺，专利代理师在申请文件中花了一定篇幅介绍在申请人眼里非常基础而"毋须赘述"的知识，如，铝合金包括哪些系，这些不同系铝合金的组成、制备工艺和性能的区别等；而权利要求书中，又有一些"所述""根据权利要求""其特征在于"这样的"怪怪的"字眼。

稍微了解专利知识的人应该清楚，专利申请文件中的这些内容是非常常见的。说明书中引入相关基础知识用于清楚、完整地说明技术方案，并对权利要求提供必要的技术支撑，有些知识看似简单常见，但对于不太了解技术的行政审查人员和司法审判人员却具有引导、暗示和启发作用，帮助他们更清楚地理解发明构思，判断不同系铝合金的现有制备工艺之间是否可以相互借鉴，进而影响新颖性或创造性的判断结论。权利要求作为圈定权利保护范围的核心内容，专利代理师会充分考虑通过审查可行性、权利稳定性和后续维权便利性等因素，在记载方式上也有这个行业相同、专用的描述方式。

申请人不了解专利知识时，往往对代理师的工作存在一些误解和质疑，进而影响双方沟通的顺畅程度。同时，申请人又是最了解技术的人，如果其提供的技术信息不足以满足专利申请文件合法性的要求，可能对专利申请获得授权和授权后的稳定性产生影响。因此，专利代理师必须在申请阶段充分与申请人沟通，理解申请人的基本技术内容和申请诉求，换位于审查员或法官的角度去发现其中没有说清楚的技术疑问和后续可能的法律风险的点，用申请人能够理解的方式传递给申请人，促使申请人进一步澄清。

另外，在专利审查和授权后的维权过程中，专利代理师又要扮演申请人代言人的角色，还要换位到审查员和法官的角度思考，把复杂难懂的技术用审查员和法官能够理解的方式表达出来，将己方的观点用理论依据和事实证据支撑起来，有时还要借助通俗的比喻形象化起来。比起不善言辞、多使用固定套话沟通的专利代理师，那些肯在沟通上下功夫，能够换位思考的专利代理师显然更可能帮助申请人获得尽可能多的权益。

所以，专利代理师的沟通理解能力能够在相当大的程度上影响申请文件的撰写质量和获得授权的可能性。当然，沟通是双方的事情，具体沟通什么，本章第三节中将会详细介绍。

3. 学习能力

专利代理师虽然有一定的技术功底，有的还特别精通某一技术领域，但专利代理行业不可能对技术领域分工特别细，大多数情况下专利代理师面对的都是自己并不熟悉的领域的案件。为了理解所代理的发明创造，专利代理师需要通过检索、查阅文献资料、与申请人沟通等方式迅速、高效地了解发明创造的内容。这就需要专利代理师在技术方面永远具有开放的学习心态和刨根问底的信息收集能力。

同时，专利代理师还需要掌握专利相关法律法规，关注最高人民法院不断更新的司法解释，了解国家知识产权局和地方知识产权局最新出台的文件，通过研究社会热点和典型案例了解官方最新动向和主流观点。专利代理师协会每年都会组织专利代理师学习研讨，要求学习时长是代理师通过年检的一个重要考量因素。

可以说，一旦选择了这个行业，就永远在学习，合格的专利代理师必须具有与时俱进的学习能力。

4. 职业操守和服务意识

作为一名专利代理师，不是说百分之百满足委托人的要求就是优秀，提供合理合法的服务才是对委托人最大的负责。专利代理师应当具有良好的职业操守，严格遵守国家法律法规和国家知识产权局对于专利代理师的管理规章。例如，对于委托人的发明创造，专利代理师首先应判断该内容是否适合于申请专利，对明显违法的内容，如涉及赌博、吸毒等违法犯罪行为，不提供代理服务。再如，委托人提出"私下委托""以不正当方式损害他人利益"等要求时，专利代理师如果照单全收，不仅违反《专利代理条例》《专利代理管理办法》等法规或规章规定，也从侧面反映了该专利代理师的职业操守意识淡漠。如果遇到这样的专利代理师，委托人也应该掂量一下，自己的利益是否同样也有被置之于不顾的风险。

在合法的前提下，良好的服务意识当然是选择专利代理师的重要标准。这里所说的服务意识不仅仅是满足服务对象的需求，还要有尽力使委托人利益最大化的职业态度。例如，提供咨询意见时，全面考虑发明创造的实际情况和委托人的需求，利用自己的专业知识提供周到的分析，在撰写申请文件或者答复审查意见时，能够充分准备，弄清楚技术内容，熟悉法律法规的规定，根据审查意见和委托人的意愿字斟句酌地撰写申请文件或答辩意见，高效处理，在可能的范围内尽力为委托人争取最大的利益。

以一个具体案件为例，一件发明专利申请在实质审查阶段，审查员在第一次审查意见通知书中指出独立权利要求 1 不具备创造性，但认为从属权利要求 2 有授权前景。这就意味着如果申请人将从属权利要求 2 的附加技术特征加入独立权利要求 1，进一步缩小保护范围，则申请有望很快授权，专利代理师对本案的服务也就算结束了。但是，专利代理师经分析认为，审查员对案件的事实认定有偏差，可以通过争辩争取不缩小独立权利要求 1 的保护范围。专利代理师在向申请人的建议中详细分析了直接修改和不修改只进行意见陈述的利弊，前者授权快但保护范围将大大限缩，后者有答辩意见不被审查员认可的风险，延长审查程序。申请人权衡后指示专利代理师争取较大的保护范围，案件后续正如专利代理师所预判那样，审查员第一次没有接受争辩意见，陆续发出了第二次和第三次审查意见通知书，专利代理师在征得申请人同意后，尽力争辩，最终本申请以原始申请时的权利要求获得了授权，取得了申请人所希望的保护范围。

具有良好职业操守和服务意识的专利代理师能够从委托人的角度出发，为委托人提供高品质的服务，将委托人的利益最大化。

四、先进金属材料领域专利代理的专业化要求

国内的专利代理师通常分为机械、电学和化学三大技术领域，这是因为这三大技术领域的发明创造在共性之外还有一些个性化特点，比如，电学通信领域的案件需要注意实体结构与虚拟模块的相互作用关系阐释，机械领域的案件需要较高的看图解图制图能力，等等。其中，最具特殊性的应属化学领域的发明创造，《专利审查指南 2010》专门有一章针对化学领域发明专利申请的特殊性进行规定，包括哪些客体不能授予专利权、化学产品和方法要记载到什么程度才算充分公开、补交实验数据是否能够纳入审查、组合物权利要求如何限定、仅用结构和/或组成特征不能清楚表征的化学产品如何撰写、如何判断化合物和组合物的新颖性和创造性、通式化合物单一性判定和马库什权利要求撰

写，等等。金属材料领域的专利申请多数归于化学领域的发明创造，但随着技术的演进和跨领域技术的应用，例如产品成型模具、智能制造、机电一体化加工等，也会涉及机械结构，甚至偏电学类的控制加工方法。

因此，对于先进金属材料领域的专利申请案件而言，选择的专利代理师除了具备基本素养、能够理解通用领域基本技术之外，所学专业或者代理方向与案件技术专业对口，并且在该领域有一定经验当然是最优选的。这样在技术交底时代理师能够更加透彻地理解技术创新点，敏锐地发现原始交底书披露不够细致或者拓展不够充分的点，在撰写申请文件时更加有效地规避被驳回的风险。

例如，金属材料领域的创新技术特别关注材料的使用性能和工艺性能，这是由合金材料的成分、组织结构和制备工艺等因素决定的。因此，如何在申请文件中将表征成分、组织结构和工艺先进性的性能指标展现出来，对于技术方案的新创性判断至关重要。通常测试合金材料组织结构的主要手段是利用金相显微镜、扫描电子显微镜、透射电子显微镜、X射线衍射仪、电子微探针分析仪等进行分析；衡量合金材料机械性能的主要指标有强度、塑性、硬度、冲击韧性、疲劳强度、断裂韧性和耐磨性等；衡量物理性能的主要指标有密度、熔点、电性能、热性能及磁性能等；衡量化学性能的主要指标有耐腐蚀性、高温抗氧化性等。

这些参数的获得和解析，需要进行大量试验和检验。由于该领域基础理论知识较为复杂，非相关领域的专利代理师往往不能充分理解技术原理和发明实质，甚至看不懂相关实验数据和图像，因此很可能不能判断技术交底书撰写得是否充分，也识别不到交底书提供的方案和实验结果相互矛盾之处，最终影响申请文件的撰写质量，降低专利授权概率。

案例1：

方案涉及一种高硅耐热蠕墨铸铁及其制备方法，主要用于汽油发动机涡轮增压器蜗轮壳和排气管，通过合金化元素的添加使该蠕墨铸铁具有较好的抗热疲劳性能。技术交底书中详细记载了蠕墨铸铁的成分、制备工艺和最终产品的性能测试结果，包括金相图、铁素体含量、蠕化率、室温抗拉强度、屈服强度、延伸率、布氏硬度等，看似详细而充分。然而，仔细分析可知，这些合金化元素都是本领域常规的添加物，性能参数效果虽然有些优点但也有些劣势，技术交底书中对添加物的选择和效果的对应性也无任何说明，让人阅读后不能把握核心发明点和有益效果。而且，申请中提供了两种成分不同的蠕墨铸铁材料金相图，但其显微金相组织却完全一样。最终该申请方案没有被认可，审查员认为方案总体上并未超出本领域的常规认知，即看不出比现有技术类似产品有何种改进结果，以不具备创造性驳回了该申请。

如果在撰写时，代理师能够识别到上述问题，要求申请人修改明显错误的金相图，对增加合金化元素选择与产品抗热疲劳性对应关系作进一步阐述，强调优于现有技术的效果，比如说明本产品的抗热疲劳性相对于现有技术产品存在哪些特殊性，为什么要如此选择，现有技术有哪些劣势，有可能案件会有不一样的审查结果。

案例 2：

方案涉及一种铝合金塑性加工材料及其制造方法，主要用于电气设备的端子，这类元件要求铝合金的刚度较低且可维持屈服强度。技术交底书中记载其创新点在于使用了包含 Al 和 Al_4Ca 相的铝合金，并描述了铝合金各成分、含量和制备工艺，提供了材料的 X 射线衍射图和组织照片。在撰写申请文件过程中，代理师经沟通了解到，采用 Al 和 Al_4Ca 相的铝合金在一篇日本专利文献中已经披露过，由此建议申请人提供该文献并详细说明与本方案的区别点，在代理师的启发下，申请人挖掘到方案真正创新点在于使用 Al_4Ca 相作为分散相并适当控制了 Al_4Ca 相的晶体结构，并补充了本方案与现有技术方案对比试验数据和组织照片。

在此基础上，代理师撰写申请文件时强调了如下几点：①现有技术已有包含 Al_4Ca 相的铝合金材料以及其不能达到理想效果的事实；②本方案在于用作分散相的 Al_4Ca 相的晶体结构与现有技术晶体结构的区别，探究区别产生的可能原因——不同显微组织对应力学性能产生的影响；③这种区别采用何种手段来加以表征，如两种不同晶体结构的 Al_4Ca 相的体积率、X 射线衍射测定的最大衍射峰强度比等；④最终合金产品与现有技术产品的效果差异，例如通过拉伸试验测定杨氏模量和屈服强度。最终，该申请获得授权。

通过上面两件案例不难发现，先进金属材料领域的发明创造有许多专业性极强的撰写特点和专有表征方式，撰写者不仅需要读懂技术交底书中的关键技术手段，理解有益效果相关的性能参数，必要时甚至要对性能数据的来源、测试条件、理论分析等加以考究，对特殊组织结构和效果数据进行解析，阐明效果与技术手段之间的关联性，分析由微观组织结构区别或者工艺细微差异带来相对于现有技术的技术优势或者克服的技术障碍。

总而言之，要将先进金属材料领域的优势创新成果转化为好的专利，专利代理师的专业对口性和相关代理经验是非常重要的助力点，不仅可以使专利代理师明确理解申请人发明构思和相对于现有技术的区别与贡献，更重要的是提高申请文件质量，避免漏掉致命缺陷，同时在审查意见答复和建议阶段，代理师也能够快速发现和解决争议问题，提高专利审查效率，缩短专利审查周期。

第三节　比写好"技术交底书"更重要的事

选择好专利代理机构和专利代理师后，申请人只要将技术交底书交给他就可以万事大吉，只等坐收权益了吗？答案当然是否定的。专利代理师虽然是以委托人（专利申请人或专利权人）的名义办理专利相关事务，但其毕竟是与委托人相对独立的个体，二者对相同技术事实、利益预期和风险控制的理解很可能不一致，更何况由于技术交底书的表达局限性，撰写者和阅读者对同一文字表达的理解也可能相去甚远。专利代理行为的效果归属于委托人，为了避免理解误差造成对委托人权益的损害，专利代理师会想方设法弄清楚委托人的真实意思表示，但是，如果委托人不愿意配合，存在"既然花了钱就应该由专利代理师全权负责搞定一切事务"的想法，则最后很可能导致自己权益遭受不可挽回的损失。因此，除了写好技术交底书，在专利申请过程中更重要的是，申请人、发明人与专利代理师做好沟通配合，深度参与到申请文件撰写和审查意见答复当中。

一、巧妇难为无米之炊——技术细节沟通

专利申请撰写的基础是申请人的发明创造成果，技术交底书是记载发明创造成果的信息载体，专利代理师获得技术交底书后，需要理解、消化上面记载的技术内容，再将其转化成专利申请文件。

从作出发明创造成果到形成专利申请文件经过两次信息加工转换过程，第一次是由申请人将抽象的技术思想以文或图加文的形式表达于技术交底书中，第二次是由专利代理师将技术交底书中体现的技术思想再加工为专利申请文件。这种信息的二次加工过程很容易导致一个问题——信息失真，由于图文表达的局限性、每个人对技术的认知差异、表达和理解习惯不同等原因，这种信息失真几乎是不可避免的。申请人将技术信息记载为书面图文，再由专利代理师根据书面图文转化为符合法律规定的申请文件，就像传话游戏一般，经过二次信息衰减，最后得到的内容可能与原始技术内容有着很大的差异。实践中经常遇到专利审查员因专利申请文件中存在的缺陷与发明人沟通时，得到的答复

是："申请文件这个地方写得不对，因为不是我写的，他们搞错了，实际应该是这样的……"造成上述问题的原因就是信息传递和加工过程中导致的失真，有时候这种失真导致的后果是致命的——专利申请中描述的内容与真正的创新成果相去甚远，由此导致无法获得授权，或者即使授权也没有实际用处。

要尽可能地降低两次信息加工转换过程中的信息衰减，发明人与专利代理师之间必须能够进行充分的沟通。技术交底书是发明人与专利代理师之间的正式沟通方式。除此之外，交底书之外的非正式沟通，包括邮件、面谈、电话等各种方式，是技术交底之外的必要补充，可以说其效果有时比技术交底书更好。

1. 关键技术信息未提供

案例 1：

某案，申请人是某大型国有企业，方案涉及一种用于重载列车牵引杆的低成本超高强 7 系铝合金材料，申请文件中记载了各成分的组成含量和制备工艺步骤，也对材料的屈服强度、抗拉强度、延伸率等性能进行了测试，看上去申请文件比较完整，方案也有可行性和创新点。然而，审查过程中审查员却找到了与其组成含量类似的现有技术，在屈服强度、抗拉强度、延伸率等方面的实验数据也较为接近，因此认为方案不具有创造性。

此时，申请人才提供了一份申请之前企业内部的技术研发总结报告，报告中详细研究了方案中合金元素相互作用对性能的影响，特别提到了 Zn/Mg 比、Cu/Mg 比应该处于怎样的特殊区间性能最优，还附了大量对比试验过程和图片，包括铸锭 DSC 分析、不同温度下的均匀化热处理试验、X 射线衍射图谱、铸态合金微观组织图、EDS 面扫元素分布图，挤压试验结果等。显然，这份报告记载的信息对整个方案的理解、创新点挖掘和创造性判断非常关键，而申请人却在技术交底时有所保留，代理师在撰写申请文件时不能利用这些关键素材充分证明创新点，只能按照技术交底书进行了常规解读，最终导致方案没有获得授权。

2. 在先研究沟通不充分

案例 2：

某案，申请人是某科研院所，发明人是其中一位老师带领的团队。方案涉及一种强化的低 Sc 含量的 Al－Yb－Zr 合金，通过复合微合金化方法得到低 Sc 含量的 Al－Yb－Zr 合金，技术交底书中对样品和对比例的试验合金成分进行了测定，并且比较了等时效硬度曲线和峰值硬度与固溶态硬度的差值，用以证明具有时效强化效果好的优点。其中，峰值硬度和固溶态硬度采用了强度单位

MPa 来表征。

然而，该老师带领的技术团队在与专利代理师进行技术交底时没有告知之前他们曾有过另外一件类似申请，同样涉及强化的 Al – Yb – Zr 合金，通过特定配比的 Yb 和 Zr 复合微合金化，实现强度和耐电化学腐蚀性能的同步提高。其中同样测定了峰值硬度与固溶态硬度，但却采用维氏硬度单位 HV 来表征。

审查过程中，审查员发现了上述在先申请，虽然认可本申请的合金成分与作为现有技术对比文件的该在先申请有一定区别，但不认可该区别能够带来创造性。主要原因是认为两个方案内容过于接近，而由于两者在表征硬度时选取了不同的方式，维氏硬度与强度又不能直接换算，而要限定在特定条件下基于经验公式进行测定，由此不能比较得出本申请的效果就优于在先申请，并且怀疑本申请是否为刻意规避在先研究而故意选择不同的表征方式。

3. 信息矛盾未澄清

案例 3：

某案，申请人为某大型企业，方案涉及一种球墨铸铁件，主要创新点在于通过铸件的厚度设定相应的元素含量，并通过碳当量控制相应的硅含量，获得硬度、抗拉强度和韧性较优良的球墨铸铁。其技术交底书中给出了通过厚度 W 来计算主要成分的公式，例如 $Cr\% = 250\% * W\% + (-0.01\% \sim 0\%)$、$Mn\% = 10 * W\% + (0.01\% \sim 0.1\%)$ 等。然而，专利代理师在核实时发现，当厚度 W 取技术交底书提供的数值 40 mm 时，计算得到的 Cr 的下限为 0.09%，Mn 的上限为 0.5%，然而申请人提供的实例中 Cr 含量实际为 0.024%，Mn 含量为 0.583%，均超出了计算公式的边界。

专利代理师在撰写申请文件时，将该情况在初稿中高亮标示出，请申请人确认是否有误，然而，申请人企业的知识产权部门负责人员与技术人员之间却因为分工职责不明没有进行很好的衔接，在问题未确认清楚的情况下指示申请人按照技术交底书中的记载提交。结果，在审查过程中审查员果然同样指出上述问题，申请人这才发现记载有误。最终，该案由于该问题失去了授权前景。

上面三个案例都是由于申请人与专利代理师之间沟通不充分导致真实技术信息没被很好地转换为具有法律效力的申请文件信息，给专利申请埋下难以补救的隐患。虽然其中作为受过专业训练的信息加工者——专利代理师在阅读技术交底书时没有尽可能地启发、提示申请人披露关键信息的必要性和未尽义务的严重后果，对于沟通不到位的问题存在一定责任，但是，手握信息沟通主动权、掌握技术成果第一手资料的专利申请人一方更具有不可推卸的责任，其主观上没有意识到技术交底的重要性，没有建立完善的专利管理流程和畅通的技术交底渠道，导致信息在两次加工过程中被严重衰减，专利申请最终被驳回。

目前，一些专利意识较强的企业，已经在有目的地培养专门撰写技术交底书的专利管理人员，其深入一线甚至参与研发，不仅能够充分掌握和准确理解创新技术成果信息，还具有基本的专利逻辑思维，有的专利代理机构也会帮助专利申请量较大的客户进行相关培训，这些都能够帮助专利代理师与申请人之间高质量地沟通，敏锐地发现技术交底书与发明人本意之间的差别，补充完善第一次信息加工导致的技术交底书的不足，使整个专利文件的加工过程具有良好开端。

二、需求决定生产——权利预期保护范围的沟通

在弄清楚技术信息之后，专利代理师需要更进一步地了解申请人对申请专利权的预期利益，这些信息对于申请文件的撰写、权利要求的布局有很大的影响。如果出于排除竞争、获得经济利益为目的，那么权利要求保护范围应当尽可能多层次、多角度考虑，不仅包括关键技术成果，还要防止规避设计，从而涵盖较大的保护范围，说明书也要对这些权利要求提供充分的支持；而如果只是追求快速授权的结果，则整个申请文件可能会更加偏向于直指技术核心，权利要求范围相对较小。

我们来看这样一个权利要求：

一种改善传统铸造 γ – TiAl 合金力学性能的多步循环热处理方法，其特征在于该方法按以下步骤进行：

一、合金的制备：将海绵钛、铝锭、含元素 X 的物质和纯钇置于真空水冷铜坩埚熔炼炉内进行熔炼，待合金熔化后对熔体进行保温 10～20 min，然后将熔体浇注到棒状型壳中，脱壳后喷砂，得到热处理前的 γ – TiAl 合金；所述的含元素 X 的物质为铝合金或铝合金与纯 Cr 的混合物，其中所述的铝合金为 Al – Nb 中间合金、Al – V 中间合金和 Al – Mn 中的一种或几种，且所述的含元素 X 的物质中元素 X 为非铝元素；所述的热处理前的 γ – TiAl 合金中各元素含量为 Ti – (46～48) Al – (0～4) X – 0.05Y (at%)，所述的棒状型壳在浇注前在温度为 600～800 ℃的条件下保温 2～5 h 进行干燥；

二、热等静压处理：将步骤一得到的热处理前的 γ – TiAl 合金放入热等静压炉中，在氩气气氛下，于压力为 140～180 MPa 和温度为 1240～1300 ℃的条件下保温保压 2～6 h，得到热等静压处理后的 γ – TiAl 合金；

三、均匀化热处理：将步骤二得到的热等静压处理后的 γ-TiAl 合金放入真空管式热处理炉中，在氩气气氛下，以升温速度为 $12 \sim 20$ ℃/min 由室温升温至温度为 $1380 \sim 1400$ ℃，然后在温度为 $1380 \sim 1400$ ℃ 的条件下保温 $30 \sim 90$ min，再随炉冷却至室温，得到均匀化热处理后的 γ-TiAl 合金；

四、α_2/γ 相球化循环热处理：将步骤三得到的均匀化热处理后的 γ-TiAl 合金放入真空管式热处理炉中进行 α_2/γ 相球化循环热处理，所述的 α_2/γ 相球化循环热处理过程为：①以升温速度为 $12 \sim 20$ ℃/min 由室温升温至温度为 $1150 \sim 1200$ ℃，然后在温度为 $1150 \sim 1200$ ℃ 的条件下保温 $2 \sim 4$ h；②随炉冷却至温度为 $900 \sim 1000$ ℃，并在温度为 $900 \sim 1000$ ℃ 的条件下保温 $4 \sim 8$ h；③重复步骤①和②的操作 $10 \sim 16$ 次，然后随炉冷却至室温，得到 $\alpha_2\gamma$ 相球化循环热处理后的 γ-TiAl 合金；

五、等轴化热处理：将步骤四得到的 α_2/γ 相球化循环热处理后的 γ-TiAl 合金放入真空管式热处理炉中，以升温速度为 $12 \sim 20$ ℃/min 由室温升温至温度为 $1120 \sim 1160$ ℃，然后在温度为 $1120 \sim 1160$ ℃ 的条件下保温 $100 \sim 150$ h，继续以升温速度为 $12 \sim 20$ ℃/min 由温度 $1120 \sim 1160$ ℃ 升温至温度为 $1240 \sim 1270$ ℃，然后在温度为 $1240 \sim 1270$ ℃ 的条件下保温 $4 \sim 8$ h，随炉冷却至室温，得到等轴化热处理后的 γ-TiAl 合金；

六、近层片/全层片热处理：将步骤五得到的等轴化热处理后的 γ-TiAl 合金放入真空管式热处理炉中，以升温速度为 $12 \sim 20$ ℃/min 由室温升温至温度为 $1340 \sim 1370$ ℃，然后在温度为 $1340 \sim 1370$ ℃ 的条件下保温 $20 \sim 120$ min，随炉冷却至室温，得到热处理后的 γ-TiAl 合金。

以上是一个授权专利的独立权利要求，其中几乎像实验说明书一样细致地记载了 TiAl 合金的热处理工艺，但实际上该工艺中有很多步骤、参数并不是发明点内容，如此详细且无层次地撰写申请文件，导致最后授权的权利要求保护范围非常小，还有一些内容是属于可以通过技术秘密保护的优化方案。由于该领域的技术很难通过反向工程破解，但侵权纠纷当中取证却非常困难，这样的专利申请文件就像是把自家大门毫无保留地敞开让人参观，一旦遇到侵权纠纷，专利权人就会处于非常被动的地位，对手对各种参数稍加修改，就能容易地规避落入专利权保护范围，而即使对手的确采用了与本专利完全相同的工艺流程，专利权人也很难取得证据。

专利撰写的最终目标在于宣示权利范围，即业内所说的"圈地运动"，在揭示创新成果的基础上，为成果划定一个权利边界，以便排除他人侵犯。因此，从这个意义上讲，权利要求的保护范围是专利文件最核心的组成部分，由于这种权利范围宣示需要较为深厚的法律功底，通常是由专业的专利代理师来完成的，技术交底书则只需要记载技术创新成果信息，作为专利代理师提炼、概括权利要求的基础支撑。在提炼、概括过程中，"信息失真"问题同样存在，而且由于法律思维和技术思维的差异，可能会加剧"信息失真"的程度。

申请人对发明创造的思维和叙述通常比较具体，故而技术交底书往往专注于描述单个完整的实施方案，例如，使用了什么原材料，各自用量配比如何，工艺温度、处理时间分别是多少，等等。专利代理师则更注重去寻找具体技术中的关键改进点，力求将所有含有该关键改进点的方案都纳入权利边界当中，以划定一个尽可能大的圈。当然，如果圈得过大而纳入了已有技术的内容，又会面临专利权无效的风险。专利代理师为了在这种矛盾中寻求平衡点，特别希望申请人能够确认创新成果与已有技术最显著的区别之处，并力求找到所有具体实施方案的共性特征和可能进一步扩展的方式，从而争取对申请人最有利的结果。

然而，由于申请人与专利代理师的思维和叙述方式之间的差异，他们对同一种技术本身和权利范围的认知和解读往往存在分歧。这些分歧体现多个方面。一是具体思维与抽象思维的差异。例如，申请人提供的技术方案是一种用于双螺杆压缩机螺杆的合金材料，由于双螺杆压缩机中存在主副齿轮的啮合关系，对于螺杆材质性能要求比较高。申请人的思维是从应用需求出发，针对双螺杆压缩机螺杆强度问题，提供解决方案。而专利代理师则会考虑，这种合金材料是否为双螺杆压缩机螺杆专用，可否同样应用于普通的单螺杆空气压缩机，甚至能否扩展到其他需要类似材质的领域。不难看出，申请人容易对事物的描述比较具体，是一种"所见即所得"的思维，而专利代理师则通常会从具体中抽象出一般共性，是"类我者皆为我所有"的思维。

二是整体思维与局部思维的差异。例如，申请人提供的技术方案是一种合金牺牲阳极制备技术，其中包括熔化镁锭、加铝锭和锌锭、升温加无水氯化锰、精炼除杂、静置降温、沉降杂质、升温加镁混合稀土合金、继续精炼、通入保护气、降温、水冷模具铸造得镁合金牺牲阳极、将镁合金牺牲阳极预热、整体浸胶、烘干、冷却、切割出需要裸露的部分等步骤，并且涵盖了各步骤的具体工艺参数。申请人希望看到的是一个完整的、可直接实施的工艺流程。而专利代理师则更关注该工艺与现有技术最大的区别点在哪里，或者导致更好效果的步骤是哪些，例如，上述方案与现有技术的主要区别点是多了一个整体浸胶的步骤，能够延缓镁合金阳极的腐蚀速度，那么专利代理师就会将这个步骤作为主要特征写在独立权利要求当中，以便获得尽可能大的保护范围，对于其余次要的内容，可以布局多层次的从属权利要求。整体思维关注的是实际操作的完成，局部思维关注的是与现有技术的区别。

三是说明书思维与教科书思维的差异。申请人通常专注于描述自己的发明创造是什么，在技术交底书中对于技术方案本身交代得多，对于该技术的来龙去脉交代得少，如果读者也是深谙此道的申请人，就像阅读说明书一样，一看即懂，一点就透，但对于没有相关背景技术的专利代理师、专利审查员甚至法官而言，并不能很快抓到方案的核心发明点。因此，专利代理师在"是什么"基础上更需要讲清楚"为什么"和"怎么样"的问题，即像教科书一样，向读者普及背景知识，理解为什么要这么做，以及这样做效果如何，使得"非本领域技术人员"也能看懂。

由于思维方式的这些差异，原始技术交底书记载的内容很可能无法满足一份保护范围适当、实施例拓展充分的专利申请文件的要求，为此，专利代理师通常会通过各种方式向申请人确认问题，比如：方案中最关键的地方在哪里？现有技术是什么样的？某个步骤在方案中起到什么作用？某部件是否还有其他形式？某参数是否能从一个点值拓展为较宽的范围？一些问题看似"技术外行"，但实际上却体现了专利内行的思维和表达方式，因此申请人与专利代理师要在技术交底书基础上充分沟通，确保申请文件撰写能够支持预期的权利保护范围。

三、更上一层楼——企业专利申请策略沟通

对拥有不止一项核心技术，甚至已有许多专利申请的企业而言，专利申请和布局策略是企业管理的一个重要方面，通常需要基于企业自身覆盖或有可能会涉及的技术领域、重点产品和重点项目、核心技术点、竞争对手专利和技术等情况进行专利布局规划。比如，是抢占先机保护核心技术还是通过系列申请层层演进，是构建专利丛林还是以规避设计突破垄断壁垒，是主要供应国内市场还是拟向海外扩展，等等。这种战略层面的专利规划在实际实施时仍然会体现在每个专利申请文件之中，与撰写技巧密切相关。因此，企业在做技术交底时如果能够让专利代理师了解这些申请策略方面的考虑，将非常有利于目标导向地开展专利布局，从而为更好地运用专利制度这一市场竞争的游戏规则奠定基础。

1. 抢占先机式申请

专利申请遵循先申请原则，即两件相同的发明创造，专利权授予最先申请

的那一方，因此申请日的抢占是专利申请布局中一个重要的考虑因素。一般来说，创新主体在研发时会预先拟定技术路线，反复尝试、验证、调整、再尝试，以获得最优方案。但对于研发手段相对成熟、技术容易被模仿且技术相似度较高的先进金属材料领域，如果等最终优化的结果出来再申请专利，很可能会被竞争对手抢占先机。因此，对专利制度掌握和运用较好的创新主体会将专利布局在研发路线的各个节点上，不仅保护阶段性成果和最优方案，而且在创意、构思阶段也尽可能地"圈地划界"，以取得先发制人的优势。

对于以"抢占先机"为目的的专利申请，最好能让专利代理师尽早地加入到研发团队当中，以帮助发现和提炼阶段性成果，尽快提交申请。同时，也要充分沟通技术内容，使权利要求的布局和说明书内容为后续申请做好铺垫。

例如，早期介入的专利代理师可能帮助申请人敏锐地发现提交阶段性成果的时间节点和专利内容，也可能根据技术特点建议优先权、分案、权利要求布局、说明书覆盖内容等申请策略。又例如，在他人已有研发成果基础上进行改进的创新成果对实验数据的要求较高，方案创造性高度往往依赖于实验数据能够证明的更优技术效果，而短时间内进行全面系统的实验来验证这些效果可能不太现实，此时专利代理师会根据具体情况建议将技术效果记载到说明书中，比如除了已有真实实验验证的效果之外，还有哪些依据经验和理论能够推知的效果，虽然这些效果相关的实验证据由于一时无法获得而不能记载到申请文件当中，但后续申请或审查过程中也很有可能作为原始效果的支持而派上用场。

2. 丛林战略式申请

专利数量在某种意义上代表着企业的创新能力和经济实力，还可能影响以专利为代表的企业无形资产评估价值，因此许多跨国企业每年都会大规模申请专利，哪怕是非常小的改进，也会尽量争取专利保护，形成密集的专利丛林，"狙击"竞争对手。在中国，虽然专利保护起步较晚，但在激烈的市场竞争中经过历练，大家也逐渐意识到专利拥有量在争夺市场份额、交叉许可、专利诉讼和和解谈判中都是非常重要的筹码，加之国家政策的激励，许多企业不断努力增加专利申请量，采取先堆量再控质的丛林战略，期望争取竞争中的话语权。

对于这类申请，专利代理师考虑的一个重要角度是如何拆分技术改进点，在保证方案完整性的前提下尽可能增加专利申请数量。这种情况下申请人与专利代理师的沟通也非常关键，必须明确哪些是可拆分的，哪些是不可拆分的。比如，若方案当中两个创新点之间有协同作用，拆分就可能影响审查时对创新高度的判断，此时就需要申请人详细介绍单个创新点，从而让专利代理师能够对其创新高度有相对客观的评估，再决定申请策略。此外，通过拆分技术改进点来增加专利数量的专利申请策略，为了满足说明书支持权利要求书的要求，还特别需要针对每一个单独的申请进行说明书的匹配。当然，具有相互关联性的发明点如果被拆分，还可能对相互之间造成影响，专利代理师需要特别注意递交时间，避免相互影响新颖性或创造性。

3. 逐步演进式申请

与丛林战略不同的是，一些企业为了长期保持某领域领先的优势，延续权利时间，并不急于围绕核心技术大量提交外围申请，反而可能会控制申请专利的节奏。这在一些技术领先的药企中比较常见，第一代新药上市数年之后，甚至于专利保护期届满之前，才继续推出效果更好的二代、三代衍生物专利申请，以持续拥有具有竞争力的专利技术，延长自己在该领域的领先地位。

对于这种申请策略，专利代理师在撰写时，会特别注意技术方案的公开程度和前后专利的内容衔接性。因为专利申请文件中必须充分公开保护的技术方案，在先申请公开后很可能对后续申请的新颖性和创造性造成影响，故在先申请既要考虑公开对审查通过必须公开的内容，又要为后续申请留出创造性高度空间。这类案件从权利要求布局、说明书内容到提交时间节点、公开策略等对技术专业性和法律专业性都提出了较高的要求，甚至有可能涉及企业管理，如涉及企业技术秘密和人员管理制度，因此特别需要申请人与专利代理师之间的深度交流。

4. 规避设计

规避设计是指为了避免侵犯他人的专利权，而使自己的相关技术与已有专利保护范围不同。当今世界，很多技术领域都被一些手握大量专利技术的龙头企业占得先机，形成多重技术壁垒，或者一些领域技术解决途径较为单一，一旦竞争对手先申请了专利，留给其他企业的自主空间就很少了，只能千方百计通过规避设计的方式，充分挖掘技术壁垒中的空白点，或者围绕壁垒开发外围专利以增加自己的谈判筹码。

规避设计要求从侵权判定的角度对专利进行分析和方案设计，专业性比较强，因而以此为目的的专利申请特别需要专利代理师尽早地参与到技术研发和专利申请过程中，帮助申请人分析，哪些技术属于已有专利权的盲区，权利要求中哪些特征可以减少或替代，可以围绕核心技术开发哪些外围技术，是否能够改变权利要求构成要件的性质，以防止字面侵权和等同侵权。例如，已有专利涉及一种1系铝合金圆杆，包含铁、铜、硼三种合金元素及不可避免的杂质元素，说明书提到其主要应用于导线上。经分析，其中硼的作用是与铝中钛、钒、锰等杂质元素反应，降低它们对铝合金导电性的有害影响。虽然在上述方案中，硼是特别重要的改善导电性能的元素，但能否考虑从另一个维度入手来提高含铁、铜两种合金元素的铝合金的导电性能，即可等价认为将硼"替换"为稀土，由此设计改进思路，并验证是否会存在不一样的作用原理，是否能够获得同等或更优异的导电性的效果，进一步地，可以探究特定稀土元素改进后的效果是否适合应用在其他导电性能要求更高的领域，如磁悬浮交通用感应板，将组分发明同新的应用领域深度融合来申请外围专利，这样在审查过程中，以该已有专利作为发明起点来评价创造性会存在较大障碍和困难。

5. 标准必要专利申请

标准必要专利是包含在国际标准、国家标准或行业标准中，且在实施标准时必须使用的专利技术。由于技术上或商业上没有其他可替代方案，所以标准化组织在制定某些标准时不可避免地要涉及这些标准必要专利。专利技术被纳入标准，不仅彰显了申请人的技术地位，申请人更可在一定程度上掌握市场主动权，降低知识产权风险，获取更多利益。因此将自己的专利技术提升为标准，是许多申请人心之所向。

对于可能纳入标准必要专利的申请，其通常是十分重要而核心的技术，为了确保授权、确权和维权可能性，撰写必须非常慎重，不仅要考虑技术术语使用、方案公开程度，权利覆盖范围、防止规避设计和权利无效，还要考虑技术的后续发展、权利行使风险等诸多因素，而且由于标准的作用、制定程序和表述方式都与专利有明显不同，将二者进行融合关联的专业性也非常强。为此，申请人更应当与专利代理师一起，全方位挖掘创新点，充分探讨申请和布局策略，使申请人的权益得到最大化保障。

6. 境外申请

目前向境外申请专利有三种方式：一是直接向目标国家、地区或相关国际局提交申请；二是先向我国国家知识产权局提交专利申请，再以要求优先权的方式向目标国家、地区或相关国际局提交申请；三是直接向我国国家知识产权局提出国际申请。需要注意，在中国完成的发明创造必须报国家知识产权局进行保密审查后才能向境外申请。

对于可能向海外进军的技术，由于不同国家或地区专利法律制度不完全相同，在撰写时应当考虑国内申请与目标国的衔接以及适应目标国的申请策略。例如，有些主题在中国属于不授权客体，但其他一些国家却可以，如疾病诊断或治疗方法，在说明书中就应该写入这些主题；再如，为了满足优先权的要求，中国在先申请与向外申请的主题应当是相同的，但在修改过程中有可能主题名称发生变化，所以作为优先权基础的中国申请的说明书应当考虑周到；再如，一些国家申请的费用较高，比如美国，不仅对超过 3 项独立权利要求和 20 项权利要求的申请每多一个权项要收取超项费用，还要对多项从属权利要求收取高达 780 美元/个的费用，因而权利要求的布局还需考虑成本问题。

对于这类专利申请，依靠申请人自身是很难应对的，通常的做法是，委托中国的代理机构代为办理向外申请的事宜，但国内专利代理公司也不能直接向外递交申请，需要与目标申请国家或地区的代理机构进行对接，再由该国家或地区的代理机构代为申请。因此申请人在委托时应当考虑选择海外合作业务较为成熟、有长期稳定海外合作伙伴的代理机构，同时注意国内与向外申请在内容和程序上的衔接。

专利从申请到获权，再到权利运用与维护有着漫长的过程，就像建造大楼一样，虽然外观直接可见，但是选址恰当不恰当、地基牢不牢固、建筑施工质量如何这些深层次的专业问题，一开始并不容易作出回答，也难有直观的感受，只有日子久了，经历了风风雨雨，答案才显现。然而，如果要等发现选址、用人、施工质量的严重问题才去采取补救措施，为时已晚，一场小小的地震就能轻易将之摧毁，之前所有的付出都付诸东流。因此，一开始就把专业的事情交给专业人去做，让申请人专注于技术，专利代理师潜心于申请，再加上二者通力配合，"创新之树"才能更加枝繁叶茂。

第六章　技术交底——"植树人"与"建筑师"之间的默契

　　技术交底书是专利申请人记录发明构思的载体，是描述发明创造的文字或者图纸资料。技术交底的过程就像是植树人在向建筑师描绘"创新之树"的样子——树干有多粗多高、有几个主要枝干、枝叶伸展能覆盖多大面积、根系有多深，诸如此类。专利代理师根据技术交底书理解发明的技术贡献，确定合适的权利要求保护范围，使用合乎规范的格式和表达方式进行专利申请文件的撰写，就像是建筑师根据树干、树枝、树叶和树根等形貌特征，设计合适的房屋造型，选择合适的建材，建造能够有效保护"创新之树"的"庇护之所"。

　　如果"庇护之所"体积过大，侵占了公共空间或邻居家的院子，可能引发官司，败诉的结果是改建或者拆除房屋。如果体积过小或者形状不合适，则又可能影响"创新之树"的生长，导致其发育不良，不能够结出丰硕的果实。如果结构设计不合理，或者选择了不合适的建筑材料，"庇护之所"也可能倒塌。要修建既经久耐用，又能够有效保护"创新之树"的房屋，"建筑师"不但需要了解"创新之树"，而且要了解"植树人"的需求，两者之间需要建立默契的配合关系。

　　实践中，许多申请人往往不知道怎样填写技术交底书，有的是将自己的技术方案拆分成多个部分，填充到技术交底书模板的空白中，有的干脆摒弃模板，直接发个照片或者画个示意图，加一些简单说明。一份清楚、完整地反映发明内容的技术交底书可以促进专利代理师对发明技术内容的理解和创新性高度的把握，能够让专利申请人与专利代理师之间的沟通更顺畅——减少沟通次数，撰写出更高质量的申请文件，凸显发明创造的可授权性。专利代理师在此基础上概括出符合发明技术贡献的保护范围，帮助技术创新的成果得到最大限度的保护，而且高质量的申请文件也能够加速审查过程。

　　那么，专利代理师到底需要怎样的技术交底书？本章将详细介绍技术交底书每一部分的考虑因素和撰写要求，再结合案例分析技术交底书撰写时容易出现的问题。

第一节　技术交底书概述

申请人聘请专利代理机构代为申请专利时，代理机构通常会提供给申请人一个技术交底书模板，让发明人填写。各代理机构的技术交底书模板组成略有不同，但大体都包括发明名称、背景技术、发明内容、关键改进点和有益效果等项目。表6-1是简单版的技术交底书模板，表6-2是内容更丰富、项目划分更细致的技术交底书模板。

表6-1　简单版技术交底书模板

技　术　交　底　书
（1）发明名称和技术领域
（2）背景技术和存在的问题
（3）本发明技术方案
（4）关键改进点和有益效果
（5）具体实施方式

没有申请专利或者填写技术交底书经验的申请人拿到模板时可能不知如何下笔——虽然熟悉自己的技术，但是要将完整的技术方案分项填写在表6-1或表6-2中所示的技术交底书空白处时，却不知应该如何拆分，不能确定每一项应当填写到什么程度才算符合要求。为此，一些申请人专门去找了已有的专利申请文件，按照其中各部分的示例和语言形式照猫画虎地把自己的技术方案拆解开，"攒出"一份技术交底书，但这时申请人心中不免又有了另一个疑问：申请文件我都差不多写好了，还要专利代理师何用？

表 6－2　复杂版技术交底书模板

技 术 交 底 书
发明名称：　　　　　　　　　　　　　　　　　　　　　　　　 申请人：　　　　　　　　　　　　　　　　　　　　　　　　　 发明人：　　　　　　　　　　　　　　　　　　　　　　　　　 技术问题联系人：　　　　　　　　　　　　　　　　　　　　　 电话：　　　　　　　 E－mail：　　　　　　　 Fax：
1. 技术领域
2. 背景技术
3. 背景技术存在的问题
4. 本发明技术方案的详细说明
5. 本发明的关键改进点
6. 本发明的有益效果
7. 本发明的替代方案
8. 附图及相关说明
9. 其他相关信息

一、技术交底的目的和意义

　　申请人的困扰实际上是由于不了解技术交底的目的所导致的。所谓"技术交底"，就是把自己的技术方案和盘托出，交代给专利代理师，让专利代理师把这些技术构思转化成符合专利法律法规要求的申请文件。"技术交底"的目的是让申请人在专利申请过程中主要负责其熟悉的技术内容，而对自己不擅长的法律事务则应交由专业的专利代理师去完成。如果申请人不清楚专利申请文件的撰写要求而硬要按照申请文件的形式去"凑"技术交底书，由于申请文件和技术交底的要求并不相同，不仅会大大增加撰写难度，而且很可能做了无用功——写出来的东西不专业，专利代理师还得返工。

在有专利代理的情况下，从作出发明创造成果到形成专利申请文件需要经过两次信息加工转换过程，第一次是由申请人将抽象的技术思想以文字或图片加文字的形式表达于技术交底书上，第二次则是由专利代理师将技术交底书上体现的技术思想再加工为专利申请文件。

撰写技术交底书就是完成第一次信息加工转换，将存在于申请人脑海中的技术思想——其既可能以具体产品为载体，也可能以抽象的方法为载体——转换成书面形式的文字或示意图。第一次信息加工转换的目的是帮助专利代理师理解发明构思，掌握发明实质，撰写出符合专利法要求的申请文件，即完成第二次信息加工转换。

专利代理师在进行第二次信息加工转换过程中，主要有两个方面的工作：一是帮助申请人完善、丰富技术方案的技术内容，并且使技术内容的阐述符合申请专利文件的形式要求。例如，申请人在第一次信息转换过程中，有一些考虑不周到、没说清楚、缺乏证据支撑的地方，专利代理师会充当改稿人的角色，引导申请人丰富、完善技术内容的文字表达。二是启发申请人拓展方案或者挖掘创新点，帮助其争取尽可能"大而稳定"的受法律保护的权利。因为在一些情况下，保护范围越大可能导致权利稳定性越差，而权利稳定性强时可能又导致保护范围较小，所以权利要求的大小和稳定性之间有一个平衡关系，专利代理师就是从法律角度帮助申请人构建一个比较合理的权利要求体系，为申请人尽量争取一个较大的又比较稳定的保护范围。

显然，第一次信息转换是基础，第二次信息转换是法律升华。这就像建房子和装修，建房子是基础，装修是附着于基础建筑之上的外在装饰，装修能够发现和掩饰建房时遗留的部分问题，却解决不了诸如地基不牢、侵占了别人家产权等重大缺陷，除非重新修改基础建筑。专利代理师将技术交底书转换为专利申请文件过程中，能够发现技术交底材料中的一些明显缺陷并启发申请人加以完善，但第一次信息转换是否成功直接决定了第二次信息转换的起点和拓展可能性。

因此，技术交底的质量对整个发明创造成果的保护起到决定性意义。技术交底所追求的终极目标是让专利代理师无限趋近于申请人，让专利代理师能够换位到申请人的角度去思考和选择最合适的法律文件呈现形式。

二、技术交底书与专利申请文件的对应关系

向国家知识产权局专利局提交的专利申请文件，主要由五个部分构成：

（1）请求书：为一张固定格式的表格，记载了发明名称、申请人、发明人、联系方式、相关重要事项、后附文件清单等信息，主要体现申请人请求获得专利权的愿望。

（2）摘要和摘要附图：文字一般不超过300字，附图选择最有代表性的一幅，是对发明内容的概述，在专利申请公布或授权公告时位于首页，便于检索和查阅。

（3）权利要求书：包含一项或多项权利要求，权利要求的作用是划定请求专利保护的范围，在专利侵权判定中，就是将被控侵权产品或方法与权利要求保护范围进行比对，看是否落入该范围。

（4）说明书和说明书附图：公开发明创造内容以对权利要求保护范围提供支持的法律文件，通常包含发明名称、技术领域、背景技术、发明内容、附图说明（如有附图）、具体实施方式和说明书附图（非必需）等内容。

（5）其他文件：根据具体情况和相关法律规定提交的文件，例如优先权文件、不丧失新颖性宽限期的证明、生物材料保存及存活证明、专利代理委托书、费用减缓请求书、提前公开声明，等等。

上述所有内容均源于申请人提供的信息。其中，请求书所需的信息比较容易确定，申请人直接指定即可；其他文件一般是一些证明文件或参考资料，根据每份申请的不同情况有相关法律要求和明确的获取路径，在专利代理师的帮助下，申请人比较容易取得。这两部分内容属于流程性文件信息。摘要、摘要附图、权利要求书、说明书和说明书附图是专利申请文件的实体内容，其主要来源是申请人对专利代理师的技术交底书，以及在技术交底书没有记载清楚的情况下，专利代理师通过口头沟通、信函往来、现场调研等各种方式启发申请人完善和确认的信息。

权利要求书是专利权的基础，其来源于说明书披露的技术，但法律性更重于技术性，这部分内容应该是专利代理师的工作职责，专利申请人在技术交底时可以尝试，但无须过分追求提炼概括出权利要求。不过技术交底书中对关键发明点和替代方案的描述，对专利代理师提炼概括权利要求很有帮助。权利要求书关乎授权后申请人的权利主张，是申请文件的核心，在专利代理师撰写完成后，申请人应该对权利要求书逐字逐句进行审核把关。

不难发现，表 6-1 和表 6-2 的技术交底书模板中，许多内容与申请文件的说明书和说明书附图有一定对应关系，如发明名称、技术领域、背景技术、发明内容、具体实施方式、附图及相关说明等。技术交底书是申请人向专利代理师解释清楚该发明创造是怎么回事，而说明书是向读者——案件相关的审查员、法官、行政执法人员和公众——解释清楚该发明创造是怎么回事，以技术公开换取权利保护。可以说，申请文件的说明书就是经过专利代理师修改完善使之更加符合专利申请要求和合法性要件的技术交底书。

摘要和摘要附图是对发明内容的高度概括，在权利要求、说明书和说明书附图确定之后，很容易就能得出。这部分内容在技术交底书撰写时不必考虑。

三、技术交底书填写的总体要求

简单来讲，"讲清楚技术方案的来龙去脉"就是一份合格的技术交底书的总体要求。所谓"来龙去脉"，可以用三个问题来概括：前人怎么做的？我怎么做的？我做得怎么样？所谓"讲清楚"，关键在于解释清楚前面三个问题的答案。

"讲清楚前人怎么做"包括：相关现有技术有哪些？分别是用来做什么的（应用领域）？这些做法原理是什么？存在什么问题？为什么存在这些问题？别人怎么解决的？别人的解决方案有什么优缺点？这些内容就是对现有技术发展脉络的梳理，有助于专利代理师厘清发明创造的来源和背景技术知识。

"讲清楚我怎么做"包括：面对现有技术的问题我是怎么解决的？解决中遇到了什么困难和障碍？我是怎样调整的？做法中的关键点是什么？这样做的原理和依据是什么？具体细节是什么？哪些是可以替换或省略的因素？哪些是最优的方案？这些内容有助于专利代理师充分理解发明创造的实质和细节。

"讲清楚我做得怎么样"包括：我的做法跟别人的做法相比，结果是什么？有什么优点？如何证明存在这些优点？证明的具体手段、过程和结果如何？这些内容是技术交底书中最容易忽视的内容，很多申请人以为只要写清楚怎么做就可以，做的原理和结果无须提供。但专利法意义上对发明创造充分公开的要求不仅要求公开方案是怎么做的，还需要使本领域技术人员相信这么做确实可行，达到所声称的效果。因而，特别是对诸如化学领域中效果可预期性差、依赖于实验数据的发明创造而言，使本领域技术人员相信其方案确实能够达到声称效果的证明就成为方案能被授权的决定性因素之一。

第二节 技术交底书各部分填写要求

虽然各个代理机构的技术交底书模板不完全相同，但技术内容方面基本都离不开如下几个部分：发明名称和技术领域、背景技术和存在的问题、本发明技术方案、关键改进点和有益效果、具体实施方式以及其他相关信息。这些内容相互之间有密切的联系，前后呼应，共同组成完整的技术方案。因此，应当围绕一个整体的发明构思来撰写技术交底书的各部分内容。

一、发明名称和技术领域

对于申请文件而言，说明书中的发明名称一般不应超过 25 个字；应当做到主题明确，并尽可能简明地反映发明要求保护的技术主题的名称和类型，申请人在撰写技术交底书的时候也应尽量遵循上述要求。

发明类型一般为产品或者方法，也可以是二者的组合。例如，"一种用于飞机发动机叶片的镍基高温合金"，或者"一种用于飞机发动机叶片的镍基高温合金的制备方法"，也可以是"一种用于飞机发动机叶片的镍基高温合金及其制备方法"。发明名称应采用本技术领域通用的技术名词，最好采用国家专利分类表中的技术术语，不应使用杜撰的非技术名词，不能使用人名、地名、商品名称或商业性宣传用语。

技术领域是发明直接所属或者直接应用的技术领域，而不是上位的或者相邻的技术领域，也不是发明本身。最好参照国际专利分类表确定技术交底书的技术方案直接所属的技术领域，这种具体的技术领域往往与发明创造在国际专利分类表中可能分入的最低位置有关。例如，镍基高温合金属于金属材料领域，这种高温合金应用于飞机发动机的叶片制造，那么也可以是飞机发动机领域。通常情况下不宜将技术领域范围概括得过大，例如"本申请技术领域为材料领域"；也不宜将技术领域归纳为发明本身，例如"本申请技术领域为一种镍基高温合金"。

以上要求都是《专利法》《专利法实施细则》和《专利审查指南 2010》中对申请文件相关部分的要求，对申请人撰写技术交底书来说可以作为参考，但不了解也不要紧——倘若后面发明内容明确，专利代理师自行撰写完全不成问题。所以如果申请人不清楚这部分内容如何撰写，可以先按自己的理解撰写，专利代理师会根据情况进行修改使之符合相关规定。

二、背景技术和存在的问题

撰写背景技术的主要目的是引出本发明创造所解决的问题。在介绍自己发明的优点之前，先介绍现有的成果或者别人在做的类似工作有什么缺点，"抛砖引玉"，以此衬托本申请解决了本领域存在的问题，取得了更好的效果。

背景技术部分主要包括本申请技术方案所涉及的申请日前的现有技术现状、最接近的现有技术，以及现有技术存在的问题或缺陷等内容。1985年实施的《专利法实施细则》规定"写明对发明或实用新型的理解、检索、审查有参考作用的现有技术"，修订后的《专利法实施细则》将"现有技术"改为"有用的背景技术"。"背景技术"的范围大于"现有技术"的范围，这样的改变使申请人可以将与其发明密切相关，但尚未公开的有关技术内容写入说明书的背景技术部分。

很多申请人对背景技术的撰写不重视，只是简单地罗列一些内容上距离本发明比较远的现有技术内容，甚至常常大而化之地写一些本领域的普遍做法，以此衬托本发明技术方案的创新性。实际上，背景技术无论在技术交底时还是撰写申请文件时都有相当重要的作用，甚至能够对案件的最终走向或者审查进度造成很大的影响。

首先，背景技术是让读者，包括案件相关的专利代理师、审查员、法官和公众充分了解本发明之前的现有技术发展情况，以更加接近本领域技术人员的角度去审视申请的技术方案。背景技术应该是专利申请人作出本发明技术方案的基础，明确现有技术与专利申请人技术方案的界限，有助于专利代理师确定合理的权利要求保护范围，并围绕核心的发明构思进行合理的专利布局。

其次，一些背景技术有可能构成本发明的必要技术内容。比如，本发明利用了一些在先尚未公开的技术资料，在此基础上进行改进。这些尚未公开的技术资料由于公众无法获得，需要在背景技术中细致介绍，它们对于技术内容的清楚完整公开，以及将来撰写权利要求书都至关重要。

最后，也是最为重要的一点，好的背景技术应该与发明内容、有益效果和具体实施方式相互呼应，从而共同影响读者对本发明创造性的判断。例如，现有技术是 ABC 三种金属元素的组合或者 ABD 三种金属元素的组合，本发明为 ABCD 四种金属元素的组合，那么如果申请文件中点明这样两类现有技术存在的问题，阐述本发明相对于这些现有技术的有益效果，并且在发明内容和具体实施方式部分给予有理有据的证明，这样的做法比起申请文件中回避这两类现有技术介绍，仅笼统地介绍一些相去甚远的背景知识，授权前景要乐观得多。因为后一种情况下审查员一旦自行获得以上两类现有技术，就容易认定本领域技术人员将以上两类现有技术结合获得本发明是显而易见的，而此时申请文件中缺乏相应的支持，申请人要提供反证说明非显而易见性会十分被动。

《专利审查指南2010》中规定，发明或者实用新型说明书的背景技术部分应当写明对发明或者实用新型的理解、检索、审查有用的背景技术，并且尽可能引证反映这些背景技术的文件。对于技术交底书而言，背景技术撰写也应尽量如此。

那么什么是对于"理解、检索、审查有用的背景技术"呢？通常包括三方面的内容：一是解释专业生僻词汇、本领域专有名词和申请人自定义词汇等不为公众熟悉的基本概念，有可能的情况下，包括中英文及其缩写，以帮助专利代理师迅速、准确理解技术方案，提高技术交底书的可读性。二是说明本发明的改进基础或者申请人已知的最接近现有技术，在技术发展脉络较为复杂的情况下，比如有多种不同工艺路线，可以对这些不同的现有技术进行梳理，明确区别和联系，尽可能注明引证出处。这部分内容是为后面分析该现有技术的缺点，进而为发明内容部分对比有益效果奠定逻辑基础。三是分析背景技术的缺点，不仅与本发明能够解决的问题和有益效果进行呼应，还使得专利代理师聚焦这些缺点的改进，厘清对应关键技术特征，在撰写权利要求书的时候更易于构建层次。以茶杯为例，本发明与申请人提供的背景技术有三点区别：区别一带有杯盖；区别二带有把手；区别三带有防滑套。如果申请人认为背景技术的主要缺点在于没有盖子，保温性差，则专利代理师很可能考虑只将区别一写在独立权利要求中，以最大化保护范围，而将区别二、三分别写到从属权利要求当中。如果申请人认为背景技术的主要缺点在于没有把手，不方便隔热和拿放，则专利代理师很可能考虑只将区别二写在独立权利要求中，而将区别一、三分别写到从属权利要求当中。而如果申请人认为背景技术的主要缺点在于容易滑落，则专利代理师很可能考虑只将区别三写在独立权利要求中，将区别一、二分别写到从属权利要求当中。

在可能的情况下，建议写明引证文件的具体出处。这样做除了有助于理解并且使背景技术清楚、明确之外，有的情况下还能够避免审查过程中一些不必要的质疑。举个例子，一件申请甲是对现有技术中乙技术的改进，在专利申请甲的技术交底书以及后续的说明书中，申请人并未将乙的技术细节完全写明，审查员经判断认为乙技术细节对于申请甲技术方案的实现非常关键，本领域技术人员需要参照方案乙的具体内容才能实现方案甲。如果申请甲中没有注明乙技术的出处，则申请人在面临审查员质疑本申请是否充分公开时将陷于被动，此时提供乙技术也有不被接受的可能；反之，如果申请甲中已注明了乙技术的出处，则审查员不会轻易发出公开不充分的审查意见，通常会先自行查证，此时的审查意见将考虑得更为全面。所以，申请人在撰写技术交底书时，也最好指明引证文献的具体出处，如专利公开号、非专利文献的标题和期刊名等。此外，有些现有技术可能需要简要说明结构、功能或者工作原理（例如装置），可以结合附图作出解释。

需要注意的是，对现有技术的概括应当客观、真实，应当如实描述现有技术解决本申请涉及技术问题的其他解决方案，以及这些方案存在的缺陷、不能解决的技术问题等。在可能的情况下，应进一步分析产生上述缺陷和问题的具体步骤或者技术特征，以及现有技术在解决上述缺陷中存在的技术障碍。需要注意的是，背景技术中现有技术的缺陷一定要结合本申请所能解决的技术问题来写，现有技术不能解决的技术问题，应当在本申请中得到解决；本申请不能解决的技术问题不需要写在现有技术的介绍中。

下面，以几件申请为例说明背景技术和存在问题部分的典型撰写模式。

案例1：

铝锂合金具有低密度、高比强度、高比刚度等优点，在航空航天领域具有广阔的应用前景，研究表明，向 Al 合金中每加入 1wt% 的 Li，可以使合金密度降低 3%，弹性模量提高 6%。由于具有更高的强度，目前商业牌号的铝锂合金绝大多数属于变形合金，然而变形铝锂合金往往具有比较严重的力学性能各向异性，生产环节繁多，且难以制备大型部件，而现有研究结果表明，铝锂合金除具有优良的高比特性外，还有较好的铸造性能，尤其是该合金对型腔细小结构的复制能力一般优于传统铝合金，这对航空用薄壁件的成型非常有利，因此铸造铝锂合金的研究成为近年来该研究领域内的新动向。

美国某公司公开了一种改进的铝镁锂合金及其制作方法（公开号：CN×××××××××），由以下成分组成：2wt%～3.9wt% Mg，0.1wt%～1.8wt% Li，最多至 1.5wt% Cu，最多至 2wt% Zn，最多至 1wt% Ag，最多至 1.5wt% Mn，最多至 0.5wt% Si，最多至 0.35wt% Fe，以及一些次要元素，余量为 Al。法国某公司公开了一种具有改善的断裂韧性的铝镁锂合金（公开号：CN×××××××××），由以下成分组成：4wt%～5wt% Mg，1wt%～1.6wt% Li，0.05wt%～0.15wt% Zr，0.01wt%～

0.15wt%Ti，0.02wt%~0.2wt%Fe，0.02wt%~0.2wt%Si，以及一些次要元素，余量为 Al。由于上述合金均为变形铝镁锂合金，当 Li 含量过高时，由晶体学织构和平面滑移造成的裂纹扩展反常偏移会给材料检测过程带来很大的困难，因此在上述两个公开的专利中 Li 元素的添加量均不高于 1.8wt%，以减小 Al$_3$Li 含量，降低平面滑移程度，而在铸造铝镁锂合金中可以适当提高 Li 元素含量，以充分发挥 Li 元素对合金强度、刚度提高及密度降低的作用，然而在合金熔炼过程中，Li 元素极易与空气中的水分和氧气发生反应，产生铸造缺陷，因此需要对高锂含量铸造铝镁锂合金的熔炼工艺进行优化。另外，在变形铝镁锂合金中，由于 Li 元素含量较低，形成的晶间化合物较少，热处理温度较低，例如在上述法国公司公开的变形铝镁锂合金中，固溶温度为 300~420 ℃，时效温度为 150 ℃，但是，对于高 Li 含量铸造铝镁锂合金，该固溶温度过低，无法充分消除晶界上富集的金属化合物，导致合金塑韧性差，同时该时效温度过低，时效强化效果较差。

案例 1 第一段首先介绍了铝锂合金主要性能特点及应用场景，然后介绍了铝锂合金目前的常用形态，再提到制备方法的普遍性困难，同时还介绍了铝锂合金目前的研究进展，这些内容属于基本概念的普及。接着第二段，主要介绍申请人认为与本申请最接近的现有技术，美国公司和法国公司的两种合金是与本申请最具可比性的两个技术方案，暗示其将作为本申请的改进基础。本申请与美国公司和法国公司在某些基础性、普遍性的技术特征上存在相同的部分，这些相同的部分构成了本申请必要的技术条件，在此基础上本申请进一步改进其他部分的参数，解决"铸造缺陷""塑韧性差"以及"时效温度过低，时效强化效果较差"的技术问题。

案例 2：

镁合金具有低密度、高比强度的优点，在航空航天、军工和各大工业领域有广泛的应用。铸造镁合金适用于液态成形，可用于制造复杂薄壁构件。现有的国内外铸造镁合金中，可分为含铝铸造镁合金和含锆铸造镁合金。含铝铸造镁合金具有原材料成本低的优势，主要有 ZM5、ZM10、AZ91D 等，为了追求一定的力学性能，含铝铸造镁合金通常铝含量较高，一般在 8% 以上，凝固区间宽，具有形成显微缩松、反偏析的倾向，且铸件的壁厚效应严重。现有的含锆铸造镁合金，以强化元素来看，以 Mg-Zn-Zr 系和 Mg-RE（稀土）-Zr 系为主。Mg-Zn-Zr 系铸造镁合金的铸件壁厚效应有显著改善，如 ZM1、ZM7 等，但其凝固区间比含铝铸造镁合金的更宽，因此其显微缩松倾向更为显著；Mg－RE（稀土）－Zr 系铸造镁合金的凝固区间相对较窄，在显微缩松倾向和壁厚效应方面改善较为明显，如 ZM6、WE54A、WE43A 等。纵观现有的铸造镁合金，均有一个共同的特点：为了提高铸件最终的力学性能，铸态下均含有较多的共晶凝固相。这种共晶凝固相的存在使铸件制造过程存在以下问题：一方面，共晶凝固相的存在损害合金铸态下的延伸率，因此现有的镁合金铸件容易发生开裂；另一方面，较多的共晶凝固相的存在导致必须采用较高的固溶处理温度，使铸件容易发生热处理变形。因此，开发一种无共晶凝固相的铸造镁合金，确保材料铸造成形工艺性优秀，且铸件的力学性能达到现有常规镁合金铸件的水平，对拓展铸造镁合金应用领域，尤其是制造大型复杂薄壁构件，有着极为重要的意义。

案例 2 介绍了存在共晶凝固相的铸造镁合金发展现状，指出共晶凝固相使铸件存在容易发生开裂和热处理变形的缺陷，需要开发一种无共晶凝固相的铸造镁合金。案例 2 没有给出现有技术的具体出处，是因为现有技术的铸造镁合金都是含较多共晶凝固相的铸造镁合金，而本发明致力于提供一种无共晶凝固相的铸造镁合金，这种合金与现有技术的铸造镁合金无论是微观结构、性能还是制备方法都有较大差别，类似于开拓性发明，所以现有的铸造镁合金的技术对本申请而言借鉴意义不大。对于这类发明而言，现有技术中不存在或者难以找到特别接近的方案，故其背景技术中可简单介绍本领域相同或相近主题技术的发展现状，明确现有技术中不存在或者不能实现类似的技术方案，从而表明本发明的技术方案是开拓性的，当然这类发明更需要后面内容对可实施性和有益效果的充分支撑。

案例 3：

高温合金具有使用温度高、可承受应力大、耐腐蚀性好等特点，广泛应用于航空发动机、工业燃气轮机、宇航结构、核反应堆等关键部件中。GH4169（美国牌号 Inconel 718）高温合金是应用最为广泛的一种镍基高温合金，该合金通常用于制造价值高昂结构复杂的高性能零部件。公开号为 CN×××××××× 的发明创造中提出了一种检测 Laves 相的简便方法，但是并未对如何处理合金中的 Laves 相进行说明。在公开号为 CN×××××××× 的发明创造中采用热处理的方法完全消除了合金中Laves 相，以此保证合金具有优异的性能。

但是，具有优异高温性能的 Laves 相并非一定是有害相，其塑性变形能力受形态、尺寸和分布的影响。××等人在学术论文"P92 钢中 Laves 相强化作用的研究，《物理测试》，2011 年第 04 期，第 5～9 页"中表明细小的 Laves 相析出能有效提高 P92 钢室温及 600 ℃下的抗拉强度和屈服强度。Masayuki Akita 等在学术论文"Effect of Laves Phase Precipitation on Fatigue Properties of Niobium – Containing Austenitic Stainless Steel Type 347 in Laboratory Air and in 3% NaCl Solution，《Procedia Materials Science》，Volume 3，2014，Pages517–523"中发现，细小的 Laves 相颗粒可以增强含 Nb 奥氏体不锈钢的疲劳强度。

案例 3 介绍了目前学术界和产业界对留有 Laves 相的镍基高温合金制备方法的一些研究成果，示出了如何对其中引用的专利文献和非专利文献标注出处。

三、本发明技术方案

技术方案是专利申请文件和技术交底书的核心内容。其开头通常表述为："本发明的目的是提供一种（解决现有技术存在的某些缺陷）的（产品或方法名称）"，或者"为克服（现有技术存在的问题），本发明提供一种（技术内容）的（产品或方法名称）"。产品技术方案通常包括产品的组成结构、重要参数、制造或制备方法等内容，方法技术方案通常包括方法实施的步骤、使用的设备或原料、采用的重要参数等。这些内容对应到申请文件的权利要求书当中，被称为技术特征，权利要求所保护的技术方案就是这些技术特征所组合成的整体内容。在专利申请文件的新颖性和创造性审查过程中，审查员会对权利要求限定的每个技术特征是否在现有技术中公开、是否属于公知常识进行逐一分析，在专利侵权判定中，权利要求的每个技术特征也会被拿出来逐一与被控侵权技术进行比对。

技术交底书中对技术方案的描述是专利申请文件中发明技术方案的基础，但撰写要求没有专利申请文件中那么高，简单来说，申请人只需要按照自己的技术思路对整个发明作出清楚、完整的描述即可，专利代理师会结合背景技术、具体实施方式、可替代方式等其他内容修改提炼成适合专利申请文件要求的技术方案。

那么怎样算是清楚、完整的描述呢？首先应当说明本申请方案的主要构思、原理；然后描述发明的技术方案的各项技术细节，应当尽可能详细地说明本领域的技术人员根据所描述的内容就能够实现本发明。所谓"能够实现本发明"是指，本技术领域的技术人员按照记载的内容，能够实现请求保护的技术方案，解决其技术问题，并且产生预期的技术效果。所以，对于发明内容的阐述，不能只有原理或构思，也不能只作功能介绍，应详细描述如组成部件、形状构造、各部分之间的结构作用关系。类型不同的发明创造对应不同描述方式，如对装置类发明应具体说明零部件的结构及其连接关系；对方法类发明应具体说明工艺方法、工艺流程和条件（如时间、压力、温度、浓度）；如果是与电路或程序有关的内容，应提供电路图、原理框图、流程图或时序图并具体说明；如果是与软件、程序相关，最好能提供相关的系统装置。

技术交底书的本发明技术方案部分通常包括针对的技术问题和为解决该技术问题所采用的技术方案。针对的技术问题通常对应背景技术中指出的现有技术存在的缺陷以及不能解决的技术问题，说明解决该问题所采用的基本技术构思、工作原理、具体组成特征（如产品结构和方法步骤）等。注意应避免仅采用过于笼统的说法，如"提高精度""节省能源"等，而要具体分析，例如为什么现有技术精度不高、能源消耗大，从而与本发明技术方案中能够解决这种问题的技术手段相对应。另外，这部分内容要考虑到非本领域的专利代理师的知识背景和理解能力，尽可能详细地描述清楚，必要时附以示意图、照片、流程图等帮助理解，在描述每项技术手段时，尽量说明其在本发明中所起的作用。

申请人手中的技术成果通常都是具体的、最优的系统性解决方案，比如一个产品的具体组成，包括了每一种原料名和精确到点值的用量；或者一个可直接实施的工艺流程，包括了像实验说明那样详细的步骤和具体参数设置。这些内容类似于申请文件当中的具体实施方式的内容。在一些简单的情况下，技术交底时发明内容可以与具体实施方式部分合二为一。但大多数情况下，发明内容比具体实施方式更为上位，更多一些重点手段和原理介绍。

技术交底书中关于发明内容的最低要求是写清楚这些具体的、最优的方案，同时说明发明的整体思路。以组合物产品发明为例，除了说明组分含量之外，还要说明为什么选择这几种组分，各组分作用是什么，哪些是关键组分，哪些组分含量和现有技术相同，哪些不一样，不一样的考虑是什么，组分之间相互关系如何，是否存在协同作用，超出含量范围会发生什么后果，等等。如果是方法发明，则说明每一步骤的作用是什么，将得到什么中间产物，对于温度、时间等参数的设定的基本考虑，各步骤之间的顺序是固定的还是可以互换的。总之，就是不仅要让专利代理师知其然，还要知其所以然。这样才能让专利代理师尽可能趋近申请人对技术的了解程度，以方便提炼重点和关键，并围绕这些重点和关键布局整个申请文件。

在可能的情况下，申请人还可以按照分层保护思维列出不同范围的技术方案，或者称为"替代方案"，以便将具体的技术方案进行挖掘和拓展。所谓分层保护思维就是在具体的、最优的解决方案基础上，对某些手段进行上位化概括。仍以组合产品发明为例，最优方案的原料是以质量计 50% A + 50% B，因为 A 与 B 质量相同，有优点 X；但是从实现发明角度来讲，A 组分和 B 组分在 40% ~60% 的取值范围内都是可以接受的，超出该范围，将存在 Y 问题；其中较为优选的范围是 A 组分和 B 组分含量处于 45% ~55% 取值范围，其能够达到效果 Z。分层保护思维对于一份专利申请而言非常重要，因为仅仅按照那些具体的、最优化方案划定权利要求的保护范围，竞争对手几乎能够轻而易举地绕过专利权而实现接近的结果，而保留最优的方案是为审查过程中遇到质疑而保留限缩修改的退路。需要注意的是，挖掘和拓展的范围并不是越大越好，否则容易被认为是囊括了现有技术的常规做法，所以当将具体手段进行上位化概括时，应当建立依据，这种依据一是来源于上位概括特征的技术内涵，即边界含义；二是要考虑竞争对手实施发明的必经之路。当然，专利代理师在撰写申请文件时，也会启发申请人去做这样的挖掘和拓展，而且专利代理师将从更专业的角度去上位化概括，但如果申请人具备一定的权利意识和法律思维，在技术交底过程中进行了初步分层，就能够更好地与专利代理师配合，提高申请文件的撰写质量。

下面是一份技术交底书中关于技术方案的描述：

本发明涉及一种斗齿材料，它由以下重量百分比组分的材料组成：C（碳）0.271% ~ 0.32%，Cr（铬）1.10% ~ 1.80%，Si（硅）0.80% ~ 1.80%，Mn（锰）0.80% ~ 1.80%，RE（稀土）0.02% ~ 0.15%，Mo（钼）≤0.15%，Al（铝）0.02% ~0.08%，P（磷）≤0.03%，S（硫）≤ 0.03%，B（硼）≤0.003%，余量为 Fe（铁）。

其重量百分比的组分优选为：C 0.275% ~ 0.30%，Cr 1.20% ~ 1.60%，Si 1.20% ~ 1.50%，Mn 1.10% ~ 1.40%，RE 0.02% ~ 0.08%，Mo≤0.10%，Al 0.02% ~0.06%，P≤0.03%，S≤0.03%，B≤0.003%，余量为 Fe。

其重量百分比组分的材料最优选为：C 0.28%，Cr 1.50%，Si 1.35%，Mn 1.20%，RE 0.02% ~ 0.08%，Mo ≤ 0.10%，Al 0.042%，P≤0.03%，S≤0.03%，B≤0.003%，余量为 Fe。

与现有技术相比，本发明的主要特点是采用稀土元素替代钼和镍等合金元素，在铸钢的熔炼过程中，由于稀土有很强的净化作用，稀土对氧、氮有很大的亲和力，并形成比重小、易上浮的难熔化合物，所以有脱氧、去氮、降低钢中气体含量，减少非金属夹杂物的作用，其脱氧能力比铝更强；稀土又有细化晶粒和减少金相组织偏析的作用；稀土能改善钢中夹杂物的形态，从而减少夹杂物的有害作用。由于稀土的上述作用，它能显著提高铸钢的塑性和冲击韧性，特别是能使材料在零下 40 ℃的冲击韧度大幅度提高。而稀土是我国富有的矿产资源，其价格比钼和镍低得多，因而可大幅降低生产成本；另外本申请采用较高的含碳量，从而保证斗齿材料具有高硬度、高强度和高耐磨性。由于以上两点提高了本申请的市场竞争力。因此，本申请的斗齿材料在保持原有的高耐磨性和高冲击性能的前提下，生产成本较低，进而市场竞争力较强。

上面的例子是申请人描述技术方案常用的表达方式。首先介绍了本发明的斗齿材料的各组成部分及其百分含量，以多层次的参数范围限定出优选和最优的方案，接着介绍了本申请与现有技术之间存在哪些区别，这些区别有什么作用，使得本申请相对于现有技术取得了哪些进步，解决了哪些问题。然而，该技术方案描述的不足之处在于，仅聚焦了稀土这一个关键元素的作用和效果，忽视了对其他成分，至少是重点成分的说明，也没有具体说明稀土和其他成分含量范围是如何确定的。没有相关背景知识的专利代理师阅读后，很可能不了解方案的设计原理，无法利用专业法律知识来对方案进行适合专利申请文件的改写，要么只能沿用申请人的表述，要么可能——如果遇上特别负责任的专利代理师的话——会与申请人沟通确认，继续完善技术交底信息。

需要注意，一些申请人为了保护技术秘密，防止泄密，对技术方案的描述会有所保留，对某些关键技术细节描述很模糊，故意隐藏一些重点技术特征。虽然专利申请文件撰写时的确有一些技巧，甚至可以隐藏一些技术秘密，但是如果不经专利代理师的专业评估而自行隐藏，很可能造成技术方案不完整或者不清楚，使得据此撰写的专利申请文件存在较大的不能授权风险。因此，技术交底时申请人应当将自己的考虑与专利代理师充分沟通，听从专业建议。正规专利代理机构会与申请人签订保密协议，不用担心泄密风险；而清楚、全面的技术交底书可以使专利代理师能够对技术方案和申请人的需求进行充分理解，尽可能将申请人的利益最大化。

四、具体实施方式

具体实施方式也称为实施例，是本发明技术方案部分的细化和解释，它对于充分公开、理解和再现发明起着非常重要的作用，是专利代理师后期撰写专利申请说明书和权利要求书的重要依据。

一些技术交底书模板中，并不明确区分本发明的技术方案部分和具体实施方式部分，因为对于一些简单的发明而言，两个部分是约等于的关系，如牙刷、按摩椅、螺钉等简单机械结构产品，申请人只需要提供一个具体实施的例子，甚至一个略带说明的示意图，就能够支撑其整个发明的技术方案。专利代理师在此基础上很容易撰写出申请文件权利要求、发明内容部分和具体实施方式，有时甚至能够帮助申请人拓展可能的替代方案，在申请文件中加入更多的具体实施方式。但对于较复杂的发明，尤其是化学领域的发明而言，由于发明内容往往比具体实施方式要抽象和概括，更重要的是，技术方案的结果通常需要具体试验过程和结果的验证，因此，具体实施方式部分比发明内容的撰写更加重要，也需要申请人在技术交底书中提供更多的信息。

单个的具体实施方式对于申请人而言是比较容易撰写的，只要申请人像写操作说明一样把方案实施细节描述清楚即可，必要情况下可对照附图进行说明或证明。对于产品发明，一般就是描述产品的具体结构组成、各部分的连接关系或作用关系，或者化学产品的化学成分、微观结构、性能参数等；对于方法发明，一般是描述操作步骤、使用原料或工具、工艺参数及有关条件等。

专利申请文件中的具体实施方式有三个重要作用：一是说明发明最为优选的方案细节；二是为权利要求请求保护的范围提供必要的支撑；三是为发明有益效果提供令人信服的证明。如果考虑这些因素，技术交底书中的具体实施方式作为一个整体的撰写结构也应该尽可能达到优选、支撑和丰富的目的。"优选"是指对于技术方案有多个或者呈非点值的范围来说的，具体实施方式部分应包括申请人认为其中最佳的实施方式，目的是在撰写申请文件时多层次地保护发明，为审查时可能需要进行的限缩性修改留有余地。如果申请人只有唯一的技术方案，那么该技术方案就是最佳的实施方式。"支撑"是指为发明要解决的技术问题和能实现的有益效果提供证明，比如提供具体的实施例和对比例，并比较二者的效果差异。"丰富"是指设计和提供具体实施方式时应尽可能多地列举不同的具体实施方式，或者每个实施方式中列举可选择的多种手段，以覆盖更大的范围，例如某参数存在较宽的取值范围时，建议给出取两个端点和一些中间点的具体实施方式。

具体实施方式描述的具体程度应能够使所属领域技术人员根据上述描述重现发明，而不必再进行创造性劳动。例如，对于一个涉及改善金属合金材料性能的发明创造，总体方案是在液态金属凝固的固液转化阶段，控制温度的降低速率，并在液态金属上添加磁场，二者共同作用下改变金属晶粒的粒度和取向。那么，在具体实施方式中，就要详细记载使用何种合金和熔化设备，在哪个温度下熔化，保温时间多久，温度降低的速率是多少，磁场的强度、分布位置和提供磁场的装置等具体的技术细节，对于这些细节的描写，对已知的技术特征，比如采用的熔化设备、提供磁场的装置等，都是现有的，不必再详细展开说明，但对于本发明特殊的细节，则记载得越详细越好。

在发明的技术方案比较简单的情况下，如果技术交底书涉及技术方案的部分已经能够对本申请所要申请的技术主题作出清楚完整的说明时，就不必在具体实施方式中再作重复说明。当一个具体实施方式足以清楚完整地说明技术方案时，可以只给出一个具体实施方式。但大多数情况下，建议申请人提出尽可能丰富的具体实施方式，其目的是使得最终形成的专利权涵盖尽可能大的保护范围，至少涵盖竞争对手可能受本发明创造启发而作出的合理变形方式。对于产品发明，不同的具体实施方式通常涉及具有同一构思的具体结构，例如某装置最佳实施方式是通过电动机进行驱动，那么其他实施方式可以考虑液压驱动、手动驱动等方式是否同样能够实现发明目的；又例如某防滑部件的设计，最佳实施方式是一体成型的波纹状防滑条，那么可以考虑拓展到点状防滑设计、可拆卸的防滑套以及防滑涂层。对于方法发明，在允许的工艺条件或者参数选择范围内，尽可能提供涵盖不同方面的具体实施方式来证明这些范围是合理可行的，例如发明内容中记载熔化温度在 1500～2000 ℃都可行时，可以提供 1500 ℃、1700 ℃、2000 ℃这样适应不同情况的具体实施方式。

特别需要注意的是，对于化学产品的发明，具体实施方式部分除了说清楚产品是什么，还要说清楚它如何得到、有什么作用或使用效果，因为化学领域的产品就算知道是什么也不一定做得出来，就算做得出来，如果没有任何作用或效果，也不能寻求专利保护。说清楚产品是什么，包括产品的名称、结构式或分子式、取代基种类、与发明要解决问题相关的化学、物理性能参数（比如各种定性或定量数据和谱图）等，高分子化合物还要说清楚分子量及分子量分布、重复单元排列状态（如均聚、共聚、嵌段、接枝等），必要时还要说清楚其结晶度、密度、二次转变点等性能参数。总之，目标是使本领域技术人员能够清楚确认该产品是什么物质。说清楚产品如何得到，就是产品制备方法，包括原料物质、工艺步骤和条件、专用设备等，目标是使得本领域人员能够按照所记载方法获得目标产品。说清楚什么作用和使用效果，实际上就对应于产品发明的有益效果。

此外，多个具体实施方式之间或者实施例与对比例之间若有重复内容，可以采用简写的方式。

下面是一份涉及钛材料表面氮化处理的技术交底书中关于具体实施方式的描述：

实施例 1

在实施例 1 中，使用表面氮化处理装置 1，不进行 FPP 处理，而是进行了由纯钛材料构成的钛材料的表面氮化处理。作为供试材料，使用工业用纯钛压延圆棒（$\phi 15$ mm、$t4$ mm）。首先，将上述供试材料设置于感应加热线圈 12 的内侧，在对腔室 2 内进行真空吸引之后，从喷出喷嘴 21 供给氮气（纯度为 99.99%），将腔室 2 内的气氛置换为氮气。然后，作为加热温度而使供试材料升温至 900 ℃，一边维持该温度，一边以 130 L/min 的流量对该供试材料喷射 3 min 的氮气。然后，停止对感应加热线圈 12 供电，利用流量 130 L/min 的氮气实施骤冷。通过进行以上操作，获得作为实施例 1 的带硬化氮化层的钛材料。图 3 中示出了该供试材料的热履历。

实施例 2

在实施例 2 中，与上述实施例 1 相同地，不进行 FPP 处理，而是进行了纯钛材料的表面氮化处理。实施例 2 与实施例 1 相比，只有氮气的流量不同，将该氮气的流量设为 70 L/min。

比较例 1 和 2

在比较例 1 和 2 中，除了用 FPP 处理替代纯钛材料的表面氮化处理之外，其余步骤与实施例 1 和 2 完全相同。

上述案例省略了在后的具体实施例、比较例与在前具体实施例相同的部分，突出了它们不同的部分，这样的撰写方式应用在实施例之间重合度较高、不同点较少的情况，能够让读者聚焦相同点和不同点，方便比较。当然，具体实施方式的撰写并无固定格式，以交代清楚为准则。

五、关键改进点和有益效果

专利申请文件并没有要求专门列出关键改进点，在一些申请撰写时，出于各种考虑倾向于将多个关键改进点隐藏于说明书当中，需要仔细阅读才能发现。但是，技术交底时对关键改进点的交代是专利代理师非常重视的内容，许多专利代理师喜欢先看这部分内容，再带着重点去阅读其他部分，有助于理解发明的实质，更好地围绕关键点布局申请文件。因此，技术交底书中应当清楚、明确地提炼关键点，至于如何体现在申请文件当中，专利代理师与申请人充分沟通需求之后，将会给出适合的建议。

关键改进点应当是发明区别于现有技术最核心之处的提炼概括，比如工艺中增加了哪个步骤或者改变了什么参数，产品中改变了什么成分，等等。一项发明可以不止一个关键改进点，如果有多个，应该按照主次顺序列清楚。比如，在最基本的方案当中，添加新原料 A 能够提高材料的强度；在优选方案当中，同时添加 A 和 B 能够进一步提高强度和韧性；在更优选的方案中，控制热压温度在 C 范围能够使得晶粒细化，机械性能更佳。

有益效果是对于发明目的和作用的总结，体现的是发明对现有技术的贡献，是判断发明创新性的重要依据。通过有益效果的描述，读者能够把背景技术存在的问题、本发明的技术方案的关键改进点、具体实施方式串联成为有机的整体，起到画龙点睛的作用。

首先，有益效果应当与关键改进点相对应或者相融合，介绍每个关键改进点在技术方案解决相关技术问题时所起到的作用。有益效果可以有笼统的叙述，例如，效率或者精度的提高、成本的下降、步骤的简化、产品质量或性能的提高、结构的紧凑，等等。但除此之外，还应该包括与关键改进点相对应的具体效果，如通过将某物质的含量控制在一定范围而增强了材料强度或弹性，通过精确调控淬火温度和时间提高了合金硬度，等等。

其次，有益效果还与发明对背景技术存在的问题相呼应，并且能够从原理或者实验数据找到依据。例如，改进了加工工艺的某项指标，细化了金属合金颗粒，因此达到了增强金属合金强度的有益效果，金属合金材料的抗压强度从现有技术的 100 MPa 增加到了 200 MPa。

最后，有益效果还应得到具体实施方式的支持。比如，声称的有益效果需要实验数据证明时，在具体实施方式中对这些实验数据如何获得提供具有说服力的资料，包括相应的实验原料、操作步骤、设备、参数选择和实验结果，必要时提供实施例与对比例之间的对照实验数据、图表、图片、图谱等。一些申请人在技术交底书中只有断言性的文字表述有益效果，而忽略了具体实施例部分对这些文字的实验过程和数据支持，在后续实审过程中可能会面临因缺乏证据支持而不被认可的风险。尤其是对于化学领域的发明创造来说，有益效果的可预期性低，由于技术效果是发明的一个重要组成部分，对于那些不能通过技术方案直接推断出来的技术效果或者没有可靠实验数据支撑的技术效果，一般是不允许在申请日后再补入申请文件中的，只能作为参考资料提交给审查员，这与直接记载在申请文件中的效果有天壤之别，有可能不被审查员接受。

下面是一份涉及抗氧化腐蚀的涂层的技术交底书中关于关键改进点和有益效果的描述：

> 本发明的抗氧化腐蚀涂层中，Ni 含量较高，达 13wt% ~ 16wt%，一方面在制作涂层靶材过程中可以有效提高涂层合金塑性，另一方面在离子镀过程中可以有效提高涂层和基体间的结合力。特别是制备镍基高温合金涂层过程中，Ni - Al 相图上的各种相都可能出现。因为 β - NiAl 金属间化合物熔点最高，稳定性和抗氧化性能在所有可能形成的相中是最好的，所以本申请中加入较多的 Ni，在涂层制备过程中可以更有利于形成重要的 β - NiAl 相。Al 可以提供涂层抗氧化性能，但 Al 含量过高将影响涂层的延性 - 脆性温度和塑性。涂层中含有活性元素 Y 能明显改善抗氧化性能，这主要因为 Y 能有效提高合金和涂层表面氧化膜的黏附性，但 Y 在合金中的溶解度较低，容易形成晶界偏聚，使涂层的抗氧化和耐热腐蚀性能下降。因此本涂层合金中 Y 含量在 1.2wt% ~ 1.8wt% 之间。

案例中，对本申请的关键改进点"Ni 含量较高""Y 含量在 1.2wt% ~ 1.8wt% 之间"与有益效果之间的关系进行了详细说明，非常利于专利代理师理解发明和抓住重点。

六、附图和其他相关信息

附图的作用在于补充说明技术交底书的文字信息，如果仅使用文字描述就能清楚、完整地说明发明创造的技术方案，则无须使用附图；但在很多情况下，附图对于清楚、直观、简洁地表达信息有着文字无法替代的作用，如复杂设备中各部件的连接、空间位置关系，金属材料的微观形貌，计算机系统架构、网络拓扑图、系统流程图、用户界面图，等等。技术交底书中也推荐这种图文结合的表达方式，但注意文字与附图应当信息清楚、一致，避免矛盾。

虽然一些专利代理机构有专业制图人员可以提供绘图服务，但不了解技术的人员绘图时很可能会丢失或弄错一些信息，而绝大多数专利代理师对于附图的绘制和修改能力有限，还有一些类型的图片，如试验结果图，无法绘制，只能依靠申请人提供，故附图最好还是由申请人提供更为保险。对于机械结构，可以提供正视图、侧视图、俯视图、剖视图、电路图等，根据需要还可以提供局部放大图、分解图、使用示意图等；对于方法程序，可以提供流程图、逻辑框图等，在生化领域除了化学式、反应式、基因序列图谱等必要提供图示外，还特别注意提供证明结果或效果的实验数据图，如质谱图、电泳图、对照实验结果图等。

技术交底书中附不下附图的，可以另附页。说明书附图应当使用包括计算机在内的制图工具和黑色墨水绘制，线条应当均匀清晰、足够深，不能着色和涂改，也不能使用工程蓝图。附图周围不要有与图无关的框线。技术交底书中应当对附图表达的含义进行说明和解释。

下面是一份涉及表面氮化处理装置的技术交底书中的附图和附图说明示例：

图1是表面氮化处理装置的概略结构图。

图2是控制装置的电框图。

图3是表示实施例1的热履历的图。

图4是表示实施例9的试验片的热履历的图。

1 表面氮化处理装置；2 腔室；3 氮气或者含有喷丸材料的氮气；5 高频施加装置；6 真空计；7 真空泵；8 排气阀；11 支撑台；12 感应加热线圈（加热单元）；13 排气路径；13A 大气敞开阀；14 氧浓度计；15 温度传感器；20 喷出部；21 喷出喷嘴；22 气体调整阀；23 氮气供给部；24 气体供给路径；25 喷丸材料供给路径；26 部件供给器；27 喷丸材料调整阀。

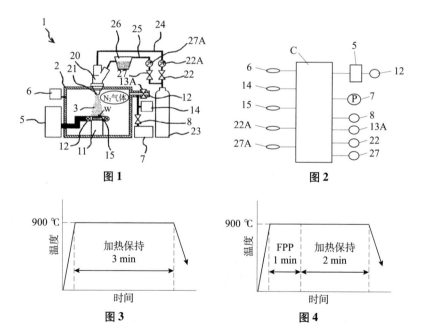

图1　　　　　图2

图3　　　　　图4

《专利审查指南2010》中对说明书附图的形式有较为明确的规定。说明书文字部分未提及的附图标记不得在附图中出现，附图中未出现的附图标记不得在说明书文字部分提及。申请文件中表示同一组成部分的附图标记应当一致。

例如上述附图1和附图2中的附图标记22A和27A就不满足上述要求，应当在说明书文字部分记载相应的名称。

附图的大小及清晰度，应当保证在该图缩小到2/3时仍能清晰分辨出图的各个细节，以能满足复印、扫描的要求为准。

同一附图中应当采用相同的比例绘制，为使其中某一组成部分清楚显示，可以另外增加一幅局部放大图。附图中除必需的词语外，不得含有其他注释。附图中的词语应当使用中文，必要时，可在其后括号内标注原文。

流程图、框图应当作为附图，并在其框内给出必要的文字或者符号（图6-1），一般不能用照片（图6-2）作为附图，但是特殊情况下，例如显示金相结构、组织细胞或者电泳图谱时，可以使用照片贴在图纸上作为附图（图6-3）。

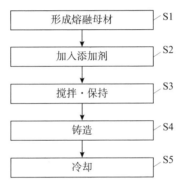

图6-1 流程图

图6-2 照片

图6-3 金相结构

其他相关信息包括所有申请人认为需要和专利代理师交代的信息，比如在先申请的情况、自己已经获得的相关技术资料、对理解发明创造有帮助的文件、竞争对手相关专利情况等。

第三节　技术交底时的常见问题

在本章第二节提到的基本技术交底书的逻辑架构基础上，文字表述准确、内容完整、重点突出、逻辑严谨也是非常重要的。例如，针对非标准或自定义的技术词汇，专利申请人在撰写技术交底书时，应对含义作出解释；语言表述应当尽量不产生歧义和逻辑矛盾。

虽然专利代理师能够看出一些明显的错误，但总不如申请人对技术的熟悉程度，万一有细节错误没有审核发现，可能会造成严重后果。因此技术交底时申请人应当对技术内容充分负责，以严谨的态度撰写每一个细节。如果有不确定之处，也应注明，提示专利代理师斟酌。本节将举例说明申请人在技术交底时容易忽视的地方。

一、随意用词导致不清楚

例如某发明，涉及一种三元合金的加工方法，合金由三种元素构成，即铁元素、铜元素和铝元素，技术交底书中记载：将这三种纯金属块在1200℃左右熔化混合，浇注成型，然后在室温"过火处理"48 h后制成所需铸锭，所得到的铸锭内部缺陷比没有经过过火处理的少。

上述案例中，"过火处理"不是本领域中具有通用的固定含义的技术词语，申请人使用的是私下通俗的说法，技术交底书中没有对这个手段进行详细解释。如果专利代理师不熟悉该领域的技术术语，申请文件中沿用这种不规范词语很可能导致技术方案不清楚而不能被授权。

二、未仔细核实导致技术缺陷

例如某发明，涉及一种汽车零件的制造方法，技术交底书中描述：将碳含量为2.8%的钢坯在1000℃下熔化后，浇入准备好的模具内，制成汽车传动轴形状，然后在1300℃下退火24 h消除内部缺陷，然后经过打磨等工艺完成制备过程。

上述案例中，钢的熔点最低在1100～1200℃之间，所以技术方案中记载"在1000℃下熔化"明显有问题，且退火应当是对固体金属进行的热处理方法，碳含量为 2.8% 的钢在 1300 ℃时已经熔化，不能实施退火处理。如果申请文件中沿用上述内容，可能面临技术方案无法在产业上实施的质疑。

三、含糊用词

例如某发明，涉及一种耐热镁合金，整个技术交底书描述的组成都是 Al：5% ~ 10%，Zn：0.8% ~ 1.6%，Mn：0.15% ~ 0.5%，余量为 Mg 及一定含量的 Cu、Si、Co 和 Sm，其中，Co 与 Sm 的质量比为 1∶1。

上述案例中，"一定含量的 Cu、Si、Co 和 Sm"含义模糊，即使这些组分并非关键组分，或者含量范围属于本领域常规，至少也应该在具体实施方式中有一些具体用量的选择。否则一旦审查过程中质疑不清楚，则难有修改余地。

还有一些情况下，是申请人不想把所有技术细节都公之于众，希望保留一定的技术秘密。然而为了避免不能授权的风险，在技术交底时，还是应当尽量细致，与专利代理师充分沟通，听从专业建议。

四、关键点失焦

关键点失焦是指描述时没有抓住发明的关键点，并围绕这些关键点组织背景技术、技术方案、有益效果、具体实施方式等各部分内容，比如，没有根据现有技术缺陷和本申请所要解决的技术问题进行有针对性的介绍，对所有的技术特征使用相同的笔墨进行描述。这种情况下，专利代理师阅读时抓不住重点，对本申请所要解决的技术问题和方案的关键点理解就会出现偏差。

例如某发明，涉及一种钛合金材料的表面氮化处理，使用等离子体氮化处理方法在钛合金表面形成一层硬化层。在背景技术中，该发明仅简单提及钛合金的一般性能和用途以及钛合金材料表面的硬化处理方法，指出在钛合金材料的表面形成硬化氮化层的现有技术，而作为在钛合金材料的表面形成硬化氮化层的方法，已知的包括离子氮化处理和热氮化处理，而所述氮化处理方法存在设备成本高、处理时间长等问题。

上述背景技术的介绍是基于一本出版时间较早的教科书，申请人撰写这部分内容时比较随意，没有正确表述发明实际的改进基础是现有技术已有的等离子体氮化处理方法，而具体改进实际在于采取特定的处理工艺条件实现了更高的耐磨性。专利代理师本身对该领域的技术不熟悉，也没有进行全面的查新处理，仅根据技术交底书记载的内容撰写了说明书和权利要求书，并提交了专利申请，其中权利要求限定的处理工艺条件概括了较大的保护范围。

在实审过程中，审查员通过检索得到了使用等离子体氮化处理方法得到钛合金表面硬化层的对比文件，并公开了上述权利要求限定的处理工艺条件。虽然后续通过修改进一步限定了处理工艺条件，从而区别于上述对比文件，但是由于关键点失焦，未能抓住发明的关键点，并围绕关键点组织有益效果和具体实施方式等内容，导致原申请文件并没有记载能够证明修改后的处理工艺条件相比对比文件公开的处理工艺条件具有有益的技术效果的实验数据等相关内容（例如修改后的处理工艺条件下得到的硬化层耐磨性实验数据）。该专利申请最终以不具备创造性被驳回。

如果申请人和专利代理师在撰写技术交底书的环节中能够更充分地沟通，提供更接近发明起点的技术文件，使专利代理师在撰写时能更准确地把握发明的关键点，并围绕关键点撰写技术方案、有益效果、具体实施方式等各部分内容，尤其是提供准确的实施例、对比例及实验数据，案件便有可能走向授权。

五、小结

本节介绍了技术交底书撰写中经常出现的一些问题，有些问题属于文字撰写方面的，通过阅读能够发现，有些问题需要结合技术方案和本领域的专业知识才能发现，还有些问题则是需要充分检索并了解相关技术领域的现有技术后确定。每个出现问题的案件都有各自不同的具体情况，但是都导致了非常严重的后果，非常可惜。可见，申请人绝不应该忽视技术交底的严谨性和充分性，好的申请文件来自于申请人与专利代理师的密切配合。

第四节　先进金属材料领域技术交底书的特殊注意事项

金属材料领域的基础性理论知识较为专业晦涩，非本领域的专利代理师往往不能充分理解技术原理和发明实质，这就对发明人撰写的技术交底书提出了较高要求。

与其他领域相比，先进金属材料技术领域的发明创造具有一个显著特点，即产品表征微观化、多样化和复杂化。其他领域的发明，例如机械装置，可能只需要说明机械装置的部件以及各部件的连接关系就可以说明清楚产品结构特征。而一种新的金属材料有可能组成元素及百分比含量与已有的产品完全相同，但由于制备工艺差异，微观形貌完全不同，强度、韧性等性能参数也有很大差异。因此，有时候需要联合组成含量、微观结构、制备方法或性能参数进行说明，而且还需要充分的实验证据支持。申请人在撰写技术交底书时，内容应尽量详细、多维度，方便专利代理师理解和选择合适的保护范围表征方式。

一、发明名称

常见发明名称例如"一种铜镍锌合金""双相高尔夫杆头的钛合金""一种用于3D打印的非晶粉末及其制备方法""Ni合金零件的制造方法""一种铜镍锌合金及其应用方法""一种高强合金及其退火方法"，等等。

注意名称中不能写入产品型号、人名、地名、商品名称等。例如"大疆域 MAVIC AIR2 可折叠飞行器"，应写为"一种可折叠飞行器"。

发明技术领域范围应适当，不宜太大或者太小，例如镍铬高温合金产品，技术领域写成"航空航天领域"则太大，写成"镍铬高温合金"则太小，应写成"镍铬合金域"。

二、背景技术和存在的问题

前面介绍过，技术交底书中背景技术和存在的问题部分通常包括三方面内容：该技术领域的发展、与本申请最接近的现有技术以及现有技术存在的问题和缺陷。通过三个部分完整、清楚、重点突出的介绍，专利代理师能够充分了解背景技术的状况及其缺陷，以及本申请的发明构思和关键点。

案例1：

某案，涉及一种铜镍锌合金，在背景技术中介绍了以下内容：

铜、镍和锌的合金由于其银色而被称为镍银。工业上可使用的合金具有按重量计47%至64%的铜和按重量计7%至25%的镍。在可钻孔和可钻的合金中，通常添加最高达按重量计3%的铅作为断屑器（chip breaker），在铸造合金中其甚至最高达按重量计9%。余量为锌。商用镍银合金可另外含有按重量计0.2%至0.7%的锰作为添加剂以降低热暴露脆性。锰的添加也具有脱氧和脱硫作用。镍银合金诸如 $CuNi_{12}Zn_{24}$ 或 $CuNi_{18}Zn_{20}$ 尤其在光学产业中用于制造眼镜铰链。这些产品的持续小型化需要具有更高强度的材料。镍银合金还用于生产首饰和生产钟表/手表的部件。这些产品必须在表面质量方面满足特别苛刻的要求。即使在拉伸状态下，材料也必须具有显得光亮并且没有例如凹槽或孔的缺陷的闪亮表面。此外，材料必须非常容易加工，并且如果有必要也可以抛光。材料的颜色在使用过程中也不能改变。用于医疗技术或乐器生产的材料必须满足非常类似的要求。

为解决上述技术问题，本申请提出了一种解决方案如下：

一种铜镍锌合金，具有以下组成（重量百分比）：49%至50.1%的Cu，6.0%至8.0%的Ni，0.2%至0.6%的Mn，0.05%至0.4%的Si，0.2%至0.8%的Fe，不高于0.8%的Co，余量的Zn和不可避免的杂质。

该案例的背景技术部分仅记载了现有技术中铜镍锌的发展存在的技术问题，并没有给出现有技术中已经存在的铜镍锌合金的组成成分及其比例，或者微观结构等参数，没有分析这些参数与相应的合金所存在的缺陷之间的关系，以及怎样针对这些缺陷加以改善，从而解决相应的技术问题，而是直接给出了技术方案，即含有特定成分及其比例的合金。显然，该技术交底书背景技术交代是不完整的，仅仅记载了"该技术领域的发展"和"现有技术存在的问题和缺陷"两个部分，而漏掉了"与本申请最接近的现有技术"的介绍。专利代理师阅读后无法比较现有技术与本申请技术方案之间的差别，无法确定本申请的发明点及其所产生的技术效果，进而导致"关键点失焦"的问题。这不利于专利代理师理解发明实质，围绕对现有技术作出技术贡献的发明构思构建合理的权利要求保护范围，不利于快速授权及授权后权利要求的稳定性维持。

案例2：

某案，涉及一种高尔夫球杆头用钛合金。背景技术中记载：

在高尔夫球具中，将数种不同用途的球杆依照功能分类成：木杆、铁杆及推杆，不同用途的球杆分别由各种合金材质制成。依据目前高尔夫木杆头制造的经验，使用最多的木杆头合金材料大多数为钛合金及不锈钢，其中最常使用的材料为6-4钛合金，根据市售Ti-6Al-4V合金而言，其合金成分元素为5.5至6.7重量%的铝、3.5至4.5重量%的钒、铁≤0.3%、OT（其他过渡元素）≤0.4%、碳≤0.1%、氮≤0.1%、氧≤0.2%、硅≤0.2%。6-4钛合金经不同热处理后，会呈现不同组织结构，典型的组织结构有三种：（1）经1040℃热处理后，呈现针状（acicular or plate-like）麻田散铁结构，商用6-4钛合金主要特征为强度高，典型抗拉强度介于1150 MPa至1200 MPa，但破坏韧性值（fracture toughness）低；（2）经930℃热处理后，呈现等轴晶双相组织（equiaxedα + acicularβ），其强度降低，典型抗拉强度介于1100 MPa至1150 MPa，但破坏韧性值提高；（3）经 820 ℃ 热处理后，呈现双相组织（bimodal，primaryα + β），机械强度最低，典型抗拉强度介于 1000 MPa 至 1050 MPa，唯破坏韧性值最佳。因此，不同显微结构，会影响球头特性。

由此，本申请提出一种解决方案如下：

一种双相（duplex phase）高尔夫杆头的钛合金，包含：6.0 至 7.0 重量% 的铝、1.5 至 2.5 重量% 的锡、1.5 至 2.5 重量% 的锆、1.5 至 2.5 重量% 的钒、1.5 至 2.5 重量% 的铬、0.1 至 0.5 重量% 的铁、0.05 至 0.20 重量% 的硅。经适当的塑性加工与热处理后，合金基本显微结构为 bimodal 组织，同时具备次晶粒与高密度差排的特征，以及微量的 ω 相析出物。

相对于案例 1 的撰写方式，案例 2 的结构较为完整。其中记载了最接近的现有技术，即现有技术中，高尔夫球杆头常用的钛合金组成成分和三种常见微观结构："针状麻田散铁结构""等轴晶双相组织"和"双相组织"，并说明了产生这种微观结构的主要原因在于成分和热处理工艺参数的不同，还分析了各种微观结构在性能上的不同，找到现有技术中这些技术问题产生的原因，从而更有针对性地提出解决方案。这样就突出了本申请相对于现有技术的不同：①在钛合金中添加铝时，考量 α + β 双相组织分布，降低合金密度，增加固溶强度，铝含量偏低时，强度偏低，过高时，则易形成 α_2 脆化相；②调整 α + β 双相组织中 β 相的比例，以及多元合金元素，控制钛合金的 β 相稳定元素总量，钒、铬和铁的含量；③基于多元合金元素高熵和元素固溶强化的原理，调节锡、锆和硅元素的含量。在此基础上控制塑性加工和/或热处理的温度参数在 780~840 ℃，使得合金可获得 α + β 双相组织，以及基底内产生次晶粒与高密度差排的结构，同时，存在微量的 ω 相析出物；使得合金具备 1300~1450 MPa 的抗拉强度，1250~1400 MPa 的屈服强度，以及 6%~12% 的延伸率。这就是本申请对现有技术作出的贡献，也是撰写说明书时的着墨重点。

三、技术方案和具体实施方式

技术方案与具体实施方式（实施例）的区别在于，一个具体实施方式就是本申请的一种实现方式，而技术方案部分则是各个实施例的总和，是多个实施方式的概括。某些申请的技术方案只有一个具体实施方式，这样的技术方案与具体实施方式实质上是一样的。由于技术方案与具体实施方式的联系过于紧密，有时并不能很清楚地将二者分割开来，因此将两个部分放在一起进行说明。

从撰写主题来看，金属材料领域的专利申请涵盖了合金产品、专用设备、制备方法、应用等，其中，合金产品权利要求是最具有领域特点，也是最不容易写好的类型。

实践中，不同国家的申请人对于合金产品发明表述方式存在明显差异。大部分中国申请人喜欢采用单一合金组成限定，这也是最简单的表述方式。合金组成和制备工艺决定着产品的组织结构，而组织结构是决定其使用性能的重要指标。在进行科学研究时，研究者们往往是通过合金组成调控、工艺参数调整来设计出性能符合要求的产品。可见，合金组成和制备工艺是最基础、最根本、最直接的研究手段。

然而，合金领域许多产品与现有技术相比组成含量差异较小，制备工艺的大流程步骤很多也都是常规手段，创新点不容易凸显，所以单纯用合金组成和/或制备工艺来表述，容易造成在审查过程中被质疑新颖性或创造性的风险。在实践中，一些申请人将产品性能或结构限定至产品权利要求中，以突出与现有技术的差异和效果，增加获得授权的可能性。尤其是日本、韩国等外国企业深谙其道，采用"组成＋性能和/或组织和/或公式"等多种形式来限定产品权利要求，许多性能参数或是公式还是申请人自己创设的，很难在现有技术中找到相同或类似的表征方式，从而提高了合金产品权利要求的授权率。

事实上，金属材料领域经过长期的发展，开拓性的发明很少，更多的是在现有产品基础上进行深入的技术改进，而这些技术改进通常表现为多种组成元素的共同作用、工艺方法调整、组织控制等。因此，单纯以合金组成来限定产品的方式也很难有效地表征这类创新成果的技术贡献点。

下面我们通过三个案例对上述内容进行具体的解释说明。

案例3：

发明内容如下：

一种铜镍锌合金，具有以下组成（重量百分比）：46.0%至50.1%的Cu，8.0%至11.0%的Ni，0.2%至0.6%的Mn，0.05%至0.5%的Si，在各自情况中最高达0.8%的Fe和/或Co，其中Fe含量和两倍Co含量的总和为至少0.1%，余量为Zn和不可避免的杂质。

具体实施方式如下：

将根据本申请的铜镍锌合金和三种比较的合金熔化并铸造以形成坯料。通过热压和冷成形从坯料制造具有4mm外径的线和棒。下表显示了各种合金的重量百分比的组成。

（%）

	Cu	Ni	Mn	Si	Fe	Pb	Zn
本申请合金	48.5	9.5	0.4	0.2	0.5	<0.05	余量
比较样本 1	49.0	7.5	3.0	—	—	3.0	余量
比较样本 2	62.5	17.5	0.4	—	—	—	余量
比较样本 3	48.4	9.5	0.4	0.3	0.5	1.3	余量

在拉制线上进行表面粗糙度测量。以下性能是在 4mm 的测量长度上测定的，在每种情况下沿着并横向于拉伸方向：Ra 平均粗糙度；Rz 平均峰谷高度；R_{max} 最大峰谷高度；Rt 轮廓的总高度；下表中比较了在样本上测定的数值。

	测量方向	本申请	比较样本 1	比较样本 2	比较样本 3
Ra	纵向	0.039	0.100	0.103	0.113
	横向	0.174	0.315	0.182	0.317
Rz	纵向	0.36	1.48	0.76	1.56
	横向	0.99	1.81	1.47	1.91
R_{max}	纵向	0.49	2.03	1.15	2.16
	横向	1.28	2.29	1.92	2.42
Rt	纵向	0.56	2.05	1.15	2.17
	横向	2.26	2.66	2.11	2.63

该表中记录的测量值表明，在八个测量值中的七个测量值中，根据本申请的合金的表面具有最低的表面粗糙度或峰谷高度。因此根据本申请的合金在拉伸状态下具有最佳的表面质量。

本申请相关样品的具体性能如下表所示：

试样规格	拉伸强度 R_m	屈服点 $R_{p0.2}$	断裂伸长率 A_{10}
直径 8 mm	735 MPa	561 MPa	11%
直径 2.5 mm	835 MPa	619 MPa	12%

案例 3 的技术交底书中记载了铜镍锌合金的组成元素及含量，但未具体说明合金的组织结构、元素的作用以及元素组成含量等与本申请所要解决的技术问题之间的关系，而本领域技术人员熟知合金的组织结构等对于合金的性能有着关键性的影响。

专利代理师和申请人的沟通后，确定本申请对现有技术的改进实际是通过以形成硅化物沉淀物的方式进行硅的合金化，从而改变镍银材料的微观结构。因为作为金属间化合物，硅化物具有约 800 HV 的硬度，其明显高于基体微观结构的 α 相和 β 相的硬度。锰合金化主要以提高冷成形能力和热成形能力并增加强度来实现；另外，锰具有脱氧和脱硫的作用。在同时存在锰、铁和镍的情况下，硅形成具有主要在（Mn，Fe，Ni)$_2$Si 到（Mn，Fe，Ni)$_3$Si 范围内的近似组成的混合硅化物。以类似的方式，硅在同时存在锰、钴和镍的情况下形成（Mn，Co，Ni)$_x$Si$_y$（其中 $x \geqslant y$）近似组成的混合硅化物。此外，还可形成除了锰和镍之外含有铁和钴的混合硅化物。混合硅化物作为球形或椭圆形颗粒以高度分散的形式存在于基体微观结构中。颗粒的体积当量直径的平均值为 0.5～2 μm。微观结构不含任何具有大面积的硅化物，因此可容易地从基体微观结构中分离出来。这种有利的性能在本案的合金中通过特别小比例的锰和铁或钴来实现。铁和钴均充当形成硅化物的核，即在存在铁和/或钴的情况下，容易形成稳定的小晶核，可作为晶粒的形核位点，促进形核。这些沉淀核在本合金组合物中也可以含有镍，其高度分散在微观结构中。现在还含有锰的其他硅化物优先附着至这些核上。单个硅化物的尺寸受限于合金的小的锰含量。因此少量的铁和/或钴与少量的锰结合是形成混合硅化物的先决条件。铁和/或钴的最小量被限定为铁含量和两倍钴含量之和，按重量计其至少为 0.1%。

为了体现本申请的上述改进，申请人在技术交底书中增加一部分对于该铜镍锌合金微观组织的说明，即"其中含有镍、铁和锰的和/或含镍、钴和锰的混合硅化物作为球形或椭圆形颗粒嵌入由 α 相和 β 相组成的微观结构中"。这样，通过元素组成和组织结构的双重限定，就构建出能够解决相应技术问题的合金材料了。

此外，还需要在以下几个方面对本申请的技术效果进行证明：①本申请的铜镍锌合金的表面质量要好于现有技术或者至少与现有技术相当，而同时强度明显高于迄今使用的材料的强度；强度的增加使得部件可以制造得更小，结构更精细，从而满足当前的设计要求；②本申请的铜镍锌合金具有良好的可加工性，合金容易热成形和冷成形，并且具有非常良好的切削性，铅的含量明显低于不可避免的杂质阈值，容易切削。为了证明本申请的铜镍锌合金有上述良好的材料性能，技术交底书中给出了表面粗糙度、拉伸强度和断裂伸长率的实验数据分别加以证明。这样的撰写方式说明了本申请相比于现有技术取得的进步，又证明了本申请能够解决背景技术提出的技术问题。

然而，案例3仅提供了一种实施方式，它的发明内容部分与具体实施方式的内容相同，它的技术效果与比较样本进行比较得出。也就是说，申请人仅提供了其研究过后得到的最优解，但这导致专利代理师难以对具体实施方式进行合理概括进而得到权利要求书。对于多数技术交底书来说，一般应撰写多个实施例，这样既可以通过具体实施方式和比较样本之间进行比较，也可以通过不同具体实施方式之间相互比较，得到技术效果最好的最优技术方案，同时也便于专利代理师撰写权利要求书。对于记载了多个实施例的技术方案来说，发明内容要求能够对所有的实施例进行总的概括，实施例的参数、步骤或者组织结构等通常应当在发明内容部分技术方案或后续权利要求技术方案的范围之内。

案例4：

发明内容如下：

一种用于3D打印的高熵合金非晶粉末及其制备方法，它能有效地解决优化高熵合金粉末的组织及性能，获得粒径更均匀、尺寸更细小的粉末材料的技术问题。

本申请的目的是通过以下技术方案来实现：

一种用于3D打印的高熵合金非晶粉末，高熵合金非晶粉末成分组成如下：它们接近等原子百分比，其中Cu：15.5%～18%、Mn：15%～18%、Ti：16%～18%、Mo：15%～18%、Cr：15%～18%、Fe：15～18%，总百分比为100%；非晶粉末的粒径为30～50 μm，非晶粉末具有高球形度，组织为非晶特征。

一种用于3D打印的高熵合金非晶粉末的制备方法，包括以下步骤：

A. 称量：先将各金属的原材料氧化皮打磨去除，再按原子百分比称量每一种金属的重量，其中Cu：15.5%～18%、Mn：15%～18%、Ti：16%～18%、Mo：15%～18%、Cr：15%～18%、Fe：15%～18%，总百分比为100%，同时应考虑低熔点金属的烧蚀；

B. 装料：将称量好的、待熔炼的各金属材料按照其密度从小到大依次放入氧化铝坩埚内，再将氧化铝坩埚放入密闭容器内的感应加热器中；

C. 惰性气体保护：将密闭容器抽真空至低于3.0×10^{-2} MPa，然后充入高纯度惰性保护气体；

D. 加热：在惰性气体保护下，开始启动感应加热器对原材料进行熔炼，熔炼功率10 kW，熔炼电流28 A，熔炼时间40 min，保温时间20 min，过热度100 ℃，辅以电磁搅拌以减少合金元素偏析；

E. 脉冲喷射：采用均匀液滴脉冲喷射技术，调节压力脉冲发生器，产生输出频率600～800 Hz、压力0.36×10^{-6}～0.46×10^{-6} N的气体脉冲施加在氧化铝坩埚中，将合金液滴以 1~2 m/s 的初始速度从坩埚底部喷嘴喷射出；

F. 粉末凝固：合金液滴经过与惰性气体的热交换，以冷却速度 3000~4000 K/s，凝固成直径 30~50 μm 的非晶粉末，并收集在收粉罐中。

有益效果如下：

上述六种金属的元素混合后产生热力学上的高熵效应、晶格畸变效应、动力学上的迟滞扩散效应、性能上的"鸡尾酒"效应，合金具有简单的固溶体结构，同时采用均匀液滴脉冲喷射技术，使得粉末粒径均匀细小，高熵合金组织在快速凝固过程中形成非晶，并且由于冷却速率较高，具有稳定的冷却环境和冷却速率，导致单个粉末之间非晶组织差别极小，组织非晶相含量达到 95% 以上。非晶相有利于在 3D 打印过程中得到更加细化、均匀的材料组织。

具体实施方式如下：

实施例 1

将去除氧化皮的 Cu、Mn、Ti、Mo、Cr、Fe 六种纯金属原材料，按照接近等原子百分比依次称量重量，其中 Cu：15.5%、Mn：15%、Ti：16%、Mo：17.5%、Cr：18%、Fe：18%，总百分比 100%。同时，应当考虑低熔点金属的烧蚀。将称量好的、待熔炼的各金属材料按照其密度从小到大依次放入氧化铝坩埚内，再将氧化铝坩埚放入密闭容器内的感应加热器中。惰性气体保护：将密闭容器抽真空至低于 3.0×10^{-2} MPa，然后充入高纯度惰性保护气体。在惰性气体保护下，开始启动感应加热器对原材料进行熔炼，熔炼功率 10 kW，熔炼电流 28 A，熔炼时间 40 min，保温时间 20 min，过热度 100 ℃，辅以电磁搅拌以减少合金元素偏析，待合金溶液充分熔化并且具有一定流动性。采用均匀液滴脉冲喷射技术，通过压力脉冲发生器产生频率为 800 Hz、压力为 0.36×10^{-6} N 的气体脉冲通入坩埚内，压力脉冲使得合金液滴以 2 m/s 的初始速度喷出。合金液滴经过与惰性气体的热交换，让液滴冷却速度达到 4000 K/s，快速凝固过程抑制晶体相的形成，获得简单固溶体的高熵合金非晶粉末组织。粉末颗粒具有规则球形，组织均匀，无空心粉和组织缺陷，粉末平均粒径 40 μm。通过 XRD 图谱可以显示，典型的宽的非晶相峰形特征，表明高熵合金中完全为非晶组织。根据组织观察以及 XRD 中相分析，制备得到的高熵合金粉末非晶相含量达到 97%，利用 HVS - 1000 型显微硬度计测量其显微硬度为 1250 HV。

实施例 2：

将去除氧化皮的 Cu、Mn、Ti、Mo、Cr、Fe 六种纯金属原材料，按照接近等原子百分比依次称量重量，其中 Cu：18%、Mn：18%、Ti：16%、Mo：18%、Cr：15%、Fe：15%，总百分比 100%。同时，应适当考虑低熔点金属的烧蚀。将称量好的、待熔炼的各金属材料，按照其密度从小到大依次放入氧化铝坩埚内，再将氧化铝坩埚放入密闭容器内的感应加热器中。惰性气体保护：将密闭容器抽真空至低于 3.0×10^{-2} MPa，然后充入高纯度惰性保护气体。在惰性气体保护下，开始启动感应加热器对原材料进行熔炼，熔炼功率 10 kW，熔炼电流 28 A，熔炼时间 40 min，保温时间 20 min，过热度 100 ℃，辅以电磁搅拌以减少合金元素偏析，待合金溶液充分熔化并且具有一定流动性。采用均匀液滴脉冲喷射技术，通过压力脉冲发生器产生频率为 800 Hz、压力为 0.36×10^{-6} N 的气体脉冲通入坩埚内，压力脉冲使得合金液滴以 2 m/s 的初始速度喷出。合金液滴经过与惰性气体的热交换，让液滴冷却速度达到 4000 K/s，快速凝固过程抑制晶体相的形成，获得简单固溶体的高熵合金非晶粉末组织。粉末颗粒具有规则球形，组织均匀，无空心粉和组织缺陷，粉末平均粒径 40 μm。利用 HVS –1000 型显微硬度计测量其显微硬度为 1240 HV。

案例 4 首先在发明内容中记载了各成分百分比的数值范围，然后在具体实施方式部分给出了两个实施例。两个实施例的制备方法相同，其区别仅在于元素组成含量不同，专利代理师可以在两个实施例的基础上进行权利要求的撰写。但该技术交底书还存在如下缺陷：①实施例数量仍相对较少，考虑到尽量构建更大的保护范围且同时保证有修改的退路，如果还有其他元素组成含量的实施例或者其他工艺条件的制备方法，建议申请人也写入技术交底书中；②缺少对比例，导致相关内容不能对本案的具体实现原理，尤其是关键点给予直接的验证，使得专利代理师及社会公众无法准确确定本案的关键点，且容易导致包括审查员在内的其他人对本案实现的原理产生质疑或产生有偏差的理解，进而导致审查程序无谓地延长甚至影响结案走向。

案例 5：

发明内容如下：

一种超高强热成形钢的退火方法，退火工艺为：以 2 ℃/s 的加热速度加热至 780 ℃，保温 0.1～3 h，再以 1 ℃/s 的冷却速度冷至 700 ℃，保温 1 h，最后以 1 ℃/s 的冷却速度冷至室温。

具体实施方式如下：

实施例 1：

将冷轧后的钢板加热至 780 ℃，保温 10 min，再以 1 ℃/s 的冷却速度冷至 700 ℃，保温 1 h，最后以 1 ℃/s 的冷却速度冷至室温。退火后的显微组织为铁素体 + 颗粒状碳化物，铁素体再结晶不完全，仍保留冷轧态的纤维组织形态，颗粒状碳化物分布不均匀。

实施例 2：

将冷轧后的钢板加热至 780 ℃，保温 0.5 h，再以 1 ℃/s 的冷却速度冷至 700 ℃，保温 1 h，最后以 1 ℃/s 的冷却速度冷至室温。退火后的显微组织为铁素体 + 颗粒状碳化物，铁素体再结晶基本完成，颗粒状碳化物弥散分布在铁素体基体上。

实施例 3：

将冷轧后的钢板加热至 780 ℃，保温 1 h，再以 1 ℃/s 的冷却速度冷至 700 ℃，保温 1 h，最后以 1 ℃/s 的冷却速度冷至室温。退火后的显微组织为铁素体 + 颗粒状碳化物，铁素体再结晶完成，颗粒状碳化物弥散分布在铁素体基体上。

实施例 4：

将冷轧后的钢板加热至 780 ℃，保温 3 h，再以 1 ℃/s 的冷却速度冷至 700 ℃，保温 1 h，最后以 1 ℃/s 的冷却速度冷至室温。退火后的显微组织为铁素体 + 颗粒状碳化物，铁素体再结晶完成，颗粒状碳化物弥散分布在铁素体基体上。

案例 5 通过四个具体实施方式来说明本申请的技术方案，几个实施方式的主要区别在于调整了加热到 780 ℃后的保温时间：10 min，0.5 h，1 h 和 3 h，这四个数值都在发明内容中的保温时间 0.1 ~ 3 h 的范围内。从保温时间对应的结果来看，这几个保温时间的变化导致了最后产生的材料微观结构发生变化，虽然都是铁素体 + 颗粒状碳化物，但是铁素体的状态不完全相同：①保温 10 min，铁素体再结晶不完全，仍保留冷轧态的纤维组织形态，颗粒状碳化物分布不均匀；②保温 0.5 h，铁素体再结晶基本完成，颗粒状碳化物弥散分布在铁素体基体上；③保温 1 h 和 3 h，铁素体再结晶完成，颗粒状碳化物弥散分布在铁素体基体上。

这样采用多个温度点来说明技术方案的做法本身对于科学实验来说没什么

问题，能够体现申请人的研究过程，但是对于专利申请来说，目前选择的几个保温时间点并不能够对发明内容中"0.1~3 h"的范围给予足够的证据支撑，并且不利于突出本申请与现有技术相比的进步和好的技术效果。

为什么这么说呢？首先，发明内容部分记载，本案的目的在于通过改变退火温度和退火方式，减少退火时间，能够得到颗粒状碳化物均匀弥散分布在等轴状铁素体基体上的组织特征，缩短退火周期，提高生产效率。基于这个目的，因为具体实施方式的其他时间均相同，我们根据具体实施方式可以判断，本申请最主要的改变就是加热到780 ℃后的保温时间，这个时间决定了退火时间的多少。而本申请的实施例1保温时间为10 min，并且在此保温时间的条件下，"铁素体再结晶不完全，仍保留冷轧态的纤维组织形态，颗粒状碳化物分布不均匀"，这与说明书背景技术提出的问题和本申请解决该问题的构思"得到颗粒状碳化物均匀弥散分布在等轴状铁素体基体上的组织特征"是相悖的，即不能解决本申请声称要解决的技术问题。

同样，本申请在保温1 h时，就得到了颗粒状碳化物均匀弥散分布在等轴状铁素体基体上的组织，已经解决了本申请所要解决的技术问题，出于减少退火时间的目的，我们应该往缩短时间的方向探索，为什么还要测试保温3 h的实施例呢？这不是在增加保温时间，与本申请的发明目的背道而驰吗？

所以，申请人提供的第一个和第四个实施例非但不能说明本申请的技术进步和技术效果，反而不利于专利代理师理解发明创造的发明构思和关键点，不利于权利要求保护范围的合理概括和后续的授权稳定性。

那么选择怎样的保温时间才是能够提供足够支撑、利于理解的具体实施方式呢？根据保温0.5 h铁素体再结晶基本完成、保温1 h铁素体再结晶完成的实验结果，我们应当选择保温时间在0.5~1 h附近的点作为研究对象，力求找到刚好完成铁素体再结晶的保温时间临界点，以这个保温时间临界点为最佳实施方式向前后扩展，确定一个综合考虑了时间和效果的保温时间段作为汇总后的发明内容中的相应技术特征，也就是将来申请文件中独立权利要求中的保温时间段。假设临界保温时间为0.7 h，综合考虑铁素体完成再结晶的百分比和时间成本，我们确定了保温时间0.5~1 h为最佳保温时间。那么我们就可以选择0.5 h、0.7 h和1 h作为具体实施方式的保温时间。当然，为了保证在后续审查过程中有足够的修改空间，我们也可以在0.5~1 h时间段内选择更多的点来作为具体实施方式的保温时间。

总之，实施例数量的选择需要综合考虑发明要解决的技术问题和需要达到的技术效果，结合具体的技术方案来确定。实施例除了考虑能够实现的因素之外，还要符合专利申请解决实际问题的逻辑，除非需要使用对比例来说明发明的技术效果，应保证实施例均是在发明内容记载的技术方案所限定的范围内。对于包括了某个数值范围的发明内容来说，如果该数值范围是发明构思的核心内容，对发明能否解决相应技术问题及技术效果有着显著的影响，则实施例相对应的数值范围通常应选择数值范围的两端值附近（最好是两端值），当数值范围较宽时，还应当给出至少一个中间值的实施例。

四、关键改进点和有益效果

对于关键改进点和有益效果的描述，最常见的问题就是缺乏针对性的泛泛而谈，无法与背景技术存在的缺陷、本申请所要解决的技术问题以及本申请相对现有技术作出的技术贡献相对应，技术效果没有体现出与现有技术效果相比的改进或提高，也没有与本申请发明构思相关的技术特征对应。这样的描述不能突出本申请的发明点，也不利于专利代理师对发明的理解。相反，如果申请人在撰写技术交底书时，能够对已有实验结果进行深度挖掘，对内在规律进行探究，进而将组成及含量的调整、方法工艺的控制、组织的影响等关键内容与发明如何解决其技术问题之间的关系予以说明和解释，这将有利于专利代理师理解发明，进而撰写申请文件，案件也会朝较好的方向发展。

案例6：

该案例涉及钛材料的表面氮化处理方法，具体是在非活性气体气氛中，一边将钛材料加热至 800～1000 ℃，一边以大于或等于 10 L/min 的流量对钛材料表面喷射氮气，由此能够在 1～60 min 的短时间内在钛材料的表面形成硬化氮化层。通过上述方法本发明实现了以较高的生产效率提供在表面具有耐磨性优异的硬化氮化层的钛材料。

该案例仅简单叙述了所使用的制备工艺，没有详细说明工艺步骤、工艺参数等与材料耐磨性之间的关系，导致专利代理师无法确定本申请相对现有技术的改进点，这样形成的申请文件在面临审查过程中的质疑时，不容易找到支撑论点的依据。

案例7：

该案例优化了高熵合金粉末的组织及性能，可获得粒径更均匀、尺寸更细小的粉末材料，并且使得高熵合金粉末内非晶相达到95%以上，充分发挥高固溶强化和非晶组织特征的共同优点，可通过3D打印或粉末冶金工艺技术制备出综合性能优异的高熵合金产品。

　　具体来说，与现有技术相比本申请设计了一种六元高熵合金粉末合金成分，并采用均匀液滴脉冲喷射法，采用一定频率、一定压力气体脉冲喷射出尺寸均匀、粒径细小的粉末，通过控制粉末处于较高的冷却速率 $3000 \sim 4000$ K/s，使得高熵粉末在快速凝固过程中形成非晶组织，球形度高且无空心结构产生。粉末粒径 $30 \sim 50$ μm，粉末组织非晶相达到95%以上。粉末具有窄粒径分布和细小粒径，非常适用于3D打印领域。高熵合金呈现非晶组织，使得材料具有高熵合金的高硬度、高耐蚀性、高耐热性，特殊的电、磁学性能等特点，又兼顾非晶合金的高弹性、高硬度、高冲击韧性、优良的软磁特性、耐腐蚀性等特点，应用在3D打印或粉末冶金工艺中能够使产品综合性能得到大幅度提高。均匀液滴脉冲喷射是一项新的制备金属粉末的技术，具有冷却速度高、冷却速度可控、粉末粒径细小、粉末粒径分布范围窄、氧含量低、球形度高、粉末组织均匀等优点。通过控制冷却速度大于 3×10^3 K/s，合金在快速凝固过程中冷却，仍然保留合金液态下的组织特征，从而形成非晶。

案例7不仅说明了本申请与现有技术在制备工艺参数上的不同，同时也详细叙述了这些参数调整所带来的有益效果，使专利代理师很容易了解技术方案的发明构思和发明的关键点，有利于申请文件的撰写和后续审查。

五、实验数据证明

　　在化学领域，对于发明技术效果的可预期性较低，因此对于合金领域专利申请而言，实验数据作为证明技术效果的关键内容，在申请文件中具有极为重要的地位，与《专利法》第26条第3款规定的公开充分、《专利法》第26条第4款规定的权利要求书以说明书为依据、《专利法》第22条第3款规定的创造性等授予专利权的实质性条件都密切相关。因此，技术交底时这部分内容也应当是重中之重。通常，实验数据内容上属于具体实施方式的一部分，也是具体实施方式的结果和效果证明，可以说是最核心的内容，在很多情况下，对于案件的走向以及可能授权的保护范围有着决定性的影响。

　　实践中，许多撰写得不好的技术交底书或者申请文件问题就恰恰出在实验数据方面，常见问题包括如下几种类型：

　　（1）缺少与技术效果对应的实验数据：实验数据表征的性能与发明要解决的技术问题/要实现的技术效果不对应。

（2）实验数据明显错误：例如实验数据明显超出本领域常规认知的范围。

（3）实验数据互相矛盾：不同实施例的实验数据表达的结果互相矛盾，如同一参数在一个实施例中与某效果成正比，而在另一个实施例中则成反比。

（4）实验数据单一：例如仅有一个技术效果所对应的实验数据，不能全面反映产品或方法取得的效果，在审查过程中当所述效果被现有技术公开或被认为可以预期时，由于没有其他技术效果的实验数据，可争辩空间小。

（5）实验数据无层次：存在多层次的优选技术方案时，需要有对应的实验数据，例如，基础实施例相比现有技术能提高10%，进一步优选的实施例能提高20%，最优选的实施例能提高30%，这样即便基础技术方案被认定为不具备授权前景，申请人也有进一步修改和争辩的空间。

（6）实验数据不具有证明力：实验数据不足以证明待证事实，例如实验数据证明不了协同作用。

下面结合一项有关"耐腐蚀性优良的不锈钢"的发明对实验数据的技术交底进行详细说明。

案例8：

该案涉及了一种耐间隙腐蚀性优良的铁素体系不锈钢。在背景技术部分，首先指出对于不锈钢的一般性能需求以及对于不锈钢制的机器或配管等构件的耐腐蚀性来说，特别重要的是点腐蚀、间隙腐蚀、应力腐蚀裂纹等局部腐蚀，由于它们所引起的穿孔使内部流体等的泄漏成为问题。而在海滨环境中含有较多海水成分的飞来盐分、在寒冷地区冬季散布的融雪盐中的氯化物成为腐蚀因子。申请人还提供了具有耐腐蚀性的不锈钢及其制备方法的相关文献，并指出了上述现有技术存在的问题。由此，本案要解决的技术问题便是提供一种耐间隙腐蚀性，特别是间隙部的耐穿孔性优良的铁素体不锈钢。

发明内容提出其基础技术方案为：

耐间隙腐蚀性优良的铁素体系不锈钢以质量%计含有：C：0.001% ~ 0.02%、N：0.001% ~ 0.02%、Si：0.01% ~ 0.5%、Mn：0.05% ~ 1%、P：0.04%以下、S：0.01%以下、Cr：12% ~ 25%，按照 Ti：0.02% ~ 0.5%、Nb：0.02% ~ 1%的范围含有 Ti、Nb 中的一种或二种，并且按照 Sn：0.005% ~ 2%、Sb：0.005% ~ 1%的范围含有 Sn、Sb 中的一种或二种，剩余部分由 Fe 和不可避免的杂质构成。

紧接着，又提出了进一步优选的三个技术方案，分别涉及"还可以含有 Ni：5%以下、Mo：3%以下中的一种或二种""还可以含有 Cu：1.5%以下、V：3%

以下、W：5%以下中的一种或二种以上"和"还可以含有 Al：1%以下、Ca：0.002%以下、Mg：0.002%以下、B：0.005%以下中的一种或二种以上"。

具体实施方式部分详细介绍了各元素的作用，其中加入一定量的 Sn 元素或 Sb 元素进而改进不锈钢的耐间隙腐蚀性。也就是说 Sn 元素和 Sb 元素的加入是本案的发明点。

技术交底书提供了 13 个实施例（C1～C13）和 3 个对比例（C14～C16）。其中 C14 与实施例的主要区别是 Sn 含量较低且未加入 Sb，C15 与实施例的主要区别是 Sb 含量较低且未加入 Sn。C16 与实施例的主要区别则是 Cr 元素含量偏低。具体如下表所示：

	No.	成分（质量%）																		
		C	S	Mn	P	S	Ni	Cr	Ti	Nb	Sn	Sb	N	Mo	Cu	V	W	Al	Ca	Mg	B
本发明例	C1	0.005	0.38	0.26	0.027	0.001		1621	0.25		0.41		0.011								
	C2	0.008	0.36	0.25	0.025	0.001		15.99	0.23			0.22	0.009								
	C3	0.005	0.35	0.35	0.026	0.002	0.21	16.62	0.18		0.35		0.008								
	C4	0.012	0.12	0.25	0.020	0.001		17.28	0.25		0.28		0.015	1.15				0.03			0.0005
	C5	0.003	0.49	0.65	0.016	0.005	0.36	18.25			0.20	0.49	0.004		0.44			0.01	0.0005		
	C6	0.008	0.25	0.12	0.032	0.002	0.68	13.56	0.18	0.25		0.03	0.011	0.78			2.50	0.15	0.0010		
	C7	0.005	0.18	0.16	0.025	0.001	1.00	18.20	0.19		0.22	0.13	0.008	0.99				0.06			0.0003
	C8	0.007	0.26	0.36	0.029	0.001	1.26	19.46	0.20			0.007	0.009	1.05				0.01	0.0006		0.0004
	C9	0.003	0.21	0.32	0.021	0.001	1.46	17.69	0.16		0.20		0.006	0.008	1.43	0.22			0.0005		0.0005
	C10	0.006	0.16	0.22	0.024	0.001	1.76	19.68			0.36	001	0.006	0.012	0.82			0.04			0.0006
	C11	0.004	0.13		0.023	0.008	2.03	20.25			0.32	0.04		0.006			0.46			0.0004	
	C12	0.006	0.08	0.10		0.001	4.60	24.56	0.22			0.01		0.005	2.66						
	C13	0.005	0.42	0.75	0.028	0.001	0.25	15.22	0.12	0.26	0.76		0.016	1.23	0.35						0.0004
对比例	C14	0.004	0.42	0.22	0.025	0.004		14.86	0.26		0.003		0.008					0.05			
	C15	0.007	0.12	0.16	0.021	0.002		15.22		0.35		0.002	0.009								
	C16	0.006	0.42	0.36	0.028	0.003		10.95	0.20		0.33		0.008								

可以看到，上述 13 个实施例不仅支撑了基础技术方案，而且还支撑了进一步优选的三个技术方案，虽然基础技术方案中各元素的含量范围相对并不宽，也提供了 C1 和 C2 两个实施例。

由于本案要解决耐间隙腐蚀的技术问题，故申请文件提供了与耐间隙腐蚀对应的"最大侵蚀深度"的实验数据，同时完整描述了其测试方法。相关实验数据具体如下：

	No.	最大侵蚀深度/μm
本发明例	C1	516
参考例	C2	534
本发明例	C3	487
参考例	C4	402
本发明例	C5	376
参考例	C6	397
本发明例	C7	213
本发明例	C8	205
参考例	C9	188
本发明例	C10	168
本发明例	C11	336
本发明例	C12	138
本发明例	C13	356
比较例	C14	546
	C15	875
	C16	925

通过上述实验数据可以看出，本案的实施例 C1～C13 与对比例 C14～C16 相比：最大侵蚀深度都有大幅度的下降，证明其具有更好的耐间隙腐蚀性，并且也能得出一定含量的 Sn 或 Sb 是本案关键点的结论，C14 和 C15 两个对比例正是由于上述两种元素加入的含量过低，导致不能解决提高耐间隙腐蚀性的技术问题。上述实施例和对比例的设置以及相应的实验数据相对来说是较为完美的，充分地体现了本案所声称的技术进步。

这样的实验数据能够支撑设置多层次的权利要求，优选范围所对应的实施例是 C3～C13，其的确实现了与基础权利要求对应的实施例 C1～C2 相比更优的技术效果。在后续审查过程中，即使基础权利要求不具备授权前景，申请人也可以保留优选权利要求并以实验数据为支撑争辩其更优的技术效果。

另外，该案技术交底书中还提供了如图 6-4 所示的实验结果，申请人认为"两种元素组合使用"能够取得预料不到的技术效果。

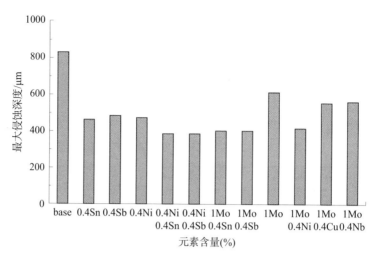

图 6 - 4　最大侵蚀深度柱状图

　　图 6 - 4 是根据如下检测方法得到的：$0.005C - 0.1Si - 0.1Mn - 0.025P - 0.001S - 18Cr - 0.15Ti - 0.01N$ 为基本成分，制作单独或复合添加了 Sn、Sb、Mo、Ni、Nb、Cu 的冷轧钢板。另外，除 Mo 以外的元素的添加量均为 0.4%。以它们为材料，制备点焊试验片，在某条件下进行干湿重复试验，并评价点焊间隙的最大侵蚀深度。

　　假设图 6 - 4 所涉及的元素都是本领域已知具有提高不锈钢耐间隙腐蚀性的元素，那么仅依据该图所示的实验数据，能否得出本申请多种元素的组合使用取得了预料不到的技术效果呢？

　　预料不到的技术效果是指发明同现有技术相比，其技术效果产生"质"的变化，具有新的性能；或者产生"量"的变化，超出人们预期的想象。这种"质"或者"量"的变化，对所属技术领域的技术人员来说，事先无法预测或者推理出来。简言之，预料不到的技术效果就是"1 + 1 > 2"的技术效果。

　　从图 6 - 4 所示柱状图可见，单独加入 0.4% 的 Sn、0.4% 的 Sb、0.4% 的 Ni 或者 1% 的 Mo 均能够相比空白样提升不锈钢的耐间隙腐蚀性，将上述四种元素分别仍按照上述用量组合使用至不锈钢中时，本领域技术人员可以合理预期技术效果会比仅使用一种元素时更好，但这应属于效果的简单叠加，该柱状图不能证明元素的组合使用产生了预料不到的技术效果。

　　那么，此时何种实验数据能证明组合使用的协同作用呢？例如，若"0.2% Sn + 0.2% Sb"的实施例的技术效果明显超过了 0.4% Sn 的实施例以及

0.4%Sb 的实施例各自的技术效果，即在用量相等的情况下，Sn 和 Sb 的组合使用明显超过了各自单独的技术效果；再例如，若"0.1% Sn + 0.1% Sb"的实施例的技术效果达到了 0.4% Sn 的实施例以及 0.4% Sb 的实施例各自的技术效果，即在用量明显降低的情况下，Sn 和 Sb 的组合使用基本实现了更高用量情况下各自单独使用的技术效果。

　　总而言之，高质量的技术交底是高质量专利申请的基础，申请人与专利代理师之间配合越默契，给创新之树搭建的"庇护之所"越可靠。一份清楚、完整反映发明内容的技术交底书能够帮助专利代理师迅速理解技术创新内容和核心发明点，撰写技术内容完整、权利要求保护范围恰当的专利申请文件，尽可能地降低后续审查和维权过程中的风险。

第七章　技术交底书撰写实操

本章将以两个技术交底案例逐步修改完善过程演示先进金属材料领域技术交底书容易出现的问题和推荐的撰写方式，解析专利代理师在撰写申请文件时希望了解的内容和可能考虑的维度，期望提升申请人与专利代理师沟通的有效性，为撰写相对完备的技术交底书提供借鉴和参考。需要说明的是，本章所选取的案例均来源于真实案例，出于编写需要进行了一定程度的改编，以期更好地体现和聚焦知识点。

第一节　案例一：复合热障涂层及其制备方法

一、首次提供的技术交底书

复合热障涂层及其制备方法技术交底书
1. 发明名称和技术领域 　　本发明涉及金属材料涂层领域，具体涉及一种复合热障涂层及其制备方法。
2. 背景技术和存在的问题 　　航空发动机是一种高度复杂和精密的热力机械，航空史上的重要突破，如动力飞行、喷气推进、跨越音障、垂直起降和超音速巡航等，无不与航空发动机技术的进步密切相关。作为飞机的心脏，航空发动机被誉为"工业之花"，是大国实力的重要标志，具有极高的经济价值、军事价值。 　　1953 年，美国 NASA 研究中心最先提出了热障涂层（Thermal Barrier Coatings，TBCs）的技术概念，20 世纪 70 年代热障涂层材料首次在燃气轮机涡轮叶片上使用，成功地降低了发动机的工作温度。经过半个多世纪的发

展，最新研究表明热障涂层可以使发动机涡轮叶片的温度降低 $100 \sim 300\ ℃$，同时还能降低燃油消耗，降低空气流量，延长发动机的工作寿命。

鉴于此，热障涂层技术已成为航空工业的关键技术之一。热障涂层材料具备优良的隔热性能和抗氧化、腐蚀及抗热振性能，但是航空发动机的服役环境极其恶劣，热障涂层安全运用仍受到了各类失效方式的制约，尤其腐蚀问题有非常严重的危害，我们必须提高热障涂层的抗腐蚀性能。

3. 本发明技术方案

本发明提出一种复合热障涂层，其包括合金层、粘接层、$ZrO_2 - Y_2O_3$ 陶瓷层和铝薄膜层。粘接层设置于合金层的表面，$ZrO_2 - Y_2O_3$ 陶瓷层设置于粘接层的表面，铝薄膜层设置于 $ZrO_2 - Y_2O_3$ 陶瓷层的表面。粘接层为 NiCoCrAlYTa 粘接层或 NiCrAlY 粘接层。铝薄膜层为 α - 氧化铝层。

本发明还提出了上述复合热障涂层的制备方法，以镍基高温合金为基体层，依次制备粘接层、$ZrO_2 - Y_2O_3$ 陶瓷层和铝薄膜层。最后对镀铝样品进行处理，得到表层具有纳米铝纤维结构的复合热障涂层。

4. 关键的改进点和有益效果

本发明提供的复合热障涂层的表面形成有一层致密的 α - 氧化铝，可阻碍氧的透过性，明显提高热障涂层的抗氧化性能；该复合热障涂层在近涂层表面具有较低的孔隙率，可明显减缓腐蚀物质的渗透，使热障涂层具有较高的耐腐蚀性能。本发明涂层表面可以形成纳米铝纤维，该纤维的形成可提高热障涂层的耐 $CaO - MgO - Al_2O_3 - SiO_2$（CMAS）腐蚀性能。将上述复合热障涂层用于航空发动机，可使发动机部件适应更加恶劣的高温和强腐蚀工作环境。

5. 具体实施方式

以镍基高温合金为基体层，依次制备粘接层、$ZrO_2 - Y_2O_3$ 陶瓷层和铝薄膜层。最后对镀铝样品进行处理，得到表层具有纳米铝纤维结构的复合热障涂层。

二、首次提供的技术交底书分析

要撰写出一份技术逻辑清楚的专利申请，专利代理师至少需要弄清以下基本技术问题：该发明应用在什么技术领域？这个技术领域现状如何，存在哪些缺陷？该发明是如何克服这些缺陷的？该发明技术效果如何？申请人首次提供的技术交底书看似涵盖了"技术领域""背景技术""发明内容"和"具体实施方式"等内容，但是，对于不太了解"热障涂层"领域的专利代理师而言，信息量是远远不够的。

1. 背景技术对发明意图的支撑不够

《专利审查指南 2010》第二部分第二章第 2.2.3 节规定："发明或者实用新型说明书的背景技术部分应当写明对发明或者实用新型的理解、检索、审查有用的背景技术，并且尽可能引证反映这些背景技术的文件。尤其要引证包含发明或者实用新型权利要求书中的独立权利要求前序部分技术特征的现有技术文件，即引证与发明或者实用新型专利申请最接近的现有技术文件。"

首次提供的技术交底书的背景技术中，申请人仅简单介绍了热障涂层应用场景及该领域所面临的普遍问题，大而化之地叙述了该技术领域的总体状况，缺少与本发明欲改进的核心技术有关的技术现状描述。比如，现有的热障涂层由何种成分组成？各成分起什么作用？什么是本领域最关注的问题？前人已经做了哪些研究？还存在哪些不能令人满意之处？阅读后，对"热障涂层"技术并无专业背景知识的专利代理师仅能够知晓该发明是一种用在航空发动机上、与提高耐腐蚀性问题相关的热障涂层技术，但对该发明的热障涂层具体是针对什么问题进行改进这一关键背景知识无从得知。此外，有益效果部分提到了"耐 $CaO - MgO - Al_2O_3 - SiO_2$（CMAS）腐蚀性能"，看似是表征技术效果的一个重要指标，但背景技术缺乏相关说明。

这样的背景技术介绍不能让专利代理师很好地理解发明意图，无法确认该发明基于怎样的现有技术作出改进，从而在阅读后面发明内容时很可能不能正确地聚焦到发明点。

2. 技术方案介绍过于简单

技术交底书中的方案介绍目的是让专利代理师清楚地理解该发明是如何实施的，这里所说的"如何实施"不仅是"知其然"，而且要让专利代理师"知其所以然"。例如，对于产品，除了要交代有哪些组分、存在比例，或者有哪些部件，相互之间如何连接，对于方法，除了要交代采用什么原料或设备、每一步怎么做，更重要的是，还应当让专利代理师清楚为什么要这样做，即关键技术特征在方案中的作用和原理。此外如果在特征的选择上有这样或那样的考虑，甚至在尝试过程中曾遇到这样或那样的困难，也建议告知专利代理师。甚至对于一些可能属于申请人不愿意披露的技术秘密点，尽管其不一定会被写在最终的专利申请文件中，但能够帮助专利代理师理解、选择更合适的申请文件呈现方式，申请人也应写清楚。说清楚该发明"来龙去脉"目的在于让专利代理师无限趋近于申请人，让他能够换位到申请人的角度去思考和选择最合适的法律文件呈现形式。可以说，专利代理师对技术的理解越趋近于申请人，越能够用自己的专业知识将发明难点、重点和创新之处提炼出来，附以最合适的法律外衣。

首次提供的技术交底书的技术方案部分，仅描述了热障涂层的结构组成，依次为合金层、粘接层、陶瓷层和铝薄膜层四层结构。阅读后专利代理师脑海中会有很多疑问，不清楚具体怎么制得该涂层，比如，这些涂层涂覆时是否采用了特定的工艺参数条件？哪些层或是哪些层间关系组合是最具创新性的点？该发明方案是偶然试出来的还是依据什么已有原理设计的？当然更无从分析发明过程中申请人付出了怎样的劳动，克服了何种技术困难。这些内容在专利实审时会对审查员的判断（如权利要求的保护范围、新颖性和创造性等）产生极为重要的影响。

3. 有益效果记载缺乏说服力

有益效果是指由构成发明的技术特征直接带来的，或者是由技术特征必然产生的技术效果，它是确定发明是否具有"显著的进步"的重要依据。对于化学这类实验性较强的学科领域发明而言，有益效果通常是由一些性能、效果参数呈现的，不进行试验验证无法让人信服。所以仅断言式的有益效果说明通常被认为没有太大说服力，需要理论分析与试验验证的结果相结合来予以确认。

首次技术交底书的有益效果部分记载了"形成有一层致密的 α - 氧化铝，可阻碍氧的透过性，明显提高热障涂层的抗氧化性能""涂层表面可以形成纳米铝纤维，该纤维的形成可提高热障涂层的耐 $CaO - MgO - Al_2O_3 - SiO_2$（CMAS）腐蚀性能"，这些的确都是方案原理性的有益效果，但对于申请专利而言，内容还远远不够。一方面，这些记载对于理论和原理分析不足，没有说清楚最后形成的热障涂层中，到底是哪种关键组成还是制备中的工艺参数导致了耐腐蚀性能的提升，比如，如果是致密 α - 氧化铝层决定了性能提升，意味着无论采取什么工艺，只要在热障涂层中包含这一层即可，甚至它处于最外层还是中间层也不是太重要，而如果必须采用特定的工艺步骤或者涂覆顺序才能实现预期的效果，则工艺步骤和涂覆顺序也属于关键发明点，这些考虑关乎申请文件撰写时权利要求的保护范围，也关乎说明书的重点说明方向。另一方面，与化学领域其他类似性能参数一样，耐腐蚀性效果的可预期性相对较差，技术交底书仅笼统记载了抗氧化和耐 CMAS 腐蚀优点，缺少支撑该效果的证据，比如金相组织照片、抗氧化和耐腐蚀性能数据等。这些效果因此仅仅停留在断言层面，很可能在审查实践中被认为没有太大说服力。

4. 具体实施方式不具体

具体实施方式是专利申请文件的说明书的重要组成部分，它对于充分公开、理解和实现发明，支持和解释权利要求都是极为重要的。说明书应当详细描述申请人认为实现发明的优选实施方式，通常这部分内容就是申请人最熟悉的具体技术内容交代。例如，机械产品类发明通常会结合附图详细阐明装置的组成部件和各部分连接关系，通式化合物类产品要给出取代基明确的具体化合物名称或结构式，组合物类产品通常会给出每一种具体组分、含量以及制备的工艺参数条件，方法类发明则类似实验说明那样清楚描述详细的操作步骤、条件和结果即可。当可能要求较宽的保护范围时，比如，组分含量是一个较大的范围，或者某些组分可能来自一些不同种类的成分时，还应提供多个具体实施方式，以支持要求保护的范围。此外，还要注意呼应前述有益效果，比如，需要具体描述对比试验条件和结果。在专利实审过程中，为证明有益效果所设计的试验是否科学合理，采取了怎样的试验条件和试验手段，最后呈现的试验结果如何，都是审查员会考虑的因素。

首次技术交底书的实施方式部分只是简单重复了前面的发明内容，没有任何具体实施过程的细节，比如，制备原料、工艺参数、试验证明，等等。可以说，这部分内容只是填写在了"具体实施方式"一栏中，但根本不是专利法意义上的"具体实施方式"，如此笼统地描述可能会让人质疑方案能否实际实施并达到申请人所声称的技术效果。在专利实审过程中，申请文件的说明书存在该问题即会被质疑是否符合《专利法》第 26 条第 3 款关于说明书要清楚、完整地公开发明内容，以达到本领域技术人员能够实现的标准。

总而言之，申请人首次提供的技术交底书过于简单，远远达不到充分公开发明的要求，专利代理师甚至不能够理解方案是怎么回事，就更谈不上准确确定本发明相对于现有技术的改进点，并对方案进行充分挖掘和提炼，合理概括权利要求的保护范围了。

三、第二次提供的技术交底书

专利代理师与申请人沟通了上述问题后，申请人对技术交底书进行了补充，再次提供如下内容：

复合热障涂层及其制备方法技术交底书

1. 发明名称和技术领域

本发明涉及金属材料涂层领域，具体涉及一种复合热障涂层及其制备方法。

2. 背景技术和存在的问题

航空发动机是一种高度复杂和精密的热力机械，航空史上的重要突破，如动力飞行、喷气推进、跨越音障、垂直起降和超音速巡航等无不与航空发动机技术的进步密切相关。作为飞机的心脏，航空发动机被誉为"工业之花"，是大国实力的重要标志，具有极高的经济价值、军事价值。

1953 年，美国 NASA 研究中心最先提出了热障涂层（Thermal Barrier Coatings，TBCs）的技术概念，20 世纪 70 年代热障涂层材料首次在燃气轮机涡轮叶片上使用，成功地降低了发动机的工作温度。经过半个多世纪的发展，最新研究表明热障涂层可以使发动机涡轮叶片的温度降低 $100 \sim 300 ℃$，同时还能降低燃油消耗，降低空气流量，延长发动机的工作寿命。

热障涂层一般包括陶瓷层和合金粘接层。陶瓷层为多孔结构，一般采用稀土氧化物掺杂氧化锆或稀土锆酸盐等低热导、高熔点材料，粘接层一般采用 MCrAlYTa（M = Ni，Co，Ni + Co 或 NiAl）等材料。陶瓷层主要用于抗高温、耐腐蚀、耐冲刷等，粘接层主要用于抗氧化保护基体以及作为过渡层降低陶瓷层与基体之间的热不匹配性。热障涂层的失效因素较为复杂，其中粘接层氧化、陶瓷层和粘接层腐蚀是热障涂层失效的两大主因。

在高温下，氧能通过涂层孔隙或晶格空位透过陶瓷面层，与粘接层发生反应导致粘接层表面出现热生长层（Thermally Grown Oxide，TGO），随着 TGO 的增厚，在陶瓷 - 金属界面会发生裂纹的萌生和扩展，最终导致陶瓷面层提前剥落失效。热障涂层腐蚀主要包括空气中尘埃沉积在陶瓷面层而导致的 $CaO - MgO - Al_2O_3 - SiO_2$（CMAS）腐蚀以及发动机燃烧过程中产生的 $NaSO_4$ 腐蚀。CMAS 属于低熔点物质，在服役中会产生玻璃相，在毛细力作用下会往涂层内部渗透并同时溶解陶瓷层中的稀土元素而诱发相变，从而降低了陶瓷层的应变容限，使热障涂层提前失效。在服役中，$NaSO_4$ 同样会在毛细力的作用下通过涂层孔隙渗过陶瓷层与粘接层中的合金化合物发生反应，从而加剧了粘接层与陶瓷层间的热不匹配性导致热障涂层提前失效。

为了提高热障涂层的抗氧化、耐腐蚀性能，延缓其失效时间，众多学者做了大量的工作，如挪威学者 Nijdam 等人（NIJDAM T J. Combined pre – annealing and pre – oxidation treatment for the processing of thermal barrier coatings on NiCoCrAlY bond coatings [J]. Surface and Coatings Technology, 2006, 201 (7)：3894 – 3900.) 对粘接层在不同氧分压下预氧化，使粘接层表面形成一层致密的氧化铝，虽然该方法可以提高热障涂层的抗氧化性能，但它降低了热障涂层的结合强度，且涂层的耐腐蚀性能并未提高。美国学者 Drexler 等人（DREXLER J M. Jet engine coatings for resisting volcanic ash damage [J]. Advanced Materials, 2011, 23 (21)：2419 – 2423.) 在陶瓷涂层中加入了 Al 和 Ti 粉末以提高热障涂层的耐腐蚀性能，但涂层抗氧化性能并未提高。

由于航空发动机的服役环境极其恶劣，热障涂层安全运用仍受到了各类失效方式的制约，尤其 CMAS 腐蚀问题有非常严重的危害，我们必须提高热障涂层耐 CMAS 腐蚀性能和抗氧化性能。

3. 本发明技术方案

为克服现有技术中热障涂层耐腐蚀和抗氧化性能不足的问题，申请人采用如下技术方案完成了本发明。

本发明提出一种复合热障涂层，其包括合金层、粘接层、$ZrO_2 – Y_2O_3$ 陶瓷层和铝薄膜层。粘接层设置于合金层的表面，$ZrO_2 – Y_2O_3$ 陶瓷层设置于粘接层的表面，铝薄膜层设置于 $ZrO_2 – Y_2O_3$ 陶瓷层的表面。粘接层为 NiCoCrAlYTa 粘接层或 NiCrAlY 粘接层。铝薄膜层为 α – 氧化铝层。

本发明还提出了上述复合热障涂层的制备方法，以镍基高温合金为基体层，采用现有技术中的常规方法依次制备粘接层、$ZrO_2 – Y_2O_3$ 陶瓷层。然后，创造性采用磁控溅射技术在陶瓷表面制备 5～10 μm 的铝薄膜层并对镀铝样品进行真空热处理，真空热处理制度包括：于 610～650 ℃的条件下保温 1～3 h，然后以升温速率为 5～10 ℃/min 升温至 800～900 ℃，保温 1～2 h，热处理过程中真空压力小于 1×10^{-2} Pa，从而得到表层具有特定纳米铝纤维结构的复合热障涂层。

4. 关键的改进点和有益效果

　　相对于现有技术中合金层、粘接层以及陶瓷层组成的三层结构，本发明在陶瓷层外增加了一层铝薄膜层构成了四层结构。本发明提供的复合热障涂层的表面形成有一层致密的 α - 氧化铝，可阻碍氧的透过性，明显提高热障涂层的抗氧化性能；该复合热障涂层在近涂层表面具有较低的孔隙率，可明显减缓腐蚀物质的渗透，使热障涂层具有较高的耐腐蚀性能。

　　此外，采用热处理工艺对镀铝样品进行处理，涂层表面可以形成特定纳米铝纤维，该纤维的形成可进一步提高热障涂层的耐 CMAS 腐蚀性能。将上述复合热障涂层用于航空发动机，可使发动机部件适应更加恶劣的高温和强腐蚀工作环境。

5. 具体实施方式

　　实施例 1

　　以镍基高温合金为基体层，依次用汽油和酒精进行超声清洗，再用刚玉在 0.45 MPa 压力下喷砂处理。

　　抛光后，采用电子束 - 物理气相沉积方法在基体层表面制备厚度约 100 μm 的 NiCoCrAlYTa 粘接层。其中，电子束 - 物理气相沉积的功率为 120 kW，舱压为 0.01 Pa，基体预热温度为 800 ℃。

　　然后再采用电子束 - 物理气相沉积方法在粘接层表面制备厚度约 150 μm 的 ZrO_2 - Y_2O_3 陶瓷层。其中，电子束 - 物理气相沉积方法的功率为 180 kW，舱压为 0.01 Pa，基体预热温度为 800 ℃。

　　然后再采用磁控溅射技术在陶瓷层表面制备厚度约 5 μm 的铝薄膜层，其中磁控靶的电流为 3 A，偏压为 200 V，压力小于 8×10^{-3} Pa。

　　最后对镀铝样品进行真空热处理，得复合热障涂层。其中热处理制度为：于 650 ℃ 的条件下保温 2 h，然后以升温速率为 10 ℃/min 升温至 800 ℃，保温 1 h，热处理过程中真空压力小于 1×10^{-2} Pa。

　　实施例 2

　　以镍基高温合金为基体层，依次用汽油和酒精进行超声清洗，再用刚玉在 0.5 MPa 压力下喷砂处理。

　　抛光后，采用超音速火焰喷涂方法在基体层表面制备厚度约 105 μm 的 NiCoCrAlYTa 粘接层。其中，超音速火焰喷涂的汽油流量为 14 L/h，氧气流量为 820 L/min，喷涂距离为 420 mm。

然后再采用大气等离子喷涂方法在粘接层表面制备厚度约 160 μm 的 $ZrO_2 - Y_2O_3$ 陶瓷层。其中，大气等离子喷涂的电流为 700 A，氩气为 55S LPM，氢气为 14S LPM，喷涂距离为 120 mm。

然后再采用磁控溅射技术在陶瓷层表面制备厚度约 5 μm 的铝薄膜层，其中磁控靶的电流为 5 A，偏压为 400 V，压力小于 8×10^{-3} Pa。

最后对镀铝样品进行真空热处理，得复合热障涂层。其中热处理制度为：于 650 ℃的条件下保温 2 h，然后以升温速率为 5 ℃/min 升温至 800 ℃，保温 1.5 h，热处理过程中真空压力小于 1×10^{-2} Pa。

 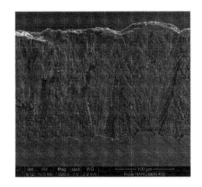

图1   图2

图 1 实施例 1 中复合热障涂层经过镀铝真空热处理后的表面形貌图
图 2 实施例 1 中复合热障涂层经过镀铝真空热处理后的断面形貌图

四、第二次提供的技术交底书分析

第二次提供的技术交底书的内容已经丰富了许多，发明点和技术细节也逐渐明晰，基本满足清楚、完整地说明发明内容的要求，专利代理师可以围绕发明改进点去组织语言和构建权利要求。

根据第二次提供的技术交底书可以知道，为了克服特定服役环境下热障涂层耐 CMAS 腐蚀性能和抗氧化性不足的问题，方案包括以下两个关键技术手段：一是设计了四层结构的热障涂层，尤其是表层具有特定纳米铝纤维结构的复合热障涂层；二是与结构相对应的工艺方法，即通过真空热处理来获得特定纳米铝纤维结构。

然而，如果专利代理师仅仅以第二次提供的技术交底书中提供的内容为基础撰写申请文件，仍然很有可能最终无法获得专利授权。

1. 隐藏了已知的更接近现有技术

第二次提供的技术交底书的背景技术部分，提到了两篇现有技术：

现有技术 A：挪威学者 Nijdam 等人的文章 Combined pre - annealing and pre - oxidation treatment for the processing of thermal barrier coatings on NiCoCrAlY bond coatings ［J］. Surface and Coatings Technology，2006，201（7）：3894 - 3900；

现有技术 B：美国学者 J. M. Drexler 等人的文章 Jet engine coatings for resisting volcanic ash damage ［J］. Advanced Materials，2011，23（21）：2419 - 2423。

现有技术 A 是通过对粘接层进行改性使其表面形成致密氧化铝来提高涂层的抗氧化性能，其缺点在于涂层的耐腐蚀性能未提高；现有技术 B 是通过对陶瓷层进行改性来提高耐腐蚀性能，其缺点在于涂层的抗氧化性能未提高。这两篇现有技术的目的在于说明本领域面临的普遍问题和已有的操作方式，明确与本发明欲改进的核心技术有关的技术现状。

如果仅看现有技术 A 和 B，本发明采取四层结构的热障涂层，即在合金层、粘接层和陶瓷层上增设一层铝薄膜层，从而同时提高耐 CAMS 腐蚀和抗氧化性能，这一发明构思应该是较有创新性的技术。然而，实际上申请人手中还有另一篇与本发明更为接近的现有技术，基于各种考虑而没有提供给专利代理师。申请人一直从事热障涂层研究，在先已申请了一件中国专利并获得了授权（以下简称现有技术 C）。现有技术 C 也是一种复合热障涂层，具有合金层、粘接层、ZrO_2 - Y_2O_3 陶瓷层和铝薄膜层四层结构，也是依次在合金表面喷涂粘接层、ZrO_2 - Y_2O_3 陶瓷层、铝薄膜层，最后进行真空热处理。

那么申请人为什么没有将现有技术 C 作为本发明的背景技术撰写到交底材料中呢？一方面，申请人认为背景技术可有可无，并不特别重要，一项发明创造最重要的是技术方案本身，创造性论述过程也是在评述技术方案是否具备创造性，不会去评价背景技术；另一方面，申请人还担心现有技术 C 的存在可能影响本发明的创新性，而这样一份证据如果记载在申请文件当中，就像是将评价新颖性或创造性的对比文件直接拱手送给审查员。

申请人的想法反映了存在于很多技术人员心中的既对专利审查工作不了解，又对专利代理工作不信任的复杂情绪。对于受过专业培训、拥有强大数据库支持的专利审查员而言，无论申请文件中提供线索与否，几乎可以说百分之百能够轻松地检索到申请人的这份在先现有技术 C。因此，想要通过隐藏线索的方式对审查造成障碍没有意义。相反，这样一份与本发明技术方案如此接近的现有技术文献没有被记载到申请文件当中，而是让审查员自行获得，结果对本发明获得授权造成的不利影响非常明显。许多情况下，专利代理师根据代理服务合同规定不作查新检索，他并不知道现有技术C的存在，因而对本申请的创新点判断不准确——受现有技术A和B的影响高估了本申请的创造性，从而在撰写申请文件时也有所失焦——没有将本发明与现有技术C进行对比，围绕区别是否能够使技术方案具备创造性提供观点和证据，因而在审查员自行获得现有技术C而质疑本发明的创造性时，由于说明书中没有相关依据而答复和修改而陷于非常被动的局面。

简言之，第二次提供的技术交底书隐藏了现有技术C，虽然方案看似完整可以实施，却给后续专利审查程序埋下了创造性不足的隐患。如果申请文件以此为基础撰写，审查员很可能会得出"现有技术C总体上已经解决了本发明的技术问题""改进点过小、参数易于常规调整""涂层结构本质上并无明显差异""推定性能总体相当"等结论，从而否定本发明的创造性。

因此，技术交底书的背景技术中，需要进一步介绍与本发明欲改进的核心技术密切相关的现有技术C的技术现状、存在的缺点，并针对这些缺点说明本发明要解决的技术问题，即本发明的真实目的。

2. 本发明的关键改进点分析

在明确现有技术C是本发明更为接近的现有技术——发明起点之后，专利代理师需要做的一个重要工作就是分析本发明真正的发明点，即与现有技术C的区别，并为围绕这些区别补充创造性的证据。

经分析，本发明与现有技术C的主要区别在于真空热处理工业中的参数差异，如表7-1所示。

表7-1　本发明与现有技术C的方案的工艺参数差异

工艺步骤参数		本发明	现有技术C
第一阶段	保温温度/℃	610~650	800~900
	保温时间/h	1~3	1~3
第二阶段	保温温度/℃	800~900	1000~1200
	保温时间/h	1~2	4~6
升温速率/（℃/min）		5~10	20~30
真空氧分压/Pa		$<1\times10^{-2}$	$<2\times10^{-4}$

经确认，本发明相对于现有技术C的改进点就是通过调整真空热处理工艺

参数来改进涂层结构，这些区别使得本发明获得热障涂层的抗氧化性能和耐腐蚀效果更优。申请人申请专利的目的也是希望通过新专利来保护这种优化的工艺。

因此，本发明相对现有技术的贡献在于：发现了一种新的真空热处理方法来代替现有技术 C 的真空热处理方法，获得了一种新的涂层结构，该涂层结构表层具有纳米铝纤维形貌。现有技术 C 相对于现有技术 A 或现有技术 B 来说，即四层结构相较于三层结构的涂层来说，能够解决现有技术无法同时提高热障涂层抗氧化性能和耐腐蚀性能技术问题。而本发明相较于现有技术 C，除了能够保持四层结构带来的抗氧化性能和耐腐蚀性能的提升，还能进一步提升热障涂层的耐 CMAS 腐蚀性能。可见，本发明的发明路径是现有技术 A、现有技术 B→现有技术 C→本发明。

实践中，对一项发明创造的创造性判断一般遵循"三步法"判断思路：

（1）现有技术公开了哪些内容和技术特征，其中与本发明的区别特征是什么？这些区别特征导致整体技术方案解决了什么技术问题？

（2）上述区别特征为整体技术方案带来了什么样的技术效果？从实现该技术效果角度出发，现有技术中是否给出了将这些区别特征应用到最接近的现有技术以解决其存在的技术问题的启示？

（3）已公开的文献（现有技术）、教科书、工具书（公知常识）等是否有相关的教导，例如相关反应机理、某类物质特有性质的研究结果报道？本领域技术人员是否会从这些报道中得到某种启示，有可能将其与现有技术内容相结合，进而不需要花费创造性劳动而提出本发明的技术方案并预期这些方案的效果？

在撰写技术交底书时，可以按照上述思路对发明方案的创造性进行初步判断，在发明内容或者关键改进点当中突出发明的创造性。

3. 围绕关键改进点补充效果证明

第二次提交的技术交底书明确了本发明的热处理方法和涂层结构存在某种联系，但是专利代理师还想更清晰地了解的是，该涂层结构与具体参数存在何种关联，是否仅由限定的热处理参数范围才能得到该涂层结构，即这些工艺参数范围大小是否适当。同时，在确定现有技术 C 是更为接近的现有技术基础上，技术交底书的技术效果和实施例部分的说明重点就在于展示本发明的工艺参数相对于现有技术 C 以及其他现有技术存在何种效果上的改进和提升。

本发明相对于现有技术 C 的主要区别在于热处理工艺条件不同。这种不同导致了本发明与现有技术 C 的涂层在形貌结构方面差异较大，本发明的形貌结构除了能够满足现有技术 C 的发明目的，还能进一步提升热障涂层的耐 CMAS 腐蚀性能。

因此，在撰写关键改进点如何给本发明的方案带来创造性时，需要更明确地论述导致技术效果的原因并提供有说服力的试验证明。所谓导致技术效果的原因包括：申请人是基于何种特殊考量来调整热处理工艺参数，调整过程中是否遇到了困难和障碍，如何克服这些困难和障碍，最后获得的工艺参数对涂层形貌、性能带来了何种改变和提升，诸如此类。所谓有说服力的试验证明包括涂层形貌的金相组织照片、抗氧化和耐腐蚀性能对比数据，等等。这些内容将大大增加技术方案的真实性和可信度。

五、完善后的技术交底书

复合热障涂层及其制备方法技术交底书

1. 发明名称和技术领域

本发明涉及金属材料涂层领域，具体涉及一种复合热障涂层及其制备方法。

2. 背景技术和存在的问题

航空发动机是一种高度复杂和精密的热力机械，航空史上的重要突破，如动力飞行、喷气推进、跨越音障、垂直起降和超音速巡航等无不与航空发动机技术的进步密切相关。作为飞机的心脏，航空发动机被誉为"工业之花"，是大国实力的重要标志，具有极高的经济价值、军事价值。

1953 年，美国 NASA 研究中心最先提出了热障涂层（Thermal Barrier Coatings，TBCs）的技术概念，20 世纪 70 年代热障涂层材料首次在燃气轮机涡轮叶片上使用，成功地降低了发动机的工作温度。经过半个多世纪的发展，最新研究表明热障涂层可以使发动机涡轮叶片的温度降低 100～300 ℃，同时还能降低燃油消耗，降低空气流量，延长发动机的工作寿命。

热障涂层一般包括陶瓷层和合金粘接层。陶瓷层为多孔结构，一般采用稀土氧化物掺杂氧化锆或稀土锆酸盐等低热导、高熔点材料，粘接层一般采用 MCrAlYTa（M = Ni，Co，Ni + Co 或 NiAl）等材料。陶瓷层主要用于抗高温、耐腐蚀、耐冲刷等，粘接层主要用于抗氧化保护基体以及作为过渡层降低陶瓷层与基体之间的热不匹配性。热障涂层的失效因素较为复杂，其中粘接层氧化、陶瓷层和粘接层腐蚀是热障涂层失效的两大主因。

在高温下，氧能通过涂层孔隙或晶格空位透过陶瓷面层，与粘接层发生反应导致粘接层表面出现热生长层（Thermally Grown Oxide，TGO），随着TGO 的增厚，在陶瓷 - 金属界面会发生裂纹的萌生和扩展，最终导致陶瓷面层提前剥落失效。热障涂层腐蚀主要包括空气中尘埃沉积在陶瓷面层而导致的 CaO – MgO – Al$_2$O$_3$ – SiO$_2$（CMAS）腐蚀以及发动机燃烧过程中产生的NaSO$_4$ 腐蚀。CMAS 属于低熔点物质，在服役中会产生玻璃相，在毛细力作用下会往涂层内部渗透并同时溶解陶瓷层中的稀土元素而诱发相变，从而降低了陶瓷层的应变容限，使热障涂层提前失效。在服役中，NaSO$_4$ 同样会在毛细力的作用下通过涂层孔隙渗过陶瓷层与粘接层中的合金化合物发生反应，从而加剧了粘接层与陶瓷层间的热不匹配性导致热障涂层提前失效。

随着发动机燃气进口温度的不断提高，热障涂层的 CMAS 腐蚀失效问题变得尤为突出。由于航空飞机在飞行时，不可避免地会从空气中摄入粉尘、火山灰、砂粒等微粒，这些微小粒子会沉积在发动机的热端部件上，在高温下熔融并腐蚀热障涂层，导致热障涂层性能降低，甚至直接失效。对失效发动机上的沉积物研究表明，这些沉积物主要由 CaO、MgO、Al$_2$O$_3$、SiO$_2$ 四种成分组成，因此也将这种粉末沉积物腐蚀称为 CMAS 腐蚀。在高温下，CMAS 颗粒会发生熔融，大大增加了它的流动性，而热障涂层的微观结构存在大量的孔洞与间隙，这些孔洞和间隙会成为熔融 CMAS 的渗透通道，CMAS 沿着这些通道迅速渗入热障涂层内部，并占据这些间隙空间，与 ZrO$_2$ – Y$_2$O$_3$ 产生热化学作用导致热障涂层结构的退化，热障涂层原本结构如柱状晶结构被一些球状颗粒和板条状的物质所代替，失去原有结构的热障涂层性能会变低，产生的新物质会在涂层中产生应力，最终导致热障涂层的剥落失效，涂层剥落后会使高温合金基底完全暴露在超过其熔点的高温燃气中，使发动机无法正常工作，甚至造成灾难性后果。在过去几十年里就发生多起飞机飞越火山云层失事的案例，如 Trans America Lockheed L – 82 航班、KLM波音 747 飞机失事等，造成了巨大的经济损失。

为了提高热障涂层的抗氧化、耐腐蚀性能，延缓其失效时间，众多学者做了大量的工作，如挪威学者 Nijdam 等人（NIJDAM T J. Combined pre – annealing and pre – oxidation treatment for the processing of thermal barrier coatings on NiCoCrAlY bond coatings [J]. Surface and Coatings Technology，2006，201(7)：3894 – 3900.）对粘接层在不同氧分压下预氧化，使粘接层表面形成一层致密的氧化铝，虽然该方法可以提高热障涂层的抗氧化性能，但它降低了热障涂层的结合强度，且涂层的耐腐蚀性能并未提高。

美国学者 Drexler 等人（DREXLER J M. Jet engine coatings for resisting volcanic ash damage [J]. Advanced Materials, 2011, 23 (21): 2419 - 2423.）在陶瓷涂层中加入了 Al 和 Ti 粉末以提高热障涂层的耐腐蚀性能，但涂层抗氧化性能并未提高。

现有技术 C（CN×××××××××A）针对现有技术中粘接层和陶瓷层容易失效的不足，提供了一种既可提高热障涂层抗氧化性能又可提高热障涂层耐腐蚀性能的制备方法，即采用物理或化学的方法在现有的以粘接层（NiCoCrAlYTa 或 NiAl）和陶瓷层（$ZrO_2 - 7wt\% Y_2O_3$）为主的热障涂层表面增加一层厚度为 5 ~ 30 μm 的致密铝薄膜，并通过两阶段真空热处理工艺，使得熔融铝往涂层内部渗透，对近表面的涂层孔隙进行封孔处理；同时铝与氧化锆涂层反应，使得在陶瓷层表面原位生成一层致密的氧化铝（α - 氧化铝），明显降低近涂层表面的孔隙率，致密的 α - 氧化铝层可阻碍氧的透过性，明显提高热障涂层的抗氧化性能，近涂层表面较低的孔隙率可以明显减缓腐蚀物质的渗透，提高热障涂层的耐腐蚀性能。

虽然现有技术 C 的热障涂层已经具备优良的抗氧化和耐腐蚀性能，但研究表明该热障涂层耐 CMAS 腐蚀性能较差，无法满足现有工作条件下的耐 CMAS 腐蚀性能的需求。因此，如何进一步提升发动机部件在更加恶劣的高温和强腐蚀工作环境下的耐 CMAS 腐蚀性能是必须考虑和解决的技术问题，其对航空发动机的安全运行具有重要意义。

3. 本发明技术方案

为克服现有技术中热障涂层耐 CMAS 腐蚀性能不足的问题，本发明提供一种复合热障涂层及其制备方法。

本发明提出一种复合热障涂层，其包括合金层、粘接层、$ZrO_2 - Y_2O_3$ 陶瓷层和铝薄膜层。粘接层设置于合金层的表面，$ZrO_2 - Y_2O_3$ 陶瓷层设置于粘接层的表面，铝薄膜层设置于 $ZrO_2 - Y_2O_3$ 陶瓷层的表面。粘接层为 NiCoCrAlYTa 粘接层或 NiCrAlY 粘接层。铝薄膜层为具有纳米铝纤维的 α - 氧化铝层。

本发明还提出了一种复合热障涂层的制备方法，包括以下步骤：

（1）将高温合金超声清洗，再喷砂处理；

（2）采用超音速火焰喷涂、低压等离子喷涂、大气等离子喷涂、冷喷涂或电子束 - 物理气相沉积方法在高温合金表面制备厚度 95 ~ 105 μm 的 NiCoCrAlYTa 或 NiAl 粘接层；

（3）采用低压等离子喷涂、大气等离子喷涂、等离子喷涂 – 物理气相沉积或电子束 – 物理气相沉积方法在上述粘接层上制备厚度 $140 \sim 160~\mu m$ 的 $ZrO_2 – Y_2O_3$ 陶瓷层；

（4）采用磁控溅射在上述陶瓷层上制备厚度 $5 \sim 10~\mu m$ 的铝薄膜层；

（5）对上述铝薄膜层进行真空热处理，真空热处理制度包括：于 $610 \sim 650~℃$ 的条件下保温 $1 \sim 3~h$，然后以升温速率为 $5 \sim 10~℃/min$ 升温至 $800 \sim 900~℃$，保温 $1 \sim 2~h$，热处理过程中真空压力小于 $1 \times 10^{-2}~Pa$。

4. 关键的改进点和有益效果

本发明提供了一种热障涂层，能够兼顾抗氧化性能和耐腐蚀性能，尤其是还能提高耐 CMAS 腐蚀能力。

本发明的改进点在于采用特殊热处理参数对热障涂层中铝薄膜层进行处理，在特定的保温温度和时间配合下，除了铝薄膜在高温下熔融、渗透、与疏松的氧化锆涂层发生原位反应外，本发明在真空度小于 $1 \times 10^{-2}~Pa$（10^{-3} Pa）的条件下进行，该条件下铝的熔点为 $400~℃$（低于常规的 $>600~℃$）。以 $610 \sim 650~℃$ 进行第一阶段保温，铝熔融后于涂层表面形核，随后再于 $800 \sim 900~℃$ 进行第二阶段保温，部分铝薄膜会蒸发，由于第一阶段处理后涂层表面具有核，蒸发的铝原子随即在核上堆积，可在已形核的涂层表面沿着某个方向继续长大，从而形成纤维状的纳米铝，纳米铝纤维在服役过程中会形成纳米氧化铝纤维，由于在纳米尺度下，氧化铝纤维具有较高的活性，高温下能快速与熔盐腐蚀物反应析出耐腐蚀的长石相，并且表面沉积的纳米氧化铝纤维能抑制 CMAS 的流动，进而减缓熔融 CMAS 向涂层内部渗透，从而提高热障涂层的耐 CMAS 腐蚀性能。而现有技术 C 的第一阶段保温温度更高，该条件下铝未能在涂层表面形核，即便铝蒸发也不会沿着某个方向生长和堆积，其过程为每个气相原子在原来的涂层表面形核长大，最终形成纳米等轴晶粒。

本发明提供的复合热障涂层的表面形成有一层致密的 α – 氧化铝，可阻碍氧的透过性，明显提高热障涂层的抗氧化性能；该复合热障涂层在近涂层表面具有较低的孔隙率，可明显减缓腐蚀物质的渗透，使热障涂层具有较高的耐腐蚀性能。在本发明的特定热处理条件下，可在涂层表面形成纳米铝纤维，该纤维在服役过程中会形成纳米氧化铝纤维，提高热障涂层的耐 CMAS 腐蚀性能。将上述复合热障涂层用于航空发动机，可使发动机部件适应更加恶劣的高温和强腐蚀工作环境，解决了现有技术中热障涂层耐 CMAS 腐蚀性能不足的问题。

5. 具体实施方式

实施例 1

以镍基高温合金为基体层，依次用汽油和酒精进行超声清洗，再用刚玉在 0.45 MPa 压力下喷砂处理。

抛光后，采用电子束－物理气相沉积方法在基体层表面制备厚度约 100 μm 的 NiCoCrAlYTa 粘接层。其中，电子束－物理气相沉积的功率为 120 kW，舱压为 0.01 Pa，基体预热温度为 800 ℃。

然后再采用电子束－物理气相沉积方法在粘接层表面制备厚度约 150 μm 的 ZrO_2－Y_2O_3 陶瓷层。其中，电子束－物理气相沉积方法的功率为 180 kW，舱压为 0.01 Pa，基体预热温度为 800 ℃。

然后再采用磁控溅射技术在陶瓷层表面制备厚度约 8 μm 的铝薄膜层，其中磁控靶的电流为 3 A，偏压为 200 V，压力小于 8×10^{-3} Pa。

最后对镀铝样品进行真空热处理，得复合热障涂层。其中热处理制度为：于 650 ℃ 的条件下保温 1 h，然后以升温速率为 10 ℃/min 升温至 900 ℃，保温 1 h，热处理过程中真空压力小于 1×10^{-2} Pa。

实施例 2

以镍基高温合金为基体层，依次用汽油和酒精进行超声清洗，再用刚玉在 0.5 MPa 压力下喷砂处理。

抛光后，采用超音速火焰喷涂方法在基体层表面制备厚度约 105 μm 的 NiCoCrAlYTa 粘接层。其中，超音速火焰喷涂的汽油流量为 14 L/h，氧气流量为 820 L/min，喷涂距离为 420 mm。

然后再采用大气等离子喷涂方法在粘接层表面制备厚度约 160 μm 的 ZrO_2－Y_2O_3 陶瓷层。其中，大气等离子喷涂的电流为 700 A，氩气为 55S LPM，氢气为 14S LPM，喷涂距离为 120 mm。

然后再采用磁控溅射技术在陶瓷层表面制备厚度约 5 μm 的铝薄膜层，其中磁控靶的电流为 5 A，偏压为 400 V，压力小于 8×10^{-3} Pa。

最后对镀铝样品进行真空热处理，得复合热障涂层。其中热处理制度为：于 630 ℃ 的条件下保温 2 h，然后以升温速率为 5 ℃/min 升温至 800 ℃，保温 2 h，热处理过程中真空压力小于 1×10^{-2} Pa。

实施例 3

以镍基高温合金为基体层，依次用汽油和酒精进行超声清洗，再用刚玉在 0.4 MPa 压力下喷砂处理。

抛光后，采用大气等离子喷涂方法在基体层表面制备厚度约 95 μm 的 NiCrAlY 粘接层。大气等离子喷涂的电流为 650 A，氩气为 45S LPM，氢气为 10S LPM，喷涂距离为 110 mm。

然后采用等离子喷涂 – 物理气相沉积方法在粘接层表面制备厚度约 140 μm 的 ZrO_2 – Y_2O_3 陶瓷层。其中，等离子喷涂 – 物理气相沉积的氩气为 120S LPM，氢气为 30S LPM，喷涂距离为 900 mm。

然后再采用磁控溅射技术在陶瓷层表面制备厚度约 10 μm 的铝薄膜层，其中磁控靶的电流为 7 A，偏压为 600 V，压力小于 8×10^{-3} Pa。

最后对镀铝样品进行真空热处理，得复合热障涂层。其中热处理制度为：于 610 ℃ 的条件下保温 3 h，然后以升温速率为 8 ℃/min 升温至 850 ℃，保温 1.5 h，热处理过程中真空压力小于 1×10^{-2} Pa。

对比例 1

对比例 1 与实施例 1 的区别在于，其中热处理制度为：于 880 ℃ 的条件下保温 3 h，然后以升温速率为 25 ℃/min 升温至 1200 ℃，保温 5 h，热处理过程中真空压力 8×10^{-5} Pa。

为了验证本发明热障涂层耐 CMAS 腐蚀的效果，将对比例 1（现有技术 C）和本发明的热障涂层进行 CMAS 腐蚀实验，CMAS 的具体成分（质量分数）：2% CaO，21% MgO，17% Al_2O_3，60% SiO_2。实验步骤如下：将 CMAS 粉末（0.2 g/cm^2）分别撒在两者涂层表面上，然后在 1200 ℃ 保温 24 h，最后空冷。图 5 ~ 图 6 分别对经过 CMAS 耐蚀性测试的样品横截面形貌进行了表征。图 6 的涂层已经发生了剥落（脆性断裂），而图 5 的涂层仍然完好，这归因于纳米氧化铝纤维的反应高活性以及其对 CMAS 流动的阻碍作用。

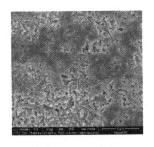 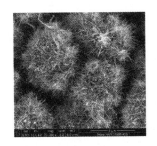

图 1　　　　　　　图 2

续表

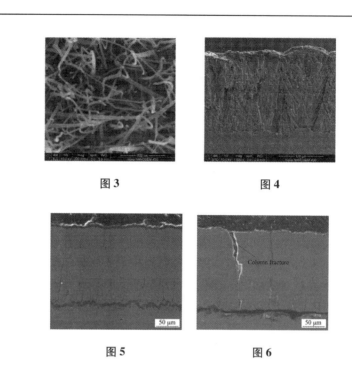

图3　　　　　　　　　　　　　图4

图5　　　　　　　　　　　　　图6

图1　现有技术C的复合热障涂层经真空热处理后表面形貌图
图2～图3　实施例1的复合热障涂层经真空热处理后的表面形貌图
图4　实施例1的复合热障涂层经真空热处理后的断面形貌图
图5　实施例1的复合热障涂层经1200 ℃、24 h处理后的断面形貌图
图6　对比例1的复合热障涂层经1200 ℃、24 h处理后的断面形貌图

六、小结

案例一主要涉及技术改进型发明的技术交底书撰写，通过两次修改和补充的过程，展示了申请人在向专利代理师作技术交底时的考虑因素和注意事项。

（1）深度聚焦待改进的现有技术发展状况，尽可能挖掘和展示已知的最接近的现有技术，分析其客观存在的技术问题，突出本发明与这些现有技术的区别和主要创新点。

（2）利用文字说明、口头交流、产品演示、图示、参观等各种方式，向专利代理师清楚地交代方案的具体实施细节和优选实施方式。

（3）通过多种手段来展示发明相对于现有技术的智慧贡献，包括理论依据、考虑因素、所克服的困难、效果的差异，等等。

（4）对于效果可预期性较差的发明，提供充分的实施例和必要的对比例实验数据作为证据支撑。

案例一最终完善后的技术交底书不仅方案清楚完整，还为创造性审查做好了铺垫。本发明看似是在现有技术上进行的微小改进，但只要撰写得当，考虑周全，也是有极大概率能够被授予专利权的。

第二节　案例二：一种电焊厚壁钢管及其制造方法

一、首次提供的技术交底书

一种电焊厚壁钢管及其制造方法

1. 发明名称和技术领域

　　本发明涉及油井管技术领域，具体涉及一种电焊厚壁钢管及其制备方法。

2. 背景技术和存在的问题

　　近年来，油井、气井的钻掘深度愈来愈大，对油井管强度提出了更高的要求。最近，为了减少钻掘成本，对高强度且无须热处理的电焊钢管的需求提高。

　　为了提高钢材强度，现有技术中有如下两种方法。一是提高碳含量，有人曾提出了将碳含量设为 0.25 质量% 以上以获得具有 800 MPa 以上抗拉强度的电焊钢管（专利文献1，JP×××××××××A）。二是利用马氏体、贝氏体等硬质低温相变组织。即在电焊钢管制造工序中，利用造管、定径等冷加工引起的加工硬化来提高强度。通过将组织强化和加工硬化结合，获得抗拉强度为 862 MPa 以上的电焊钢管（专利文献2，WO×××××××××A1）。

　　但是，专利文献1的碳含量过高使得钢材韧性降低，无法满足特定条件下的性能需求。专利文献2降低了热轧过程中的卷取温度，得到了贝氏体组织确保了强度，但仅能生产厚度较薄的钢板。

随着技术不断发展，油井管不仅要求高强度化还要求厚壁化。从制造观点出发，如果制备板厚较厚的钢板，则希望提高卷取温度，但若提高卷取温度，则难以同时确保钢板的高强度和高韧性，这种现象在板厚 15 mm 及以上的电焊钢管用热轧钢板中尤为显著，这也是专利文献 2 所无法解决的技术问题。

3. 本发明技术方案

本发明针对现有技术中存在的上述缺陷，提供了一种兼顾高强度和高韧性的油井管用电焊厚壁钢管及其制备方法。

本发明提出一种电焊厚壁钢管，其特征在于，成分组成以质量%计含有 C：0.040% ~ 0.070%、Si：0.10% ~ 0.50%、Mn：1.60% ~ 2.00%、Nb：0.020% ~ 0.080%、V：0.060% 以下、Ti：0.010% ~ 0.025%、Mo：0.20% ~ 0.40%、Cu：0.10% ~ 0.50%、Ni：0.10% ~ 0.50%、Al：0.050% 以下，余量为 Fe 及不可避免的杂质。

本发明还提出一种电焊厚壁钢管用钢板的制备方法，其特征在于：

（1）采用连铸法将上述组成的钢液制备成铸坯；

（2）将铸坯加热至 1150 ~ 1300 ℃ 后开始轧制，终轧温度 790 ℃ 以上，累计压下率为 50% 以上；

（3）热轧结束后，将钢板以 8 ~ 15 ℃/s 的平均冷却速度冷却至卷取温度 500 ~ 630 ℃，得到厚度为 15 mm 以上的钢板。

本发明还提出一种电焊厚壁钢管制备方法，其特征在于：

（1）将上述钢板冷加工成管状，将端部对接后电阻焊接；

（2）将焊接部外表面加热到 950 ~ 1050 ℃，用水冷却外表面使内表面获得 8 ℃/s 以上的冷却速度，直至外表面温度为 450 ~ 600 ℃ 后停止水冷，自然冷却至室温。

本发明还提出一种电焊厚壁钢管应用，其特征在于：所述电焊厚壁钢管可应用于壁厚≥15 mm 和/或外径≥300 mm 的导向套管、表层套管的油井管。

4. 关键的改进点和有益效果

本发明对钢管组成和制备工艺优化设计，能够满足油井厚管使用时强度和韧性需求。本发明钢板组成为"低 C - Ni - Cu - Mo"体系，由于添加了 Mo 元素，使得淬硬性提高，并产生析出强化效果。通过控制热轧后冷却速度和卷取温度，可得到具有强度和韧性优异的厚钢板。对焊接部实施热处理，可保证其与母材同样优异的强度和韧性。

本发明钢管轴向抗拉强度 >750 MPa；轴向屈服强度 680～730 MPa；在 0 ℃下周向夏比冲击吸收能 ≥100 J，获得了较高的机械性能。

5. 具体实施方式

将表 1 序号为 1～6 的钢液连铸成钢坯，分别按照表 2 条件 A～F 制得钢板，之后冷态下将钢板成形为管状，对钢板端部进行电阻焊接，得到外径 473 mm 的钢管。从钢管母材取样，测定了钢管 L 方向抗拉强度、L 方向产生 0.5% 残余应变时的屈服强度、0 ℃ 的 C 方向夏比冲击吸收能，结果如表 3 所示。拉伸试验参照 ASTM A370 进行，夏比冲击吸收能测定参照 ASTM A370 和 ASTM E23 进行。

表 1　钢板合金组成（wt%）

组成序号	C	Si	Mn	Nb	V	Ti	Cu	Mo	Ni	Al
1	0.042	0.28	1.74	0.072	0.056	0.015	0.26	0.24	0.23	0.026
2	0.061	0.22	1.78	0.070	0.057	0.015	0.22	0.24	0.22	0.023
3	0.054	0.21	1.72	0.048	0.029	0.015	0.22	0.30	0.21	0.022
4	0.068	0.43	1.88	0.033	—	0.015	0.42	0.21	0.38	0.020
5	0.043	0.18	1.69	0.030	0.015	0.017	0.20	0.37	0.20	0.023
6	0.041	0.20	1.68	0.028	—	0.013	0.18	0.32	0.18	0.021

表 2　钢板和钢管制造条件

工艺序号	加热温度/℃	累计压下率/（%）	终轧温度/℃	卷取温度/℃	平均冷速/（℃/s）	焊接部外表面加热温度/℃	焊接部内表面冷速/（℃/s）	焊接部外表面终止冷却温度/℃	管材厚度/mm
A	1230	72	810	570	15	990	10	500	15
B	1230	67	810	580	10	990	10	500	15
C	1150	53	810	610	8	990	10	500	17
D	1210	70	810	590	9	990	10	500	17
E	1180	65	800	615	9	1000	8	500	20
F	1180	60	800	620	8	1000	8	500	20

续表

表3 力学性能数据

组成+工艺	L方向TS/ （N/mm²）	L方向0.5%YS/ （N/mm²）	0℃的C方向夏比冲击吸收功/J	
			母材部	焊接部
1–A	772	703	142	139
2–B	780	699	133	133
3–C	793	725	151	145
4–D	759	682	135	126
5–E	766	708	129	123
6–F	779	711	150	138

综上，在本申请的实验条件下，钢管抗拉强度超过750 MPa、屈服强度680～730 MPa，在0℃下周向夏比冲击吸收能≥100 J，母材和焊缝无明显性能差异。

二、首次提供的技术交底书分析

相比于案例一，案例二首次提供的技术交底书撰写得相对完善。背景技术的介绍中，描述了油井管所面临的普遍问题，列举了一些现有技术的做法并分析了各现有技术的不足，例如无法保证韧性、壁厚不满足要求，等等。由此引出本发明所希望解决的技术问题是，如何使壁厚较厚的钢管同时兼顾高强度和高韧性。而且，首次提供的技术交底书列举的背景技术文献正是与本发明所改进的技术密切相关的现有技术，这对理解发明的关键改进点和发明意图很有帮助。此外，首次提供的技术交底书在发明内容、具体实施方式、实验数据方面揭示得也比较详细。

可以说，案例二首次提供的技术交底书基本满足了撰写出及格水平的申请文件的需要。然而，如果要考虑专利审查程序和后续侵权判定中可能存在的潜在风险——主要来自于对组成方案的技术特征的解读，则该技术交底书距离高质量仍有较大的改善空间。

1. **专业理论解释不足**

金属材料领域虽说是传统行业，但相对来说理论较为复杂，专业性很强，很多知识对非本领域的人员来讲可以用"晦涩难懂"来形容。而且不同于以机械结构改进为主的常见发明，金属材料领域的改进通常来自微观结构变化、材料的组成、制备工艺、金相组织和性能之间彼此联系又相互影响，导致方案的理论可行性和结果预期性极差。即便是拥有金属材料专业科班背景的专利代理师或专利审查员，如果没有在发明所属的特定领域深耕研究或实践，有时也很难理解技术细节差异的含义。若专利代理师所代理领域差别较大，显然更无法对技术方案作出充分理解和深入挖掘，提出一些较为中肯和客观的建议或意见。

首次提供的技术交底书关于合金组成成分以及工艺参数作用的技术说理较为单薄，含量范围层次单一，参数选择考虑因素不明确。在专利审查实践中，申请文件说明书中未公开且无法合理预期的技术效果，一般不得作为确认发明是否符合法定授权标准的依据。因此，让专利代理师理解并在申请文件中体现发明技术方案各特征的含义——组成成分和参数的作用，以及各成分间、成分和参数间的协同作用，具有重要的意义。后续实质审查或侵权判定过程中，若对各技术特征的详细解读发生争议，这些内容就成为预先固定于申请文件中的依据，会极大地影响复审员和法官的判断。

因此，建议发明人在撰写技术交底书时，除了充分提炼技术方案外，还要对各技术特征的作用进行尽可能详细的说明。即使站在专业技术人员的角度，认为这些说明过于基础，或者认为这些说明过于冗长，为以防万一考虑，也应如此。

2. 发明点的提炼思路受限

金属材料是一门较为成熟的学科，很多元素的作用和效果都已经为本领域技术人员所熟知，很多制造加工方法和参数确定依据在本领域也达成了共识，现有技术中存在大量科技文献——这些文献很可能成为审查过程中的现有技术证据或公知常识性证据。

在技术交底时，如果申请人仅仅平铺直叙地把一些虽然有其考虑但看似普通的手段组合到一起，而专利代理师又因专业所限没法提供更好的意见时，所形成的申请文件也可能会受到不必要的限制，例如仅局限在技术交底书的技术框架内去论述发明点、扩展元素含量或参数范围、概括权利要求和提供效果证明。这样，在审查实践中，审查员很可能基于已有甚至公知的现有技术证据低估了本申请的创造性，认为其中各个手段都是常规技术手段，或者认为依据本领域普通技术知识容易获得改进和调整动机。

以案例二为例，涉及改进的合金组成和针对该合金的制备方法，首次提供的技术交底书中将合金元素的组成含量和制备工艺参数作为技术方案的主要限定内容。这是该领域非常常规的撰写思路，也是科研人员调控合金性能时最直接和常用的技术手段。根据技术交底书的记载，其是通过体系设计（Mo元素）和部分工艺参数控制（冷却速度、卷取温度）来达到所需的力学性能，而这些设计思路和控制方法都是本领域比较常规的做法。

实际上，在专利制度起步较早、代理行业较为成熟的国家，如美国和日本，有经验的申请中很少仅用合金组成或工艺步骤来限定产品，而是在这些内容基础上，对方案进行深度挖掘，寻根溯源，提炼出一些不容易在教科书或现有技术文献中找到的规律。譬如，将看似平常的技术手段进行系统性研究，发现更为微观的内在联系和一般性规律，如金相组织、含量公式和/或性能的关系，通过在权利要求中补充限定相关特征，并在说明书中围绕这些特征说明其理论价值和证明意义，使得这些特征与发明所解决技术问题高度关联。

如果基于上述思路，申请人在做技术挖掘分析时，就应该更进一步，尽力发掘技术方案背后的原因，从而能够将发明技术问题解决和有益效果归因于更深层次的微观组织结构变化，或是表征了特定关联性的公式，或是特定性能分布，等等，当然，技术交底书中需要对此辅以充分的证明。这种做法也与金属材料领域当前的技术发展趋势和专利申请方向相吻合。

这样，许多这类申请对现有技术的贡献点就不单单限于单个元素含量调整或者工艺参数优化，而是对更为微观的科学规律的抽象概括。这样做的好处是，由于参数表现形式多样、技术含义复杂，审查中对相关事实的认定、分析推理和检索都存在较大的难度，从而增加授权可能性。当然，如果申请人在技术挖掘中本没有这方面的考虑，也不必过分追求，如果本没有发现某种事实而勉强作出不必要的限定反而会给后续侵权判定造成麻烦，毕竟多一个限定特征就多一份举证责任。

3. 具体实施方式的证明力需加强

首次提供的技术交底书的具体实施方式中，申请人已经对较宽范围的参数提供了多样化的实施例，也记载了制备工艺参数调整的技术细节及其产生的技术效果，形式上能够支撑在前技术内容部分概括的范围。不足之处在于，对于技术改进点，如Mo含量、冷却速度、卷取温度等，所提供的具体实施方式的证明力仍有待进一步完善。

目前的具体实施方式中，只示出了落在技术方案限定数值范围内的实施例的技术效果，而对不落在技术方案限定的数值范围内的情况缺乏证明，这样有可能让人对这些范围是否合理和必要产生疑问。譬如，专利代理师阅读后可能需要更进一步了解上述数值范围是否合理、是否可以再扩大，而审查员可能怀疑上述数值范围是否直接影响技术问题解决和技术效果实现。如果审查过程中审查员在发明贡献高度把握上与申请人产生分歧，缺乏这些内容将对于特定含量选择、参数调整、结合启示等方面的判断造成影响，低估发明对现有技术的贡献高度。即使上述疑虑一部分可以通过申请人的意见陈述消除，但也会延长审查流程。

三、首次提供的技术交底书的完善方向

基于上述分析，除了补充必要的对比例数据之外，还可以从以下几个方面进一步完善技术交底书的内容。这些进一步完善内容写在技术交底书的哪个项目之下并不重要，只要记载在技术交底书当中，专利代理师就能领会。

1. 说明关键成分的含量意义

特定的合金体系中元素普遍作用已经为本领域技术人员所熟知，市面上也有大量相关书籍予以介绍。例如，钢中的 Cr 元素通常能够提高钢的耐磨性，大量 Cr 元素也是不锈钢中必不可少的元素。又如，钢中的 Nb、V、Ti 元素都是常见的碳化物形成和晶粒细化元素。再如，钢中的 B 元素往往能够提高淬透性等。但是，对于不同的钢种，起相同作用的元素含量却很可能存在明显差异。例如，虽然 Nb 在钢中都能够形成碳化物，但是受控于其他元素种类和工艺参数影响，A 钢和 B 钢中生成相同含量碳化物的 Nb 用量存在较大差异。

在技术交底书中，申请人最好能够对该合金体系中各元素用量的选择依据进行说明，比如，不在所限定的含量范围内，会出现什么样的不良效果，当然，具体实施方式中最好要给出若干个含量超出范围的对比例予以证明。这样做的好处是，即使审查员提供的对比文件的元素含量范围偶然公开了本发明❶，或者与本发明存在很接近的含量范围，申请人在后期修改时也可以有依据证明对比文件与本发明的构思不同，从而规避性地修改申请文件，或者陈述在对比文件基础上朝着本发明的方向改进动机不足、缺乏技术启示。

对于含量选择依据，可采用如下撰写方式："本发明限定 Mn 为 1.60% ~ 2.00%，通过研究发现，在本发明的合金体系下，Mn 提高本钢板的淬硬性和

---

❶ 偶然公开了本发明是指，由于对比文件中公开的某些数值落入本申请权利要求限定的数值范围内，导致对比文件中包含该数值的技术方案影响了本发明的新颖性，但是实际上对比文件的发明构思与本申请完全不同，该技术方案的披露只是无意地、偶然地与本发明有交集，因而从本申请权利要求中抠除该数值后，对比文件就无法破坏本申请的新颖性和创造性。

强度，并且形成 MnS 来固定 S，抑制铸造时的铸坯裂纹。当含量低于 1.60% 时，不能充分地得到上述效果，优选为 1.70% 以上。另一方面，当含量超过 2.00% 时，本钢板耐硫化物应力裂纹性降低，优选为 1.85% 以下。"对于其他元素含量范围，至少是重要元素，也应作出相应说明。

需要注意的是，一些发明中虽然限定了各元素含量范围，但实际上并非在该含量范围内的所有组合均能达到预期效果。这样，就应当挖掘这些元素之间的关系，比如通过公式、算法等对部分元素含量范围作出进一步限定，并对这些关系的意义进行说明。例如，"在本发明中，需要使强度提高元素 Mo、Cu 和韧性提高元素 Ni 的和满足 3Mo% + Ni% + Cu% > 1.00%，当其加和低于 1.00% 时，难以形成所需要的金属组织，无法给予电焊钢管所需的力学性能。"

2. 说明关键工艺步骤在方案中的特殊含义

在合金领域，热轧、冷轧、卷取、热处理等都是特别常见的工艺方法，所起的作用和效果通常是技术人员熟知的。例如，热轧的目的是降低轧制变形抗力并增加其加工塑性，实现较大变形率。合金的平衡相图、塑性图、变形抗力图、第二类再结晶图是确定热轧开轧温度范围的依据。合金的塑性图在一定程度上反映了金属的高温塑性情况，它是确定热轧温度的主要依据。对于热轧带钢，可以依靠终轧温度、层流冷却段长度与强度、风冷段长度与强度来控制卷取温度以及冷却的均匀程度等，最终目的是进一步改善钢材的组织（如细化晶粒）性能及其均匀性等。

然而，对于特定合金体系的产品来说，工艺方法中的参数控制并非一成不变的，很多时候需要针对合金体系作出适应性改变和调整，通常这也是合金体系与工艺参数相适配的过程。技术交底书中应体现参数控制在个案中的特殊含义，而不仅仅是本领域公知的共性目的。例如，可采用如下撰写方式："热轧钢板卷取前的平均冷却速度设为 8~15 ℃/s。当平均冷却速度低于 8 ℃/s 时，钢板强度不足；当平均冷却速度超过 15 ℃/s 时，钢板的强度过于上升，不仅难以卷取，而且有可能造管变得困难。"

3. 尽可能提供组织性能的表征方式

实践中，一般是通过调整合金材料的各元素组成含量和工艺参数这两个手段来控制产品性能，再根据结果反复尝试，最终确定优选方案。因而传统意义上人们认为，合金材料的组成含量和制备方法是共同制约组织结构的因素，专利申请时也多采用这两个维度对方案进行表征。但是，从理论研究角度上讲，微观组织结构也是决定合金产品性能的重要因素——相同组织结构的合金材料一定具备相同的性能。当然，不同组织结构的合金材料也可能获得相同的性能，但组成含量和/或制备方法不同并不必然获得不同的组织结构。

　　申请人在研发过程中，可以借鉴材料基因工程的新理念和新方法，尝试挖掘组成含量和工艺参数对组织结构的影响规律，探究是否存在一类特定的组织结构（相结构、析出相分布、晶粒尺寸、取向织构等），以匹配所期望达到的性能，能够增加专利获得授权的可能性。当然，这也对申请人的理论知识水平和研发能力提出了更高的要求。

　　因此，如果能在技术交底书中将组织结构与性能的关联性写清楚，将技术问题的解决归因于发现了一类不同于现有技术的特定组织结构，将有利于凸显发明的创造性。例如，用诸如相种类及其面积分数、析出相尺寸大小、分布密度、取向分数之类的数值表征合金材料的组织结构，并在具体实施方式中加以对比试验举证，即证明组织结构差异对性能的影响，从而得出落入本发明的组织结构参数范围才能解决技术问题，达到相应的技术效果。例如，可采用如下撰写方式："本发明钢管的母材部，将下述点作为基准点的情况下，以上述基准点为中心在厚度方向的两侧具有 0.5 mm 的宽度的区域中的金属组织由 10 面积%以下的多边形铁素体和余量的贝氏体铁素体构成，所述点是作为在厚度方向上距表面的距离为厚度的 1/4 的点而规定的点，本发明对金属组织加以控制，可以使热轧钢板强度和韧性得以提高和兼顾。"又如："在钢管壁厚中央处的平面上的 {111} < 110 > 取向分量的 X 射线强度与随机 X 射线强度的比值大于等于 5.0，在钢管壁厚中央处的平面上的 {111} < 112 > 取向分量的 X 射线强度与随机 X 射线强度的比值小于等于 2.0。"

　　在实践中，也可直接使用性能参数限定以排除达不到所述性能的产品，或者采用组织和性能相结合的方式来撰写："以头部外廓表面为起点至深度 25 mm 的范围的组织含有 95% 以上的珠光体组织，而且所述组织的硬度在 350 ~ 480 HV 的范围，在处于以所述头部外廓表面为起点的深度为 25 mm 的位置的横断面，平均粒径为 5 ~ 20 nm 的 V 的碳 - 氮化物面积密度为 50 ~ 500 个/μm^2，由处于以所述头部外廓表面为起点的深度为 2 mm 的位置的硬度减去处于以所述头部外廓表面为起点的深度为 25 mm 的位置的硬度所得到的值是 0 ~ 40 HV，本发明通过对钢轨钢合金成分、组织加以控制，对头部表面和头部内部的硬度、头部表面和头部内部的硬度之差进行控制，进而对 V 的碳 - 氮化物的组成加以控制，从而可以使钢轨的耐磨性和耐内部疲劳损伤性得以提高。"

四、完善后的技术交底书

一种电焊厚壁钢管及其制造方法
1. 发明名称和技术领域 　　本发明涉及油井管技术领域，具体涉及一种电焊厚壁钢管及其制备方法。
2. 背景技术和存在的问题 　　近年来，油井、气井的钻掘深度愈来愈大，对油井管强度提出了更高的要求。最近，为了减少钻掘成本，对高强度且无须热处理的电焊钢管的需求提高。 　　为了提高钢材强度，现有技术中有如下两种方法。一是提高碳含量，有人曾提出了将碳含量设为 0.25 质量% 以上以获得具有 800 MPa 以上抗拉强度的电焊钢管（专利文献 1，JP××××××××××A）。二是利用马氏体、贝氏体等硬质低温相变组织。即在电焊钢管制造工序中，利用造管、定径等冷加工引起的加工硬化来提高强度。通过将组织强化和加工硬化结合，获得抗拉强度为 862 MPa 以上的电焊钢管（专利文献 2，WO××××××××××A1）。 　　但是，专利文献 1 的碳含量过高使得钢材韧性降低，无法满足特定条件下的性能需求。专利文献 2 降低了热轧过程中的卷取温度，得到了贝氏体组织确保了强度，但仅能生产厚度较薄的钢板。 　　随着技术不断发展，油井管不仅要求高强度化还要求厚壁化。从制造观点出发，如果制备板厚较厚的钢板，则希望提高卷取温度，但若提高卷取温度，则难以同时确保钢板的高强度和高韧性，这种现象在板厚 15mm 及以上的电焊钢管用热轧钢板中尤为显著，这也是专利文献 2 所无法解决的技术问题。
3. 本发明技术方案 　　本发明针对现有技术中存在的上述缺陷，通过合金组成和组织结构设计，从而可以得到高强度和高韧性兼顾的油井管用电焊钢管，进而完成了本发明。 　　本发明提出一种电焊钢管，其特征在于，成分组成以质量% 计含有 C：0.040% ~ 0.070%、Si：0.10% ~ 0.50%、Mn：1.60% ~ 2.00%、

Nb：0.020%～0.080%、V：0.060%以下、Ti：0.010%～0.025%、Cu：0.1%～0.5%、Mo：0.20%～0.40%、Ni：0.10%～0.50%、Al：0.050%以下、3Mo%＋Ni%＋Cu%＞1.00%，余量为Fe及不可避免的杂质。在钢管的母材部，将下述点作为基准点的情况下，以上述基准点为中心在厚度方向的两侧具有0.5 mm的宽度的区域中的金属组织由10面积%以下的多边形铁素体和余量的贝氏体铁素体构成，所述点是作为在厚度方向上距表面的距离为厚度的1/4的点而规定的点，多边形铁素体的平均粒径为20 μm以下。

本发明还提出一种电焊厚壁钢管用钢板的制备方法，其特征在于：

（1）采用连铸法将上述组成的钢液制备成铸坯；

（2）将铸坯加热至1150～1300 ℃后开始轧制，终轧温度790 ℃以上，累计压下率为50%以上；

（3）热轧结束后，将钢板以8～15 ℃/s平均冷却速度冷却至卷取温度500～630 ℃，得到厚度为15 mm以上的钢板。

本发明还提出一种电焊厚壁钢管制备方法，其特征在于：

（1）将上述钢板冷加工成管状，将端部对接后电阻焊接；

（2）将焊接部外表面加热到950～1050 ℃，用水冷却外表面使内表面获得8 ℃/s以上的冷却速度，直至外表面温度为450～600 ℃后停止水冷，自然冷却至室温。

本发明还提出一种电焊厚壁钢管应用，其特征在于：所述电焊厚壁钢管可应用于壁厚≥15 mm和/或外径≥300 mm的导向套管、表层套管的油井管。

本发明金属组织的机械特性是：轴向的抗拉强度超过750 MPa；轴向的屈服强度为680～730 MPa；在0 ℃下周向的夏比冲击吸收能为100 J以上。

4. 关键的改进点和有益效果

本发明对钢管组成和制备工艺优化设计，采用"低C－Ni－Cu－Mo"体系，添加了Mo元素，使得淬硬性提高，并产生析出强化效果；通过控制热轧温度、卷取温度以及冷却速度协同作用，制备出10面积%以下的多边形铁素体和余量为贝氏体铁素体的钢板组织，该金属组织具有优异的机械特性（强度和韧性），能够兼顾油井厚管使用时的强度和韧性需求。对焊接部实施热处理，可保证其与母材同样优异的强度和韧性。

本发明钢管轴向抗拉强度＞750 MPa；轴向屈服强度680～730 MPa；在0 ℃下周向夏比冲击吸收能≥100 J，获得了较高的机械性能。

下面，对本发明方案的具体原理进行介绍。

首先，对电焊钢管和电焊钢管用钢板成分组成限定理由进行说明。

C：0.040%～0.070%，C是提高钢板淬硬性和强度元素。当低于0.040%时，得不到所需强度，优选为0.045%以上。当超过0.070%时，钢板韧性、钢管焊接热影响区韧性降低，优选为0.065%以下。

Si：0.10%～0.50%，Si是脱氧元素，也有助于强度提高。当低于0.10%时，不能充分地得到添加效果，优选为0.20%以上。当超过0.50%时，在焊接时生成含Si氧化物，焊接部品质和韧性降低，优选为0.40%以下。

Mn：1.60%～2.00%，Mn是提高钢板淬硬性和强度元素，并且形成MnS来固定S，抑制铸造时铸坯裂纹。当低于1.60%时，不能充分地得到添加效果，优选为1.70%以上。当超过2.00%时，钢板耐硫化物应力裂纹性降低，优选为1.85%以下。

Nb：0.020%～0.080%，Nb能形成微细碳氮化物，在热轧后析出NbC提高钢板强度，Nb还抑制奥氏体的晶界移动，防止在奥氏体未再结晶温度区域上生成粗大晶粒。当低于0.020%时，不能充分地得到添加效果，优选为0.025%以上。当超过0.080%时，钢板强度过高，轧制时载荷增大，有时精轧变得困难，优选为0.050%以下。

V：0.060%以下，V能形成微细碳氮化物，提高钢板强度且不损害焊接性。但是，当超过0.060%时，大量碳氮化物生成，钢板强度过高，韧性降低，优选为0.030%以下。下限值不特别限定，但要充分地得到添加效果的话，优选为0.010%以上。

Ti：0.010%～0.025%，Ti形成氮化物固定N，防止铸造时铸坯裂纹。当低于0.010%时，不能充分地得到添加效果，优选为0.013%以上。当超过0.025%时，生成大量碳氮化物，钢板韧性和焊接热影响区韧性降低，优选为0.022%以下。

Mo：0.20%～0.40%，Mo除了提高淬硬性外还能形成碳氮化物从而有助于提高钢板强度。当低于0.20%时，不能弥补由C含量降低所致的强度降低，优选为0.24%以上。当超过0.40%时，生成大量碳化物，韧性降低，优选为0.36%以下。

Cu：0.10%～0.50%，Cu除了提高淬硬性外还通过固溶强化或者析出强化来提高钢板强度。当低于0.10%时，不能充分地得到添加效果，优选为0.15%以上。当超过0.50%时，热加工性降低，优选为0.45%以下。

　　Ni：0.10% ~ 0.50%，Ni 除了提高淬硬性外还能提高钢板韧性。当低于 0.10% 时，不能充分地得到添加效果，优选为 0.20% 以上。当超过 0.50% 时，钢板焊接性降低，并且成本上升，优选为 0.45% 以下。

　　且，3Mo% + Ni% + Cu% > 1.00%，可尽量防止多边形铁素体生成，稳定地得到贝氏体铁素体为主体的组织，能够在不损害钢板韧性前提下利用 Mo 析出强化来得到目标抗拉强度。当 3Mo% + Ni% + Cu% 为 1.00% 以下时，难以形成所需要金属组织（多边形铁素体：10 面积% 以下、余量：贝氏体铁素体），该金属组织和成分组成相辅相成，对钢管给予所需要的机械特性（L 方向抗拉强度：超过 750 MPa；L 方向屈服强度：680 ~ 730 MPa；在 0 ℃下 C 方向夏比冲击吸收能：100 J 以上），优选为 1.40% 以上。关于上限值，由于由各元素的上限决定，因此不限定。

　　Al：0.050% 以下，Al 作为脱氧剂。当超过 0.050% 时，生成大量氧化物，损害钢管洁净性，优选为 0.030% 以下。下限不特别限定，但要充分地得到脱氧效果的话就优选为 0.005% 以上，更优选为 0.010% 以上。

　　其次，对金属组织限定理由进行说明。

　　本发明的金属组织，是指在钢管母材部，将下述点作为基准点的情况下，以上述基准点为中心在厚度方向的两侧具有 0.5 mm 的宽度的区域中的金属组织，所述点是作为在厚度方向上距外表面的距离为厚度的 1/4 的点而规定的点。另外，母材部是指从焊接部沿 C 方向旋转了 90° 处的钢管的部分。

　　为了确保 L 方向抗拉强度：超过 750 MPa，以及 L 方向屈服强度：680 ~ 730 MPa，而且在 0 ℃下 C 方向夏比冲击吸收能：100 J 以上，需要将金属组织设为 10 面积% 以下的多边形铁素体和余量的贝氏体铁素体的金属组织。所谓多边形铁素体，是指维氏硬度满足 $HV = \alpha + 430 \times [C\%]$（$200 \leqslant \alpha \leqslant 240$）的金属组织。面积% 指通过光学显微镜观察到的情况下的面积%。

　　在钢管金属组织中，当多边形铁素体超过 10 面积% 时，难以担负超过 750 MPa 抗拉强度的任务，优选为 5 面积% 以下。由于多边形铁素体的面积% 因冷却条件而变动，下限不作限定。多边形铁素体平均粒径优选为 20 μm 以下。当超过 20 μm 时，钢板抗拉强度和韧性降低，更优选为 15 μm 以下。平均粒径是通过对光学显微镜观察到的图像进行处理，根据多边形铁素体面积和总数作为等效圆平均粒径而求出的。

续表

再次，对钢板制造方法进行说明。

热轧条件可以是通常热轧条件，但当热轧结束温度低于 790 ℃时，轧制负荷过度增大，热轧制变得困难，生产率降低，因此热轧结束温度设为 790 ℃以上。优选为 800 ℃以上。累计压下率优选设为 50%以上，当累计压下率低于 50%时，贝氏体铁素体晶粒粗大化，不仅韧性降低，而且难以使多边形铁素体平均粒径 20 μm 以下。

热轧结束后，将钢板在辊道上以 8~15 ℃/s 平均冷却速度冷却后卷取，卷取温度为 500~630 ℃。当平均冷却速度低于 8 ℃/s，难以使相变开始时的冷却速度成为 5 ℃/s 以上；当平均冷却速度超过 15 ℃/s，卷取温度将低于 500 ℃，钢板抗拉强度过高，不仅难以卷取，而且有可能造管变得困难。当卷取温度超过 630 ℃时，会生成粗大多边形铁素体。

通过控制热轧温度、卷取温度以及冷却速度协同作用，制备出多边形铁素体和贝氏体铁素体的钢板组织，其中多边形铁素体含量为 10 面积%以下。

最后，对钢管制造方法进行说明。

将焊接部外表面加热到 950~1050 ℃，然后以使内表面冷却速度为 8 ℃/s 以上的水冷条件冷却直至外表面温度为 450~600 ℃后停止水冷，然后自然冷却至室温。通过该热处理，焊接部也能与钢管母材保持同样的机械特性。若焊接部外表面加热温度低于 950 ℃，当钢管较厚时，无法使焊接部内表面加热到 Ac_3 点以上温度；若焊接部外表面加热温度超过 1050 ℃，焊接部晶粒粗大化，韧性降低。若焊接部内表面冷却速度低于 8 ℃/s，则在焊接部将生成过多的多边形铁素体，机械性能降低。若焊接部外表面冷却停止温度超过 600 ℃，焊接部难以得到所需要的抗拉强度；若焊接部外表面冷却停止温度低于 450 ℃时，焊接部抗拉强度过高，韧性降低。

通过热处理，焊接部也能够与母材部同样实现规定的机械性能（L 方向抗拉强度：超过 750 MPa，L 方向屈服强度：680~730 MPa，在 0 ℃下 C 方向夏比冲击值：100 J 以上）。

续表

5. 具体实施方式

实施例 1

将表 1 序号为 1~12 的钢液连铸成钢坯，分别按照表 2 条件 A 制得钢板，之后冷态下将钢板成形为管状，对钢板端部进行电阻焊接，得到外径 473 mm 的钢管。从钢管母材取样，测定了钢管 L 方向抗拉强度、L 方向产生 0.5% 残余应变时屈服强度、0 ℃的 C 方向夏比冲击吸收能，结果如表 3 所示。拉伸试验参照 ASTM A370 进行，夏比冲击吸收能测定参照 ASTM A370 和 ASTM E23 进行。

表 1　钢板合金组成（wt%）

序号	C	Si	Mn	Nb	V	Ti	Cu	Mo	Ni	Al	Z
1	0.042	0.28	1.74	0.072	0.056	0.015	0.26	0.24	0.23	0.026	1.21
2	0.061	0.22	1.78	0.070	0.057	0.015	0.22	0.24	0.22	0.023	1.16
3	0.054	0.21	1.72	0.048	0.029	0.015	0.22	0.30	0.21	0.022	1.33
4	0.068	0.43	1.88	0.033	—	0.015	0.42	0.21	0.38	0.020	1.43
5	0.043	0.18	1.69	0.030	0.015	0.017	0.20	0.37	0.20	0.023	1.51
6	0.041	0.20	1.68	0.028	—	0.013	0.18	0.32	0.18	0.021	1.32
7	0.042	0.28	1.50	0.072	0.056	0.015	0.26	0.24	0.23	0.026	1.21
8	0.061	0.22	1.78	0.070	0.057	0.015	0.15	0.21	0.15	0.023	0.93
9	0.082	0.21	1.95	0.075	0.056	0.015	0.24	0.38	0.25	0.022	1.63
10	0.041	0.21	1.63	0.015	0.015	0.015	0.13	0.24	0.12	0.020	0.97
11	0.070	0.20	1.72	0.065	0.015	0.014	0.40	0.15	0.40	0.022	1.25
12	0.067	0.21	1.64	0.038	0.025	0.002	0.05	0.29	0.05	0.028	0.97

注：Z = 3Mo% + Ni% + Cu%。

表 2　钢板和钢管制造条件

工艺序号	加热温度/℃	累计压下率/（%）	终轧温度/℃	卷取温度/℃	平均冷速/（℃/s）	焊接部外表面加热温度/℃	焊接部内表面冷速/（℃/s）	焊接部外表面终止冷却温度/℃	管材厚度/mm
A	1230	72	810	570	15	990	10	500	15
B	1230	67	810	580	10	990	10	500	15
C	1150	53	810	610	8	990	10	500	17
D	1210	70	810	590	9	990	10	500	17
E	1180	65	800	615	9	1000	8	500	20
F	1180	60	800	620	8	1000	8	500	20
G	1230	45	810	620	8	990	10	500	17
H	1230	67	810	640	6	990	10	500	15
I	1150	53	780	490	8	990	10	500	15
J	1230	67	810	580	10	1100	12	575	15
K	1180	65	800	630	18	1000	8	500	22

表3　力学性能数据

组成+工艺	母材多边形铁素体		焊接部	L方向 TS/ (N/mm²)	L方向 0.5% YS/ (N/mm²)	0 ℃的C方向夏比冲击吸收功/J	
	面积 (%)	平均粒径/ μm				母材部	焊接部
1-A	4	5	BF	772	703	142	139
2-A	1	2		770	699	140	133
3-A	7	16		793	721	150	144
4-A	0	1		773	705	130	129
5-A	3	4		777	709	170	160
6-A	6	9		779	711	150	144
7-A	41	32	PF+BF	662	601	120	99
8-A	11	22		722	658	105	90
9-A	0	0	BF	846	768	85	82
10-A	35	28	PF+BF	684	623	106	88
11-A	14	21		713	648	100	96
12-A	23	25		698	632	85	83

注：BF 贝氏体铁素体；PF 多边形铁素体。

综上，本发明1~6号成分的钢在工艺 A 的条件下，能够得到抗拉强度超过 750 MPa、屈服强度 680~730 MPa，在 0 ℃下周向夏比冲击吸收能 ≥ 100 J，母材和焊缝无明显性能差异的钢管。而7~12号成分的钢管由于合金组成不在本发明限定的范围内，部分组织结构不能满足本发明限定的范围，机械性能不能满足本发明的需求。

实施例 2

将表1序号为1的钢液连铸得到钢坯，按照表2条件 A~K 制得热轧钢板，之后冷态下将钢板成形为管状，对钢板端部进行电阻焊接，得到外径473 mm 的钢管。从钢管母材和焊接部取样，将 L 方向截面作为观察面，用光学显微镜观察金属组织，测定了多边形铁素体的平均粒径。另外，测定了钢管 L 方向抗拉强度、L 方向产生0.5%残余应变时屈服强度、0 ℃的 C 方向夏比冲击吸收能，结果如表4所示。拉伸试验按照 ASTM A370 进行，夏比冲击吸收能测定按照 ASTM A370 以及 ASTM E23 进行。

续表

表 4 力学性能数据

组成 + 工艺	母材多边形铁素体		焊接部	L 方向 TS/ (N/mm²)	L 方向 0.5% YS/ (N/mm²)	0 ℃的 C 方向夏比冲击吸收功/J	
	面积(%)	平均粒径/μm				母材部	焊接部
1 – A	4	5	BF	772	703	142	139
1 – B	5	10		768	698	140	138
1 – C	9	12		760	682	150	130
1 – D	5	8		761	694	130	120
1 – E	5	9		752	687	135	110
1 – F	8	15		759	696	133	108
1 – G	15	25		712	648	95	92
1 – H	50	40		624	567	85	83
1 – I	0	0		832	761	87	75
1 – J	5	10	UB	768	698	140	20
1 – K	40	30	BF	654	592	80	60

注：BF 贝氏体铁素体；UB 上贝氏体。

综上，本发明 1 号成分的钢在工艺 A~F 的条件下，能够得到抗拉强度超过 750 MPa、屈服强度 680~730 MPa，在 0 ℃下周向夏比冲击吸收能 ≥100 J，母材和焊缝无明显性能差异的钢管。而在 G~K 的工艺条件下，由于部分工艺参数不在本发明限定的范围内，部分组织结构不满足本发明限定的范围，机械性能不能满足本发明的需求。

图 1 钢管金相组织照片

五、小结

案例二示出了如何挖掘和完善涉及合金组分发明的技术交底书。相较于其他化学领域，金属材料较为特殊，专业知识晦涩难懂，元素组成、方法、组织结构和性能四位一体，组织表征手段复杂且微观，专利代理师往往无法深刻理解技术内容，专利申请的质量很大程度上依赖于技术交底书的撰写质量。因此，除了清楚、完整地撰写出技术方案的关键点和具体实施方式之外，从凸显创造性高度、提高授权可能性角度，推荐从以下维度进一步丰富技术交底书的内容：

（1）对于组成含量和工艺参数的特征，建议能够系统性介绍各特征参数的选择依据和原因，帮助专利代理师和专利审查员理解技术方案，也便于后续遇到创造性审查意见时成为修改和意见陈述的依据。

（2）注意挖掘组织结构方面的规律，可以以合金组成和制备方法为切入点，借鉴材料基因工程的新理念和新方法，探究组成、工艺变量背后组织结构特征，并辅以实施例和对比例进行说明，突破国内传统合金领域专利申请的思维定式。

采用上述撰写策略，不仅有助于提高申请文件的撰写质量，也与金属材料领域当前的技术发展趋势和专利申请方向相吻合。

附件 技术交底书模板

专利申请技术交底书
发明名称：＿＿＿＿＿＿＿＿＿＿＿＿＿＿＿＿＿ 技术问题联系人：＿＿＿＿＿＿＿＿＿＿＿＿＿ 联系人电话：＿＿＿＿＿＿ E－mail：＿＿＿＿＿＿ 术语解释：＿＿＿＿＿＿＿＿＿＿＿＿＿＿＿＿
1. 技术领域
2. 背景技术和存在的问题 2.1 该技术领域的发展 2.2 与本发明最接近的现有技术情况 2.3 现有技术存在的问题和缺陷
3. 本发明技术方案 3.1 本发明所要解决的技术问题 3.2 为解决该技术问题所采用的技术方案 3.3 本发明具体的实施方式以及相应的技术效果
4. 关键的改进点和有益效果
5. 其他相关信息